飞行器设计与工程力学品牌专业系列教材

飞机总体设计基本原理

余雄庆　徐惠民　罗东明　编著

科学出版社

北　京

内 容 简 介

本书主要讲述飞机总体设计的基本原理。首先介绍飞机总体设计的特点和流程，然后按照飞机总体设计的流程展开内容，主要包括四部分：设计要求的拟定、方案设计、方案分析、方案权衡与优化。其中，方案设计和方案分析是本书重点。方案设计包括发动机选型、飞机总体布局设计、飞机基本参数的初步确定、主要部件参数的初步设计、总体布置等；方案分析包括重量重心分析、气动特性分析、飞行性能分析、稳定性与操纵性分析、经济性分析等。本书也适当地融入了作者从事相关研发工作的体会和经验。

本书可作为普通高等学校飞行器设计与工程专业本科生的教材，也可供从事飞机设计的工程技术人员参考。

图书在版编目(CIP)数据

飞机总体设计基本原理 / 余雄庆，徐惠民，罗东明编著. —北京：科学出版社，2023.8
飞行器设计与工程力学品牌专业系列教材
ISBN 978-7-03-076174-3

Ⅰ. ①飞… Ⅱ. ①余… ②徐… ③罗… Ⅲ. ①飞机-总体设计-高等学校-教材 Ⅳ. ①V221

中国国家版本馆 CIP 数据核字(2023)第 152619 号

责任编辑：余 江 / 责任校对：王 瑞
责任印制：赵 博 / 封面设计：迷底书装

科 学 出 版 社 出版
北京东黄城根北街 16 号
邮政编码：100717
http://www.sciencep.com
北京凌奇印刷有限责任公司印刷
科学出版社发行 各地新华书店经销
*
2023 年 8 月第 一 版 开本：787×1092 1/16
2025 年 9 月第四次印刷 印张：20 1/2
字数：500 000

定价：79.00 元
(如有印装质量问题，我社负责调换)

前　　言

本书是作者针对普通高等学校飞行器设计与工程专业的"飞机总体设计"课程而编写的。在内容上，本书参考了大量的国内外飞机设计的相关教材，同时也融入了作者从事相关科研项目的体会和飞机型号设计的经验。

"飞机总体设计"这门课程源于飞机设计实践的科学总结。飞机种类繁多，而且当今各种新概念飞机(如新能源飞机、高超声速飞机等)层出不穷，飞机总体设计的内容也在日益更新、不断丰富。在一本教材中，想要全面涵盖各种飞机的总体设计内容，是几乎不可能的。然而纵观"飞机总体设计"这门课程的发展历程，可以发现，飞机总体设计的基本过程和工作内容是相对固定的，也就是说飞机总体设计的基本原理具有通用性。因此，本书着重讲述飞机总体设计的基本原理。学生通过学习这门课程，掌握其基本原理，就可为今后从事各种飞机的设计工作打好基础。

飞机总体设计的基本过程可概括为四个大的环节，即设计要求的拟定、方案设计、方案分析、方案权衡与优化。每个环节以及各环节之间，往往需要反复迭代，设计方案才能不断完善。本书共17章：第1章为绪论，主要介绍飞机总体设计的过程和特点，使学生对飞机总体设计的全貌有一个初步的认识；第2章介绍飞机总体设计要求的拟定；第3~11章讲述方案设计；第12~16章讲述方案分析；第17章介绍方案权衡与优化。本书重点放在方案设计和方案分析这两个环节。在讲述方式上，力求体现系统工程的"需求驱动方案"理念，尤其对方案设计环节，通过分析"设计要求"与"设计方案"之间的关系来体现这一重要理念。在每章之后，列出了若干思考题，这些思考题体现了每章内容的主要知识点。学生在学习完每章内容后，应以这些思考题为线索，梳理和总结每章的知识点。

"飞机总体设计"涉及的知识面广，在学习这门课程之前，应首先完成前修课程，包括"空气动力学""飞行力学""结构力学""航空发动机原理""航空材料与制造工艺"等。在学习本课程时，应灵活运用前修课程所学到的知识，分析和解决飞机总体设计中的各种实际问题。

"飞机总体设计"具有很强的实践性。教学实践表明，学习这门课程的一种行之有效的途径是：以设计项目为牵引的方式进行教学，也就是在教学中要求学生个人或团队完成一个飞机概念方案设计项目。本书内容按照飞机概念方案设计流程逐步展开，学生在学习了每章内容后，应完成课后作业。这个课后作业是飞机概念方案设计项目各个阶段需完成的工作内容。当这门课程结束时，学生也就同时完成了飞机概念方案设计项目。

本书第1、2、3、5、8、12、13、16、17章由余雄庆撰写，第7、10、11、14章由徐惠民撰写，第9、15章由罗东明撰写，第4章由余雄庆和徐惠民共同撰写，第6章由徐惠民和罗东明共同撰写，全书由余雄庆统稿并审定。范周伟、刘立桢、王诗宇等绘制了书中部分插图。在本书撰写时引用了一些国内外文献中的数据和图表，尽量标注其出处，以便读者进一步查阅相关参考文献。

在本书的撰写过程中得到了南京航空航天大学航空学院的大力支持，飞行器系的相关教师也提供了许多有益的建议，在此表示感谢。

飞机总体设计涉及的知识面广，工程实践性强，书中难免有不足和疏漏之处，欢迎读者反馈和指正。

作　者

2022 年 12 月

目　　录

第1章 绪 论

飞机设计的理论和方法来源于实践，它是飞机型号设计实践的科学总结。在飞机设计逐渐发展成专门的学问以后，它又反过来用于指导飞机设计的实践。

飞机设计属于工程设计的范畴。为了理解飞机设计的特点，首先应了解工程设计的内涵和逻辑过程。本章首先概要介绍工程设计的基本概念，其目的是帮助读者建立工程设计的思维方式，然后在介绍飞机设计一般过程的基础上，重点阐述飞机总体设计的内涵、过程和特点，使读者对飞机总体设计的全貌有一个初步的认识。

1.1 工程设计的基本概念和逻辑

工程设计方法是人们在工程设计实践中逐步总结出来的一种有效方法，是一种对所有工程设计具有普遍指导作用的科学方法。理解工程设计的基本概念和方法，有助于建立正确的工程设计思维方式。

1.1.1 工程设计的基本概念

这里讲的工程设计是指产品或系统的设计，主要针对硬件系统，如飞机、汽车、桥梁、建筑等。所谓工程设计是为满足特定需求而完成的产品或系统技术方案的过程。在这个过程中，需要应用数学、基础科学、技术科学等知识，将产品或系统的需求转化为一组完整描述产品或系统的技术方案(文档、模型、图纸等)。依据这个技术方案可建造实际的产品或系统，最终满足人们对产品或系统的需求。

1. 从现代科学技术体系考察工程设计

从宏观的角度来看，科学技术体系可划分为基础科学、技术科学、工程技术三个层次[1]，如表 1-1 所示。

表 1-1 基础科学、技术科学与工程技术

层次	理论与知识	示例
基础科学	认识客观世界的各种理论	物理学中的力学
技术科学	工程技术共用的各种理论	空气动力学、飞行力学、结构力学
工程技术	直接改造客观世界的知识	飞机总体设计、飞机结构设计

基础科学研究客观世界的一般规律。例如，物理学中的力学，研究力与物体运动的一般规律。通常，大学里的基础课程讲授基础科学的知识。

技术科学研究特定的工程系统的一般规律，它以基础科学的理论和知识为基础，研究和解决工程技术中的一般性问题，所形成的理论和知识对工程技术具有普遍的应用性。例如，飞行器空气动力学、飞行力学、结构力学等属于技术科学。在工科院校里，技术科学

的知识一般由专业基础课程来传授，它是基础科学与工程技术之间的桥梁。

工程技术是关于设计和建造特定工程系统的学问，它以技术科学的知识为指导，是在改造自然过程中形成的各种专门技术的系统知识。工程技术与生产结合最紧密，其知识内容更加具体，知识更新更快。在工科院校里，各种专业课程通常讲授有关工程技术的知识。

飞机设计这门学问，属于工程技术层次。了解飞机设计技术在现代科学技术体系中所处的层次是必要的，因为它有助于我们理解它与其他层次科学之间的联系与区别。

2. 工程设计、分析与科学研究之间的联系和区别

苏联飞机设计学者叶格尔对工程设计、分析、科学研究之间的联系和区别做了形象的对比[2]，如图1-1所示。以一个工程梁为例，如果给定输入(梁的材料、几何形状和尺寸、载荷)，应用结构力学(技术科学)，求解输出(梁的许用应力和位移)，这个问题属于分析问题；如果给定输入(梁的材料、几何形状和尺寸、载荷)和输出(梁的许用应力和位移)，需要探寻出输入与输出之间的一般规律，这属于科学研究活动；如果给定输入(载荷)和输出(梁的许用应力和位移)，求解梁的材料、几何形状和尺寸，这属于工程设计问题。

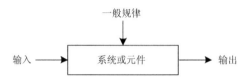

给定	求解	过程
输入、一般规律、系统或元件	输出	分析(演绎法)
输入、系统或元件、输出	一般规律	科学研究
输入、输出、一般规律	系统或元件	工程设计

图 1-1 工程设计、分析、科学研究之间的联系和区别

3. 从系统的生命周期看工程设计

根据系统工程的方法，从时间维度上看，每个系统(或产品)都具有一个生命周期。在NASA系统工程手册中[3]，将系统的生命周期划分为7个递进阶段，如表1-2所示。其中，A前阶段至阶段B在系统生命周期中属于规划论证阶段，是系统/产品的生命周期的前期阶段，也是最重要的阶段。表中的概念探索、概念研究和技术开发、初步设计、详细设计都属于工程设计的范畴。

表 1-2 系统的生命周期

阶段		主要任务
规划论证	A前阶段：概念探索	描述使命任务，建立运行概念，捕获顶层需求
	阶段A：概念研究和技术开发	设计概念方案，确定采用的技术，论证可行性
	阶段B：初步设计和技术完善	建立更详细、更可行、更可信的设计方案
执行阶段	阶段C：详细设计和制造	完成详细的设计方案，制造产品
	阶段D：系统组装、集成、试验和投产	组装和集成产品，确保满足系统需求
	阶段E：运行使用与维护	执行使命任务，满足需求，维护保障使命任务
	阶段F：退役处置	实施退役处置，分析反馈数据和样本

1.1.2　工程设计的逻辑

工程设计的逻辑是人们在工程设计实践中逐步总结出来的一种有效步骤，是一种对所有工程设计具有普遍指导作用的科学方法。工程设计的逻辑步骤包括：设计要求拟定、方案设计、方案分析、方案评估和优化，各环节之间的关系如图 1-2 所示。

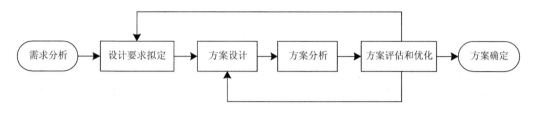

图 1-2　工程设计的逻辑步骤

1. 设计要求拟定

根据需求分析的结果，拟定设计要求。设计要求是对产品必须具备的特性或设计约束的描述，一般包括产品的性能、功能、安全性、经济性、可运营性、环保性、可靠性和维修性等方面。设计要求应具有可验证性、一致性、完整性和可实现性。

2. 方案设计

方案设计也称设计综合。这里说的方案，可以是概念方案、初步方案或详细方案，取决于产品研发所处的产品生命周期阶段。方案设计是指设计人员运用理论知识、经验甚至创造性思维，构思出一种或多种能满足设计要求的设计方案。方案设计的思维方式通常具有发散思维的特征，应用创造学中的"头脑风暴法"有助于产生大量的构想方案。工程设计学中也有一些更为"逻辑的"方法能帮助设计人员产生设计方案[4]。例如，功能结构分析方法、质量功能配置方法等提供了具体的步骤，帮助设计人员构思设计方案。另外，在方案设计中要关注新技术的应用，以提高设计方案的先进性和竞争力。

3. 方案分析

方案分析是指对所构思方案的各个方面的特性进行分析，如对设计方案的气动特性、强度、重量进行分析。方案分析通常采用数学模型或物理模型的手段来实现。数学模型是实际研究对象的一种抽象，它从定量的角度描述了实际研究对象各种属性之间的关系。例如，飞机空气动力学模型建立了气动力与飞机外形参数之间的定量关系。物理模型模拟研究对象的某种属性，例如，飞机的风洞模型可以用于分析设计方案的气动特性。

方案分析是以设计方案存在为前提的，分析过程一般不会产生新的方案，但方案分析的结果可以帮助我们认识设计方案的特性，也是方案评估和优化的基础。

4. 方案评估和优化

根据方案分析的结果，对设计方案进行评估。方案评估的目的是检查设计方案是否满足设计要求中制定的各项指标，并评估其综合指标(如全生命周期成本、费效比指标等)。

根据方案评估的结果，优选出能满足设计要求且综合指标最优的设计方案。如果设计方案不满足设计要求，则需要修改设计方案，重新进行方案分析和评估，直至获得满足设计要求的最佳设计方案，这个过程称为方案优化。

　　有时，可能设计要求过于严苛或者设计要求之间存在冲突，目前技术水平可能无法找到可行方案，这时就需要对设计要求进行调整。

　　上述工程设计的逻辑步骤可用于系统(或产品)生命周期中各设计阶段,包括表 1-2 中 A 前阶段(概念探索)、阶段 A(概念研究和技术开发)、阶段 B(初步设计和技术完善)和阶段 C(详细设计和制造)。

1.2　飞机研制的一般过程

　　研制一种新飞机，从设计方案的提出到试制生产和投入使用，一般都要经过几年甚至十几年的时间，这是一个很复杂的过程。按照系统工程中系统生命周期的概念，飞机研制的一般过程可由图 1-3 概括地表示。

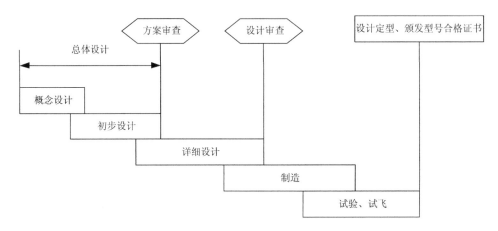

图 1-3　飞机研制的一般过程

　　按设计内容的粗细程度和先后次序，飞机设计可以划分为三个有内在联系的不同阶段：①概念设计 (conceptual design)；②初步设计 (preliminary design)；③详细设计 (detail design)。飞机总体设计是指进行总体方案设计的全过程，包括概念设计阶段和初步设计阶段。

1. 概念设计

　　在开始进行飞机设计之前，首先由使用部门提出或由使用部门与设计部门共同拟定设计要求。在概念设计阶段要对飞机的设计要求进行充分分析、研究和论证。这个阶段称为概念探索阶段(表 1-2 中 A 前阶段)，也可称为顶层设计阶段。有的文献把这个阶段的工作称为"外部设计"[2]。

　　概念设计阶段的任务是根据飞机的顶层设计要求，对所要设计的飞机进行全面的构思，形成飞机总体方案的基本概念，草拟一个或几个能满足设计要求的概念方案，确定出最合理的概念方案。概念设计的主要内容包括：选定飞机的总体布局形式；初步确定飞机的基本参数；选定发动机和主要的机载设备；初步确定各部件的主要几何参数；绘制飞机的初步三视图或三维数模；初步考虑飞机的总体布置方案；对形成的概念方案进行综合分析，检查概念方案是否符合设计要求。之后，修改和整理所拟定的概念方案，组织专门的评比和论证，选定最合理的概念方案，经主管部门批准后，进行下一阶段的设计工作。

概念设计阶段的工作通常多限于纸面上，不做很多试验，所以所需费用较少。为了缩短设计周期，通常应用计算机程序来帮助设计人员进行总体参数选择、性能估算和外形设计。因此，在这个阶段中，可以多选择几个方案进行对比，经过充分论证后，选出最合理的概念方案，然后将它作为进一步设计的基础。虽然这个阶段所需的费用和耗时不是很多，但非常重要。这是因为，在概念设计阶段要做出事关全局的决策，而且所确定的概念方案也是后续设计工作的基础。

2. 初步设计

初步设计阶段的任务是对前面草拟的飞机概念方案进行修改、补充和完善，使其进一步明确和具体化，最终形成完整的总体设计方案。

这一阶段的工作包括：修改、补充和完善飞机的几何外形设计，给出完整的飞机三视图和理论外形；全面布置各种机载设备、各个系统和有效载荷；布置飞机结构的承力系统和主承力构件；进行更为详细的重量计算和重心定位；获得精确的气动性能和操稳特性；详细绘出飞机的总体布置图。在此设计阶段，通常还要对飞机及各系统进行一系列的试验研究，需进行大量的吹风试验，有时甚至还需要制造全尺寸的样机，用于协调各系统和内部装载的布置。

与前一阶段的工作相比，这一阶段要耗费较多的时间和资金，并且需要各个有关专业部门的配合和参加，协调解决在设计中所遇到的各种技术问题，经过多次反复，最终得出完整的总体设计方案。由于此阶段的各种图纸和技术文件已经过多轮细化和修改，并且经过了更加精细的计算和专项试验的验证，因此，这个阶段完成的总体方案已具有很高的可信度，可作为正式的方案提交审查和论证。论证通过后，飞机总体方案的设计工作告一段落，可以转入下一阶段进行详细设计。

3. 详细设计

详细设计阶段主要是进行结构设计和系统设计，包括部件设计、零构件设计、各分系统设计等。设计完成后，要绘出飞机各个部件及各系统的总图、装配图、零件图和详细的重量计算及强度计算报告。此阶段的工作量很大，而且还要进行许多试验，包括静强度试验、动强度试验、寿命试验、各系统的地面台架试验等。

4. 制造、试验、试飞

在完成详细设计后，下一步工作是试制原型机和进行地面试验，包括全机静、动力试验和各系统的地面试验。若发现问题，则需要修改原型机的设计。解决问题后，再进行试飞。试飞合格后，申请设计定型，最后由国家有关部门审查，颁发型号合格证书(type certificate)。至此，完成整个设计过程，下一步是转入批量生产。

从飞机的研制过程可以看出，飞机总体设计是飞机设计的早期阶段，对新机研制工作具有全局性影响的大部分重大决策都要在总体设计阶段做出。从系统工程的观点来看，衡量一个系统的综合指标是生命周期成本(参见第16章)。有关研究表明[5]，总体设计阶段(概念设计阶段和初步设计阶段)对飞机生命周期成本的影响程度占70%～80%。换句话讲，在总体设计阶段，虽然此时飞机还没有制造出来，也还没有投入使用，但飞机型号的成败在总体设计阶段就基本上被"锁定"了。总体设计工作中的失误，不仅会对以后的设计工作产生不利的影响，在时间上和经济上造成损失，而且往往直接影响到新机研制的成败。所以，飞机总体设计对飞机型号的成败具有决定性的影响。

1.3 飞机概念设计的框架

飞机的总体设计是一个由粗到细的过程，包括概念设计阶段和初步设计阶段。两者之间的联系是：概念设计的结果是初步设计的基础。两者之间的主要区别是：在概念设计阶段，要对多个概念方案进行快速的比较和评估，优选出最合理的概念方案，方案外形和内部布置的细节无须过多考虑，通常用快速的分析方法评估飞机性能，评估精度还有待进一步验证；在初步设计阶段，针对优选的概念方案，对其外形和内部布置进行细化设计，用精度更高的软件和专项试验对设计方案进行分析与优化，其评估结果的精确性较高。

简而言之，概念设计的工作内容与初步设计类似，但详细程度不同，概念设计较粗，初步设计更细。本书内容主要针对飞机概念设计阶段。

由于飞机概念设计属于工程设计的范畴，因此也具有一般工程设计的逻辑过程。根据工程设计的逻辑步骤，针对飞机概念设计这个具体问题，可制定出飞机概念设计的框架，如图 1-4 所示。整个架构包括顶层设计要求、概念方案的形成、概念方案的分析、概念方案的优化四大部分。

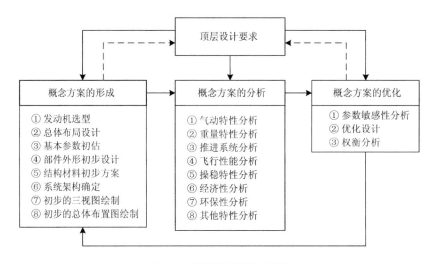

图 1-4 飞机概念设计的框架

1. 顶层设计要求

通过对飞机使用方和其他利益攸关方的需求分析，能够形成飞机的顶层设计要求。这个顶层设计要求是飞机概念方案设计的输入，也是方案分析和优化的依据。也就是说，设计方案是由这个设计要求所驱动的。世界上之所以有各种各样的飞机，主要是因为它们的设计要求不同。同样地，方案分析的内容和方案优化的目标也是由设计要求决定的。方案分析的任务是检查设计方案是否满足设计要求，方案优化的任务是使设计方案满足要求，并使其综合指标最优。不同的飞机，其设计要求不同，导致方案分析的内容不同，方案优化的约束条件和优化目标也不同。所以，设计要求贯穿于整个飞机概念过程，换句话讲，设计方案实际上是由设计要求所驱动的(参见图 1-4 中的实线)。

2. 概念方案的形成

根据顶层设计要求，首先应形成初始的飞机概念方案，这个过程也称为设计综合[6]。概念方案的设计内容包括发动机选型、总体布局设计、基本参数初估(推重比、翼载荷、最大起飞重量)、机身、机翼、尾翼、起落架等主要部件初步设计、主要机体结构材料的选择、确定所需要的子系统等。在此基础上，形成一个或若干个概念方案，然后绘制出飞机的概念方案的初步三视图(或三维几何模型)和初步的总体布置图。

在飞机概念方案的设计过程中，虽然顶层设计要求是输入，但也需要对顶层设计要求的可行性和合理性进行分析。如果设计要求中某些指标过高，可能找不到可行的概念方案，或者即使有可行的方案，但代价过大(重量太重，成本过高)。所以在概念设计中，有可能对设计要求进行修改，图 1-4 中的虚线就是代表这个意思。

3. 概念方案的分析

概念方案分析的任务是验证概念方案是否满足设计要求。根据设计要求中所规定的内容，通常需要建立飞机的几何、气动、重量、推进系统、飞行性能、操稳、经济性等专业的分析模型，对概念方案进行分析和计算，获得有关飞机各项特性的数据，检查概念方案是否满足设计要求。另外，概念方案的分析结果也为方案优化提供了定量的依据。

4. 概念方案的优化

根据概念方案的分析结果，对比设计要求中的指标要求，对概念方案进行评估和优化。通常应用参数敏感性分析、优化设计、权衡分析等方法，获得最合理的概念方案。通过参数敏感性分析，可以厘清设计参数(如机翼面积)对飞机各项特性的影响关系；通过优化设计方法的应用，可获得可行方案和综合性能最优的方案；通过对设计要求的权衡分析，可进一步论证设计要求的合理性。

1.4 飞机总体设计的特点

飞机总体设计属于工程技术层次，与大学生之前学习过的基础科学和技术科学的课程相比，其思维方式和工作内容明显不同。尽早地理解飞机总体设计的特点，对学习"飞机总体设计"这门课程是十分有益的。一般而言，飞机总体设计工作具有以下几个明显的特点。

1. 知识的综合性

飞机顶层设计要求通常涵盖多个方面，包括飞行性能、使用要求、维护、安全性、经济性等方面，因此，在总体方案设计中需要综合考虑各个方面的要求，这就必然要求设计人员或设计团队具有多专业的知识，包括空气动力学、飞行力学、发动机原理、飞机结构力学、自动控制、飞机制造工艺、成本分析等。在进行总体方案分析时，也同样如此。例如，飞行性能分析需要气动特性、重量特性、发动机特性等数据，这就需要首先进行气动特性、重量特性、发动机特性的分析工作；再如，飞机经济性分析涉及重量特性、发动机特性、飞机的气动特性和飞行性能、飞机的制造成本和寿命以及飞机的使用维护性能等各方面。所以，知识的综合性是飞机总体设计最明显的一个特点。

2. 设计方案的非唯一性

飞机总体设计是根据顶层设计要求而完成总体方案的过程。但满足设计要求的总体方案并不是唯一的, 也就是存在多个总体方案可满足设计要求。例如, 美国的 B-47 和英国的"火神"都是在 20 世纪 40~50 年代研制的中程战略轰炸机。虽然它们的最大起飞重量、载弹量、最大平飞速度和航程等主要设计指标基本相同, 但两种飞机的总体布局形式却完全不同。"火神"采用无尾三角翼的布局形式, 4 台发动机安装在机翼根部, 进气道布置在机翼根部, 起落架采用前三点式; 而 B-47 则采用后掠翼布局形式, 6 台发动机分别安装在翼下吊舱内, 采用自行车式起落架, 前、后轮均向前收入机身内。这个典型实例充分体现了飞机总体方案的非唯一性。

3. 发散思维和收敛思维相结合

在总体设计中, 设计方案的构思是最为重要的。由于设计方案具有非唯一性, 存在多种可能, 因此, 设计人员在构思方案时, 应充分发挥想象力, 构思出尽可能多的方案, 并且要敢于提出不同于常规的新方案。从思维角度来看, 就是要充分发挥人的发散思维能力。

另外, 设计方案必须具有科学性, 也就是设计方案必须符合自然科学原理。飞机设计与美术作品的创作过程不同, 仅仅凭借热情和丰富的想象力是不够的, 还必须以自然科学原理为基础, 对设计方案进行严格的逻辑分析和评估, 验证设计方案的可行性。从思维角度来看, 方案分析的思维方式属于收敛型[6], 分析的结果具有唯一性。不同的分析方法(如不同的数学模型)得到的结果可能不一定完全相同, 但都是对唯一存在结果(设计方案的特性)不同精度的近似。这就要求设计人员具有坚实的理论基础和丰富的专业知识, 对提出的方案进行严格的逻辑分析和评估。

因此, 飞机总体设计过程实际上是设计人员发散思维与收敛思维不断相互作用的过程。发散思维有助于提出各种可能方案, 体现了创造性; 收敛思维用于分析和检验设计方案是否符合科学原理, 体现了科学性。

4. 先进性与可行性的统一

飞机总体方案必须具有先进性。对于民用飞机(简称民机), 其先进性通常由飞机的飞行性能、经济性、舒适性、环保性等指标来反映, 对于军用飞机(简称军机), 通常由作战效能等指标来体现。如果所提出的总体方案, 与现有的飞机相比, 没有什么先进性, 那么就从根本上失去了研制新飞机的意义。我们不能在落后的总体方案的基础上, 指望研制出先进的飞机来。特别是在世界航空工业激烈竞争的今天, 飞机的先进性显得尤为重要。这就要求飞机设计工作者应了解航空科学技术的前沿, 勇于探索先进技术的应用, 提出先进的总体方案。

但是, 从另一方面看, 由于现代飞机是一个复杂的系统, 必须要有先进的科学技术和强大的工业基础作后盾。也就是说, 在飞机总体设计过程中, 应避免盲目采用先进技术, 尽量减少无根据的决策而带来的风险。在设计中所采用的各种新技术都要经过预先研究, 在设计过程中需广泛进行试验加以验证。因此, 航空科学技术预研工作非常重要, 目的是为飞机设计储备先进的技术。否则, 就不可能使设计方案真正具有先进性。

总之, 在总体方案设计阶段, 一方面, 应尽量采用先进技术, 保证所设计的飞机具有竞争力; 另一方面, 为减少风险, 要加强预研工作, 在设计过程中要进行有针对性的理论研究和试验研究, 做到先进性与可行性的统一。

5. 多轮迭代

飞机总体设计的另一个明显特点是多轮迭代。飞机是一个复杂的系统, 需要满足多种多样的设计要求,这使得现代飞机的总体方案设计不可能一次完成,而是需要通过反复迭代,才能逐渐逼近最合理的方案。每一次迭代,都要对设计方案进行修改,然后进行多个专业的分析和评估,这一过程往往非常耗时。

为了有效地缩短多轮迭代的时间,计算机辅助设计技术在飞机总体设计中获得了广泛应用,而且通过引入最优化方法,可使计算机自动地搜寻最优的飞机总体方案,这样就可以又快又好地获得最佳的设计方案。因此,在飞机总体设计中,应充分利用计算机技术和优化方法来提高设计工作的效率和质量。

实际上,在飞机的整个研制过程中,各设计阶段之间也可能存在反复迭代和逐渐逼近。例如,在总体方案确定后,要进行详细设计。在详细设计阶段,要完成飞机各部件、各系统和零构件的设计,需要进行大量、精确的计算工作和试验研究,所得到的精确的几何数据和重量数据又成为进一步修改和完善总体方案的依据。根据这些详细、精确的数据,才能最终完成飞机的重量计算、重心定位和内部布置的工作,所以,这也是在更大范围内的反复迭代、逐渐逼近的过程。总之,多轮迭代、逐渐逼近是飞机整个研制工作的一大特点,而在总体设计阶段尤为明显。

6. 权衡与协调

总体设计工作涉及多个专业,在设计过程中,每个专业都希望各自的指标最优。但在许多情况下,总体方案很难使各个方面的指标均达到最优。这就要求总体设计人员"必须坚持系统观念"。党的二十大报告指出:"万事万物是相互联系、相互依存的。只有用普遍联系的、全面系统的、发展变化的观点观察事物,才能把握事物发展规律。" 因此,在实际工作中总体设计人员应全面系统地分析和权衡各方面的需求,通过反复的协调工作,确定出全局最优的方案。

例如,对于高亚声速飞机的总体设计问题,从气动专业出发,希望机翼展弦比尽量大,翼型厚度尽量小,这样有利于降低诱导阻力,提高临界马赫数。但从结构设计角度看,希望机翼展弦比尽量小,翼型厚度尽量大,这样可减轻结构重量。所以,气动专业和结构专业所期望的设计方案是相矛盾的。这种情况下,总体设计人员就需要进行权衡分析和协调工作,决策出兼顾各专业要求的总体方案。如果不进行权衡与协调,只从单方面的要求来决定总体方案,这个方案肯定不会是总体上最优的。

7. 理论知识与经验知识相结合

空气动力学、飞行力学、结构力学等的理论知识是飞机设计的基础,但飞机设计属于工程技术,仅有理论知识是不够的,还需要大量的经验知识。经验知识包含多个方面,如飞机设计案例、已有飞机的数据与图表、经验公式、设计指南、工程估算方法等。

自飞机发明以来,已设计和研制了无数的飞机型号,有的成功,有的失败。通过飞机设计案例分析,从成功机型中获得有用的经验知识,在新机型设计中可继承这些经验知识;从失败的机型中吸取教训,在新机型设计中避免犯类似的错误。因此,飞机总体设计人员应该尽可能多地研究飞机设计案例,从中获取经验知识。

概念设计处于飞机设计早期阶段,还处在纸面上的论证阶段,没有这架飞机的实际数据。在设计之初,参考现有同类飞机的相关数据,是一种实际有效的方法。因此,收集同类飞机的数据,并对其进行整理和统计分析也是飞机概念设计工作的一个内容。

在飞机设计实践中,逐渐总结出了飞机设计中应考虑的因素、设计指南、准则等经验知识,而且这些经验知识在实践中还在不断完善。这些经验知识也是飞机总体设计的重要内容。

在飞机概念设计阶段，会用到许多经验公式(empirical formula)和半经验公式(semi-empirical formula)。这种经验公式和半经验公式通常统称为工程估算方法。例如，对于某类飞机，根据其飞机空机重量和全机重量数据的统计分析，可建立一个关于空机重量和全机重量的近似关系式。这种基于统计数据而建立的近似公式，就是经验公式。半经验公式是一种理论知识与经验知识相结合的方法，也称为半理论-半经验方法。例如，在对机翼重量估算时，首先通过结构力学的理论分析，可以知道机翼重量与机翼外形参数、过载、全机重量等因素有密切关系，然后通过对现有飞机的机翼重量、机翼外形参数、过载、全机重量等数据进行统计分析，建立一个近似的机翼重量估算公式。这个公式中有若干经验系数，它们是根据有关数据统计分析获得的。由这种方法所建立的估算公式就是半经验公式。这种方法通过理论分析识别了主要影响因素，通过经验系数隐去了细节因素，为概念方案分析提供了一种快速方法。

以上列举了飞机总体设计中的若干特点，在学习本课程过程中将会逐渐体会到这些特点。

1.5　本书内容架构和教学安排

飞机总体设计是一个由粗到细的过程，包括飞机概念设计和初步设计两个阶段。概念设计的结果是开展初步设计的基础，而初步设计是在概念设计基础上的进一步细化，但两者的工作内容大体相同，只是详细程度不同，也可以形象地称为"颗粒度"或"分辨率"不同。本书是针对大学生学习"飞机总体设计"课程而撰写的，主要涉及概念设计阶段，着重讲述飞机概念设计的基本过程、基本概念和典型方法。

由于飞机设计过程中所固有的反复迭代特点，完全按严格的逻辑体系来推导出飞机概念方案是几乎不可能的。不过，尽管如此，本书尽可能以"更加逻辑化"的方式来讲述如何进行飞机概念设计。

本书将按照飞机概念设计的流程(参见图1-4)，逐步展开飞机概念设计的丰富内容。本书后续章节主要包括四个部分：①飞机总体设计的依据；②概念方案的形成；③概念方案的分析；④概念方案的优化。

第一部分讲述飞机顶层设计要求，它是飞机概念设计的依据和输入。这部分内容将在第2章中介绍。

第二部分讲述飞机概念方案的形成过程和设计方法，这是本书的重点，主要讲述如何根据设计要求，形成概念方案。这部分内容将在第3~11章中介绍，分别讲述发动机选型、飞机总体布局设计、飞机基本参数的初步确定、进气道/尾喷管和螺旋桨设计、机身设计、机翼设计、尾翼设计、起落架参数设计、飞机总体布置与几何模型绘制等。这部分内容除了理论分析，还包括大量的经验知识。

第三部分讲述概念方案的分析方法，也是本书的重点。这部分的任务是对已形成的设计方案进行分析，获得设计方案的各种特性或性能。这部分内容将在第12~16章中介绍，分别介绍重量重心分析、气动特性分析、飞行性能分析、稳定性与操纵性分析、经济性分析的方法。其中，分析方法大多采用简化的理论分析方法、半经验公式和经验公式。

第四部分介绍总体设计方案的综合分析与优化，将在第17章中介绍。这部分内容是在设计方案的分析基础上，对设计方案进行综合分析，评估设计方案是否符合设计要求，并通过应用优化方法来改进设计方案。该章的目的是使读者对飞机总体设计优化技术有一个初步的了解，为以后进一步开展有关研究工作提供入门知识。

飞机总体设计作为一门工程技术的学问，具有很强的实践性。学习"飞机总体设计"这门课程的一条有效途径是：学生个人或团队完成一个飞机概念设计项目。本书将按照飞机概念设计流程逐步展开。这种安排方式为完成飞机概念设计项目提供了一种线路图。在课程进行之初，学生可选择一个自己感兴趣的飞机概念设计项目(或者由教师布置一个设计项目)，然后随着课程内容逐步展开，学生在学习了每章内容后，随即完成相应的设计或分析任务。当这门课程结束时，学生也同时完成了飞机概念设计项目。国内外大学的飞机总体设计教学实践表明，这种以设计项目为牵引的学习方式，是学习飞机总体设计的有效途径。

由于飞机总体设计涉及的知识面广，包含的内容多，一本教材很难做到面面俱到。不同的教材往往侧重面不同，有的侧重民机，有的侧重军机。另外，不同的教材中所包含的经验知识(飞机案例、飞机数据、工程估算公式等)也有所不同。因此，读者在进行飞机概念设计项目时，应查阅和参考各种飞机总体设计书籍和技术文献，以获取所需的信息。在本书的参考文献中，列出了一些典型的飞机总体设计教材和书籍[2,7-20]，供读者参考。

在学习了这门课程和完成飞机概念设计项目后，建议读者再次阅读本章的内容，这样可以更加深刻地领悟飞机总体设计的过程、方法和特点，对飞机总体设计整个过程的认识也会上升到更高的层次。

思　考　题

1.1　工程设计与分析、科学研究之间的联系和区别是什么？

1.2　工程设计的基本过程有哪些环节？

1.3　飞机设计包含哪些阶段？每个阶段的联系与区别有哪些？

1.4　简述飞机概念设计的流程。

1.5　飞机总体设计的特点是什么？

第2章 飞机总体设计的依据

现代飞机的设计要求不断提高，所采用的技术也越来越复杂，需要耗费大量的人力和资金，这就要求设计部门必须慎重地对待，绝不能轻易、随便地开始新飞机设计。从大的方面来说，研制民用飞机是为了满足市场需要，研制军用飞机是为了满足国防需要。因此，设计新飞机的根本依据也就应该是市场需要或国防需要，这是设计者应该牢记的宗旨。如果研制出的飞机不符合市场需要或国防需要，将造成很大的人力和资金浪费。

为了开展飞机设计的具体工作，还需要把市场需要或国防需要进行细化和量化，形成具体的、明确的飞机设计要求，这个设计要求也称为顶层要求。将市场需要或国防需要转换为飞机顶层要求，属于需求分析要解决的问题。通过需求分析所形成的飞机顶层要求，就是飞机总体设计的依据。

飞机顶层要求通常包括两个方面[21]：①经过论证和批准的"某型飞机的基本设计要求"；②国家颁发的各种飞机的"设计规范"和"适航性条例"等通用技术文件。此外，还需要有合适的、能够对总体设计方案进行全面评价的准则。这里所说的飞机顶层要求和评价设计方案优劣的准则，都应该是可以度量的具体指标。如果设计工作依照这些指标要求进行，则设计的成功率和投产率就会提高。

简言之，本章所述的飞机顶层要求，定义了飞机的功能和特性，即定义了需要"什么样"的飞机，而后续各章主要讲述"如何"设计飞机总体方案，以满足飞机顶层要求。

2.1 飞机设计的基本要求

无论是设计新飞机，还是对现有的机种进行改型设计，均需要有明确的、完整的设计要求。飞机设计的基本要求是一项重要的技术文件，它是飞机总体设计工作的出发点和最主要的依据。对于民用飞机，这个技术文件通常被称为"使用技术要求"；对军用飞机而言，则是"战术技术要求"。虽然这些技术文件没有固定的格式，但通常包括以下几个方面。

2.1.1 飞机的类型和基本任务

飞机的类型和基本任务是对所设计的飞机的最基本的总要求，应该具体、明确。对于民用飞机，除了要指明飞机的类型(客机、货机、客货两用机或其他类型的专用飞机等)，还应指明是远程飞机、干线飞机还是支线飞机，准备在哪些航线上使用以及所需适应的地理条件和气象条件等。对于军用飞机，除了需指明飞机的类型(轰炸机、歼击机、强击机或其他专用军用飞机等)，还应明确基本的战斗使用要求和作战对象。例如，对于歼击机，应明确其主要任务是空中格斗还是拦截；对于轰炸机和对地攻击机，应指明武器配备方案、突防攻击方式及主要的攻击目标；对于预警机、反潜机、巡逻机、垂直和短距起落飞机、舰载机等特殊用途的飞机，则更应该有明确、具体的任务要求。

不可能要求一架飞机是万能的，对"多用途"飞机的问题已有过很多争论。实践证明，要求一架飞机有多种用途并不是好办法，但"一机多型"的做法却不乏成功的先例，故也可以在设计要求中提出"一机多型"的设计思想，在飞机总体方案设计时留有改型的余地。

为了能更具体地明确所设计的飞机的用途和使用情况，通常需要给出飞机典型的飞行任务剖面图，如图 2-1 所示。飞机的飞行剖面图是表示飞机为完成某种典型的飞行任务而绘制的飞行航迹。当然，完成同一项飞行任务，往往可以有多种不同的途径，因而也就存在多种飞行剖面图，而且就一种飞机而言，也不可能总是机械地重复完成某一项完全相同的飞行任务。这里给出的飞行剖面图只是其中一种最典型的飞行剖面，将它作为飞机设计的依据。

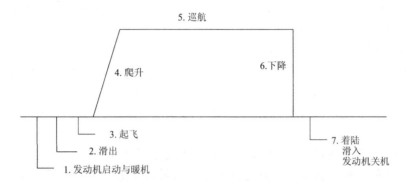

(a) 轻型通用航空飞机的飞行任务剖面图

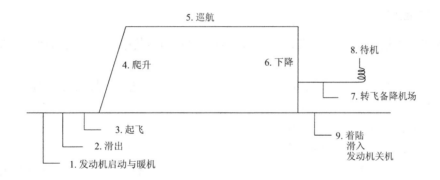

(b) 客机的飞行任务剖面图

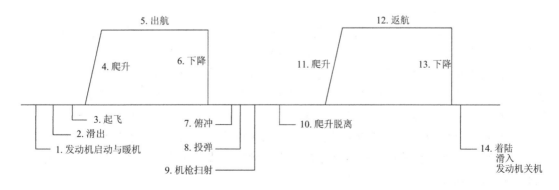

(c) 攻击机的飞行任务剖面图

图 2-1　飞机典型的飞行任务剖面图示例

2.1.2　飞机的有效载荷

对民用飞机来说，有效载荷是指旅客、货物等，也称商载；对于军用飞机来说是指空勤人员、武器装备、弹药等。

设计飞机的直接目的是要能够装载所给定的各种有效载荷。有效载荷是根据对飞机的任务要求而确定的。民用飞机是一种运输工具，其任务就是运送旅客和货物，军用飞机是一种武器装备，其目的就是要携带足够的武器或侦察设备完成作战任务。因此，在进行飞机设计时，应首先保证满足有效装载的要求。在设计要求中，通常应给定以下具体的载荷。

(1)空勤组的人数。一般军用飞机乘员的重量，包括降落伞在内按每人 95kg 计算；对于民用飞机，每人重量一般按 75～80kg 计算。

(2)军用飞机的武器装备，包括机炮、火箭、导弹、炸弹等。如果对具体的武器布置方案不做具体规定，也需要对所必须携带的武器和总的载弹量做出明确的规定。

(3)对于客机，要给定旅客的人数、客舱等级和行李重量；对于货机，需给定总的载货量以及所运送的主要货物的类型和几何尺寸。

(4)对于其他各类专用飞机，需给定其特殊的装置及专用设备的型号、尺寸和重量。例如，农业飞机的播种和喷药装置，航测飞机的测量和照相设备，预警机的雷达和天线装置等。

2.1.3　飞行性能指标

飞机的飞行性能很多，在飞机设计基本要求中通常列出其中一些主要指标，主要包括以下几个方面。

(1)飞行速度和高度指标：包括在给定高度上的最大平飞速度或最大飞行 Ma 数、巡航速度、巡航高度、静升限及某些军用飞机(如高空拦截歼击机)的动升限等。不同用途的飞机对飞行速度和高度特性的要求往往有很大差别。

(2)耐航性能指标：包括最大航程、最大续航时间、军用飞机的作战半径等。对于客机、运输机和轰炸机等，其重要指标是航程；对于巡逻机和预警机，其重要指标是续航时间；对于战斗机，其重要指标则是突防距离和在战区留空作战的时间。

(3)起飞着陆性能指标：主要是起飞离地速度和起飞距离、着陆接地速度和着陆距离、对机场跑道等级的要求等。

(4)机动性能指标：飞机的机动性是指飞机改变其飞行高度、速度和方向的能力，也就是所谓的高度机动性、速度机动性和水平机动性，包括飞机的爬升率、水平加速度和盘旋转弯半径的大小等。通常以上这几项机动性能都应给出具体的指标。对于普通的客机和运输机，这方面的要求不高，只要能满足常规的机动要求和能够抗拒突风载荷就可以了。但它对于军用飞机，尤其是歼击机则十分重要，对其作战的效能影响很大。

在拟定飞行性能时，不可能也没有必要要求飞机的每一项飞行性能都是最先进的。要求一架飞机各方面的性能指标都最优，是很难做到的；或者即使能做到，也需要付出极大的代价，最终反而得不偿失。

实际上，对于不同类型的飞机，其飞行性能指标的要求是不同的。在拟定飞机设计要求时，关键是要对飞机的基本任务进行认真的分析研究，合理地提出各项飞行性能指标。

例如，为满足国防需要，需要设计一种执行防空任务的截击机，其主要攻击对象是来犯的轰炸机。它的基本作战方式是在警戒雷达发现敌情后，迅速升空，以尽量短的时间爬升到作战高度，抢占有利高度，截击敌机。对于这种飞机，最主要的性能指标是爬升率和升限。为此，推重比要大，重量要轻，而载油量可适当减少，航程也不作为主要要求。另外，因为重点不是空中格斗，所以对机动性的要求也不是首要的。因此，爬升率和升限是最主要的，其他指标则不必很突出。总之，在飞机的设计要求中，必须根据飞机主要飞行任务的需要，提出具体的、合理的飞行性能指标。

2.1.4　其他要求

除了上述最基本的要求之外，飞机的设计要求通常还包括其他方面的要求，一般还会包括飞机尺寸限制、使用维护要求、可靠性要求、翻修周期和使用寿命要求、设计制造期限、研制经费限制、机型的系列化、采用某种新技术等方面的要求。对于民机，还要考虑直接使用成本要求、环保性要求(噪声、排放等要求)、舒适性要求(客舱高度、座椅宽度、排距等)；对于军机，可能还要考虑电子对抗、隐身性能等方面的要求。

2.2　设计规范与适航性条例

上述所讲的飞机设计的基本要求，是开展飞机设计工作的前提和最根本的依据。除此之外，飞机设计工作还必须严格遵守有关的设计规范和适航性条例的各种规定，这些规定的根本目的在于保证飞机的安全性。

飞机设计规范和适航性条例是指导飞机设计工作的通用性技术文件，对各类飞机做了许多指令性规定，包括设计情况、安全系数、过载系数、重量极限、重心位置、重量分配、操纵性、稳定性、配平、飞行载荷、飞行包线、突风载荷、起飞与着陆、强度和变形、结构试验、飞行试验、飞行品质、使用极限、起落装置、动力装置、飞机设备、操纵系统、安全措施等。在进行飞机设计时，必须遵守有关的规定，以保证飞机的安全性。

飞机设计规范和适航性条例是在飞机设计实践过程中逐步形成的。最初并没有什么规范和条例，设计工作具有很大的盲目性，设计出来的飞机经常毁坏，不得不在强度方面做出某些限制和规定，于是首先出现了《强度计算手册》、《强度设计指南》和《强度规范》等指令性文件，使飞机结构不致毁坏。但是，仅有强度规范还不能保证飞机不发生飞行事故，于是需要更全面地考虑如何保证所设计的飞机在使用过程中的飞行安全性。经过多年努力，这些文件就逐步发展成为目前的设计规范和适航性条例。它们对飞机设计和使用都规定了全面要求，是飞机设计工作必须遵守的指令性技术文件。这种技术文件通常由国家最有权威的部门制定和颁发，具有法律的性质。

应该指出，目前在世界上并没有统一的飞机设计规范和适航性条例，航空事业比较发达的国家都各自制定了飞机设计规范和适航性条例。在美国，军机设计必须遵守军用飞机设计规范(MIL)，民机设计必须符合联邦适航条例(FAR)。在欧洲，民机设计必须符合欧洲航空安全局(EASA)的适航条例(CS-25、CS-23 等)。在中国，民用飞机设计必须符合中国民用航空飞机的适航标准。例如，对于运输类飞机，必须遵守中国民用航空规章第 25 部(CCAR-25)；对于 9 座或以下且最大起飞重量不超过 5700kg 的正常类、实用类、特技类飞机，以及 19 座或以下且最大起飞重量不超过 8618kg 的通勤类飞机，必须遵守适航标准 CCAR-23。

对于飞机设计人员，在飞机设计之前，应了解这些指令性技术文件，并在设计中遵循相关的条例。在本书后续的内容中，将提及相关的飞机设计规范或适航性条例。

另外还应指出，任何飞机的设计规范和适航性条例以及其中每一项具体条文，都是具体针对某一类型飞机而言的，有一定的适用范围，往往还注明了某些附加条件，在阅读和使用时需要加以注意。此外，航空科学技术的不断进步，以及飞机设计和飞行实践经验的不断丰富，要求飞机的设计规范和适航性条例也要随之发展，有的条文需要修改和补充，使用时也需注意。

2.3　飞机总体方案的评价准则

当飞机总体方案能满足飞机的设计要求和有关的设计规范时，可以认为这个方案是可行的，但它并不一定是最佳方案。在飞机设计过程中，常需要对若干个可行的方案进行对比分析，做出评价，进行优选，这个过程通常称为方案评价和优选。

对设计方案进行评价和优选，需要有合适的评价准则。过去，人们常常只按个别主要性能的优劣对飞机设计方案进行评价。例如，对于歼击机，常认为速度比较高、升限比较大的设计方案好，对于运输机和轰炸机，则认为航程远、载重量大的方案最佳。虽然这种评价方法在过去的一段时期里，对飞机的发展起了推动作用，但是对于日益复杂的现代飞机而言，这种仅代表单项性能的评价方法并不科学，不能对飞机设计方案的优劣做出全面、正确的评价。因此，需要寻求能够综合性地对设计方案进行全面评价的准则。

评价准则应能反映所设计的飞机的主要目的和任务。对于军用飞机，应反映其作战效果和满足战斗需要的程度；对于民用飞机，应反映在保证安全、舒适的情况下，能否最经济地运送旅客和货物。

飞机评价准则应满足两个基本要求：①它应尽可能全面地反映出飞机的各种设计要求；②它应是可以度量的值。由于现代飞机的复杂性，要想找到一种普遍通用的统一的准则并不容易，但具有一定的通用性的准则却是存在的。通常有以下几个通用性的准则。

1. 重量准则

飞机的气动效率、结构重量、推进系统的效率等因素直接影响全机重量（最大起飞重量）。在同样满足设计要求（航程、有效载荷等）的前提下，全机重量较轻的设计方案在气动、结构、推进等方面的综合性能较好。因此，可以将全机重量作为飞机总体方案设计的一个评价准则，优选飞机全机重量最轻的设计方案。

有时可以用有效载重系数（有效载荷与最大起飞重量之比）作为飞机设计方案的评价准则，它能从重量角度说明飞机设计的完善程度。有效载重系数较大的方案，意味着在同样满足飞机设计要求的情况下飞机全机重量较小，因而是比较优的方案。

2. 经济性准则

对于民用飞机，经济性是十分重要的。经济性的评估牵涉多方面因素，一种简化的方法是用"单位有效载荷和单位航程的成本费"作为评价民用飞机设计方案优劣的准则。

对于货机，可用"成本/（吨·千米）"作为其经济性准则；对于客机，可用"成本/（乘客数·千米)"作为其经济性准则;对于农用飞机,可用"成本/平方米"作为经济性准则。

经济性准则实质上是从经济性的角度,综合地反映了飞机及其各部件的重量特性、发动机特性、飞机的气动特性和飞行性能、飞机的制造成本和寿命以及飞机的使用维护性能等各方面的完善程度。若需要更全面的经济性评估,应采用直接使用成本或全生命周期成本的概念和方法,这部分内容参见第 16 章。

3. 费效比准则

对于军用飞机,一般不宜单独用经济性作为评价准则,因为军用飞机虽然也有经济性要求,但最重要的则是其战斗力和生存力。如果所设计的飞机的战斗力不强,不能很好地完成其作战任务或是作战效能不高,即使它的成本很低、价格很便宜,也不能算是好的飞机。而飞机的战斗力一般是无法简单地用经济性来衡量的。一个极端的例子是隐身飞机,昂贵的代价只是为了提高其在战斗使用过程中的生存力,如果简单地用经济性准则来衡量它,肯定不合适。因此,军用飞机应该用综合其成本费用与作战效能的参数——费效比作为全面评价的准则。有关费效比的评估可参考文献[22]。

2.4　飞机设计要求的拟定

设计要求是飞机总体设计工作的输入,设计要求是否合理,对飞机成功与否具有决定性的影响。如果设计要求不能正确地反映市场和利益攸关方的需求,或不能反映未来的军事需求,那么会造成严重的人力、物力的浪费。在飞机设计领域里,这种教训非常多,应该引起人们足够的重视。

飞机研制是一项非常复杂的工程活动,需要应用系统工程的方法才能有效地完成飞机设计、制造、试飞等工作。飞机设计要求的拟定,属于系统工程中的需求分析问题。关于需求分析,有专门的理论和方法,本节只简要地介绍其基本概念。如果读者想进一步了解有关理论和方法,可参考文献[23]~[25]。

拟定飞机的设计要求有两个基本点,一是根据实际的需要;二是考虑客观条件的可能。

1. 实际需求的识别

对于民用飞机,首先要进行市场分析。通过宏观经济环境和市场环境的研究、航空市场前景的预测、航空运输基础设施的分析、同类竞争机型的分析以及有关政策和法规的调研等,寻找市场机遇,确定出未来市场需要什么样的飞机。

然后,要进行利益攸关方需要的捕获和分析。所谓利益攸关方,是指飞机全生命周期内所有可能存在利益影响的个人、群体或组织。概括地讲,民机利益攸关方可分为客户和其他利益攸关方。客户是飞机的接收方。例如,对于商用飞机,其客户主要指航空公司,其他利益攸关方包括飞机主制造商、适航当局、系统供应商、机场、空管机构、机组人员、维护人员等。通过应用调查研究、场景分析等方法,梳理出利益攸关方的需要,并对这些需要进行分类和重要性排序。利益攸关方需要捕获和分析的结果是一系列关于需要(needs)的清单,这些需要通常是定性的描述,它反映了利益攸关方对飞机的期望。

获取利益攸关方的需要后,还需将这些"需要"转化成"需求"(requirements),形成使用技术要求或顶层需求(top level requirements),之后才能开展具体的设计工作。相比于"需要"这个术语,这里所谓的"需求"是指可以度量的具体指标,包括有效载荷、航程、起降性能、经济性、维修性等指标。例如，对于客机而言，利益攸关方的一个需要是飞机能在绝大多数的机场运营。将这个需要转化为需求，实际上就是要确定该飞机的起飞场长和着陆场长的指标。如何将需要转化成需求，有专门的学问，例如，质量功能展开(quality function deployment, QFD)就是一种有效的方法[23]。

对于军用飞机，通常由军事系统的科研机构和战术技术论证部门，通过研究未来作战场景和作战体系，提出军用飞机的需要。之后将这些对军用飞机的"需要"转化成"需求"，形成具体的战术技术要求或顶层需求。

2. 实际可行性

在拟定飞机设计要求时，还必须全面考虑实际的客观条件。例如，要考虑经费的限制、航空科学技术水平的限制、生产设备和试验设备条件的限制，以及材料和机载设备配套产品等方面的实际问题。

上述设计要求通常由使用部门与设计部门共同拟定，或由使用单位委托设计单位拟定，甚至有时由设计单位根据实际需要和可能性自行拟定，并提出满足这一要求的设想方案，征求使用部门同意，经审查批准后确定。在飞机的基本要求被提出以后，一般要组织使用部门、飞机设计部门等各有关单位参加论证会，最后将飞机顶层设计要求确定下来。

2.5   飞机设计基本要求的示例

不同的飞机，其设计要求的内容可能差别很大，设计要求的条目数量、内容的繁简程度可能也不一样。有的飞机项目对某方面的指标会做详细要求，但有的项目则不做规定，而是留给设计部门自行决定。下面以三种不同类别的飞机为示例，列举飞机的基本设计要求。

2.5.1   一种轻型歼击机的基本设计要求

1. 飞机的类型与任务

要求设计一种突出空中格斗性能的轻型歼击机，主要用于国土防空，其作战对象是性能相当于××型号战斗机的入侵飞机。

2. 性能要求

(1) 最大飞行 Ma 数：大于 2.0。

(2) 实用升限：大于 20km。

(3) 最大爬升率：大于 300m/s (海平面，飞行 Ma 数为 0.9)。

(4) 最大盘旋过载：大于 5.3 (高度为 5km, Ma 数为 0.9) 和 3.5 (高度为 11km, Ma 数为 0.9)。

(5) 加速时间：在 9km 的高度，从 Ma0.9 加速至 Ma1.5 的时间小于 55s。

(6) 作战半径：大于 650km。

(7) 转场航程：大于 2500km。

(8) 起飞滑跑距离：小于 650m。

(9) 着陆速度：小于 260km/h。

3. 其他要求

(1) 采用四余度电传操纵系统。

(2) 采用电子干扰装置和红外诱饵弹。

2.5.2　一种 150 座级客机的基本设计要求

1. 飞机的类型和任务

设计一种客机，以替代现有窄体（单通道）客机，在经济性和环保性方面，该飞机比现有窄体客机具有明显的优势。

2. 商载、客舱和货舱要求

飞机客舱的标准座位数为 150。客舱的标准布置方案为两舱布置，其中商务舱有 12 个座位，排距为 914mm（36in，1in=2.54cm）；经济舱有 138 个座位，排距为 813mm（32in）。每位旅客及其行李的重量为 102kg。要求货舱容积不小于 $0.212m^3$/座。

3. 性能要求

(1) 设计航程：5000km（2700n mile，1n mile=1.852km）。

(2) 巡航速度：Ma0.785，初始巡航高度为 10670m（35000ft，1ft=30.48cm），最大巡航高度为 13100m（43000ft）。

(3) 起飞场长：小于 2100m（标准海平面，最大起飞重量）。

(4) 最大着陆速度：小于 250km/h（标准海平面，最大着陆重量）。

(5) 最大着陆重量：定义为最大零燃油重量加上备用燃油重量。

4. 环保性要求

(1) 噪声要求：比国际民用航空组织的适航噪声审定标准（第 4 阶段）中规定的适航噪声水平低 20dB 以上。

(2) 排放要求：污染物排放量比现有同类客机低 50% 以上。

5. 经济性要求

(1) 座公里油耗：比现有同类客机低 30%。

(2) 直接使用成本：比现有同类客机低 10%。

(3) 购置成本：与现有同类客机相当。

6. 适航标准

中国民用航空局颁发的《运输类飞机适航标准》（CCAR-25）。

2.5.3　一种轻型通用航空飞机的基本设计要求

1. 飞机的类型和任务

设计一种轻型通用航空飞机，主要用于初级驾驶培训，同时也可作为私人交通工具或用于旅游观光、航空摄影和航空测绘等。

2. 有效载荷

座位数 4 个，其中含一名飞行员的座位，每人重量为 75kg，行李总重为 20kg。

3. 性能要求

该型飞机作为一种初级驾驶培训飞机，要求它具有良好的低速特性和起降性能，从而提高安全性。同时，该型飞机作为一种私人交通工具，对飞行速度也有一定的要求。

(1) 起飞距离：地面滑跑距离小于 250m；飞越 15m 高度的距离小于 450m。

(2) 着陆距离：地面滑跑距离小于 180m；从 15m 高度开始计算的着陆距离小于 400m。

(3) 巡航速度：大于 230km/h。

(4) 最大速度：大于 300km/h。

(5) 设计航程：大于 1200km。

(6) 爬升率(海平面)：大于 5m/s。

(7) 失速速度(海平面)：襟翼收起状态的失速速度小于 110km/h；襟翼放下状态的失速速度小于 90km/h。

4. 系列化要求

在研制该型飞机之后，需将该型飞机改型为水上型飞机(衍生型飞机)。因此，在设计该型飞机时，应考虑该型飞机的衍生型的要求，为开发衍生型飞机预留发展空间。

5. 适航标准

中国民用航空局颁发的《正常类飞机适航规定》(CCAR-23-R4)。

课 后 作 业

选择一种类型的飞机，作为飞机概念设计项目的机型。通过简要的需求分析，拟定该型飞机的基本要求，并画出飞行任务剖面图。

思 考 题

2.1 飞机设计的基本要求包括哪些内容？

2.2 飞机适航性条例的主要目的是什么？

2.3 如何理解飞机设计要求的重要性？

第3章 发动机选型

在确定了设计要求后，飞机的飞行速度范围和高度就已经明确了，接下来就可确定发动机的类型，也就是发动机选型。发动机选型是飞机总体方案设计的一个重要工作，对飞机设计和研制工作具有全局性的重大影响。

航空发动机有多种类型，分别适用于不同的飞行速度和高度范围，它们的各种特性也有很大区别。为了选择出最合理的发动机类型，需要领会发动机选型的考量因素，并了解各类发动机的特点和适用范围。

3.1 发动机选型的考量因素

3.1.1 基本考量因素

从飞机总体设计的角度来看，发动机选型的基本考量因素主要有以下几个方面。

1）推力或功率

发动机是飞机动力装置的核心，其功用就是提供飞机所需的推力或功率，因此所选用的发动机应能够保证在飞机的全部飞行速度和飞行高度范围内，都具有足够的推力或功率。不仅要求发动机的地面静推力或功率足够大，而且发动机应具有良好的速度特性和高度特性，能满足整个飞行包线的推力或功率需求，这是最基本的要求。

2）耗油率

发动机耗油率的高低，直接影响到飞机的使用经济性，而且在飞机载油量相同的情况下，还会影响到飞机的航程和续航时间。因此，要求发动机的耗油率应尽量低。

3）发动机的重量

发动机的重量是飞机空机重量的主要组成部分，一般占有较大的比重。因此，在推力特性相当的情况下，选用重量较轻的发动机，可明显减轻飞机的全机重量，从而提高飞机的飞行性能。

4）发动机的外廓几何尺寸

发动机的结构应该紧凑，其外形几何尺寸应尽量小，尤其是发动机的迎风面积，应越小越好，以便减小发动机舱的体积，降低发动机装上飞机后所引起的外部气动阻力。

5）可靠性

一旦发动机出现故障，飞机的安全就会受到严重威胁。因此，发动机在各种飞行状态下，都必须稳定可靠，故障率低。这就要求发动机的各组成部分及其各个系统都是成熟可靠的，并具有经主管部门批准签发的产品合格证书，证明该发动机可以在飞机上使用。

6）工作寿命

发动机总的使用寿命和翻修寿命越长越好。这一点对于注重经济性的民用飞机尤为重要。

7) 使用维护

如果发动机使用维护、监控和检查都很方便，这样不仅有利于保证安全，而且可以减少飞机在两次飞行之间的停留时间，提高飞机的出勤率。这对提高飞机的使用效益是很有利的。

3.1.2　其他考量因素

以上列举的考量因素是对飞机发动机的基本要求。除此以外，还可能有许多其他方面的要求。例如，对于民机，发动机的价格、环保性等也是发动机选型的重要考量因素。从飞机单机成本方面考虑，发动机的价格应该尽量低；从环境保护方面考虑，发动机应尽量减少有害物的排放，减少对大气所造成的污染；为了减轻噪声所造成的公害，发动机的噪声应尽量小。

对于通用航空飞机，还要考虑不同类型燃油的价格。大多数活塞式发动机使用航空汽油，但航空汽油的价格要比航空煤油和柴油的价格高很多。若活塞式发动机能使用航空煤油或柴油，甚至是普通汽油，对于降低使用成本是非常有利的。

对于要求具有隐身性能的军用飞机，还要考虑发动机的红外辐射特性，所以应优先考虑红外辐射特征低的发动机。

3.1.3　发动机的总体指标参数

上面所提到的对发动机的各种要求一般并不是孤立的，它们之间具有一定的内在联系，有些不同的要求之间还存在着矛盾。所以，如果仅仅单项地去考虑，往往很难说明问题。因此，就需要用一些能够进行定量分析，并具有一定可比性的相对参数来对发动机进行评比和选择。最主要的相对参数有发动机推重比(或功率重量比)和单位迎面推力。

1) 发动机推重比(或功率重量比)

对于直接产生推力的喷气发动机而言，发动机推重比是指发动机的推力与其自身重量的比值，即表示发动机单位自重所能产生推力的大小。对于活塞式发动机，则是其单位自重所能提供的功率。

2) 单位迎面推力

对于喷气发动机，单位迎面推力是指发动机的推力与其最大迎风面积之比，它代表发动机每单位迎风面积所产生推力的大小。

当其他性能相同或相近时，应该选用推重比和单位迎面推力较大的发动机。

3.2　航空发动机的类型

为了能确定出最合理的动力装置的类型，首先需要了解各种航空发动机的特点和适用的飞行速度和高度范围。现代航空发动机的种类很多，主要有以下四大类：①活塞式发动机；②燃气涡轮发动机；③冲压发动机；④火箭发动机。

3.2.1　活塞式发动机

活塞式发动机的动力来源是由于气缸内混合气体燃烧时，压力升高，推动活塞做功。

大多数活塞式发动机的工作循环是由四个冲程所组成的，称为四冲程发动机。四个冲程次序为进气冲程、压缩冲程、膨胀冲程和排气冲程。通过各冲程的顺序交替，发动机内的气体状态不断地变化，将热能转变为机械能。

活塞式发动机的优点是价格比较低，耗油率低；缺点是因为有活塞、连杆等往复运动的构件，使用寿命较短、功率较小。目前，轻型通用航空飞机仍广泛使用活塞式发动机。

3.2.2　燃气涡轮发动机

燃气涡轮发动机包括涡轮喷气发动机、涡轮螺旋桨发动机、涡轮风扇发动机、无涵道风扇发动机等。这些发动机的共同特征是具有压气机、燃烧室和涡轮，这些部件组成了这类发动机的核心机。通常，这类发动机使用的燃料为航空煤油。

1. 涡轮喷气发动机

在燃气涡轮发动机中，涡轮喷气发动机(简称涡喷发动机)是构造最简单的一种。这种发动机低速时经济性较差，但随着飞行速度的提高，经济性提高很快，在超声速飞机上得到了广泛的应用。

涡喷发动机主要由进气道、压气机、燃烧室、涡轮和尾喷管组成，如图 3-1 所示。发动机工作时，空气经压气机压缩后，压力提高，随即进入燃烧室与燃料混合并进行燃烧，然后形成燃气流入涡轮，涡轮便在高温、高压燃气的驱动下转动起来，并带动压气机工作，最后

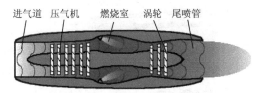

图 3-1　涡轮喷气发动机示意图

燃气在尾喷管中膨胀加速，高速向外喷出，产生推力。涡喷发动机的输出不是功率，而是推力，可直接用于推进飞机。

涡喷发动机产生的推力由两个来源组成，即空气流过发动机后的动量变化和尾喷口的排气压力。根据推力产生的基本原理，推力 T 的计算公式为

$$T = q_m\left(V_j - V_0\right) + \left(p_j - p_0\right)A_j \qquad (3\text{-}1)$$

式中，q_m 为空气质量流量(简称空气流量)；V_0 和 V_j 分别为进气速度和尾喷口处的喷流速度；p_0 和 p_j 分别为当前状态的大气压强和尾喷口的排气压强；A_j 为尾喷口的横截面积。此式没有考虑燃油的质量，因为涡喷发动机在单位时间内所加入的燃油质量与其空气流量相比小得多，一般仅占 1%～2%，故可忽略不计。若尾喷口压力充分膨胀，可以认为 p_0 等于 p_j，则式中的排气压力项不存在，推力公式简化为：$T = q_m\left(V_j - V_0\right)$。因此，涡喷发动机推力的大小主要取决于空气流量和速度差(排气速度与进气速度之差)，空气流量和速度差越大，推力越大。

2. 涡轮螺旋桨发动机

涡轮螺旋桨发动机(简称涡桨发动机)由燃气涡轮发动机通过减速器带动螺旋桨，产生拉力或推力，其组成如图 3-2 所示。对于这类发

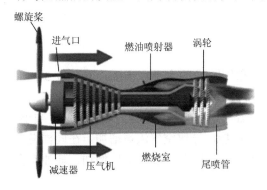

图 3-2　涡轮螺旋桨发动机示意图

动机，主要是靠螺旋桨产生拉力或推力，而喷气产生的推力很小。

涡桨发动机的耗油率与活塞式发动机相近。与活塞式发动机相比，涡桨发动机有许多优点：①功率、耗油率的速度特性和高度特性优于活塞式发动机；②功率重量比大；③由于不需要特殊的冷却装置，单位迎风面积的功率值较大；④由于没有往复运动构件，振动特性较好，故障率低，使用寿命长。但这种发动机性能的进一步提高，与活塞式发动机动力装置一样，也要受到螺旋桨效率的限制。这类发动机的功率一般为 300～4000kW，目前许多亚声速运输机和通用航空飞机采用这种发动机。

3. 涡轮风扇发动机

涡轮风扇发动机（简称涡扇发动机）是以涡轮喷气发动机为基础，增加一个外涵道而形成的，如图 3-3 所示。当气流通过其内涵道和外涵道时，动量均有所增加，因此内外涵道都能产生推力。与涡轮喷气发动机相比，由于增加了外涵道，空气流量增加，排气的平均速度降低，故在低速时效率提高、耗油率降低。

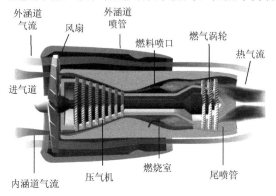

图 3-3　涡轮风扇发动机示意图

涡扇发动机的外涵道与内涵道的空气流量之比，称为发动机的涵道比（bypass ratio，BPR）。如果从涵道比的角度来看，也可以把涡喷发动机看成一种涵道比为 0 的发动机。而涡桨发动机虽然并没有外涵道，但也可以把流经螺旋桨的空气流量与流经发动机的空气流量之比看成涵道比，这样可将涡桨发动机看成一种涵道比非常大的发动机。而涡扇发动机则可以被认为是一种介于涡喷发动机与涡桨发动机之间的发动机。

对于涡扇发动机，按其涵道比的大小，可以分为低、中、高和超高涵道比的涡扇发动机。通常认为，涵道比 3 以下的为低涵道比；涵道比 6 左右的为中涵道比；涵道比 8～12 的为高涵道比；涵道比大于 13 的为超高涵道比。不同类型的涡扇发动机提供的推力范围很广，小型涡扇发动机可以提供约 4kN 的推力，大型涡扇发动机可以提供高达 500kN 的推力。

与涵道比密切相关的一个概念是比推力（specific thrust）。比推力被定义为发动机的推力与空气质量流量之比，即

$$\mu_{ST} = T/(q_m \cdot g) \tag{3-2}$$

式中，q_m 为空气质量流量；g 为重力加速度。

涡扇发动机的推力特性和耗油率与其涵道比（或比推力）的大小有直接关系。图 3-4 形象地示出了在核心机消耗相同燃油量的情况下，不同涵道比对喷流速度、静推力（速度为零时的推力）、比推力的影响。从图 3-4 可以看出，随着涵道比增加，比推力和喷流速度减小，而静推力增加。静推力之所以增加，是因为涵道比增加，导致空气流量增加。在同样燃油量消耗的情况下，静推力增加，也意味着耗油率减小了。因此，随涵道比增加，耗油率会下降。

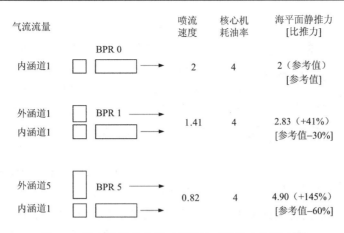

图 3-4 核心机能量相同时涵道比对静推力的影响[14]

与涡喷发动机相比，涡扇发动机的主要优点是提供的推力大，耗油率低；缺点是：由于增加了外涵道，其迎风面积较大，结构更为复杂，重量更重。图 3-5 形象地比较了巡航推力相同时，不同涵道比发动机短舱的直径和重量。当涵道比从 6 增加至 13 时，直径增加 23%，重量增加 25%。

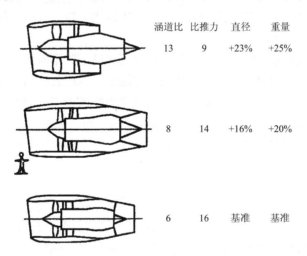

图 3-5 巡航推力相同时，涵道比对发动机短舱的直径和重量的影响[14]

高涵道比涡扇发动机的耗油率已与涡桨发动机相近。对于民机而言，由于其经济性十分重要，希望耗油率尽量低，因此高涵道比涡扇发动机在大型民机上获得广泛应用。另外，高涵道比涡扇发动机在军用运输机上也获得了较多的应用。

低涵道比涡扇发动机的推力和耗油率特性与涡喷发动机相类似。但它具有以下优点：①亚声速时不加力的耗油率比较低；②发动机的加力比较大。所谓加力比，是指使用加力燃烧室时发动机产生的推力与不使用加力燃烧室时发动机的推力的比值。因此，低涵道比的加力涡扇发动机在现代的超声速飞机上获得广泛应用。

4. 无涵道风扇发动机

为了能够适用于比一般的涡桨发动机更高一些的飞行速度，同时又能使其耗油率保持

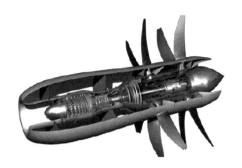

图 3-6　开式转子发动机示意图

接近涡桨发动机的水平，人们提出了一种新的发动机概念，称为螺旋桨风扇(propfan)或无涵道风扇(undueted fan，UDF)发动机，最近也称为开式转子(open rotors)发动机。这种发动机采用由多叶单排或双排对转的小直径螺旋桨风扇(简称桨扇)，如图 3-6 所示。桨叶的平面形状为大后掠马刀形，桨叶的弦长较长，剖面为相对厚度很薄的超临界翼型。桨扇有的由发动机直接带动，有的则通过减速器带动，有推进式的，也有拉进式的。桨扇与发动机的空气流量比高达 30～40。已有试验表明，当飞行 Ma 数增至 0.8～0.85 时，这种发动机仍能保持高效率，其耗油率与一般的涡轮螺旋桨发动机很相近。但由于这类发动机在噪声、振动等方面还存在有待解决的问题，目前在实际飞机型号中应用还很少。

3.2.3　冲压发动机

冲压发动机由进气道、燃烧室和喷管组成。空气进入进气道扩压后，速度下降、压力提高，压缩后的空气与燃油混合、燃烧，之后高温高压燃气从喷管高速喷出，产生推力。由于空气是依靠外界飞行速度的冲压而增压的，所以推力随飞行速度的提高而增加，而耗油率则随速度增加而迅速降低。

冲压发动机的优点是结构简单、重量轻，缺点是低速时不能启动，不能单独使用，必须与其他类型的发动机组合在一起才能使用。冲压发动机按其适用的速度范围分，有亚声速、超声速和高超声速三种。亚声速冲压发动机采用扩张型进气道和收敛型喷管，冲压增压比较小，热效率低；超声速冲压发动机采用多波系的超声速进气道，飞行 Ma 数为 1～6；高超声速冲压发动机一般使用碳氢燃料或液氢燃料，飞行 Ma 数为 6～16。

3.2.4　火箭发动机

火箭发动机由燃烧室和喷管组成。这种发动机工作时，不需要外界供应空气助燃，工作不受外界大气条件的限制。它自身既带燃料，又带氧化剂，可以在大气层外空间飞行。发动机工作时，燃料和氧化剂燃烧，产生高温、高压燃气，然后在喷管内膨胀加速，以高速向后喷出，产生推力。这类发动机的优点是推力不受飞行速度和高度的限制，缺点是耗油率很高，燃料消耗多，作用时间短，在飞机上主要作为助推装置。

3.2.5　其他发动机类型

除了上述四类航空发动机外，人们还一直在开发其他类型的动力装置，如电力推进动力装置、组合动力装置、油电混合动力装置等。对这方面有兴趣的读者，可自行查阅最新的相关文献。

3.3　航空发动机的外部特性

一般而言，航空发动机的推力(或功率)和耗油率随发动机的转速、飞机的飞行速度和高度的变化而变化。所谓发动机外部特性，是指发动机的推力和耗油率随转速、速度与高度的变化关系。对于飞机总体设计人员来讲，发动机首先要满足飞机的飞行性能要求，因此了解发动机的外部特性十分重要。

在计算飞机性能时，需要发动机外部特性的数据。当发动机选定后，可以从发动机供应商那里获取有关数据。在飞机概念设计阶段，如果没有合适的发动机外部特性数据，可采用工程估算公式来计算发动机的推力特性和耗油率特性。下面首先对发动机外部特性做进一步介绍，然后给出活塞式航空发动机、涡喷发动机和涡扇发动机的外部特性的估算公式。关于其他发动机的外部特性的估算公式，可查阅相关文献[14,15,18]。

3.3.1　推力(功率)特性

1. 推力的油门特性(转速特性)

操纵油门，能改变发动机的转速，从而改变发动机的推力。在飞行中，可根据飞机飞行状态的需要，选择适当的发动机工作状态，使发动机能在最有利的情况下工作，这样既能产生所需的推力，又能省油。航空发动机通常有以下几种工作状态。

(1)起飞工作状态：发动机转速最大或涡轮前温度最高时的工作状态，也称最大工作状态，通常用于飞机起飞阶段，此时发动机产生最大的推力或功率。有的发动机为了能在短时间内获得更大的推力或功率，采用了喷水的办法，用来增加质量流量或排气速度。使用喷水时的状态称为"湿"状态，而未使用喷水时的状态称为"干"状态。在起飞工作状态，连续工作时间一般限制在 5min 以内。

(2)加力工作状态：有些用于军机的燃气涡轮发动机带有加力燃烧室。在加力工作状态下，推力约可增加25%(飞行 Ma 数越大，加力比越大)。但是，由于加力时的耗油率过高，且容易引起发动机构件过热，所以只能在短时间内工作，一般不允许超过 5min。

(3)最大连续工作状态：发动机转速比最大工作状态时稍减小一些或少喷一些燃油，发动机的推力或功率比最大工作状态时小一些，可以保证在较长时间内连续工作，而发动机的构件不致超载或过热。例如，对于配装两台涡扇发动机的飞机，单台发动机失效时，通常使用这种状态；对于配装活塞式发动机的飞机，飞机以最大平飞速度飞行时，通常使用这个状态。

(4)最大爬升工作状态：飞机爬升时发动机的工作状态。对于活塞式发动机，此状态接近最大连续工作状态。

(5)巡航工作状态：飞机巡航时发动机的工作状态。此状态的发动机燃料消耗率最低，连续工作时间不限。

(6)慢车工作状态：此状态的发动机转速低，推力或功率很小。飞机下滑和着陆时常用此状态。

通过油门杆可以控制发动机的转速，从而改变发动机的推力或功率。油门可以在几个特殊挡位之间连续变化。特殊挡位主要指最大工作(对应最大起飞推力)、最大连续、最大爬升、最大巡航和慢车等几个状态。在油门、转速与推力三者之间没有确定关系的情况下，可以近似认为油门是线性的，即认为推力随油门位置按正比关系变化。对于涡扇发动机，比例系数的选取可以参照表 3-1。对于选定的活塞式发动机，油门、转速与功率也存在对应的关系。表 3-2 给出了某小型活塞式发动机的油门特性。

表 3-1　涡扇发动机典型油门位置对应的比例系数参考值

工作状态	最大工作	最大连续	最大爬升	最大巡航	慢车
比例系数	1.0	0.85	0.82	0.80	0.05

表 3-2　某小型活塞式发动机的油门位置、转速、功率和扭矩

油门位置	转速/(r/min)	功率/kW	扭矩/(N·m)
起飞	5800	73.5	121.0
巡航	5500	69.0	119.8
75%	5000	51.0	97.4
65%	4800	44.6	88.7
55%	4300	38.0	84.3

2. 推力的速度特性

发动机的速度特性是指，在发动机转速和飞机飞行高度一定时，发动机的推力随飞行速度的变化关系。

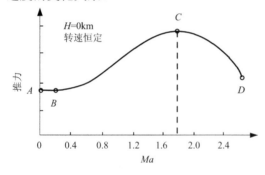

图 3-7　某型涡喷发动机的推力随 Ma 数的变化曲线

图 3-7 为某型涡喷发动机的推力随 Ma 数的变化曲线。随着飞行速度（Ma 数）的增大，发动机的推力开始略有下降，然后增加，但飞行速度超过一定的 Ma 数后，则迅速下降。从发动机推力的表达式（式(3-1)）可知，推力与速度差成正比。当飞行速度增加时，最初飞行速度很小，冲压不大，故发动机的空气流量和喷气速度增加得不多。此时飞行速度的增加，使速度差的值减小得较多，因而推力稍有下降。当飞行速度进一步继续增大时，冲压作用增强，空气流量和喷气速度的增加逐渐显著，故推力随飞行速度的增加而增大。当飞行速度增加到超过某一 Ma 数后，由于冲压作用过大，将使进入压气机的空气温度升高，为使发动机不致过热，需要调节和控制发动机的涡轮前温度，使喷气速度的增加受到限制，因此会使速度差大大降低，从而导致发动机的推力随速度的增大而迅速减小。

图 3-8 为低速时不同涵道比涡扇发动机的推力随速度（Ma 数）变化的特性曲线。由图可以看出，在低速时，涵道比越大，其推力衰减越快。

3. 推力的高度特性

发动机推力的高度特性是指，发动机转速和飞机的飞行速度一定时，发动机推力随飞行高度的变化情况。高度升高，空气的密度减小，发动机的空气流量随之减小，故发动机的推力随飞行高度的升高而减小。

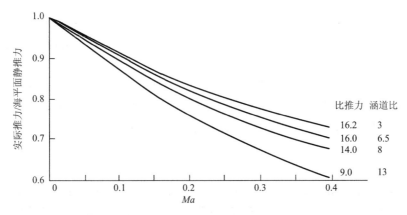

图 3-8　不同涵道比涡扇发动机的推力随 Ma 数的变化曲线[14]

图 3-9 为某型涡喷发动机推力的高度特性示意图。由图可以看出，当飞行高度低于11km 时，由于高度升高，大气温度降低，喷气速度增大，所以发动机推力随飞行高度的增加而降低的程度比较缓和。而当高度大于11km 时，在同温层内，由于大气温度不再随高度的增加而降低，所以发动机推力随飞行高度增加而降低得比较快。图 3-10 是涵道比为 6.5 的涡扇发动机推力的高度-速度特性（巡航工作状态），同样地，随高度增加，推力下降。

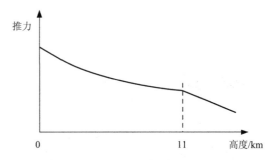

图 3-9　某型涡喷发动机推力的高度特性示意图

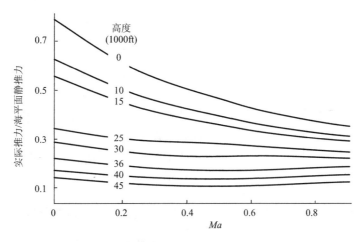

图 3-10　典型涡扇发动机的推力与高度、速度之间的关系(涵道比为 6.5，巡航工作状态)[14]

3.3.2　耗油率特性

发动机的耗油率是指单位时间内产生单位推力(或功率)的燃油消耗量,常用符号 C_e(或 c)表示。涡喷发动机与涡扇发动机直接产生推力,其 C_e 的单位是 kg/(kgf·h) (1kgf=9.80665N)

或 N/(N·h)；活塞式发动机和涡桨发动机输出功率，其 C_e 的单位是 kg/(hp·h)（1hp=745.7W）或 kg/(kW·h)。发动机的耗油率也随发动机转速、飞机的飞行速度和高度的变化而变化。

　　1. 耗油率的转速特性

　　耗油率的转速特性是指，在飞行速度和高度一定的情况下，发动机的耗油率随发动机转速的变化关系。某型涡喷发动机的耗油率-转速特性曲线如图 3-11 所示。由图可以看出，当转速较低时，随发动机转速的增大，C_e 迅速降低，当增至巡航转速时，C_e 降至最小值。此后，再增加转速，则 C_e 值开始增大。

　　2. 耗油率的速度特性

　　耗油率的速度特性是指，在发动机转速和飞行高度一定的情况下，发动机的耗油率 C_e 随飞行速度（Ma 数）的变化关系。图 3-12 为典型涡扇发动机（涵道比为 4）的耗油率与飞行 Ma 数的关系示意图。在飞行高度一定的情况下，耗油率随飞行速度的增大而增加。

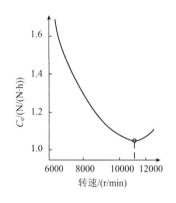

图 3-11　某型涡喷发动机耗油率-转速的关系

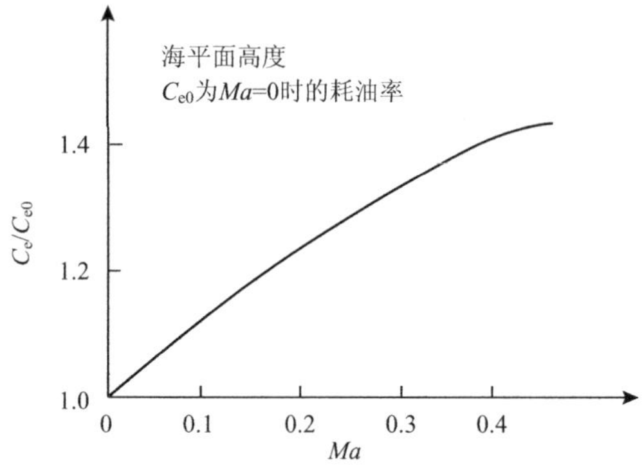

图 3-12　涡扇发动机的耗油率 C_e 与飞行 Ma 数的关系示意图

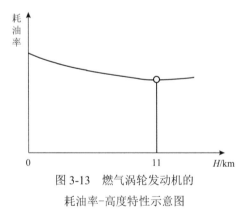

图 3-13　燃气涡轮发动机的
耗油率-高度特性示意图

　　3. 耗油率的高度特性

　　耗油率的高度特性是指，在发动机转速和飞行速度一定的情况下，发动机的耗油率随飞行高度的变化关系。燃气涡轮发动机的耗油率-高度特性示意图如图 3-13 所示。当高度增加时，耗油率有所下降；当高度达到同温层时（大约 11km），温度几乎不变，耗油率不再下降。

3.3.3　活塞式航空发动机外部特性的估算

　　根据已有的发动机数据，应用统计学的方法，可建立发动机外部特性的工程估算公式。

　　1. 功率特性

　　活塞式发动机的功率通常用 P 表示，单位为马力（hp）或千瓦（kW）。飞行速度的变化对活塞式发动机的功率影响很小，因此可近似认为其功率不随飞行速度的变化而变化。

　　对于没有涡轮增压的活塞式发动机，其功率 P 随飞行高度的增加而减小，近似计算式为[18]

$$P = P_{SL} \frac{\sigma - 0.117}{0.883} \tag{3-3}$$

对于有涡轮增压的活塞式发动机，当飞行高度小于增压高度时，其功率不随高度的变化而变化，当飞行高度大于增压高度时，功率的近似计算式为

$$P = P_{SL} \left(\frac{\sigma}{\sigma^*} \right)^{1.25} \tag{3-4}$$

式中，P_{SL} 为高度为海平面的发动机功率；σ 为相对密度(飞行高度处的空气密度与海平面的空气密度之比)；σ^* 为增压高度的空气密度与海平面的空气密度之比。

2. 耗油率特性

活塞式发动机的耗油率 C_e 是指单位时间内产生单位功率所消耗的燃油量，单位为 kg/(hp·h) 或 kg/(kW·h)。四冲程活塞式发动机的 C_e 值一般为 $0.20 \sim 0.27$ kg/(hp·h)。活塞式发动机的 C_e 值主要取决于发动机的转速。对于选定的活塞式发动机，发动机供应商会提供有关耗油率的数据。例如，图 3-14 为某小型活塞式发动机的耗油率特性。

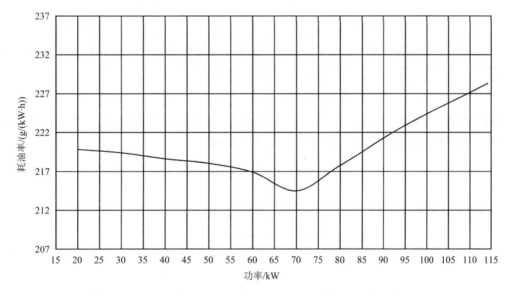

图 3-14　某小型活塞式发动机在不同功率设置情况下的耗油率(高度为海平面)

在没有具体数据的情况下，可根据式(3-5)近似估算活塞式发动机的耗油率[15]：

$$C_e = \frac{c}{10} \left[1 + 0.24 \left(\frac{P_0}{P_r} \right) \right] \left[1 + 1.5 \left(\frac{P_r}{P_0 \sigma^{1.1}} \right) \right] \tag{3-5}$$

式中，C_e 的单位为 kg/(kW·h)；P_0 为发动机的最大功率；P_r 为飞行状态的功率；c 为系数，其值取决于实际发动机的工作状态，可近似取为 1(或约小于 1)。

3.3.4　涡喷发动机与涡扇发动机外部特性的估算

涡喷发动机与涡扇发动机外部特性的估算公式同样也是基于大量的发动机数据，并结合其外部特性的特征，通过数据的统计分析而获得的。下面给出的估算公式取自文献[15]。

1. 推力特性

如前所述，发动机的推力主要取决于飞行速度、高度和发动机工作状态。考虑飞行速度对推力的影响，可分为低速（$Ma<0.4$）、高亚声速（$0.4<Ma<0.9$）、跨声速和超声速（$Ma>0.9$）三种情况。考虑高度的影响，可分为飞行高度小于 11km 和大于 11km 两种情况。另外，发动机使用状态分为干（不喷水）、湿（喷水）、加力的情况。

在给定高度、速度和发动机工作状态的条件下，涡轮喷气发动机的推力 T 可表示为

$$T = \alpha T_{SL} \tag{3-6}$$

式中，α 为随高度和速度变化的推力衰减系数；T_{SL} 为海平面静推力。系数 α 的估算公式如下：

当 $Ma \leqslant 0.9$ 时，有

$$\alpha = F_\tau \left[K_{1\tau} + K_{2\tau}R + (K_{3\tau} + K_{4\tau}R)Ma \right] \sigma^s \tag{3-7}$$

当 $Ma>0.9$ 时，有

$$\alpha = F_\tau \left[K_{1\tau} + K_{2\tau}R + (K_{3\tau} + K_{4\tau}R)(Ma-0.9) \right] \sigma^s \tag{3-8}$$

式中，Ma 为实际飞行的马赫数；σ 为大气相对密度值（飞行高度的大气密度与海平面的大气密度之比）；R 为涵道比；$K_{1\tau}$、$K_{2\tau}$、$K_{3\tau}$、$K_{4\tau}$ 和 s 为经验系数，取决于涵道比、飞行马赫数和发动机使用状态（干湿），可按表 3-3 来确定，表中系数 s 的适用范围为 11km 以下，大于 11km 时，σ^s 的计算修正公式为：$\sigma^s = (\sigma_1)^s \cdot (\sigma_2)$，其中 σ_1 为 11km 处的大气相对密度，σ_2 为飞行高度（大于 11km）的大气密度与 11km 处大气密度之比。当发动机为干状态时，F_τ 为 1；当发动机处于加力状态时，其值由式（3-9）确定：

$$F_\tau = \left(\frac{T_W}{T_D} \right) \Big/ (1.32 + 0.062R) \tag{3-9}$$

式中，T_W 和 T_D 分别为湿、干状态下的海平面静推力。

表 3-3　经验数据的取值（飞行高度 ≤ 11km）

涵道比	Ma 数范围	使用状态	$K_{1\tau}$	$K_{2\tau}$	$K_{3\tau}$	$K_{4\tau}$	s
<1	0~0.4	干	1.0	0	−0.2	0.07	0.8
		湿	1.32	0.0062	−0.13	−0.27	0.8
	0.4~0.9	干	0.856	0.0062	0.16	−0.23	0.8
		湿	1.17	−0.12	0.25	−0.17	0.8
	0.9~2.2	干	1.0	−0.145	0.5	−0.05	0.8
		湿	1.4	0.03	0.8	0.4	0.8
3~6	0~0.4	干	1.0	0	−0.6	−0.04	0.7
	0.4~0.9	干	0.88	−0.016	−0.3	0	0.7
~8	0~0.4	干	1.0	0	−0.595	−0.03	0.7
	0.4~0.9	干	0.89	−0.014	−0.3	0.005	0.7

2. 耗油率特性

涡喷发动机和涡扇发动机的耗油率 C_e 随马赫数、高度的变化关系为

$$C_e = c(1 - 0.15R^{0.65})[1 + 0.28(1 + 0.063R^2)Ma]\sigma^{0.08} \tag{3-10}$$

式中，R 为涵道比；Ma 为飞行马赫数；σ 为空气相对密度；c 为参考系数。飞行高度大于 11km 后，可近似认为此时 C_e 等于 11km 处的 C_e。c 的取值应参考已有发动机的数据。例如，对于运输机，如果其参考发动机的涵道比为 5，在设计点（Ma 数为 0.8 和高度为 11km）的耗油率 C_e 为 0.56N/(N·h)，那么根据式(3-10)计算得 c=0.684N/(N·h)。如果没有可参考的发动机的数据，可采用下面数据作为参考：①对于超声速飞机（配装涵道比小于 1 的发动机），c 大约取为 0.95；②对于配装小涵道比发动机的亚声速飞机，c 大约取为 0.85；③对于配装涡扇发动机的大型亚声速飞机，c 大约取为 0.70。

3.3.5　螺旋桨特性

活塞式发动机和涡桨发动机输出的是轴功率，以转速和扭矩的方式输出功率。它必须依靠螺旋桨将功率转化为拉力，才能使飞机前进。

当气流以适当的迎角流过桨叶翼剖面时将产生升力和阻力，所有这些剖面产生的升力和阻力沿旋转轴的分力即为螺旋桨的拉力。螺旋桨产生的拉力和消耗的功率可由下面两个公式表示：

$$T = C_T \rho n^2 D^4 \tag{3-11}$$

$$P = C_P \rho n^3 D^5 \tag{3-12}$$

式中，T 为螺旋桨的拉力(N)；P 为螺旋桨消耗的功率(kW)；D 为螺旋桨的直径(m)；n 为螺旋桨每秒钟的转数；ρ 为当前飞行高度的空气密度(kg/m³)；C_T 和 C_P 分别为螺旋桨的拉力系数和功率系数。

对于给定的螺旋桨，在一定的转速下，其拉力的大小仅取决于 C_T 和 ρ，其中拉力系数 C_T 仅是桨叶剖面与相对气流之间的迎角的函数。在达到失速迎角以前，迎角越大，C_T 值越大。在转速一定的情况下，此迎角值取决于飞行速度 V 的大小，所以 C_T 和 C_P 是进距比的函数。螺旋桨进距比的表达式为

$$J = V / (nD) \tag{3-13}$$

式中，V 为螺旋桨的前进速度(m/s)；n 为螺旋桨每秒钟的转数；D 为螺旋桨的直径(m)。螺旋桨进距比的含义是螺旋桨旋转一周飞机前进的距离与螺旋桨直径之比。

螺旋桨产生拉力使飞机在空中以速度 V 前进，为飞机飞行提供了功率。这个功率称为螺旋桨的有效功率或可用功率。有效功率与螺旋桨旋转所消耗的发动机轴功率 P 之比为螺旋桨的效率，用 η 表示，表达式为

$$\eta = \frac{TV}{P} = \frac{C_T \rho n^2 D^4 V}{C_P \rho n^3 D^5} = \frac{C_T}{C_P} J \tag{3-14}$$

从式(3-14)可以看出，螺旋桨的效率是进距比、拉力系数、功率系数的函数。

飞机开始起飞时，V=0，桨叶迎角最大，因此螺旋桨的拉力系数也最大。随着飞行速度的增大，桨叶迎角减小，拉力系数 C_T 也减小，因而螺旋桨的拉力也减小。为了提高 C_T，可采用变距的方法，速度变化时，可保持桨叶的迎角不减小。但当飞行速度增大时，桨叶上的气动力的方向偏离螺旋桨的旋转轴线，也会使其拉力减小。

由于螺旋桨拉力与空气密度呈正比关系，因此，随着飞行高度的增加，空气密度下降，拉力也将相应减小。

螺旋桨特性(拉力系数、功率系数、效率)与进距比之间的函数关系曲线，可以通过风洞试验或数值分析的方法获得。若采用的螺旋桨是货架产品，制造商会提供螺旋桨特性数据。图 3-15 为某型螺旋桨的特性曲线，该螺旋桨为定距桨，用于低速小型飞机。根据该曲线，在给定飞行速度、高度和转速的条件下，就可计算出螺旋桨的拉力、功率和效率。

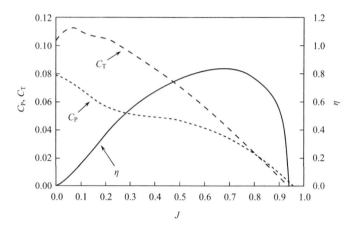

图 3-15　某型螺旋桨的特性曲线

从图 3-15 可以看到，螺旋桨的效率 η 随进距比 J 变化的情况。当进距比 J 增大到 0.67 左右时，螺旋桨的效率 η 最大，J 进一步增大时，则 η 迅速下降。对于配装螺旋桨的飞机而言，飞机巡航时螺旋桨的效率通常应在最大值附近。

3.3.6　推力损失

当发动机安装到飞机上时，由于会受到螺旋桨、进气道、尾喷管效率的影响，可用推力(或功率)会有损失。需要说明的是，前述的推力和耗油率估算公式已经考虑了这些影响。

虽然发动机的主要功用是为飞机飞行提供所需的动力，但除此之外，它还能以压气机引气和轴功率提取方式为二次能源系统提供动力。二次能源系统主要包括环境控制系统、除冰防冰系统、液压系统、电气系统和发动机附件等。当这些二次能源系统从发动机提取功率时，会引起发动机推力(或功率)下降。在飞机设计的初步阶段，在考虑这些二次能源系统提取功率的情况下，可认为发动机推力损失大约为 5%。

3.4　发动机选型指南

在 3.1 节中，从飞机设计的角度出发梳理了发动机选型的考量因素。这些考量因素是选择发动机的依据。由于飞机的类型、用途和性能指标各不相同，对发动机的要求差别很大，选择发动机时所要考虑的侧重点也不相同。这就是说，只有根据飞机的具体设计要求，才能讨论选择发动机的问题。另外，在选择发动机时，还必须考虑到实际的技术、经济等方面的客观条件。

发动机选型时，首先，要考虑发动机与飞机的飞行速度和高度是否匹配；其次，如果有多种发动机均能适用于飞机的飞行速度和高度，还要对比分析这些发动机，最终选择出最合适的发动机类型。

3.4.1　各类发动机的适用范围

在对飞机的发动机类型进行选择之前，应了解各种发动机的工作性能和特点。不同的发动机有不同的工作马赫数和高度范围，同时还受最大工作马赫数的限制。图 3-16 为常用发动机适用的飞行速度和高度范围，图 3-17 为常用发动机的最大工作马赫数限制。

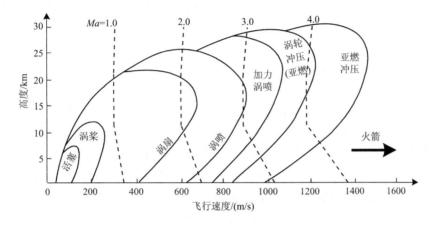

图 3-16　常用发动机适用的飞行速度和高度范围

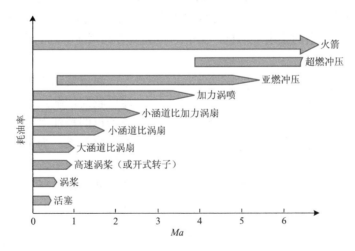

图 3-17　常用发动机的最大工作 *Ma* 数限制

3.4.2　不同类型发动机的对比分析

虽然根据飞机的设计要求和各类发动机的基本特性与适用范围，可以初步选择发动机的类型，但是在有些情况下，对于给定的飞行速度和飞行高度，存在多种类型发动机均可选择的情况。这是因为有时两种发动机的性能比较相近，各有优缺点，究竟选用哪一种好，就需要结合具体飞机的设计要求，做进一步的深入分析对比，才能正确地做出决策。

在飞机总体方案设计阶段，可能遇到的难于决定而需要进一步深入对比分析的情况主要有以下几种。

1. 活塞式发动机与涡桨发动机

这两种发动机都具有低速特性良好和耗油率低的特点，只是涡桨发动机适用的速度更高。此外，应考虑到当前大功率的活塞式发动机已很少见，因此对于一些轻小型飞机，包括农业飞机、体育运动飞机、空中摄影飞机、家用飞机(homebuilt aircraft)、小型无人机等，对飞行速度和飞行高度的要求不高，特别强调低成本、轻便灵活和操纵使用方便，显然选用活塞式发动机更为合适。而对于一些需用功率较大、速度和高度要求稍高的飞机，选用涡桨发动机更好。当飞行速度进一步提高，飞行 Ma 数大于 0.5 以后，则只能选用涡桨发动机，对活塞式发动机就不必再考虑了。

2. 涡桨发动机与高涵道比的涡扇发动机

这两种发动机在一定的飞行高度和飞行速度范围内，耗油率均比较低，使用经济性较好，因此均可用于强调使用经济性的中型、大型客机和运输机。两者相比之下，涡桨发动机能适用的速度要低一些。

由于涡桨发动机发展得较早，所以 20 世纪 50 年代以后，许多大型的客机和运输机都使用了这种发动机。后来出现了涡扇发动机，虽然其耗油率高，但由于能使飞机的飞行速度进一步提高，所以很快地代替了涡桨发动机，得到了广泛的应用。至今，飞行 Ma 数为 0.78~0.85 的高亚声速飞机，大多数选用涡扇发动机。

传统涡桨发动机的优点是耗油率比较低，缺点是随飞行速度的提高，螺旋桨的效率降低很快。为了克服传统涡桨发动机的缺点，人们提出了新型的螺旋桨风扇发动机(简称桨扇发动机)方案。这种所谓的桨扇发动机，保留了涡桨发动机耗油率低的优点，同时又扩大了其飞行速度范围。

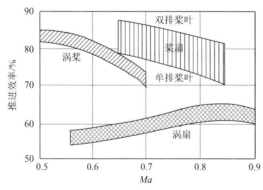

涡扇发动机的优点是适用的飞行速度较高，缺点是耗油率较高。涡扇发动机的耗油率特性与涵道比的高低有直接关系。为了进一步降低涡扇发动机的耗油率，目前正在研制和发展超高涵道比的新型发动机。这种超高涵道比的新型发动机无疑也是一种很有前途的发动机，能适用于强调使用经济性要求的民用飞机。

涡桨发动机、涡扇发动机、桨扇发动机的推进效率对比如图 3-18 所示。

图 3-18　涡桨、涡扇和桨扇发动机的推进效率对比示意图

3. 涡喷发动机与涡扇发动机

涡喷发动机与低涵道比的涡扇发动机是适用于超声速飞机的两种发动机。一般来说，涡扇发动机在巡航状态下的耗油率比涡喷发动机低 20%左右，但在加力状态时，其耗油率则比涡喷发动机还要高，不过在加力时，涡扇发动机的加力比也比涡喷发动机大得多。

涡扇发动机的缺点是其迎风面积较大,结构也比较复杂。总体来看,虽然涡喷发动机与涡扇发动机各有优缺点,只有结合飞机的具体设计要求才能决定选用哪一种最为有利,但是从涡扇发动机巡航状态性能较好的角度来看,许多亚声速巡航的超声速军用飞机(战斗机和轰炸机),多选用小涵道比的加力式涡扇发动机。而对于超声速巡航的飞机,这两种发动机各有千秋。

4. 其他情况

有些特殊用途的飞机,对发动机有特殊的要求。例如,对于垂直起落飞机,需选用推重比非常高的升力发动机及高涵道比的涡扇发动机;对于靶机,则需用短寿命的一次性使用的发动机;对于高超声速飞机,为了兼顾低速和高速的性能要求,需要组合式发动机;有的飞机为了缩短起飞滑跑距离或改善其机动性能,则需用火箭发动机或短寿命的涡喷发动机作为助推发动机。

3.4.3　本章内容与其他章节的关系

当发动机的基本类型确定之后,即可继续往下进行飞机概念方案的设计。本章与后续内容的关系体现在以下几个方面。

(1)发动机类型的选择,将对飞机总体布局设计产生影响。第 4 章将讲述飞机总体布局设计的基本原理。

(2)在第 5 章中,将进行飞机基本参数(飞机重量、推力需求和机翼面积)的估算。在估算过程中,需要发动机外部特性的估算公式。待飞机的基本参数确定以后,将对具体的发动机型号进行选择。如果有现成的发动机型号可选,则应优先考虑,如果没有合适的发动机可以选用,则应尽早提出对现有发动机进行改进或改型,或是提出设计新的与飞机配套的发动机。在这种情况下,要考虑到新发动机的研制周期一般较长,可以用性能要求相近的现有发动机作为过渡发动机。

(3)在第 14 章的飞机性能计算中,需要用到选定发动机的推力和耗油率数据。若在飞机性能计算中,尚缺乏发动机推力和耗油率数据,也可用本章的发动机外部特性估算公式进行计算。

课 后 作 业

针对所选的飞机概念设计项目,按照发动机选型指南,确定出最合适的发动机类型。

思 考 题

3.1　选择发动机类型的考量因素主要有哪些?

3.2　航空发动机主要有哪些类型?

3.3　航空发动机外部特性的含义是什么?

3.4　各类发动机的推力和耗油率特性有何特点?如何估算发动机推力和耗油率特性?

第4章 飞机总体布局设计

当飞机的发动机类型确定后，就首先需要对飞机的总体架构（部件数量及其组合方式）进行设计，这项工作就是飞机总体布局设计。

通常，飞机应具备以下 5 个基本功能及其对应的主要部件：

(1) 提供装载功能，对应的部件通常为机身。

(2) 提供升力功能，对应的部件通常为机翼。

(3) 提供配平、稳定和操纵功能，对应的部件为操纵面和安定面。

(4) 提供能克服气动阻力的动力功能，对应的部件为动力装置。

(5) 提供起飞和着陆阶段的停机、滑行、转弯等功能，对应的部件为起落装置。

飞机总体布局（也可简称为飞机布局，对应的英文为 aircraft configuration 或 overall configuration）是指飞机主要部件的数量、外形特征及其组合方式的总称。飞机总体布局具有多种多样的形式，区分飞机总体布局形式主要是看其机身、机翼、操纵面和安定面、发动机及起落装置的数目、外形特征以及它们的组合方式（相对位置）。飞机总体布局方案对飞机气动特性、结构重量、操稳特性、制造成本、使用维护等方面具有重要影响。确定飞机总体布局方案是飞机概念设计的一个重要决策，对飞机设计的成败具有关键性的影响。

飞机总体布局设计是一项将顶层设计要求转化为总体布局方案的创造性工作过程。为了设计出合理的总体布局方案，设计人员必须厘清飞机总体布局设计的影响因素，并深入理解各种飞机总体布局的特点。

4.1 飞机总体布局设计的影响因素

在确定总体布局方案之前，首先需要梳理飞机总体布局设计的考量因素。

4.1.1 基本因素

无论何种飞机，其总体布局设计应考虑以下基本因素。

(1) 操稳特性：飞机总体布局形式应满足飞机的配平、稳定性和操纵性要求，即飞机在各种飞行状态均能保持平衡和稳定的飞行，并通过操纵能改变飞机的飞行状态。

(2) 气动特性：飞机总体布局形式应使全机升阻比尽量大，飞机各部件之间的气动干扰阻力应尽量小。在起降状态，飞机应具有足够的升力。

(3) 结构特性：飞机各部件的组合方式应尽量综合利用主要结构件的承载能力，使机体结构重量尽量轻。

(4) 重心控制：飞机总体布局形式应有利于飞机的重心控制，燃油的消耗和有效载荷的变动对全机重心位置的影响尽量小，重心变化范围应满足飞机的操稳要求和减少配平阻力要求。

(5) 制造成本：飞机总体布局形式应有利于降低飞机的制造成本。

(6)维护性：飞机总体布局形式应有利于发动机、各种设备和机体结构的检查与维护。

(7)安全性：飞机总体布局形式应有利于提高飞机的安全性。对于民机，必须考虑适航要求，例如，要考虑单发失效、紧急迫降等要求。

4.1.2　特殊因素

除了考虑上述基本因素外，在飞行总体布局设计中还需考虑所设计的飞机的特殊性。

1)特殊的性能要求

(1)特殊的起降性能要求：有些飞机要求短距起飞，或在某些特殊的机场起飞。例如，飞机需要在简易机场、高原机场等起降。

(2)机动性要求：有些飞机对机动性有特殊的要求。例如，特技类飞机要求有很高的滚转率。

(3)隐身要求：有些军用飞机需具有很好的隐身性能。例如，隐身轰炸机、隐身战斗机、隐身无人机等对隐身性能有很高的要求。

2)特殊的使用要求

(1)装载要求：有些飞机对有效载荷的装卸有特殊要求。例如，运输机需要考虑有效载荷的尺寸、装卸方式、装卸设备的适配性等要求。

(2)尺寸限制：需要考虑飞机使用和运输过程中的尺寸限制。例如，对于舰载飞机，航空母舰的布局对飞机尺寸有限制；对于客机，机场的停机位对飞机尺寸也有限制。另外，飞机的部件(机身、机翼等)可能在不同地点制造，需要考虑运输问题，也会对飞机尺寸有限制。

3)系列化要求或改型要求

飞机制造企业通常会采用系列化策略或改型策略来开发衍生型号。例如，对于客机，通过加长或缩短机身，或换装不同的发动机，实现机型的系列化，以满足不同用户的需求；运输机有可能通过加装雷达设备，改型为预警机；陆上型飞机有可能改型为水上型或舰载型飞机。这种情况下，飞机总体布局设计应考虑系列化或改型这个因素。

4)外观要求

对于有些飞机，外形是否美观也是要考虑的因素。例如，私人飞机的美观性是影响用户购买飞机的一个重要因素。

4.1.3　其他因素

1)继承性

设计单位已有成功的飞机布局设计经验也可能是影响新机型总体布局方案的因素。例如，有的设计单位在无尾布局或鸭式布局战斗机设计方面积累了成功的经验，在开发新机型时，有可能偏向于采用同样的布局形式，这样可充分利用已积累的设计知识和经验，减少风险。

2)风险性

当飞机设计中采用一种新型布局形式时，应充分评估这种布局形式可能带来的风险性。有些飞机的布局形式最初看起来很有吸引力，但可能存在没有被认识到的缺陷。例如，有的新型布局形式，单从气动效率角度看很有优势，但随着设计工作的深入，可能会发现这种布局形式在结构重量方面要付出很大的代价，或者对飞机安全性产生不利影响，这样就会抵消或减弱气动效率的优势。为了减少采用新型布局形式的风险，应预先开展相关研究工作，从多个方面分析和评估新型布局形式的优势与缺陷，论证其总体效果。

4.2　飞机总体布局形式的分析

虽然飞机的布局形式多种多样，但通常可以从以下4个方面来描述飞机布局的特征。

(1)安定面/操纵面的布局：安定面/操纵面的数目及其与机翼、机身的相对位置。

(2)机翼的布局：机翼的数目、几何外形及其在机身上的安装位置。

(3)动力装置的布局：发动机/螺旋桨的数目和安装位置。

(4)起落架的布局：起落架的数量、安装位置和收放布置。

下面从上述4个方面，对现有的各种飞机总体布局形式进行分析。每种布局形式各有利弊，需要根据4.1节所述的各种考量因素(气动特性、结构特性、操稳特性、安全性、制造成本、维护性等多个方面)，进行综合分析和权衡。

4.2.1　安定面/操纵面的布局形式

安定面/操纵面布局形式的选择主要包括：①纵向安定面和操纵面的位置；②航向安定面和操纵面的数目和安装位置。以下为了叙述方便，将安定面/操纵面统称为操纵面。

1. 纵向安定面和操纵面的位置

纵向操纵面与机翼的前后相对位置代表了飞机总体布局最显著的特征，通常分为三种典型的形式：①正常式，即纵向操纵面位于机翼之后；②鸭式，即纵向操纵面位于机翼之前；③无尾式，即没有单独的纵向操纵面，它的纵向操纵面布置在机翼上。图4-1给出了这三种不同操纵面布局形式的示意图。

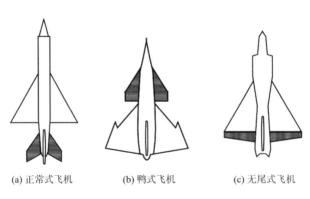

(a) 正常式飞机　　　　(b) 鸭式飞机　　　　(c) 无尾式飞机

图4-1　纵向操纵面位置不同的三种飞机形式

上述三种形式，实际上代表了最基本的飞机气动布局形式。无论哪一种形式，都必须保证飞机具有良好的操纵性和稳定性。也就是说，要求每一种形式都能使飞机进行有效的操纵和改变其飞行状态，并在新的飞行状态下保持平衡和稳定的飞行。通常所说的操纵面要能够使飞机在各种飞行姿态下得以配平，也是这个意思。因此，这三种不同的形式实际上代表了三种不同的气动力配平形式。

1）正常式布局

对于正常式布局，其纵向安定面和操纵面就是通常所说的水平尾翼，通过水平尾翼可实现纵向稳定、配平和操纵，如图 4-2 所示。

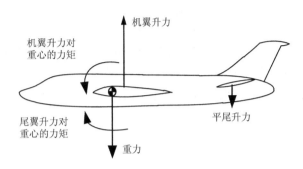

图 4-2　正常式布局飞机的配平

正常式布局飞机的特点是机翼与平尾的功能相对独立，机翼用于产生升力，平尾用于纵向配平和操纵。所谓纵向配平就是飞机上纵向力矩是平衡的。若以飞机重心为力矩参考点，配平的意思就是总的力矩为零。飞机水平飞行时，水平尾翼所提供的升力的方向是向上还是向下，取决于飞机重心和无平尾时飞机升力合力点的相对位置。如果重心在无平尾时飞机升力合力点之后，则水平尾翼提供向上的正升力；如果重心在无平尾时飞机升力合力点之前，则水平尾翼产生向下的负升力。对于大多数具有纵向静稳定的正常式布局的飞机，其重心一般在无平尾时飞机升力合力点之前，为了满足飞机的配平，水平尾翼产生的升力向下。

按高低位置分，平尾可能有五种不同的形式，如图 4-3 所示。水平尾翼安装在机身尾部时，可能的布置方式有：上平尾（图 4-3（a））；中平尾（图 4-3（b））；下平尾（图 4-3（c））。水平尾翼安装在垂直尾翼上时，可能的布置方式有：高置平尾（图 4-3（d））；T 形平尾（图 4-3（e））。

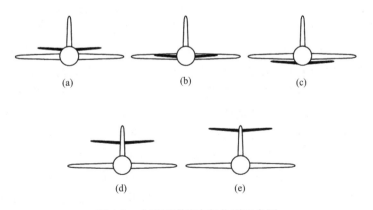

图 4-3　水平尾翼的高低位置示意图

水平尾翼高低位置的选择，主要考虑机翼和尾翼之间气动干扰的情况以及结构布置的难易程度，对于机身尾部安装发动机吊舱的布局（参见动力装置布局形式），尾翼要避开发动机的尾喷气流。

飞机飞行时，机翼的下游会拖出尾流，形成尾迹区。机翼尾流对平尾的流场会产生干扰，从而影响平尾的气动效率。如果平尾处于机翼强烈尾流的影响区内，则飞机的操纵性和稳定性难以保证。机翼尾流随迎角的增大而增强，当亚声速大迎角或超声速中等以上迎角飞行时，在机翼后面都会有很强的尾流扰流区。因此，在确定平尾位置时，首先应使平尾能避开机翼尾流的不利干扰。根据有关文献的研究结果[7,26]，平尾相对于机翼的位置应满足如图 4-4 所示的边界。在其所建议的区域布置平尾，通常能满足大迎角时纵向稳定性和操纵性的要求，并且在出现失速时，飞机也具有改出失速的操纵能力。

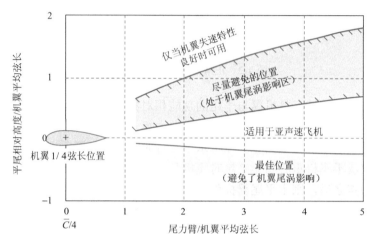

图 4-4　避免机翼尾涡干扰的平尾位置的边界

现代飞机多采用下平尾和中平尾的形式，这样容易避开大迎角时机翼尾涡的影响，有的飞机为了使平尾完全处于机翼尾迹之外，而采用了 T 形尾翼，即将平尾安装在垂直尾翼（简称垂尾）的顶端。T 形平尾的优点是平尾的速度阻滞系数大，效率高，同时，平尾相当于垂尾的端板，也能使垂尾的气动效率提高。但是需要指出的是，T 形平尾布局在迎角很大的情况下，机翼的尾流会导致升降舵的效率降低和失效，有可能出现深失速问题。所谓深失速是指飞机失速后，迎角不断增大，在迎角增大至某一值时(远超过临界迎角)，飞机俯仰力矩平衡，此时迎角被锁定。在这种状态下，气动阻力很大，飞行速度急剧减小，升力急剧减小，下沉速度急剧增大，飞机处于一种失控和危险的飞行状态。T 形平尾布局的飞机在试飞中曾出现深失速，并造成严重的飞行事故。所以 T 形平尾布局飞机必须避免深失速状态。另外，从结构设计角度来看，T 形平尾的主要缺点是会增加垂尾的结构重量，而且平尾的后掠角越大，垂尾的结构增重越明显，因此 T 形平尾的后掠角不宜过大。

与 T 形尾翼相比，平尾安装在机身上对减轻结构重量有利。就安装在机身上的平尾而言，下平尾和上平尾在机身上的安装与主承力构件的布置比较容易，有利于减轻结构重量，而中平尾的承力构件无法穿过机身，会增加结构重量。

目前大多数的民机、军机和通用航空飞机都采用了正常式布局形式。正常式布局的技术成熟，所积累的经验和资料丰富，采用这种布局方案的风险较小。正常式布局形式的主要缺点是机翼的下洗对尾翼的干扰往往是不利的，若平尾布置不当，会导致配平阻力较大。

2)无尾式布局

无尾式布局飞机(简称无尾飞机)用机翼后缘处的升降副翼来实现飞机的纵向配平和操纵,如图 4-5 所示。所谓升降副翼,是安装在机翼后缘并能同时实现飞机俯仰(纵向)和滚转(横向)操纵的操纵面,它兼有升降舵和副翼的功能。因此,升降副翼既是纵向操纵面,又是横向操纵面。

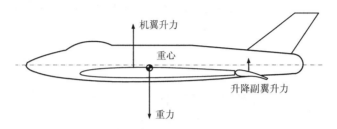

图 4-5 无尾式布局飞机的配平

对于具有纵向静稳定性的无尾飞机,在进行纵向配平时,升降副翼的升力方向向下,是负的升力,会引起升力损失。升力损失会导致巡航时升阻比的降低,而且飞机在着陆拉平或退出俯冲时,可能出现飞机"下沉"现象。为了减少无尾飞机配平时的升力损失,可采用机翼扭转或低头力矩较小的翼型(参见第 8 章中的翼型设计),减小飞机的低头力矩。对于纵向静不稳定性的无尾飞机,纵向配平时,升降副翼的升力方向向上,会增加升力,如图 4-5 所示。

无尾飞机的特点是:产生升力的功能和纵向配平及操纵的功能均由机翼来完成,也就是机翼既用于产生升力,又用于纵向配平和操纵。纵向配平和操纵均靠机翼上的升降副翼来完成。为了使布置在机翼后缘的升降副翼获得尽可能大的纵向力臂,无尾飞机一般采用大后掠的三角形机翼(简称三角翼)。

有学者把法国的无尾式布局飞机"幻影-2000"(参见 4.2.2 节中图 4-20)与正常形式的飞机"幻影 F-1"做过对比分析,得出的结论是:虽然这两种布局形式各有千秋,但在动力装置和有效载重相同的条件下,采用 60°后掠角的三角翼无尾布局形式具有以下两个方面的优点:①结构重量较轻,这不仅是因为省去了平尾的重量,而且由于采用了无尾

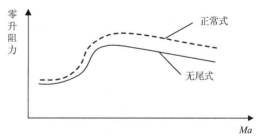

图 4-6 正常式和无尾式飞机的零升阻力比较

三角翼的形式,也使机身的重量有所减轻;②气动阻力较小,由于没有平尾,减少了飞机与气流的接触面积(飞机外露面积),也减小了零升阻力,而且无尾飞机的大后掠三角翼更有利于减小超声速飞行时的阻力,如图 4-6 所示。

无尾式布局的主要缺点是纵向操纵面的效率低,且存在升力损失(对于静稳定飞机),因此这种布局飞机的起飞和着陆性能不容易保证。为此,通常不得不采用减小翼载荷等措施来保证起飞和着陆性能。采用放宽静稳定度技术可有效地克服这方面的缺点,使无尾式布局形式的优点得到充分发挥。上述法国的"幻影-2000"战斗机所用的是 M-53 发动机,这种发动机的推重比只有 5.8~6.2,飞机的空战推重比也仅为 1 左右,但飞机的飞行性能

却与美国的 F-16 战斗机不相上下。F-16 战斗机上装的 F100-PW-100 发动机的推重比高达 8 以上，飞机的推重比也大于 1，可见"幻影-2000"战斗机的无尾式布局是相当成功的。

　　总之，对于超声速飞机，无尾式布局是一种有吸引力的布局形式。另外，目前正在研究的各种高超声速飞机概念方案也大多采用无尾式布局方案。

　　3) 鸭式布局

　　鸭式布局的纵向操纵面位于机翼之前，这个操纵面称为前翼或鸭翼，通过鸭翼的偏转可实现飞机的配平和操纵功能，如图 4-7 所示。

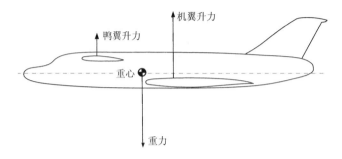

图 4-7　鸭式布局飞机的配平

　　根据鸭翼与机翼的相对距离，可分为远距鸭式布局和近距耦合鸭式布局两种形式。

　　(1) 远距鸭式布局。

　　远距鸭式布局意味着鸭翼与机翼之间的距离较远。对于这种布局的飞机，鸭翼主要起到类似平尾的作用，它的特点是飞机平飞或拉起时，鸭翼产生正升力。

　　远距鸭式布局还可用于防止飞机的失速、提高飞机的安全性。将鸭翼设计为先于机翼失速，在飞机大迎角飞行时(接近失速迎角)，鸭翼会先失速，飞机会自动"低头"，减小机翼迎角，从而可防飞机失速。这种防失速理念在通用航空轻型飞机中已得到应用。例如，著名飞机设计师 Burt Rutan 设计的 VariEze 轻型飞机(图 4-8)，以及南京航空航天大学于 20 世纪 80 年代研制的 AD-100 轻型飞机(图 4-9)和 AD-200 轻型飞机，均采用了远距鸭式布局形式。这些飞机的实际飞行也证明这种鸭式布局飞机具有良好的防失速功能。

图 4-8　鸭式布局示例(VariEze 轻型飞机)

图 4-9　鸭式布局示例(AD-100 轻型飞机)

　　虽然鸭翼避免了机翼下洗气流的影响，但鸭翼下洗气流对机翼的流场有影响，会影响机翼的展向气动力分布，有可能增加诱导阻力。飞机迎角较大时，飞机的俯仰力矩可能具有非线性特征，对俯仰操作特性产生不利影响。

　　另外，鸭翼会使气动焦点前移，为了保证飞机的静稳定裕度，飞机重心也需前移，导致鸭翼与重心的距离较短，因此，鸭翼的配平能力通常不如平尾。若机翼产生大的低头力矩（如襟翼放下时），鸭翼有可能无法满足纵向配平要求，由于这个问题，有些远距鸭式布局的轻型飞机在着陆时无法使用襟翼。

　　（2）近距耦合鸭式布局（简称近距鸭式布局）。

　　近距鸭式布局意味着鸭翼与机翼之间的距离很近。这种布局的设计理念与远距鸭式布局明显不同，它主要利用鸭翼产生的脱体涡对机翼的有利干扰。迎角不太大时，鸭翼前缘就会产生强度较大的稳定脱体涡。这种脱体涡可以提供非线性升力（图 4-10）。大迎角时，鸭翼脱体涡还会增强机翼上表面的边界层能量，减缓边界层的分离。因此，近距鸭式布局可提高飞机的机动性和大迎角时的气动特性。

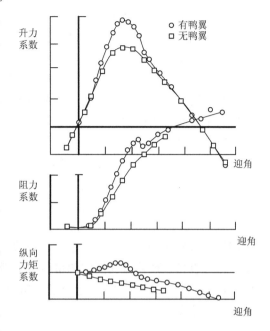

图 4-10　近距鸭式布局飞机的气动特性示意图

　　由于鸭式布局飞机具有良好的机动性能和大迎角时的气动特性，很多现代先进战斗机都采用鸭翼布局。例如，瑞典 Saab-37 战斗机、欧洲 EFA 战斗机、我国研制的歼-10（图 4-11）、歼-20（图 4-12）战斗机等都采用了鸭翼布局。

图 4-11　鸭翼布局示例（歼-10）

图 4-12　鸭翼布局示例（歼-20）

　　不过，由于鸭翼会使飞机的气动中心（焦点）前移，降低飞机的纵向静稳定性，因此近距鸭式布局飞机大多为纵向静不稳定或稳定性很小的飞机，其纵向飞行稳定性主要不是靠气动力自主恢复，而是依赖于自动控制系统。另外，由于鸭翼的力臂（鸭翼与重心的距离）较短，鸭式布局飞机的配平能力受到一定的限制。

2. 航向安定面和操纵面的数目与安装位置

飞机航向(或侧向)安定面和操纵面通常指的是垂直尾翼(简称垂尾)。垂尾在飞机上的位置,一般都是在机身的尾部,而且通常都是由固定在机身上的垂直安定面和可动的方向舵两部分组成的,仅在个别的高速飞机上装有全动的垂尾。

按垂尾的数目来区分,垂尾的布局形式主要有单垂尾、双垂尾和多垂尾三种。

1)单垂尾

大多数飞机均采用单垂尾布局形式。这种形式的结构相对简单,有利于减少制造成本。一些高速飞机为了提高高速飞行时的侧向稳定性,在机身背部和腹部加装背鳍与腹鳍,起到增大垂尾面积的作用。

2)双垂尾

与单垂尾相比,双垂尾布局形式的垂尾压力中心的高度显著降低,因此可以减小由侧力所造成的机身扭矩,但双垂尾布局要求在机身尾段有足够的宽度,才能减弱双垂尾之间的气动干扰,同时还需要考虑避开前体(机身、边条或鸭翼等)产生的尾涡及分离流对垂尾的不利干扰。许多现代战斗机采用了双垂尾的形式,例如,苏-27(图 4-13)、F-15 等飞机均采用了双垂尾布局形式。对于双垂尾布局形式,若将两个垂尾各向内或向外倾斜一定的角度,则可以显著地降低其侧向的雷达散射截面(radar cross section),提高飞机的隐身性能。例如,美国的 F-22 战斗机、我国的歼-20 战斗机、歼-31 战斗机(图 4-14)的垂尾均向外倾斜了一定的角度。

图 4-13　双垂尾布局示例(苏-27)　　　图 4-14　斜置双垂尾布局示例(歼-31)

许多配装单台发动机/螺旋桨的无人侦察机也采用了双垂尾形式,但垂尾并非安装在机身上,而是用两个支撑部件来安装尾翼,这种布局被称为双尾撑布局形式。无人机采用这种布局形式的主要原因是机身前部需要布置各种侦察设备,因此在机头部位无法布置发动机和螺旋桨,需将发动机和螺旋桨布置在机身尾部,导致机身尾部不容易安装尾翼。另外,双尾撑布局形式的一个优点是发动机重心靠近全机重心,有利于重心控制。例如,以色列的"苍鹭"无人机(图 4-15)、南京航空航天大学研制的"锐鹰 FX70"无人机等均采用了双尾撑布局形式。另外,美国的通用航空飞机塞斯纳-337(图 4-15)因为将螺旋桨布置在机身一前一后,也采用了双尾撑布局。

3)多垂尾

有些飞机为了降低垂尾的高度,采用了三个或更多的垂尾,也就是所谓的多垂尾布局形式。例如,E-2 飞机就采用了四个垂尾的布局形式,如图 4-16 所示。E-2 飞机是一种舰载预警机,由于受到航空母舰机库高度的限制,采用了四个垂尾的布局方案,以减小垂尾的高度。

(a) "苍鹭"无人机　　　　　　　　　　　　(b) 塞斯纳-337 通用航空飞机

图 4-15　双尾撑布局示例

图 4-16　多垂尾布局示例(E-2 飞机)

4.2.2　机翼的布局形式

机翼的布局形式是指机翼的数目、机翼的平面形状及其在机身上的安装位置。

1. 机翼的数目

从机翼的数目来分,飞机的布局形式可分为单翼、双翼和多翼。

在飞机发展的早期阶段(第二次世界大战之前),许多飞机采用了双翼或三翼的布局形式。这主要是由于早期飞机的飞行速度低、翼载较小,需要较大的机翼面积。另外,那时采用机翼翼型的厚度薄,受限于当时飞机结构技术水平,单翼布局飞机的结构强度和刚度难以得到保证,而在双翼布局中,支撑杆和张线将两个机翼连接在一起,更易于满足结构强度和刚度。随着结构设计技术的进步,外形更干净、气动效率更高的单翼布局形式便取代了双翼和多翼的布局形式。目前绝大多数飞机均采用单翼布局形成,仅在有特殊需求时(如要求飞机的翼载小或翼展长度受到严格限制),才考虑双翼布局形式。

2. 机翼的平面形状

现代飞机机翼的平面形状主要有直机翼、后掠翼和三角翼。机翼的平面形状对飞机的气动特性有很大的影响(详见第 8 章)。机翼平面形状选择的主要考虑因素是其气动特性,同时也要考虑机翼强度和刚度特性、重量、操稳特性、内部容积和制造工艺性等方面的影响,在综合权衡各方面的因素后,选择最合理的机翼平面形状。

1) 直机翼

直机翼的 1/4 弦线的后掠角为零或很小。这种机翼的升力线斜率大,低速气动特性好,而且有利于结构布置和满足强度与刚度要求,结构重量轻,制造工艺也相对简单。因此,低速飞机($Ma<0.6$)一般均采用直机翼,例如,我国的运-12(图 4-17)、新舟 60、K-8 等飞机

均采用了直机翼。

但也有一些超声速飞机采用直机翼。例如,美国 20 世纪 50 年代研制的 F-104(图 4-18)是一种 Ma 数超过 2 的超声速战斗机。它采用了小展弦比的直机翼布局形式,其翼型非常薄,超声速飞行时零升阻力系数较小。但小展弦比直机翼的缺点是其跨声速的气动特性较差、气动焦点变化剧烈,因此在现代的超声速飞机上较少采用。

图 4-17　直机翼布局示例(运-12)　　　图 4-18　小展弦比直机翼布局示例(F-104)

2) 后掠翼

在高亚声速的情况下,后掠翼能有效地提高临界 Ma 数,延缓激波的产生,避免过早出现波阻。因此,高亚声速民用飞机和军用飞机普遍采用了后掠翼布局形式。

在超声速的情况下,后掠翼可以改善其跨声速的气动特性,超声速飞行时,其零升阻力系数随 Ma 数变化比较平缓。虽然后掠翼的升力线斜率较小(相比于直机翼),但比三角翼的大。因此,许多低超声速飞机也广泛采用后掠翼的形式。

后掠翼在气动特性方面的主要缺点是:在大后掠角和大梯形比的情况下,大迎角时翼梢容易先失速,从而使飞机的稳定性和操纵性变差。但通过采用几何扭转或气动扭转,或加装翼刀,或采用前缘缺口等办法,可以在一定程度上弥补这一缺陷。

后掠角越大,对机翼结构的布置及其强度、刚度和重量特性的影响越不利,这是因为当机翼的后掠角增大后,其气动压力中心后移,机翼要承受的扭矩增大。

后掠翼的一种特殊情况是机翼的向前掠(后掠角为负),即所谓的前掠翼。前掠翼与后掠翼一样,也能有效地提高临界 Ma 数,但它从根本上克服了后掠翼翼梢先失速的缺点,并具有更高的升力系数。前掠翼的主要缺点是存在气动弹性发散的问题,因此目前这种前掠翼布局并没有获得广泛应用。

图 4-19　可变后掠角的后掠翼示意图

对于超声速飞机而言,大后掠角机翼的高速气动特性良好,而小后掠角机翼的低速气动特性好。因此,20 世纪 60 年代就发展了变后掠技术,例如,F-111、F-14、B-1B、米格-23、图-22 等飞机采用了变后掠技术。如图 4-19 所示的可变后掠翼飞机,在飞行过程中,可根据飞行 Ma 数的高低,来改变机翼后掠角的大小。高速飞行时,采用大后掠角,降低波阻,提高飞行速度;高亚声速巡航时,使用中等后掠角,提高机翼的升阻比,增加航程;低速飞行时,采用小后掠角,提高升力系数,改善其起落性能。但是变后掠翼也有结构比较复杂和重量较大的缺点，因此在现代超声速飞机中并没有获得广泛的应用。

3）三角翼

三角翼具有小展弦比和大后掠角两方面的特点，其跨声速的气动特性良好，气动焦点的变化比较平缓。由于其根弦较长，在翼型相对厚度相同的情况下，机翼根部可以有较大的结构高度。因此，三角翼的气动、强度、刚度和重量特性均比较好，被超声速飞机广泛采用。例如，米格-21、歼-8、歼-10、歼-20、幻影-2000、F-106、Saab-35 等战斗机，以及"协和号"超声速客机、SR-71 高空高速侦察机、XB-70 超声速轰炸机等，都采用了三角翼布局形式。

三角翼的平面形状大多为如图 4-20 所示的基本三角形，其区别主要是前缘后掠角的大小。但也有一些飞机根据对气动特性和结构安排的需要，虽然采用了三角翼，但其具体的平面形状也有各式各样的变化，如图 4-21 所示。在图 4-21 中，(a) 和 (b) 分别是瑞典的 Saab-35 和 Saab-37 战斗机所采用的两种双三角翼；(c) 是"协和号"超声速客机采用的 S 形前缘的狭长三角翼；(d) 是美国的 SR-71 高空高速侦察机采用的带有边条翼的三角翼。

(a) 幻影-2000 战斗机　　　　　　　　　　　　(b) 歼-8 II 战斗机

图 4-20　采用基本三角翼的飞机示例

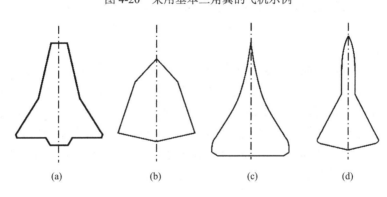

(a)　　　　　　(b)　　　　　　(c)　　　　　　(d)

图 4-21　几种改进的三角翼外形

三角翼的缺点是升力线斜率较小。当飞行速度较低时，就需要较大的迎角，才能提供足够的升力。对于小展弦比大后掠角的三角翼来说，当迎角较大时，将产生强烈的下洗气流，因此，在气动布局上，造成了平尾布置的困难。如果平尾处于强烈的下洗气流之中，飞机的操纵性和稳定性将难以保证。为了避开这个问题，许多三角翼布局飞机采用了无尾布局形式，幻影-2000、SR-71、"协和号"超声速客机等飞机就是典型的例子。

虽然大后掠三角翼和无尾布局飞机的跨声速和超声速的特性都较好，但如何改善其低速特性是值得关注的问题，尤其是针对起飞和着陆性能的要求，往往需要采用一些专门的措施。例如，"协和号"超声速客机(图 4-22)在三角翼的基础上增加了狭长的边条，通过边条产生涡升力，来增加起降时的升力系数；XB-70 超声速轰炸机(图 4-23)采用鸭翼来提高纵向力矩控制能力，改善其起飞和着陆性能。

图 4-22 "协和号"超声速客机　　　　　图 4-23　XB-70 超声速轰炸机

3. 机翼在机身上的安装位置

机翼在机身上的纵向位置，主要取决于飞机的纵向静稳定性，通常要等到飞机重心确定后才能确定，有关内容见第 8 章(机翼设计)和第 11 章(总体布置)。

机翼在机身上的高低位置通常有三种：上单翼、中单翼和下单翼，如图 4-24 所示。

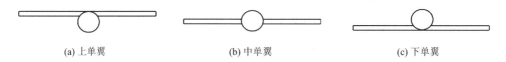

　(a) 上单翼　　　　　　　　　(b) 中单翼　　　　　　　　　(c) 下单翼

图 4-24　机翼相对于机身上的安装位置

这三种形式各有优缺点，在现代飞机上都有应用。究竟选取哪一种为好，需要从气动特性、操稳特性、结构重量、总体布置的匹配性、使用特性等方面综合考量。

1) 气动特性

机翼与机身连接在一起时，会出现气动干扰问题。从干扰阻力的角度来看，中单翼的气动干扰阻力最小，下单翼的气动干扰阻力最大，上单翼介于二者之间。但对机翼机身的接合部位进行整流后，可以使其干扰阻力明显下降。对于超声速飞机，中单翼有利于翼身融合，也有利于进行面积律设计(参见第 7 章机身设计)，从而能降低波阻。

在同样机翼面积的情况下，空气流经上单翼的上表面的面积更大，可产生更多的升力，因此上单翼具有较大的最大升力系数，有利于降低失速速度。上单翼的缺点是通常会增加飞机的迎风面积，增加阻力。

2) 操稳特性

机翼在机身上的高低位置，对飞机的横滚力矩特性有明显的影响。上单翼有利于增加侧向稳定性，其效应就相当于机翼有较大的上反角；而下单翼的影响相反，相当于机翼下反的效应。中单翼对侧向稳定性的影响不大。

由于上单翼位置位于重心之上，上单翼的气动阻力引起的纵向力矩为抬头力矩(以重心为参考点)，对纵向稳定性有一定的不利影响；与之相反，下单翼能在一定程度上增加纵向稳定性；而中单翼对纵向力矩的影响很小。

上单翼飞机着陆时，其机翼离地面较远，气动的地面效应较小，有利于飞机的精确着陆，这对初学者学习飞行技术较为有利。

3）结构重量

从结构布置的情况来看，上单翼和下单翼的结构布置相对容易，左右机翼可通过中央翼连成一体，而不会对机身内部布置产生过大的影响。而中单翼的结构布置则比较困难，如果机翼穿过机身，势必影响机身的内部安排；如果不穿过机身，机翼的主要承力构件中断，需要通过机身加强框来连接机翼，这要付出增加重量的代价，如图 4-25 所示。因此，对于客机和运输机，不宜采用中单翼，一般采用下单翼或上单翼。

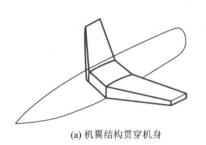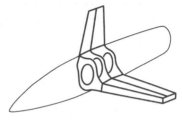

(a) 机翼结构贯穿机身　　　　　　　　　(b) 机翼结构与机身加强框相连

图 4-25　中单翼与机身连接的典型结构形式

就下单翼或上单翼这两种布局而言，对于客机和通用航空飞机，下单翼的中央翼结构可从机身地板下面穿过，在结构布置方面更具优势，有利于减轻其结构重量。而上单翼布局的通用航空飞机可通过布置一个斜拉杆来降低机翼根部的弯矩，能有效降低机翼的结构重量，但要付出气动阻力增加的代价。轻型飞机 Cessna-172 就采用了带斜拉杆的上单翼布局形式，如图 4-26 所示。

图 4-26　Cessna-172 轻型飞机

4）总体布置的匹配性

在选定机翼的上下位置时，还必须考虑机翼对水平尾翼的气动干扰（正常式布局飞机），或者机翼与鸭翼之间的相互影响（鸭式布局飞机）。机翼的上下位置、平尾（或鸭翼）的上下位置以及机翼与平尾（或鸭翼）之间的前后距离，都会影响气动干扰的特性，需要通过进行数值仿真和风洞试验才能解决这个问题。对于正常式布局飞机，应避免机翼的下洗气流直接影响尾翼。

从布置起落架的角度来看，上单翼布局有明显的缺点，由于机翼离地太高，难以安装起落架，或即使能安装起落架也会导致起落架过长和过重，所以许多上单翼飞机的起落架只能安装在机身上。对于小型飞机，若起落架安装在机身上，也会有主轮距过小的问题。因此，下单翼布局更有利于起落架的布置。

对于翼吊布局飞机，上单翼布局有优势，机翼与地面之间有足够的距离，便于安装发动机短舱或螺旋桨。而对于下单翼布局飞机，机翼距地面较近，在机翼下面吊装喷气发动机或在机翼上安装涡桨发动机都比较困难。

5) 使用特性

上单翼布局的优点是可以减小机身距地面的高度, 对于运输机, 这一点非常重要, 它能降低货桥和舷梯与地面之间的距离, 使货物或装备装卸方便。对于小型飞机, 登机进入飞机也更容易一些。对于水上飞机, 飞机在水面上滑行起飞时, 会产生水溅, 上单翼更有利于避开水溅。另外, 上单翼不会遮挡飞行员和乘客向下看的视线, 这对于旅游观光的飞机是有利的。

上单翼布局的缺点是: ①在应急着陆时, 机翼不能对机身起保护作用, 反而可能将机身压坏; ②在水上迫降时, 机身大部分在水面之下, 应急疏散旅客困难; ③对于大型飞机, 其机翼位置较高, 襟翼、副翼机构等检查和维护不太方便。

在实际设计中, 应全面地考虑各种影响因素, 并确定各考量因素的权重, 经过综合权衡分析后, 确定出最佳的机翼位置布局方案。例如, 大型客机和军用运输机的机翼位置布局方案明显不同。我国研制的 C919 采用了下单翼布局, 而运-20 采用了上单翼布局, 如图 4-27 所示。这主要是因为这两种飞机的使用方式不同, C919 是一种民航客机, 而运-20 是一种军用运输机。由于总体布局设计中的考量因素不同, 因此导致了不同的机翼位置布局方案。

(a) C919 客机　　　　　　　　　　　　　　　(b) 运-20 运输机

图 4-27　上单翼与下单翼布局示例

4.2.3　动力装置的布局形式

动力装置的布局形式包括发动机的数目、安装位置以及进气道或螺旋桨的布置方式。

1. 发动机的数目

按发动机的数目来分, 可分为单台发动机(单发)、双台发动机(双发)及多台发动机(多发)几种布局方式。

发动机的数目, 应视可供选择的发动机的推力与飞机所需要的推力而确定。同时, 也要考虑发动机的数目对飞机操纵的难易、附加设备的重量、生存力及成本等影响因素。

单发和双发(或多发)各有优缺点。单发的优点是操纵简单, 附加设备重量较轻, 成本低。因此, 许多轻型飞机采用单发布局形式。双发和多发的优点是生存力较强, 在一台发动机失效的情况下, 飞机仍能维持飞行。因此, 为了提高飞机的安全性, 对于载人数量较多的飞机, 一般采用双发或多发的布局形式。

2. 发动机的安装位置

发动机在飞机上的安装方式可分为两大类: 一类是埋入式, 即发动机安装在机体内部; 另一类是短舱式, 即发动机安装在专门的短舱内。

埋入式的优点是飞机外形干净，气动阻力小；其缺点是占据机体内部空间，对总体布置和结构布置产生不利影响，发动机的维护也不方便。

短舱式的优点是不占机身内部空间，对内部布置和结构布置无干扰，进气道短（对于喷气式飞机而言），而且便于发动机的维护；其缺点是增加了飞机的外露面积和气动阻力，结构重量也会有所增加。另外，对于军用飞机，短舱会增加雷达散射面积，对隐身性能不利。

1）单发情况

喷气推进的单发飞机一般采用埋入式将发动机安装于机身的后部或中部。大多数喷气式战斗机和军用教练机采用了将发动机安装于机身后部，这样可减小尾喷管的长度，机体结构受尾喷热气流的影响较小，同时不会影响机翼与机身结构的连接。例如，F-16 飞机的发动机布置在机身后部的位置，如图 4-28 所示。而垂直/短距起降飞机的发动机一般布置在机身中部，这样可使发动机重心靠近全机重心，如图 4-29 所示。

图 4-28　F-16 飞机的发动机位置　　　　图 4-29　垂直/短距起降飞机的发动机位置

但也有些飞机采用短舱式将发动机安装于机身的背部，例如，"全球鹰"无人机（图 4-30）、"愿景 SF50"通用航空飞机（图 4-31）等采用这种布局形式。

图 4-30　"全球鹰"无人机　　　　图 4-31　"愿景 SF50"通用航空飞机

对于螺旋桨推进的单发飞机，其发动机和螺旋桨一般安装在机身头部，主要原因是螺旋桨的来流不受飞机其他部件的干扰，起飞和着陆时螺旋桨也不会擦地。但对于鸭式布局和双尾撑布局的飞机，其发动机和螺旋桨大多布置在机身尾部，参见图 4-8、图 4-9 和图 4-15。

2）双发和多发情况

对于采用喷气推进的双发战斗机，与单发情况类似，其发动机一般布置在机身后段。

双发或多发的客机、运输机和通用航空飞机一般采用短舱来安装发动机。双发客机和运输机有两种典型的短舱布局形式：一种是将短舱安装在机翼下部，即翼吊布局（图

4-32(a)）；另一种是将短舱安装在机身尾部两侧，即尾吊布局(图4-32(b))。此外，也有少数飞机将发动机短舱装在机翼上部，即翼上短舱布局形式，例如，HondaJet公务机(图4-32(c))和An-72运输机就是将短舱安装在机翼上面的。

(a)翼吊布局　　　　　　　　(b)尾吊布局　　　　　　　　(c)翼上短舱布局

图4-32　典型的发动机短舱布局示例(双发)

　　也有少数喷气式运输机采用了三发方案，典型的布局方式有两种：①两个发动机短舱布置在机翼下方（翼吊），另外一个短舱布置在垂尾根部，如图4-33(a)所示；②三个发动机短舱均布置在机身后部，如图4-33(b)所示。

(a)MD-11客机　　　　　　　　　　　(b)B727客机

图4-33　发动机短舱布局示例(三发)

　　配装四发的运输机一般采用翼吊布局形式。例如，BAe 146、A380、B747、运-20等飞机均采用这种布局形式。但也有个别运输机采用了尾吊布局形式，例如，伊尔-62就采用了四发尾吊布局形式。

　　表4-1从气动、结构重量、重心、操稳、总体布置角度对比分析了翼吊布局与尾吊布局的特点。从对比中可以看出，这两种布局各有利弊。对于双发喷气式飞机，究竟是采用翼吊布局还是尾吊布局，要进行综合权衡。一般而言，对于大型客机，采用翼吊布局更有利；对于配装涡扇发动机的支线客机，座位数较少时(小于70)，倾向于采用尾吊布局，而座位数较多时(大于90)，倾向于采用翼吊布局；对于配装涡扇发动机的公务机，一般采用尾吊布局。

　　3. 进气道的布置方式

　　进气道的布局形式多种多样。典型进气道的布局形式有：①机头进气道；②机身两侧进气道；③短舱式进气道；④机身腹部进气道；⑤机翼下部进气道；⑥机身背部进气道。不同的进气道布局形式，各有其优缺点。选择哪种形式，要根据飞机的设计要求，进行全面分析后才能确定。图4-34为典型的军用飞机进气道的布局形式。

表 4-1　翼吊布局与尾吊布局的对比

考量因素	翼吊布局	尾吊布局
气动特性	短舱对机翼流场有干扰； 对增升装置布置有影响，增升装置沿展向不连续	机翼干净，机翼升阻比较大； 增升装置沿展向连续； 短舱与机身之间的干扰阻力较大； 机翼下洗可能会影响进气道流场
机翼和机身的结构重量	发动机重量对机翼有卸载作用，可减轻机翼的结构重量	无发动机卸载，不利于机翼结构减重； 增加机身长度，连接处的机身结构需加强，会增加机身的结构重量
重心变化范围	发动机靠近全机重心位置，飞机使用过程中的重心变化范围较小	发动机离全机重心较远，飞机使用过程中的全机重心变化范围较大； 全机重心靠后，尾力臂较短，需增加水平尾翼尺寸
配平与操纵	发动机推力线与机身轴线之间的距离较大，单发停车时，不仅需要较大的航向配平力矩，也需要较大的垂尾面积； 发动机的推力产生抬头力矩，飞机起飞抬头操纵所需的升降舵偏度较小	发动机推力线与机身轴线之间的距离较小，单发停车时，所需航向配平力矩较小，单发失效不是垂尾面积设计的临界约束； 发动机的推力产生低头力矩，飞机起飞抬头操纵所需的升降舵偏度较大
总体布置	发动机布置：受机翼与地面之间的距离限制，不利于安装大涵道比发动机；短舱离地较近，不利于防止吸入地面异物，但有利于发动机的维护； 起落架布置：机翼离地面较高，要求起落架较长，会增加起落架重量； 尾翼布置：一般安装在机身上	发动机布置：离地间距大，有利于安装大涵道比发动机，有利于防止吸入地面异物，但不利于发动机的维护； 起落架布置：机翼离地面较近，起落架较短，起落架重量较轻； 尾翼布置：平尾需布置成 T 尾或高置形式，导致垂尾重量增加

(a) 机头进气(歼-7)

(b) 两侧进气(飞豹)

(c) 两侧进气(K-8)

(d) 机身腹部进气(歼-10)

(e) 机翼下部进气(歼-16)

(f) 腮部进气("阵风"战斗机)

图 4-34　典型的军用飞机进气道布局形式

机头进气的形式主要适用于机身较短的歼击机，优点是：①布置紧凑，机身截面小，没有机身附面层的干扰，进口气流均匀，畸变小；②机炮对进气道流场的影响小，易于安排机炮的位置。其主要缺点是机身头部无法安装大的雷达天线，仅能安装小的雷达天线。

　　两侧进气的优点是：进气道短，内管道损失小，总压恢复系数较高；机头便于安装雷达天线，飞行员视界也较好。其主要缺点是机身对进气道的流场有干扰。根据两侧进气道与机翼之间的位置，有两种典型的布置方式：①进气道位于机翼下方，如图 4-34(b) 所示；②进气道位于机翼上方，如图 4-34(c) 所示。这主要取决于机翼的位置布局形式。

　　腹部进气道的优点是大仰角飞行时进气道的性能好、有利于提高飞机的机动性能，缺点是飞机在地面操纵过程中易于吸入地面杂物。单发飞机的腹部进气道布置在机身下方，如图 4-34(d) 所示；在机翼下方布置双发飞机的进气道如图 4-34(e) 所示。法国的"阵风"战斗机采用了一种介于两侧和腹部进气的方式，如图 4-34(f) 所示，这种进气道布局称为腮部进气道布局。

　　背部进气道可利用机身或机翼遮挡进气道，不让雷达波照射到进气道，有利于提高隐身性能，但仰角较大时进气道性能变差。背部进气道的示例参见图 4-42 和图 4-43。

　　短舱式进气道的主要优点是进气道短，不占机身内部空间，对内部布置和结构布置无干扰，但会增加飞机的外露面积，增加气动阻力。短舱式进气道的示例参见图 4-32 和图 4-33。

　　4. 螺旋桨的布置方式

　　按螺旋桨与发动机和全机重心之间的相对位置，可分为两种布置方式：拉进式和推进式。拉进式是指螺旋桨在发动机或全机重心之前，推进式是指螺旋桨在发动机或全机重心之后。对于单发螺旋桨飞机，螺旋桨和发动机布置在机头就是拉进式，如图 4-35(a) 所示，布置在机身尾部就是推进式，如图 4-35(b) 所示。对于双发或多发螺旋桨飞机，螺旋桨布置在发动机之前，属于拉进式，如图 4-35(c) 所示；螺旋桨布置在发动机之后，属于推进式，如图 4-35(d) 所示。

(a)小鹰 500 轻型飞机

(b)"翼龙"无人机

(c)新舟 600 支线飞机

(d)Starship 通用航空飞机

图 4-35　典型的螺旋桨布置示例

　　选择拉进式还是推进式布局，主要取决于飞机的需求，也需要从气动干扰、飞机操稳特性、总体布置、重心控制等方面综合考量。如果单从推进效率的角度来看，拉进式布局的螺旋桨效率较高，这是因为螺旋桨的来流不受飞机其他部件的干扰。

对于单发螺旋桨正常式布局的飞机，一般采用拉进式布局提高螺旋桨的效率。而无人侦察飞机一般采用推进式布局，这主要是为了满足机头布置机载设备的要求。对于双发或多发螺旋桨飞机大多采用拉进式布局，只有少数的通用航空飞机采用推进式布局，例如，比奇飞机公司开发的 Starship 通用航空飞机，如图 4-35(d) 所示。

4.2.4　起落架的布局形式

起落架提供飞机起飞和着陆阶段的停机、滑行、转弯等功能，其布局形式有多种，如图 4-36 所示。目前飞机主要采用前三点式、自行车式及后三点式，其他布局形式一般是根据特殊需要而设计的。

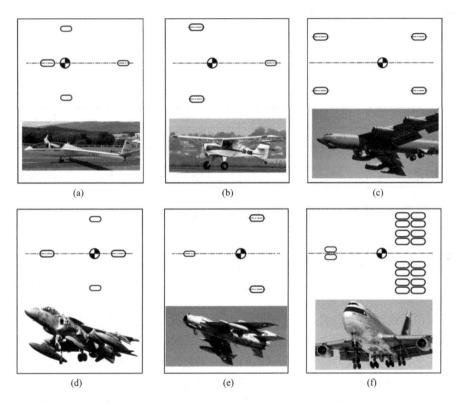

图 4-36　起落架的布局形式

(1)单主轮式：如图 4-36(a) 所示，一个主轮可布置在飞机重心前，为防止翻倒可在翼下及尾部布置滑橇，也可将主轮布置在重心后，但此时在驾驶舱下需布置一个滑橇。这种形式简单，所以被大多数滑翔机所采用。

(2)后三点式：如图 4-36(b) 所示，有一对主轮布置在飞机重心前，在远离重心的尾部有一尾轮。这种布局的优点是：可为装于机头的螺旋桨桨尖与地面之间提供较大的间隙，并且由于飞机的纵向倾斜使机翼迎角较大，有利于起飞。其缺点是：驾驶员的前视界不好，且由于主轮在飞机重心前，当飞机向前滑行主轮受到扰动时运动稳定性不好。这种形式大都被老式螺旋桨飞机所采用。

(3)四点式：如图 4-36(c) 所示，类似自行车式，但起落架布置在机身两侧。例如，美国的战略轰炸机 B-52 采用了这种起落架布局。

(4) 自行车式：如图 4-36(d)所示，在飞机重心前和后各布置一机轮，为防止侧翻在翼下有支撑或辅助起落架。按前后轮在停机时承受飞机载荷的不同而有不同的滑行性能；若前轮承受飞机大部分重量，则类似于后三点式；若前轮只承受小部分飞机重量，则类似于前三点式。英国的垂直起落"鹞"式战斗机的起落架布局采用了自行车式。

(5) 前三点式：如图 4-36(e)所示，在飞机重心后有一对主轮，在远离重心的前面有一前轮。因为重心在主轮之前，当飞机向前运动主轮受到扰动时运动是稳定的，因此这种形式的应用最为广泛。

(6) 多轮小车式：如图 4-36(f)所示，基本上是前三点式，有一对主起落架在机身两侧，另一对主起落架在翼下。波音 747、空客 380 的起落架采用了多轮小车式。

在上述各种起落架布局形式中，前三点式的应用最为广泛。表 4-2 对比了前三点式、自行车式和后三点式的特性。

表 4-2　三种起落架布局形式的对比

特性	前三点式	自行车式	后三点式
结构与重量	中等	复杂，重	简单，轻
前方视界	好	好	不好
地面滑行稳定性	好	取决于重心位置	不好，易打地转
起飞抬前(尾)轮	好	稍难	需螺旋桨滑流
起飞过程中的操作	容易	需熟练技术	需熟练技术
着陆速度	不限	不限	不大于 150km/h
着陆接地的操作	好	可以	不好
使用的发动机	不限	不限	只用于螺旋桨发动机

起落架布局设计要考虑的另一个重要问题是当飞机起飞后，应将起落架放在什么地方。通常有 4 个方案：①起飞后，将起落架投放掉；②起落架悬挂在飞机下面(即固定式)；③起落架完全收到机翼或者机身内(即收放式)；④起落架部分收藏到飞机内。

以上 4 个方案各有优缺点，在做出决策之前必须对此进行评估。对于第①种方案，飞机起飞后扔掉起落架，其优点是飞机在执行飞行任务时的重量将减轻，但飞机无法降落，因此只能用于导弹试验用的靶机，例如，南京航空航天大学设计的 CK-1 靶机采用的是起飞车起飞。

对于第②~④种方案，当飞机升空后，起落架就成为"死"重量，对飞行没有任何积极作用，然而保留在飞机上可以保证飞机能够安全落地。起落架是否需要收藏的选择准则是成本与性能之间的权衡。固定式和收放式起落架的对比见表 4-3。

一般而言，对于飞行速度较大的飞机，减小阻力、提高飞行性能是主要考虑的因素，选择起落架可收放方案更为有利；对于飞行速度较低的飞机，降低飞机成本可能是主要考虑的因素，选择固定式起落架方案更为有利。有些飞机采用部分收放起落架，主要是为了

表 4-3　固定式和收放式起落架的比较

考量因素	固定式	收放式
成本	廉价	昂贵
重量	轻	较重
设计	容易	较难
制造	容易	较难
维修	容易	较难
阻力	较大	较小
飞机性能	较低	较高
纵向稳定性	较好	较差
起落架舱	不需要	需要
储油空间	较大	较小
飞机结构	结构连续	需要加强

给其他部件提供足够的内部空间而对收放起落架做了适当的折中，例如，A-10 攻击机的特点就是采用部分收放起落架，其目的是提供更多的储存空间，如图 4-37 所示。

图 4-37　采用部分收放起落架的 A-10 攻击机

　　对于起落架的收藏方案，在主支柱的安装位置确定之后，需结合飞机的内部安排、装载情况及结构承力系统方案综合选取。常见的起落架收藏方式如图 4-38 所示。

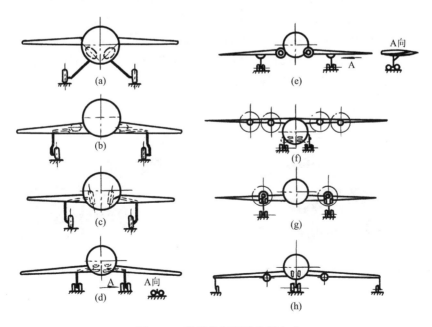

图 4-38　常见的起落架收藏方式

图 4-38(a)所示为主轮收入机身；

图 4-38(b)所示为主轮沿展向收入机翼；

图 4-38(c)所示为主轮沿展向部分收入机翼，即支柱收入机翼，机轮转一角度后再收入机身；

图 4-38(d)所示为重型飞机的主起落架沿展向部分收入机翼(支柱收入机翼，小车式机轮收入机身)；

图 4-38(e)所示为主轮沿弦向收入机翼上的专用短舱；

图 4-38(f)所示为主轮收入机身的专用短舱；

图 4-38(g)所示为主轮沿航向收入机翼上的发动机短舱；

图 4-38(h)所示为自行车式起落架的主轮收入机身，翼下辅助轮收入机翼短舱。

图 4-39　米格-15 飞机起落架的收藏位置

起落架布局是随着飞机的发展而发展的。早期，许多战斗机都采用起落架收藏在机翼根部(图 4-39)，这种形式比较简单，而且由于采用中单翼和下单翼，机载武器为航炮，副油箱也少而小，因此起落架并没有造成对飞机性能的障碍。

但随着外挂武器的增多，飞机速度提高，起落架对飞机性能产生的影响也越来越大，许多战斗机的起落架都是收入机身的(图 4-40 和图 4-41)。原因主要有以下三个方面。

首先，随着飞机速度的增大，为了最大限度地减小机翼的激波阻力，机翼的相对厚度越小越好。而收藏粗壮的主起落架必须加大机翼厚度，这对减小气动阻力产生不利影响。

其次，起落架收藏在机翼上，势必影响到飞机的外挂点的安排。

最后，起落架的布置不应影响到飞机的结构强度，在翼根的高应力区开设起落架的收藏口盖，势必影响机翼的强度，翼根的蒙皮需要增厚补强，带来的后果就是结构增重。美国第 4 代战斗机的起落架均不收藏在机翼内，也是这个道理。

图 4-40　F-16 飞机起落架的收藏位置

图 4-41　F-18 飞机起落架的收藏位置

4.3 常规布局形式

在飞机设计中经常用到一个术语是飞机的常规布局形式（conventional configuration）。不过，学术界和工业界对飞机的常规布局形式这个术语并没有一个公认的定义。在本书中，如果飞机的布局形式同时符合以下特征，就称为常规布局形式。

(1)有一个单独的机身，提供装载功能；

(2)有一对外形对称的机翼，提供升力和横向操纵；

(3)有单独的纵向安定面/操纵面，且布置在机翼之后，提供纵向稳定和操纵；

(4)有单独的侧向安定面/操纵面，且布置在机翼之后，提供侧向稳定和操纵；

(5)有独立的推进系统，提供推力或拉力；

(6)有独立的起落装置，保证飞机的起飞和着陆的功能。

在上述定义中，强调了飞机的常规布局应具有"独立的"各个部件及其对应的功能。若几个功能由一个部件完成，就不属于常规布局形式。例如，对于飞翼布局形式(参见 4.4 节)，提供装载、升力、配平和操纵等功能均由机翼来实现，因此它不属于常规布局形式。再如，对于无尾布局形式，提供升力和提供纵向配平及操纵的功能均由机翼来实现，也不属于常规布局形式。另外，对于鸭式布局飞机，尽管它有独立的纵向操纵面(鸭翼)，但鸭翼位于机翼之前，也不划归为常规布局形式。

由于常规布局形式的技术相对成熟，技术风险较小，且大量飞机的实际使用也验证了常规布局形式具有很好的安全性，因此现有各类飞机大多采用常规布局形式。

4.4 非常规布局形式

凡是不符合常规布局特征的飞机布局形式均可称为非常规布局形式(unconventional configuration)。有些飞机采用非常规布局形式，是因为这些飞机要满足特殊的设计要求。换句话讲，飞机的特殊要求是飞机采用非常规布局形式的主要驱动力。当非常规布局的某些特性(如隐身特性)具有明显优势，且这些特性对所设计的飞机是非常重要的考量因素时，则可考虑采用非常规布局。同时，设计人员也应充分识别出非常规布局潜在的缺点，并提出克服或削弱这些缺点的措施。

按照本书对常规布局形式的定义，鸭式布局和无尾式布局也属于非常规布局形式。由于在 4.2 节中已对这两种布局形式进行了分析，故本节中就不单独列出了。

非常规布局有多种形式，包括 V 形尾翼、飞翼、翼身融合、联结翼、三翼面、双机身、非对称机翼、升力体等布局形式。这些非常规布局形式，有的已在飞机实际型号中得到采用，有的作为研究机进行试验研究，有的还只是一个概念方案。

4.4.1 V 形尾翼布局

V 形尾翼布局的特征是没有单独的平尾和垂尾，平尾与垂尾合并为一对倾斜的翼面。V 形尾翼可实现平尾和垂尾的功能，提供俯仰和航向的稳定与操纵功能。它的优点是减少了尾翼的外露面积，减轻了尾翼的结构重量；其缺点是俯仰和航向操纵耦合在一起，增加了飞机操纵的难度，需要通过飞行控制系统来弥补这一缺陷。

图 4-42　V 形尾翼布局示例 (F-117)

采用 V 形尾翼布局的典型飞机有 F-117(图 4-42)、"全球鹰"无人机(图 4-30)、"愿景 SF50"通用航空飞机(图 4-31)。

4.4.2　飞翼布局

飞机在飞行中有四种力：升力、重力、推力和阻力。在这四种力中，重力和阻力应该尽量减少。在常规布局中，机身主要用于装载，尾翼用于保证稳定性和操纵性，但机身和尾翼都会增加阻力和重量。一种激进的设计理念是：不产生升力的部件都应该被取消。由此产生了飞翼(flying wing)布局的概念。纯粹的飞翼布局的特征是只有机翼，没有机身和尾翼。飞翼布局的优点是零升阻力小，隐身性能好；缺点是飞翼本体的稳定性和操纵性差，需要特殊的操纵面和复杂的飞行控制系统来保证其稳定性与操纵性，另外，其机翼内部容积较小，不利于装载。

采用飞翼布局的典型飞机是 B-2 轰炸机，如图 4-43 所示。B-2 之所以采用飞翼布局，主要是为了满足严苛的隐身性能要求。也就是说，隐身性能要求是 B-2 采用飞翼布局的主要驱动力。另外，有些无人机为了提高其隐身性能，也采用了飞翼布局，例如，美国的无人作战飞机的演示验证机 X-47B、我国某型隐身无人机(图 4-44)就采用了飞翼布局。

图 4-43　飞翼布局示例 (B-2 轰炸机)

图 4-44　飞翼布局示例 (隐身无人机)

4.4.3　翼身融合布局

翼身融合(blended wing body，BWB)布局的主要特征是机翼和机身高度融合，形成一种全升力面的飞机概念，如图 4-45 所示。BWB 布局由飞翼布局演化而来，与飞翼布局相比，BWB 布局飞机具有更加明显的机身特征，并通常配置有垂尾来保证航向稳定性。其主要优点是：与常规布局相比，外露面积较小，可减小空气的摩擦阻力，有利于提高升阻比；与飞翼布局相比，BWB 布局的装载空间大，配置垂尾后可保证航向稳定性。其主要缺点是：与常规布局相比，其俯仰稳定性和操纵性较差。

4.4.4　联结翼布局

联结翼(joined-wing)飞机具有两对机翼(前翼和后翼)，通常是将具有上反角的后掠前翼与带下反角的前掠后翼联结成一体，后翼的操纵面具有升降舵的功能，如图 4-46 所示。

它的优点是：①前、后两机翼联结在一起，机翼结构刚度好，适用于大展弦比机翼布局；②前、后机翼具有较大的后掠角，有利于提高临界马赫数；③前、后两机翼梢连成一体，可减小翼梢引起的诱导阻力。联结翼布局的主要缺点是：前、后机翼可能存在气动干扰，影响气动效率；飞机起降时，为满足俯仰力矩平衡，升力系数损失较大。

图 4-45　翼身融合布局客机概念图　　　　　图 4-46　联结翼布局客机概念方案(洛克希德公司)

4.4.5　三翼面布局

鉴于鸭式布局的优缺点，人们提出一种新的设想，即在正常布局的基础上增加鸭翼，形成三翼面布局的概念。三翼面布局的飞机不但仍能保持近距鸭翼脱体涡对机翼有利干扰的优点，而且三翼面布局还能实现一种新的"鸭翼—机翼(襟翼)—平尾"三个翼面同时操纵的新方式，从而提高了操纵效率，减小了配平阻力。三翼面布局带来的新问题是：不仅增加了重量，还增加了飞行控制系统的复杂性。三翼面布局已经在战斗机、通用航空飞机上得到了应用。例如，歼-15(图 4-47)是一种三翼面布局的舰载机，意大利的 P180 Avanti 双发涡桨飞机(图 4-48)采用了三翼面布局。

图 4-47　采用三翼面布局的舰载机(歼-15)　　图 4-48　通用航空飞机(P180 Avanti)

4.4.6　双机身布局

顾名思义，双机身布局具有两个机身，如图 4-49 所示。从机翼受力的角度来看，可将机翼视为连接在机身上的一个双支点梁。与常规单机身布局相比，这种布局的机翼承受气动载荷时，机翼弯矩可显著减小，因此双机身布局特别适用于大展弦比机翼的飞机，既可以减小诱导阻力，又可避免大展弦比机翼的重量过大问题。它的缺点是两个机身导致外露面积较大，会增加零升阻力。

平流层发射飞机采用了这种布局形式，它的翼展非常大，号称世界上翼展最大的飞机，这种飞机的两个机身之间可挂载空中发射的飞行器,如图 4-49 所示。

图 4-49　平流层发射飞机

4.5　飞机总体布局设计指南

飞机总体布局设计是一项从设计要求到概念草图的创造性的工作,无法用逻辑推理的方法来推导出飞机总体布局方案的"唯一正确"答案。本节为飞机设计的初学者提供了一种飞机总体布局设计的工作步骤,帮助他们获得合理的飞机总体布局方案。

1. 明确总体布局形式选择的主要考量因素

4.1 节已介绍了飞机总体布局设计应考虑的因素。读者应在充分理解所设计飞机的各种要求基础上,梳理出影响该飞机总体布局形式选择的考量因素。这些考量因素反映了飞机总体布局设计的需求,是总体布局设计的驱动力。考量因素通常包括气动、操稳、性能、结构、安全性、可制造性、使用、维护等方面,另外还需要识别出所设计飞机的特殊需求因素。需要注意的是,各种考量因素并非同等重要,即各个考量因素的权重是有区别的。

2. 筛选出候选的总体布局形式

一般来讲,可以从以下几种途径来获取飞机总体布局的候选方案。

(1)考察现有的同类飞机的各种布局形式,经过分析初步确定出候选的总体布局形式。

(2)根据飞机的各种布局形式的特点(参考 4.2 节),针对所设计飞机的功能和性能,构思出候选的总体布局方案。

(3)采用团队头脑风暴法或其他创造学方法,构思出各种可能的总体布局方案,经过集体讨论和评估,筛选出候选的总体布局方案。

3. 对候选方案进行权衡分析

根据该型飞机总体布局设计的考量因素,对每个候选方案进行分析和评估。一种简单明了的方法是以矩阵的形式,根据每项因素对候选方案进行打分,如表 4-4 所示。

表 4-4　候选总体布局方案的对比和评分

考量因素	因素的权重	布局方案 1	布局方案 2	布局方案 3
因素 1	K_1	X_{11}	X_{21}	X_{31}
因素 2	K_2	X_{12}	X_{22}	X_{32}
⋮	⋮	⋮	⋮	⋮
因素 N	K_N	X_{1N}	X_{2N}	X_{3N}
总分		X_1	X_2	X_3

　　在表 4-4 的第 1 列中需列出总体布局设计的考量因素,由于考量因素的重要性并非同样重要,因此需确定各因素的权重,用 K_1, K_2, …, K_N 表示各因素的权重。权重的数值可设置为 1~5(5 个等级)或 1~9(9 个等级),数值越大,代表其重要性越高。表中第 3~5 列中的数据是根据各因素对候选方案的评分(1~5 或 1~9),分值越大,代表该方案越好。例如,X_{11} 代表根据考量因素 1 对方案 1 的评分。每个方案的总分为各项评分乘以权重的和,例如,方案 1 的总分为:$X_1 = X_{11} \times K_1 + X_{12} \times K_2 + \cdots + X_{1N} \times K_N$。

　　4. 确定出优先的飞机总体布局形式

　　根据评估结果,筛选出优先的飞机总体布局方案。由于每个方案都具有优缺点,所谓优先方案也只是相对优的方案。对于筛选出的飞机总体布局方案,还需对其缺点进行进一步分析,寻找相关技术措施,尽量减少其缺点带来的不利影响。

课 后 作 业

针对飞机概念设计项目,按照飞机总体布局的设计步骤,确定出飞机的总体布局形式。

思 考 题

4.1　总体布局设计的考量因素主要包括哪些方面?

4.2　正常式布局、鸭式布局、无尾式布局各有何优缺点?

4.3　平直机翼、后掠翼、三角翼有何特点?上单翼、中单翼、下单翼各有何优缺点?

4.4　进气道的典型布置方式主要有哪些?翼吊布局与尾吊布局各有何优缺点?

4.5　起落架的典型布局形式有哪些?各有何优缺点?

4.6　如何区分飞机的常规布局与非常规布局形式?有哪些典型的非常规布局形式?

第5章 飞机基本参数的初步确定

第4章确定了飞机总体布局形式,它只是定性地描述了飞机的总体布局方案。接下来需要定量地确定飞机总体方案的参数。描述飞机总体方案的参数有很多,包括:发动机的推力,飞机的重量,机翼和尾翼的面积、展弦比、后掠角,机身的最大直径和长度等几何参数,以及其他参数。在总体设计的初期,想一下子就把所有参数都确定好,是非常困难的。解决这个问题的策略是:首先确定飞机的基本参数,然后逐步展开设计工作,确定出其他设计参数。在众多的飞机设计参数当中,有三个是最为基本的参数,它们是:

(1)飞机的最大起飞重量 W_{TO} (单位为 kg);

(2)动力装置的海平面静推力 T_{SL} (单位为 N);

(3)机翼参考面积 S (单位为 m²)。

这三个参数对飞机的总体方案具有决定性的全局性影响,它们一旦改变,飞机的总体方案就要大变,所以称为飞机的基本参数[27],也称为飞机的主要参数[2]。在飞机设计中,通常采用它们的相对参数,定义如下。

(1)翼载荷(或翼载):飞机最大起飞重量 W_{TO} 与机翼参考面积 S 之比,通常用 W_{TO}/S (或简写为 W/S)来表示,单位为 kg/m²;若 W_{TO} 的单位为 N,则翼载的单位为 N/m²。

(2)推重比:动力装置的海平面静推力 T_{SL} 与飞机最大起飞重量 W_{TO} 之比,通常用 T_{SL}/W_{TO} (或简写为 T/W)来表示。若 T_{SL} 的单位为 N,W_{TO} 的单位为 kg,则推重比为 $T_{SL}/(9.8W_{TO})$。

本章讲述如何初步确定上述飞机的基本参数,主要思路是:①根据飞机的任务载荷和任务剖面图,估算飞机的最大起飞重量;②依据飞行性能要求,确定翼载和推重比。

5.1 飞机重量的估算

飞机的最大起飞重量可以分解为空机重量、燃油重量和有效载荷重量,可用式(5-1)表示:

$$W_{TO} = W_E + W_F + W_P \tag{5-1}$$

式中,W_{TO} 表示最大起飞重量;W_E 表示空机重量;W_F 表示燃油重量;W_P 表示有效载荷重量。

有效载荷重量 W_P 一般由设计要求给定,主要由两部分构成,一部分是消耗型载荷重量,即在飞行任务进行过程中抛弃或消耗的任务载荷重量,如投放的货物、武器弹药等;另一部分是永久性载荷重量,即在整个飞行任务进行过程中都携带的任务载荷重量,如民用飞机的乘客、军用侦察机的侦查设备等。空机重量 W_E 由结构重量和固定设备系统重量组成。燃油重量 W_F 为完成飞行剖面图中规定的飞行任务所消耗的燃油重量和备用燃油重量。

将式(5-1)的等式两边同时除以 W_{TO},可以得到重量系数的形式为

$$1 = \frac{W_E}{W_{TO}} + \frac{W_F}{W_{TO}} + \frac{W_P}{W_{TO}} \tag{5-2}$$

式中，W_E/W_{TO} 为空重系数；W_F/W_{TO} 为燃油系数；W_P/W_{TO} 为有效载荷系数。式(5-2)可改写为

$$W_{TO} = \frac{W_P}{1 - \dfrac{W_E}{W_{TO}} - \dfrac{W_F}{W_{TO}}} \tag{5-3}$$

从式(5-3)可以看出，在给定有效载荷重量的情况下，只要估算出空重系数和燃油系数就可以计算出飞机的最大起飞重量。

5.1.1　空重系数的估算方法

在初始设计阶段，飞机的空重系数可以根据统计关系式进行估算。对于不同类型的飞机，飞机的最大起飞重量与空机重量之间存在一个统计经验公式[7]，即

$$W_E / W_{TO} = A W_{TO}^C K_{VS} \tag{5-4}$$

式中，A 和 C 是经验系数，它们是根据现有飞机的空重和最大起飞重量的数据，经过统计分析后获得的；K_{VS} 是一个修正系数，对于变后掠翼飞机取 1.04，其他机翼取 1.0。表 5-1 给出了不同类型飞机的经验系数 A 和 C 的典型取值。式(5-4)中 W_{TO} 和 W_E 的单位是 kg。

表 5-1　经验系数 A 和 C 的典型取值[7]

飞机类型	A	C
滑翔机(无动力)	0.83	−0.05
滑翔机(有动力)	0.88	−0.05
超轻型飞机或自制轻型飞机(金属和木材)	1.11	−0.09
超轻型飞机或自制轻型飞机(复合材料)	1.07	−0.09
通用航空飞机(单发)	2.05	−0.18
通用航空飞机(双发)	1.4	−0.10
农用飞机	0.72	−0.03
双发涡桨飞机	0.92	−0.05
水上飞机	1.05	−0.05
喷气式教练机	1.47	−0.10
喷气式战斗机	2.11	−0.13
军用运输机和轰炸机	0.88	−0.07
喷气式运输机	0.97	−0.06
无人作战机	1.47	−0.16
高空长航时无人机	2.39	−0.18
小型无人机	0.93	−0.06

在选择系数 A 和 C 时，应首先确定所设计的飞机属于哪种类型飞机，然后根据飞机类型，参考表 5-1 中的数据，确定 A 和 C 的值。需要说明的是，不同的文献给出的空重系数的经验公式不一定相同，这主要是因为所收集的飞机的重量数据样本可能不同，对数据样

本进行统计分析的方法也可能不同。因此，更可靠的方法是，设计人员自行收集相关飞机的空机重量和最大起飞重量的数据，应用统计学方法，总结出该类型飞机的空重系数经验公式。

5.1.2 燃油系数的估算方法

燃油系数是根据飞行任务分析来估算的。飞机所载燃油分为使用燃油和备用燃油两部分。使用燃油重量取决于飞机所执行的飞行任务、气动特性以及发动机耗油率。备用燃油重量通常在任务要求中给出，若没有明确规定，一般取使用燃油重量的 6%。

使用燃油重量采用燃油系数法来计算。假设飞行任务分为 n 个任务阶段(参见第 2 章中的任务剖面图)，对于任一任务段"i"，飞机的起始重量和结束重量用 W_{i-1} 和 W_i 表示，每个阶段的重量变化(W_{i-1} 与 W_i 之比)估算方法如下。

1)热车、滑跑和起飞阶段

根据统计数据，这个阶段的重量比为[7,17]

$$\frac{W_i}{W_{i-1}} = 0.97 \sim 0.975 \tag{5-5}$$

2)爬升和加速阶段

对于军机和超声速飞机，这个阶段的重量比可按式(5-6)估算[17]：

$$\frac{W_i}{W_{i-1}} = \begin{cases} 1.0065 - 0.0325Ma, & Ma \leq 1 \\ 0.991 - 0.007Ma - 0.01Ma^2, & Ma > 1 \end{cases} \tag{5-6}$$

式中，Ma 为巡航马赫数。对于其他飞机，可近似取 0.985[7]。

3)巡航阶段

采用航程计算公式(Breguet 公式)，估算巡航阶段的重量比：

$$\frac{W_i}{W_{i-1}} = \exp\left[\frac{-R \cdot C_e}{V \cdot (L/D)}\right] \tag{5-7}$$

式中，R 为巡航距离(m)；C_e 为巡航飞行时的耗油率(N/(N·s))；V 为巡航速度(m/s)；L/D 为巡航飞行时的升阻比。

4)盘旋阶段

同样采用 Breguet 公式，估算盘旋阶段的重量比：

$$\frac{W_i}{W_{i-1}} = \exp\left[\frac{-E \cdot C_e}{L/D}\right] \tag{5-8}$$

式中，E 为盘旋时间(s)；C_e 为盘旋飞行时的耗油率(N/(N·s))；L/D 为盘旋飞行时的升阻比。需要指出的是，在使用 Breguet 公式时，应注意各参数的单位的一致性。另外，发动机的耗油率是随高度、速度、转速变化的，耗油率取值应与飞行状态和发动机状态一致。

5)下滑阶段

下滑阶段的重量比可按统计数据来计算，即

$$\frac{W_i}{W_{i-1}} = 0.990 \sim 0.995 \tag{5-9}$$

6) 着陆阶段

着陆阶段的重量比也按统计数据来计算，即

$$\frac{W_i}{W_{i-1}} = 0.992 \sim 0.997 \tag{5-10}$$

总燃油系数为

$$\frac{W_{\mathrm{F}}}{W_{\mathrm{TO}}} = 1.06\left(1 - \prod_{i=1}^{n}\frac{W_i}{W_{i-1}}\right) \tag{5-11}$$

式中，系数 1.06 是考虑了备用燃油和死油(嵌入油箱中无法使用的燃油)这两个因素，其中备用燃油约占 5%，死油约占 1%。

在确定了空重系数和燃油系数之后，可以根据式(5-3)计算出最大起飞重量。由于式(5-3)是一个非线性方程，因此需要采用迭代计算的方法，计算出最大起飞重量。W_{TO} 的初值可参考已有相近飞机的最大起飞重量来设定。计算出最大起飞重量后，根据空重系数和燃油系数，就可以估算出空机重量和燃油重量。

5.2　翼载和推重比的估算

5.2.1　约束分析方法

由于飞机的飞行性能与推重比(T/W)和翼载(W/S)密切相关，当某项飞行性能给定时，在推重比和翼载之间总存在着一定的关系，这种关系可以用函数 $f(W/S, T/W) = 0$ 来表示。如果能设法找出这种函数关系，就可以在($W/S, T/W$)坐标平面上画出相应的曲线。在曲线某一边的 W/S 和 T/W 值，可以满足飞行性能要求；而在另一边的值，则不能满足飞行性能要求。这些曲线可视为界限线，它将 W/S 和 T/W 的取值范围分为满足性能要求的区域和不满足性能要求的区域。

对于每项性能要求，都可以画出一个关于 W/S 和 T/W 的界限线。因此，根据飞机设计要求所给定的各项性能指标，可画出一组界限线，形成一个能满足性能要求的 W/S 和 T/W 的可行域，如图 5-1 所示。然后在可行域内，确定出合适的 W/S 和 T/W 值。这种方法称为约束分析(constraint analysis)方法，也称为界限线法。这种方法的特点是简明、直观。这种方法的关键在于如何建立各项飞行性能与 W/S 和 T/W 之间的函数关系。

根据飞行力学原理，可建立飞行性能与推重比和翼载之间的函数关系。这里采用文献[28]的方法，首先建立飞机动力学的一般方程；然后将其表示为推重比和翼载的函数形式，得到所谓的控制方程；在此基础上，针对典型的飞行状态，对控制方程进行简化处理，获得各项飞行性能与推重比和翼载之间的函数关系式。

1. 控制方程

如图 5-2 所示，将飞机视为一个具有飞行速度 V 和飞行航迹角 θ(相对于水平面)的质点。图 5-2 中来流速度与机翼的弦线有一个迎角 AOA，升力 L 和阻力($D+R$)分别垂直于和平行于来流速度方向，推力 T 与机翼弦线有一个夹角 φ(一般情况下较小)，重力 W 垂直向下。

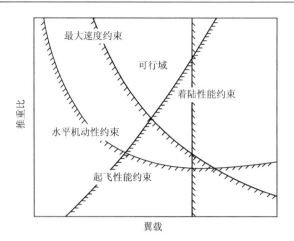

图 5-1　确定推重比和翼载可行域的界限线图

图 5-2　作用在飞机上的力

根据牛顿第二定律，在平行于来流速度方向，有如下关系式：

$$T\cos(\text{AOA} + \varphi) - W\sin\theta - (D + R) = \frac{W}{g_0}\frac{\mathrm{d}V}{\mathrm{d}t} \tag{5-12}$$

在垂直于来流速度方向，有如下关系式：

$$L + T\sin(\text{AOA} + \varphi) - W\cos\theta = \frac{W}{g_0}a_\perp \tag{5-13}$$

将式 (5-12) 乘以飞行速度 V，可得

$$\left[T\cos(\text{AOA} + \varphi) - (D + R)\right]V = W\left[V\sin\theta + \frac{\mathrm{d}}{\mathrm{d}t}\left(\frac{V^2}{2g_0}\right)\right] \tag{5-14}$$

式 (5-12) 乘以速度 V 以后，将力的关系式转化为功率的关系式或能量随时间的变化率关系式 (5-14)。由于在绝大多数飞行条件下推力方向与飞行方向基本一致，角度 (AOA+φ) 很小，可知 $\cos(\text{AOA}+\varphi) \approx 1$；$V\sin\theta$ 为高度随时间的变化率，即

$$V\sin\theta = \frac{\mathrm{d}h}{\mathrm{d}t} \tag{5-15}$$

将式 (5-15) 代入式 (5-14) 并除以 W 可得

$$\frac{T - (D + R)}{W}V = \frac{\mathrm{d}}{\mathrm{d}t}\left(h + \frac{V^2}{2g_0}\right) = \frac{\mathrm{d}z_e}{\mathrm{d}t} \tag{5-16}$$

式中，$z_e = h + V^2/(2g_0)$ 代表飞机的瞬时势能与动能之和，称为能量高度；式 (5-16) 中左边部分称为单位重量剩余功率。使用变量 P_s 表示能量高度的变化率，即

$$P_s = \frac{\mathrm{d}z_e}{\mathrm{d}t} = \frac{\mathrm{d}}{\mathrm{d}t}\left(h + \frac{V^2}{2g_0}\right) \tag{5-17}$$

飞机飞行时，发动机的推力为

$$T = \alpha T_{SL} \tag{5-18}$$

式中，α 为推力衰减系数，主要由飞行速度、高度和加力燃烧室是否开启决定。

假设飞机飞行时的重量为

$$W = \beta W_{TO} \tag{5-19}$$

式中，β 为飞行状态的重量系数，由消耗的燃油重量和空投重量决定。将式 (5-18) 和式 (5-19) 代入式 (5-16)，则得到

$$\frac{T_{SL}}{W_{TO}} = \frac{\beta}{\alpha}\left(\frac{D+R}{\beta W_{TO}} + \frac{P_s}{V}\right) \tag{5-20}$$

现在需要将式 (5-20) 中的阻力系数用翼载来表示。根据空气动力学，飞机的升力和阻力的计算公式为

$$L = nW = C_L q S \tag{5-21}$$

$$D = C_D q S \tag{5-22a}$$

$$R = C_{DR} q S \tag{5-22b}$$

式中，L 为升力；n 为过载因子；C_L 为升力系数；q 为动压；式 (5-22a) 中 D 和 C_D 分别为飞机干净构型的阻力和阻力系数；式 (5-22b) 中 R 和 C_{DR} 分别为附加阻力和附加阻力系数，附加阻力包括外挂油箱阻力、减速伞阻力、襟翼打开阻力、临时的外部挂载阻力等。由式 (5-21) 可得

$$C_L = \frac{nW}{qS} = \frac{n\beta}{q}\left(\frac{W_{TO}}{S}\right) \tag{5-23}$$

假设升阻极曲线关系为

$$C_D = C_{D0} + K_1 C_L^2 + K_2 C_L \tag{5-24}$$

式中，C_{D0} 为零升阻力系数；K_1 和 K_2 是系数。

综合式 (5-22)～式 (5-24) 可得

$$D + R = qS\left[C_{D0} + C_{DR} + K_1\left(\frac{n\beta}{q}\frac{W_{TO}}{S}\right)^2 + K_2\left(\frac{n\beta}{q}\frac{W_{TO}}{S}\right)\right] \tag{5-25}$$

将式 (5-25) 代入式 (5-20)，得到约束分析的控制方程，其表达式为

$$\frac{T_{SL}}{W_{TO}} = \frac{\beta}{\alpha}\left\{\frac{qS}{\beta W_{TO}}\left[K_1\left(\frac{n\beta}{q}\frac{W_{TO}}{S}\right)^2 + K_2\left(\frac{n\beta}{q}\frac{W_{TO}}{S}\right) + C_{D0} + C_{DR}\right] + \frac{P_s}{V}\right\} \tag{5-26}$$

控制方程给出了飞机一般运动状态的推重比与翼载之间的关系，飞机典型状态的运动方程都是控制方程的一种特殊形式。

2. 飞行性能与推重比和翼载之间的函数关系

根据控制方程，可推导出飞机典型飞行状态的性能与推重比和翼载之间的函数关系。

1) 等高等速飞行

等高等速飞行意味着 $dh/dt=0$，$dV/dt=0$，$n=1(L=W)$，将它们代入控制方程，经整理和变换后，控制方程可简化为

$$\frac{T_{SL}}{W_{TO}} = \frac{\beta}{\alpha}\left[K_1\frac{\beta}{q}\left(\frac{W_{TO}}{S}\right) + K_2 + \frac{q}{\beta}\frac{C_{D0}+C_{DR}}{W_{TO}/S}\right] \tag{5-27}$$

当动压 q 较大时，式(5-27)可简化为

$$\left(\frac{T_{SL}}{W_{TO}}\right)\left(\frac{W_{TO}}{S}\right) = \frac{q(C_{D0}+C_{DR})}{\alpha} \tag{5-28}$$

从式(5-28)可以看出，当高度一定时，为了提高飞行速度(即增加动压)，应增加翼载和推重比。

2) 等速爬升飞行

等速爬升飞行意味着 $dh/dt>0$，$dV/dt=0$，$n\approx1(L\approx W)$，此时控制方程可简化为

$$\frac{T_{SL}}{W_{TO}} = \frac{\beta}{\alpha}\left[K_1\frac{\beta}{q}\left(\frac{W_{TO}}{S}\right) + K_2 + \frac{q}{\beta}\frac{C_{D0}+C_{DR}}{W_{TO}/S} + \frac{1}{V}\frac{dh}{dt}\right] \tag{5-29}$$

式中，dh/dt 为爬升率；V 为飞行速度。从式(5-29)可以看出，为了提高爬升率，应增加推重比。需要注意的是，在适航条例中对飞机的爬升率也有要求。例如，对于商用飞机，按照适航要求，在第二阶段爬升时(从离地 35ft 到 400ft)，若出现一台发动机停车，则根据其发动机的数量，其爬升梯度必须大于 2.4%(双发)、2.7%(三发)和 3.0%(四发)。

3) 加速爬升飞行

若给定爬升过程中高度和速度区间的爬升率与加速度要求，通过控制方程可得到爬升加速约束要求下的起飞推重比和翼载的关系式：

$$\frac{T_{SL}}{W_{TO}} = \frac{\beta}{\alpha}\left[K_1\frac{\beta}{q}\left(\frac{W_{TO}}{S}\right) + K_2 + \frac{q}{\beta}\frac{C_{D0}+C_{DR}}{W_{TO}/S} + \frac{1}{V}\frac{dh}{dt} + \frac{1}{g_0}\frac{dV}{dt}\right] \tag{5-30}$$

式中，dV/dt 为飞行加速度，可以用区间平均加速度来代替。

4) 水平匀速转弯飞行(盘旋)

水平匀速转弯意味着 $dh/dt=0$，$dV/dt=0$，$n>1$，控制方程可简化为

$$\frac{T_{SL}}{W_{TO}} = \frac{\beta}{\alpha}\left[K_1 n^2\frac{\beta}{q}\left(\frac{W_{TO}}{S}\right) + K_2 n + \frac{q}{\beta}\frac{C_{D0}+C_{DR}}{W_{TO}/S}\right] \tag{5-31}$$

式中，n 为转弯过载，可以通过式(5-32)计算：

$$n = \sqrt{1+\left(\frac{V^2}{gR}\right)^2} \tag{5-32}$$

式中，R 为转弯半径。

5) 水平加速飞行

给定飞行高度、加速过程中的初始速度和最终速度以及允许的加速时间，根据控制方

程，可以得到如下计算公式：

$$\frac{T_{SL}}{W_{TO}} = \frac{\beta}{\alpha}\left[K_1 \frac{\beta}{q}\left(\frac{W_{TO}}{S}\right) + K_2 + \frac{q}{\beta}\frac{C_{D0}+C_{DR}}{W_{TO}/S} + \frac{1}{g_0}\left(\frac{V_{final} - V_{initial}}{\Delta t}\right) \right] \tag{5-33}$$

式中，$V_{initial}$ 为初始速度；V_{final} 为最终速度；Δt 为给定的加速时间。

6) 实用升限

对于亚声速飞行，实用升限是在给定飞机重量和发动机状态下对应 0.5m/s 爬升率的飞行高度；对于超声速飞行，实用升限是在给定飞机重量和发动机状态下对应 5m/s 爬升率的飞行高度。因此，实用升限约束下的起飞推重比和翼载之间的函数公式，可以采用等速爬升的函数式(5-29)。

7) 起飞距离

起飞距离包括滑跑段距离、抬头段距离、过渡段距离和爬升越过障碍高度对应的水平距离。其中，归属于 CCAR-23 部的飞机和军用飞机的障碍高度为 15m(50ft)，归属于 CCAR-25 部的飞机的障碍高度为 10.7m(35ft)。对于归属于 CCAR-25 部的飞机，其起飞距离的要求定义为平衡场长(balanced field length)。关于起飞距离的详细定义和计算参见第 14 章。在初始设计阶段，可采用基于统计数据的经验公式，对起飞距离进行估算。

起飞距离 S_{TO} 的主要影响因素包括翼载 W/S、推重比 T/W（或功重比 BHP/W）、起飞阶段的升力系数 $C_{L,TO}$ 和起飞机场的相对空气密度 σ。根据这些影响因素，可定义一个综合参数，即起飞参数 TOP。对于喷气式飞机，TOP 为

$$TOP = \frac{W/S}{\sigma C_{L,TO}(T/W)}$$

对于螺旋桨驱动的飞机，TOP 为

$$TOP = \frac{W/S}{\sigma C_{L,TO}(BHP/W)}$$

飞机的起飞距离与 TOP 成正比。对于不同类型的飞机，起飞距离与 TOP 存在着近似的统计关系，如图 5-3 所示[7]。需要注意的是，由于统计数据采用了英制，图 5-3 中起飞距离单位为英尺(ft)，重量单位为磅(lb)(1lb=0.4536kg)，面积单位为平方英尺(ft²)，功率单位为马力(hp)。另外还需要注意的是，对于图 5-3 中的喷气式飞机和螺旋桨飞机，它们的 $C_{L,TO}$ 是指飞机起飞离地时的实际升力系数，不是最大起飞升力系数，此时的 $C_{L,TO}$ 等于最大起飞升力系数除以 1.21（即 1.1 的平方）；对于图 5-3 中按适航条例定义起飞场长的飞机，它的 $C_{L,TO}$ 是最大起飞升力系数。当给定起飞距离要求时，根据图 5-3 就可建立翼载与推重比（或功重比）之间的函数关系。

8) 着陆距离

着陆距离包括进近、改平、接地、地面滑跑经过的水平距离。关于着陆距离的详细定义和计算参见第 14 章。

着陆距离 S_L 的主要影响因素包括着陆时的翼载 $\beta W/S$、最大升力系数 C_{Lmax} 和着陆机场的相对空气密度 σ。在初始设计阶段，着陆距离 S_L 可采用如下经验公式进行估算[7]：

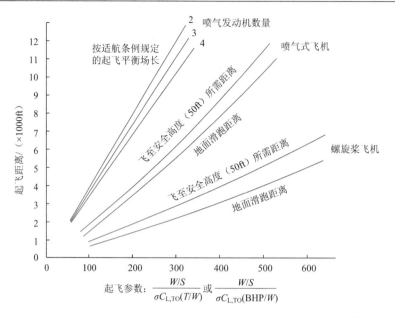

图 5-3　各类飞机的起飞距离与起飞参数 TOP 之间的统计关系[7]

$$S_{L} = 5\left(\frac{\beta W_{TO}}{S}\right)\left(\frac{1}{\sigma C_{L\max}}\right) + S_{a} \tag{5-34}$$

式中，β 为着陆时的重量系数，β 值应根据设计要求来确定。若设计要求没有明确规定着陆重量，对于客机，β 的取值范围为 0.7～0.9，如图 5-4 所示；对于轻型飞机和教练机，β 通常取为 1；对于军用飞机，着陆重量通常为最大起飞重量减去 50%燃油的重量。$C_{L\max}$ 为着陆时最大升力系数。对于商用飞机，为了保证其着陆的安全裕度，式(5-34)的右边要乘以 1.67。式(5-34)中，翼载 W/S 的单位为 kg/m^2。S_{a} 的值取决于飞机的类型，对于客机，下滑角一般为 3°，S_{a} 值取 305m；对于通用航空飞机，S_{a} 值取 183m；对于短距起降飞机(下滑角取 7°)，S_{a} 值取 137m。着陆距离 S_{L} 的单位为 m。

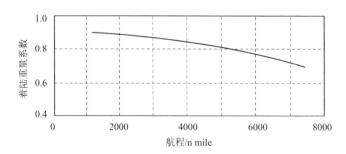

图 5-4　客机着陆重量系数与航程之间的统计关系

根据式(5-34)，就可得到着陆距离约束下的翼载关系式。从式(5-34)可以看出，为了缩短着陆距离，应减小翼载和增大最大升力系数。

3. 螺旋桨驱动的飞机的控制方程

对于配装活塞式发动机(或涡桨发动机)的飞机而言，发动机输出的是功率，这个功率驱动螺旋桨，从而产生推力或拉力，因此，需将由约束分析方法求得的推力需求转换为功率需求。也就是需将推重比转换为功重比。飞机功重比定义为活塞式发动机在海平面静止状态的最大功率与飞机最大起飞重量之比。

功率通常用 P 来表示，其国际单位为瓦（W，即 N·(m/s)），英制单位为马力（hp），二者之间的换算关系为：1hp=746W=0.746kW。

按照国际单位，推力 T（或拉力）与功率 P 之间的关系为

$$T = \frac{\eta_p P}{V} \tag{5-35}$$

式中，功率 P 的单位为 W；飞行速度 V 的单位为 m/s；推力 T 的单位为 N；η_p 为螺旋桨效率，其值一般随速度而变化，在初始设计时，巡航时的 η_p 可初估为 0.8，对于其他飞行状态，可参考同类螺旋桨的特性来估算。

按照英制单位，推力 T 与功率 P 之间的关系为

$$T = \frac{\eta_p \times 550 \times P}{V} \tag{5-36}$$

式中，功率 P 的单位为 hp；飞行速度 V 的单位为 ft/s；推力 T 的单位为 lb。

在前述的控制方程中，推重比与翼载的函数关系式是针对喷气式飞机而建立的。对于螺旋桨驱动的飞机，控制方程需要适当修改，将其变换为功重比与翼载的函数关系式。

根据 $T=\alpha T_{SL}$ 和式(5-35)，控制方程(5-26)修改为

$$\frac{P}{W_{TO}} = \frac{V\beta}{\eta_p} \left\{ \frac{qS}{\beta W_{TO}} \left[K_1 \left(\frac{n\beta}{q} \frac{W_{TO}}{S} \right)^2 + K_2 \left(\frac{n\beta}{q} \frac{W_{TO}}{S} \right) + C_{D0} + C_{DR} \right] + \frac{P_s}{V} \right\} \tag{5-37}$$

式中，P 为实际飞行状态的发动机功率。对于活塞式发动机，可以用第 3 章中的式(3-3)或式(3-4)，将实际飞行状态的发动机功率转换为海平面的最大功率。

根据式(5-37)，针对各种飞行状态，建立相应的功重比与翼载的简化函数关系式。

4. 推重比与翼载的选取

按照上述建立的函数关系式，根据性能要求可绘制出一组推重比与翼载关系的约束曲线，即界限线图。界限线图中可识别出满足性能要求的推重比（或功重比）和翼载的可行域。在可行域内，应选择较小的推重比和较大的翼载，如图 5-5 所示。这是因为，推重比越小，意味着飞机需要的推力越小，发动机尺寸也越小；翼载越大，意味着飞机所需机翼面积越小，飞机的尺寸也越小。较小的推重比和较大的翼载可以降低飞行器的起飞重量与成本。不过，一般情况下，最

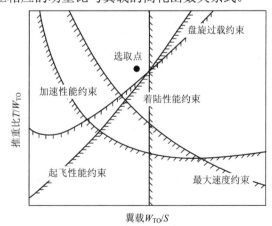

图 5-5　在可行域内选取推重比和翼载

小推重比和最大翼载无法同时取得，这时通常在可行域内选择接近最小推重比和最大翼载的点。

需要注意的是，由于在估算推重比和翼载时使用了一些预估数据（气动数据、发动机数

据等),而且计算公式也做了一定的近似处理,计算结果存在一定的误差。因此,在确定推重比和翼载时,所选的推重比和翼载不宜正好取在边界上,而应留有一定的余量,特别是为了满足一些最重要的性能要求,应留有充足的余量。

5.2.2　典型飞机的推重比和翼载

在初步确定了推重比和翼载后,还应与现有飞机的推重比(或功重比)和翼载数据进行对比,分析所选取推重比和翼载的合理性。表 5-2 为不同类型的典型飞机的翼载和推重比。从表中数据可以看出,不同类型的飞机,其翼载和推重比有明显区别。客机的翼载比通用航空飞机(单发)的翼载大得多,这主要是因为客机的飞行速度要高得多。一般而言,同类飞机的推重比和翼载较接近,但有时由于飞行性能要求不同,同类飞机的推重比和翼载也会有明显区别。例如,Cessna-172 和 Cirrus R22 均为单发通用航空飞机,前者的最大飞行速度为 230km/h,而后者的最大飞行速度为 340km/h,因此 Cirrus R22 的功重比和翼载要明显高于 Cessna-172。

表 5-2　典型飞机的翼载和推重比(或功重比)

飞机类型和型号		翼载/(kg/m²)	推重比/(10N/kg)	功重比/(kW/kg)
通用航空飞机(单发)	Cessna-172 Skyhawk	71.4	—	0.116
	Piper PA-28 Cherokee	61.7	—	0.115
	Cirrus R22	114.6	—	0.150
支线客机	ERJ 145ER	400	0.390	—
	CRJ 700ER	498	0.370	—
窄体客机	空客 A320-200	629	0.312	—
	波音 B737-600	522	0.287	—
宽体客机	空客 A330-300	644	0.272	—
	波音 B777-300	698	0.278	—
战斗机	F-15 Eagle	650	0.580	—
	F-16C Falcon	442	1.090	—

在实际工作中,设计人员应针对设计型号收集同类飞机的相关数据,并进行对比分析。

5.3　飞机基本参数估算的若干说明

为了便于读者应用上述重量估算方法和约束分析方法,下面梳理这些方法的计算过程,并对预估的输入数据做进一步说明。

5.3.1　基本参数初估的计算过程

1. 最大起飞重量的估算过程

最大起飞重量 W_{TO} 的估算过程见表 5-3。首先根据任务剖面,以及巡航和盘旋时的升阻比和发动机耗油率,计算燃油系数。然后根据任务载荷和空重系数的经验公式,建立 W_{TO}

估算方程。由于这个方程是非线性方程，需应用迭代法求解。迭代过程如下：根据同类飞机的最大起飞重量，先猜测一个 W_{TO} 的初值，然后应用 W_{TO} 估算方程，计算出一个新的 W_{TO} 值，若新的 W_{TO} 值与猜测的 W_{TO} 值之间的误差大于 0.5%，则用新的 W_{TO} 值替换猜测的 W_{TO} 值，重新应用 W_{TO} 估算方程，计算新的 W_{TO} 值。如此进行迭代计算，直至满足误差要求，此时可认为新的 W_{TO} 值就是所需估算的 W_{TO} 值。

表 5-3　最大起飞重量 W_{TO} 的估算过程

输入		计算过程	输出
设计要求	任务剖面 任务载荷	①应用任务分析法，计算燃油系数 W_F/W_{TO}； ②基于统计数据，建立空重系数的经验公式； ③建立最大起飞重量方程：$W_{TO} = W_E + W_F + W_P$； ④应用迭代法，求解上述联列方程	最大起飞重量 W_{TO}； 燃油重量 W_F； 空机重量 W_E
预估数据	升阻比 耗油率 空重系数		

从 W_{TO} 的估算过程可以看出，W_{TO} 估算的输入包括两部分：一是设计要求，即任务剖面和任务载荷；二是预估数据，包括气动升阻比数据、发动机耗油率数据以及空重系数的经验公式。由于任务剖面和任务载荷是明确的，因此这个输入数据是明确的。而预估数据是设计人员根据经验假设的，具有一定的不确定性。由于预估数据对 W_{TO} 的估算结果有较大影响，因此，预估数据应尽量合理。

2. 约束分析方法的计算过程

应用约束分析方法，可估算翼载与推重比，其估算过程如表 5-4 所示。由表可以看出，约束分析方法的输入包括任务剖面、飞行性能要求和预估数据，其中预估数据包括气动特性、发动机推力特性和重量变化系数。为了保证翼载与推重比估算值的可信度，预估数据也必须合理。

表 5-4　翼载与推重比的估算过程

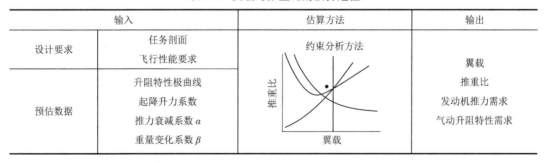

输入		估算方法	输出
设计要求	任务剖面 飞行性能要求	约束分析方法	翼载 推重比 发动机推力需求 气动升阻特性需求
预估数据	升阻特性极曲线 起降升力系数 推力衰减系数 α 重量变化系数 β		

3. 系统工程的视角

根据系统工程的原理，设计过程就是在不同层次将设计要求转化为工程特性的过程[23]。因此，从系统工程的角度来看，上述基本参数的估算过程，实质上是将飞机的顶层要求(任务剖面、任务载荷、飞行性能等)转化为更为具体的飞机气动特性、发动机特性、重量特性、飞机尺度的过程。这里所说的气动特性包括巡航升阻比、升阻特性、起降状态升力系数等，发动机特性主要指最大海平面静推力、推力衰减特性、巡航状态的耗油率等，重量特性包括最大起飞重量、空机重量和燃油重量，飞机尺度主要指机翼参考面积。这些飞机特性为进一步开展设计工作提供了基础。例如，根据发动机推力需求和耗油率要求，可选择合适的发动机型号或对发动机提出需求；根据气动特性、机翼参考面积等，可进行机翼气动外形设计。

需要指出的是，由本章方法所确定的飞机基本参数值是首轮估算出的近似值，只是一个初始值。在后续设计中，随着设计方案的不断细化和分析方法精度的提高，这些参数值还会被调整。这也是飞机总体设计中反复迭代、多轮逼近特点的一个具体体现。

5.3.2　关于预估数据

从 5.3.1 节的分析可以看出，预估数据对飞机基本参数的估算值有直接影响。因此，在飞机设计之初，应尽量合理地设定预估数据，这样才能使基本参数的估算值具有较高的可信度。为了提高预估数据的合理性，应尽可能多地收集和分析已有飞机的气动数据、重量数据以及发动机的特性数据。在确定这些预估数据时，一方面要参考已有飞机的数据，另一方面要考虑技术发展的趋势，对有些预估数据进行适当的修正。

1. 气动数据的预估

1）升阻比

在最大起飞重量估算中，需要预估飞机巡航和盘旋状态的升阻比。图 5-6 为不同展弦比和 Ma 数的飞机最大升阻比统计数据[17]，图 5-7 为不同外形特征飞机的最大升阻比统计数据[7]。这些数据是通过收集现有飞机气动数据，经整理后获得的。在进行飞机概念设计时，应针对所设计的飞机类型，参考同类飞机的升阻比，预估一个合理的最大升阻比值。一般而言，飞机巡航时的升阻比大约为最大升阻比的 86.6%，盘旋时的升阻比可近似为最大升阻比[7]。

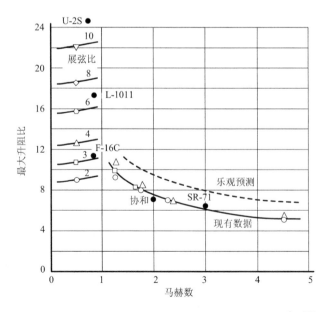

图 5-6　不同展弦比和 Ma 数的飞机最大升阻比统计结果[17]

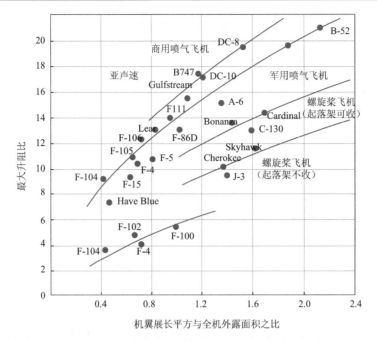

图 5-7　不同外形特征飞机的最大升阻比统计数据[7]

2) 升阻极曲线

在约束分析方法中，需要用到飞机的升阻特性。升阻特性通常用升阻极曲线来表示[17]：

$$C_D = C_{Dmin} + K'C_L^2 + K''(C_L - C_{Lmin})^2 \tag{5-38}$$

式中，右边第二项为由升力导致的阻力系数(不考虑空气黏性)；第三项为空气黏性引起的升致阻力系数；C_{Dmin} 为最小阻力系数；C_{Lmin} 为阻力系数最小时的升力系数。对式(5-38)进行变换可得

$$C_D = (K' + K'')C_L^2 - (2K''C_{Lmin})C_L + (C_{Dmin} + K''C_{Lmin}^2) \tag{5-39}$$

或者改写为

$$C_D = C_{D0} + K_1C_L^2 + K_2C_L \tag{5-40}$$

式(5-40)为标准的升阻极曲线，其中，$K_1 = K' + K''$，$K_2 = -2K''C_{Lmin}$，$C_{D0} = C_{Dmin} + K'C_{Lmin}^2$。

通常情况下，C_{Lmin} 的值接近零或较小，在初始设计阶段，可认为 $C_{Lmin} \approx 0$，故 $K_2 \approx 0$，所以式(5-40)可简化为

$$C_D = C_{D0} + K_1C_L^2 \tag{5-41}$$

对于升阻特性的预估，主要需要预估式(5-41)中的 C_{D0} 和 K_1。

对于亚声速飞机或超声速飞机的亚声速飞行情况，其 C_{D0} 可参考表 5-5 给出的数据进行预估[17]。超声速飞机在超声速飞行时，会出现波阻，应参考同类飞机的阻力特性曲线，例如，可参考文献[17]中附录 G 提供的阻力特性数据。

表 5-5   各种类型飞机的 C_{D0} 的典型值

飞机类型	零升阻力系数(亚声速)
高亚声速喷气式运输机	0.014~0.02
超声速战斗机	0.011~0.022
翼身融合的无尾布局飞机	0.008~0.014
大型涡桨飞机	0.018~0.024
单发小型飞机(活塞式发动机,起落架可收)	0.022~0.030
单发小型飞机(活塞式发动机,起落架不收)	0.026~0.04
农用飞机(带喷洒装置)	0.07~0.08
农用飞机(不带喷洒装置)	0.06
高性能滑翔机	0.006~0.010

K_1 是诱导阻力因子,可按式(5-42)进行初步估算:

$$K_1 = \frac{1}{\pi \cdot \mathrm{AR} \cdot e} \tag{5-42}$$

式中,AR 为机翼展弦比,可参考同类飞机的展弦比取值;e 为机翼效率因子,对于大多数飞机一般取 0.8 左右,对于战斗机一般取 0.6~0.8。

3)最大升力系数和最大起飞升力系数

在估算起飞和着陆距离时,需要起飞阶段的最大升力系数和着陆阶段的最大升力系数的值。为了缩短飞机的起飞和着陆距离,机翼上一般安装了增升装置,用来提高起降时的升力系数。图 5-8 给出了飞机上安装各种增升装置后的最大升力系数[7]。关于增升装置详见第 8 章。在初始设计阶段,可参考同类飞机的增升装置,根据图 5-8 中的数据,对最大升力系数进行预估。在起飞阶段,为了减小气动阻力,增升装置通常只是部分打开,起飞时的最大升力系数一般为最大升力系数的 70%~80%。一般地,增升效果越大,意味着增升装置越复杂,结构重量和成本会增加。因此,在选择最大升力系数时,也需要考虑重量和成本因素。

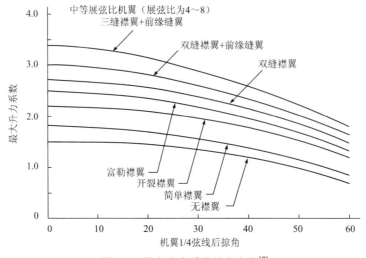

图 5-8   最大升力系数的参考值[7]

2. 发动机特性的预估

在燃油系数估算过程中，需要发动机的耗油率数据；在约束分析中需要发动机推力特性（衰减系数 α）。发动机的耗油率特性和推力特性可根据第 3 章中发动机外部特性估算方法获得。耗油率数据也可参考类似发动机的数据进行预估。图 5-9 为涡扇发动机在不同涵道比情况下的耗油率[16]，其可作为涡扇发动机耗油率预估值的参考。

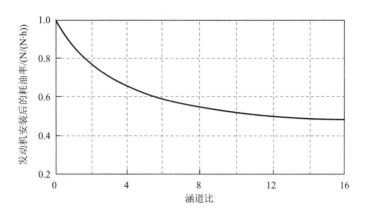

图 5-9 不同涵道比的涡扇发动机的耗油率统计趋势[16]

3. 关于空重系数

在估算最大起飞重量时，需要用到空重系数的经验公式。这些经验公式是根据现有飞机的重量数据，经统计分析后获得的。然而，对于非常规布局飞机、高超声速飞机、新能源飞机等新概念飞机，这些经验公式并不一定能适用，需通过专门的研究和分析，对这些经验公式进行修正，或建立新的经验公式。所以，对于新概念飞机，最大起飞重量的估算是一个难点，需要专门研究。

5.3.3 敏感性分析

从飞机基本参数估算方法可以看出，其输入包括预估数据和设计要求（性能指标）。显然，若改变输入数据，必然会影响飞机重量、推重比和翼载的估算值。这里所谓的敏感性分析，就是分析预估数据和性能指标的变化对飞机基本参数的影响程度。

以 150 座级的客机为例，假设其设计航程为 2780km，巡航 Ma 数为 0.82。根据最大起飞重量估算方法，如果它的升阻比预估值从 16 提高到 17，那么飞机的最大起飞重量将减少 994kg；如果发动机耗油率的预估值从 0.5 增大至 0.6，那么飞机的最大起飞重量将增加 3180kg；如果设计航程的指标从 2780km 降到 2600km，那么最大起飞重量将减少 1108kg。同样地，应用约束分析方法，还可以分析升阻特性、起降性能、速度性能、升限等对推重比和翼载的影响。

敏感性分析的意义在于：

(1)可定量地获得预估参数对飞机基本参数的影响程度，识别出哪些预估参数是最主要的影响因素。为了减少飞机最大起飞重量，应该采用哪些先进技术（先进发动机、气动技术、结构技术等）来获得较大的收益。

(2)可定量地获得性能指标对飞机基本参数的影响程度，识别出哪些性能指标是最主要的影响因素。这些分析结果为确定合理的性能指标提供了依据。如果某项性能指标导致推重比大或翼载过小，则可考虑对该项指标进行调整。这样虽然某项性能指标下降了，但其他的特性指标(如重量等)能明显提高，从总体上看，调整后的性能指标可能更为合理。

课 后 作 业

应用飞机最大起飞重量估算方法和约束分析方法，初步确定飞机的最大起飞重量、空机重量、燃油重量、动力装置的海平面静推力和机翼参考面积，并分析不同预估数据对飞机基本参数的影响程度。

思 考 题

5.1　飞机最大起飞重量估算中的输入数据包括哪些？约束分析方法中的输入数据包括哪些？如何合理地确定预估数据？

5.2　翼载和推重比对各项性能(起飞距离、着陆距离、升限、爬升率等)有何影响？

第6章 进气道/尾喷管和螺旋桨设计

对于喷气式飞机，进气道、尾喷管和发动机是喷气推进系统的三个主要组成部分，其中发动机是核心，而进气道和尾喷管同时直接与飞机的飞行状态(飞行速度和高度等)和发动机的工作状态都有关系，存在着相互协调和匹配的问题。进气道和尾喷管对推进系统的效率、稳定性、重量以及飞机的阻力有很大的影响，而且，随着飞行 Ma 数的提高，它们在推进系统中所占的地位也越来越重要，所产生的推力占相当大的比重。

对于螺旋桨推进的飞机，在选定了发动机(活塞式发动机或涡桨发动机)之后，还要选择与发动机匹配的螺旋桨参数。

本章主要介绍进气道、尾喷管、短舱和螺旋桨主要参数的初步设计方法。这些方法适用于飞机概念设计。此外，对推进系统的反推力装置也进行简单的介绍。

6.1 进气道设计

进气道是飞机设计和发动机设计的结合部分，所以可将进气道看作既是推进系统的组成部分，又是飞机的组成部分。

进气道的功能是将流入进气道的空气减速增压，将一部分动能转变为压力能，然后提供给发动机。在亚声速飞行时，进入发动机的空气增压主要是在压气机中进行，在进气道中的增压作用不大。但随着飞行速度的增大，进气道的增压作用则越来越大，当飞行 Ma 数增加至 1.2~1.4 时，进气道和压气机对气流的增压作用就几乎相同了。当飞机以更高的速度飞行时，进气道的增压作用更加明显。例如，当 $Ma>3$ 时，进气道对气流的增压比已接近 40∶1，此时压气机的增压作用就变成次要的了。可见，对进气道的增压作用不能忽视。

6.1.1 进气道的设计要求

在设计进气道时，要考量多方面的因素。通常根据进气道性能指标(流量系数、总压恢复系数、畸变指数、稳定性裕度等)、阻力、重量、成本等方面来衡量进气道设计的优劣。另外，非设计点状态的进气道性能也是评估进气道设计的重要考量因素。一般来讲，进气道设计需要考虑以下几个主要因素。

(1)进气道应能保证供应发动机所需要的空气流量。在飞机的全部飞行范围内和在发动机的各种工作状态下，进气道的工作应始终稳定可靠。在按主设计点选择进气道的参数时，还要考虑兼顾非设计点的情况。

(2)应尽量使气流在进气道中减速增压时的能量损失最小，也就是要求进气道的总压恢复系数的值尽可能高。

气流在进气道增压过程中，总是有压力损失的。这是由于气流与进气道之间有摩擦，当气流速度场不均匀或气流分离时，会产生涡流和热交换，从而引起压力损失。在超声速时，还会因激波的产生而引起压力的损失。因为在气流流经进气道时有压力损失，所以气流在进气道出口处的总压 $P_{0出}$ 总是小于进气道进口处的总压 $P_{0入}$。进气道出口总压与进口总压之比，称为进气道的总压恢复系数 σ。实际上，σ 是一个衡量进气道增压效率的系数，σ 越大，说明在进气道中气流的压力损失越小。总压损失对发动机推力的影响非常大。一般发动机总压损失达 1%，致使推力损失达 1.25% 左右。减少总压损失是进气道设计的最重要的设计要求。

(3) 要考虑与飞机的总体布置相协调，使进气道的外部阻力尽量减小。

(4) 要求进气道的出口流场均匀、畸变小，气流品质良好。

(5) 要求进气道的重量轻，制造和维护成本低。

6.1.2 进气道的类型

由于各类飞机的使用要求和总体布局形式的不同，所选择的进气道的形式会不一样。但进气道的主要功能都是将不同飞行速度时的进口气流转变成发动机进口所需的流量及流速。因此从气流减速或压缩的观点，可把进气道概括为四种主要类型，即皮托管(正激波)式、外压式、内压式和混合压缩(混压)式，如图 6-1 所示。各类进气道的特性列在表 6-1 中。

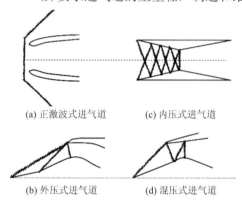

(a) 正激波式进气道　　(c) 内压式进气道

(b) 外压式进气道　　(d) 混压式进气道

图 6-1　按压缩方式分类的进气道形式

表 6-1　四种进气道形式的主要特性对比

特性	皮托管(正激波)式	外压式	内压式	混压式
重量	轻	稍重	重	重
调节	不需要调节	简单	复杂	较复杂
稳定性及起动性能	好	好	难起动(即难于进入设计状态)	对工作状态变化及外部干扰较敏感
总压损失	亚、跨声速时损失小	适用范围内损失小	超声速范围内损失最小	适用范围内损失较小
适用情况	适用于亚、跨声速，最大可达：$Ma=1.6\sim1.8$	适用于：$1.2\leqslant Ma\leqslant2.5$	尚未被实际应用	适用于单一状态的超声速飞机：$2.2\leqslant Ma\leqslant3.5$

6.1.3 进气道的参数选择

根据飞机的飞行速度，进气道设计可分为两种情况：亚声速进气道和超声速进气道。

1. 亚声速进气道

亚声速进气道通常是简单不可调的扩散式进气道，如图 6-2 所示。

1) 进气道进口面积

首先要选定的几何参数是进气道进口的面积 $S_{进口}$。在具体进行进气道的参数选择之前，需要考虑按哪一种飞行状态来设计进气道的问题。也就是说，首先要确定进气道的设计点或设计工作状态。一般而言，进气道的设计点或设计工作状态对应于飞机最重要的飞行状态，如巡航状态或最大飞行速度状态。

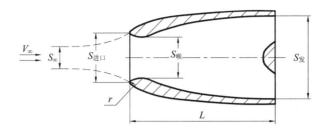

图 6-2　亚声速进气道

进气道的设计点确定以后，设计点飞行速度 V_∞、设计点飞行高度 H 和发动机的空气流量 $m_{空气}$ 等参数，均为已知常量。按设计点的要求选定进气道的参数和所设计的进气道，自然可以保证进气道在飞机最重要的飞行状态下处于最佳工作状态，工作效率提高。

当然，进气道并不总是在设计点上工作，还要经常在非设计点上工作，所以，在按设计点的要求选择进气道的参数时，还需要考虑兼顾非设计点的情况，使之有足够宽的工作范围。

进气道的进口面积 $S_{进口}$ 按设计工作状态下发动机的空气流量 $m_{空气}$ 来确定。

根据质量守恒定律，按图 6-2 所示，有以下计算公式：

$$m_{空气}=S_\infty V_\infty \rho_H=S_{进口}V_{进口}\rho_{进口} \tag{6-1}$$

$$S_{进口}=m_{空气}\big/\left(V_{进口}\rho_{进口}\right) \tag{6-2}$$

由式(6-2)可知，为了求出进气道的进口面积，需要选定进口处的气流速度 $V_{进口}$，或者 $V_{进口}$ 与飞行速度的比值，即进口处的相对速度 $\bar{V}_{进口}$，即

$$V_{进口}=\bar{V}_{进口}V_\infty \tag{6-3}$$

进口处的气流相对速度 $\bar{V}_{进口}$ 的大小与飞行状态有关，在所选定的设计状态下，$V_{进口}$ 是某一个定值，由设计者根据飞机的设计要求和所选用的发动机情况来选定。

从 $\bar{V}_{进口}$ 的含义来说，它代表了气流在进气道进口前面被阻滞和压缩的程度，$\bar{V}_{进口}$ 取值越小，则意味着气流在进气口外面减速增压的比例越大。例如，当取 $\bar{V}_{进口}=0.5$ 时，气流大约有 75% 的速度冲压将是在进气口以前完成的。在选定 $\bar{V}_{进口}$ 时，应考虑发动机压气机进口速度的需要，以及进气道长短等方面的影响因素。

根据经验，$\bar{V}_{进口}$ 的取值范围在进气道的设计点上，$\bar{V}_{进口}=0.3\sim0.7$。通常，在对亚声速进气道的参数进行初步选择时，可取 $\bar{V}_{进口}=0.5$。

$\bar{V}_{进口}$ 选定后，确定了 $V_{进口}$ 值，然后对在设计高度上气流由设计速度 V_∞ 减小到 $V_{进口}$ 时的空气密度 $\rho_{进口}$ 进行计算。得到 $\rho_{进口}$ 后，即可由式(6-2)求出进气道的进口面积 $S_{进口}$。

在用式(6-2)计算 $S_{进口}$ 时，需要知道在进气道设计点上发动机所需要的空气流量 $m_{空气}$。如果在所选用的发动机特性数据表中没有给出此值，则需要按发动机通常所给定的海平面最大推力状态下的空气流量 $m_{0进口}$ 进行换算，求出进气道设计状态下的空气流量 $m_{空气}$。

2) 进气道长度

另一个需要选定的参数是进气道长度，即从进口至发动机压气机进口的距离 L。

对于亚声速进气道的长度，要根据发动机在机身内或在吊舱中的部位安排情况及对进气道内壁扩散角及收敛角的要求而定。对于一般进气道，为了保证气流在流动过程中不产生分离，使其总压恢复系数 σ 最大，要求其内壁的半扩散角不能大于 4°～5°。若管道需要转弯和弯曲，则其横截面面积的变化应是平滑的，并且在最后一段的管道轴线应与发动机压气机的轴线重合，最后一段不能再使气流扩散，而应有一定的收敛角或是设计成圆柱段，以保证气流在进入压气机前速度场的均匀和稳定。对于发动机安装在机身内的情况，这一段长度可按 0.5～1.0 倍的发动机进口直径选取。

3）进气道唇口的剖面形状

进气道唇口部分的剖面形状对进气道的性能也有较大的影响，应按不产生气流分离的要求进行选择。唇口前缘的曲率半径可按下面的经验公式选定：

$$r = (0.04 \sim 0.05)\sqrt{S_{\text{进口}}} \tag{6-4}$$

进气口前缘的外表剖面形状应与机身或吊舱的外形平滑过渡。进气道外部的剖面形状应按保证外部阻力最小的要求设计，并不取决于进气道内管道的形状。

进气道唇口的前缘半径 r 和前缘部分的剖面形状选定后，进气道的喉道面积 $S_{\text{喉}}$ 也就确定了。此时，应对喉道处的气流速度进行验算，对于高速飞机而言，在任何飞行状态下都不能在喉道附近产生局部激波，否则会使总压恢复系数 σ 急剧下降。

4）附面层隔道

如果进气道在机身两侧，为避免机身的附面层进入进气道，应设置附面层隔道，隔板与机身之间的间隙大小与进气口距机头的距离有关。初步设计时，隔道的间隙可按距机头每米不小于 10mm 的标准来选取，例如，进气口距机头 4m，则隔道间隙应为 40mm。

应该指出，上面所引用的确定进气道基本参数的关系式和数据都是近似的，只能供飞机概念方案设计时参考和选用。考虑实际气流全部特性的进气道的理论相当复杂，许多问题还只能靠试验来解决。

5）关于亚声速进气道的补充说明

设计和使用亚声速进气道所积累的经验表明，如果设计得完善，这类进气道可以达到很高的总压恢复系数(σ=0.97～0.98)。这类进气道没有复杂的调节系统，结构简单，重量轻，在设计点附近工作时稳定可靠。因此，一些跨声速飞机以及一些超声速飞机(主要设计点选在跨声速范围)也可采用这种形式的进气道，其参数的选择方法基本上与上述步骤相同，只是其唇口前缘半径较小，即进气口前缘比较尖，并且通常其长度与直径之比要比亚声速进气道大一些。这类进气道在超声速状态下，进气口前形成正激波，气流经过激波后，减至亚声速再进入进气道，如图 6-3 所示。

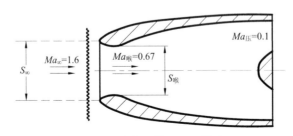

图 6-3 进气口前出现正激波

例如，美国的 F-16 战斗机采用的就是这种结构简单的进气道，使其重量比可调的复杂进气道减轻了 182kg，在 Ma=0.6~1.2 时总压恢复系数高达 0.98，但是当 Ma=2 时，σ 仅为 0.74，损失较大。

2. 超声速进气道

对于超声速进气道设计问题，在进行具体参数选择之前，首先要根据飞机的设计要求和总体布局，选定进气道的形式，包括其压缩方式、波系结构和调节方案。按进口的截面形状，超声速进气道可分为两类：二元(矩形截面)进气道和三元(圆形截面、半圆形截面等)进气道。按波系结构和压缩方式，超声速进气道可分为外压式、内压式和混合式三种形式。二元或三元进气道都可能有这三种不同的压缩形式，其中外压式进气道和混合式进气道如图 6-4 所示。

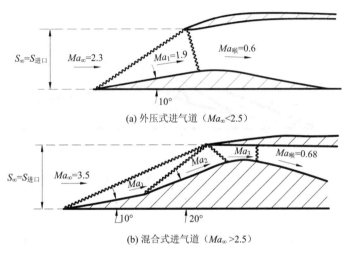

(a) 外压式进气道（Ma_∞<2.5）

(b) 混合式进气道（Ma_∞ >2.5）

图 6-4　不同形式的进气道

外压式进气道的调节比较简单，调节系统不是很复杂，重量也比较轻，所以在超声速飞机上得到了广泛的应用。

内压式进气道需要很复杂的调节系统，并且存在难于起动和进入设计状态的问题，因此，虽然其 σ 值可能比较高，但目前仍未得到实际的应用。

混合式进气道对工作状态的变化和各种干扰也很敏感，当飞机做机动飞行、迎角变化很大以及打开或关闭发动机加力燃烧室时，都会对进气道的工作产生影响。这种进气道适用于工作状态比较单一的超声速飞机。

超声速进气道用调节锥或调节板产生斜激波，使气流首先减速至低超声速，然后经过一道 Ma 数接近于 1 的正激波，达到亚声速。亚声速的扩散段与亚声速进气道没有什么差别。调节锥或调节板上压缩面的数目，即进气道中斜激波的数目，可以做成单级两波系、两级三波系或三级四波系，如图 6-5 所示。

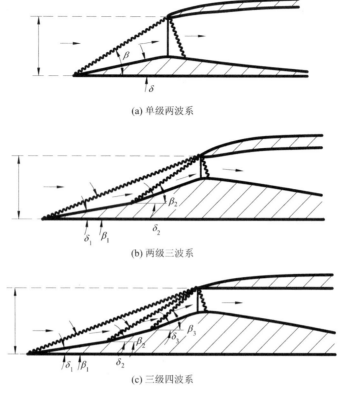

(a) 单级两波系

(b) 两级三波系

(c) 三级四波系

图 6-5　进气道的波系结构

　　超声速进气道在对空气进行压缩的过程中所产生的损失由激波损失、产生涡流的损失和摩擦损失等部分所组成，但主要是激波损失。因此，其总压恢复系数也主要取决于波系结构中的总压恢复系数 $\sigma_{激波}$。

$$\sigma = (0.9 \sim 0.95)\sigma_{激波} \tag{6-5}$$

式中，$\sigma_{激波} = \sigma_1\sigma_2\cdots\sigma_n = \prod_{i=1}^{n}\sigma_i$，$\sigma_i$ 为气流通过一个激波时的总压恢复系数。

　　斜激波的数目越多，则 σ 值越大，如图 6-6 所示。

　　进气道的工作特性与其流量系数 Φ 有关，Φ 是指实际进入进气道的空气流量与其可能的最大流量之比，即

$$\Phi = m_{空气} / m_{空气\max} \tag{6-6}$$

　　Φ 在数值上等于自由流管截面积与进气道进口面积之比，即

$$\Phi = S_\infty / S_{进口} \tag{6-7}$$

　　$S_{进口}$ 是指进气口处包括调节锥在内的总面积，即在进口截面处的直接进气的管口面积与调节锥横截面积之和。

　　当进气道在设计工作状态下工作时，发动机所需要的空气流量与进气道所提供的空气流量相等，流量系数 Φ 为最大值，接近于 1。此时进气道处于最佳工作状态，其 σ 值也最大，也就是进气道处于临界工作状态。在这种状态下，进气道外面的斜激波与进气口前缘相交。

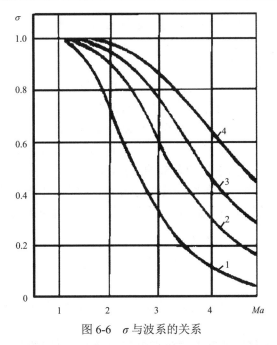

图 6-6　σ 与波系的关系

1-直激波；2-单级两波系；3-两级三波系；4-三级四波系

当发动机转速减小时，所需空气流量减小，多余的空气使进气道内压力升高，把唇口处的正激波推向口外，形成脱体激波，在唇口处造成溢流，此时的状态称为亚临界工作状态。进气道在亚临界状态时，σ 值变化不大，但外部阻力增大。而当发动机转速增大时，进气道所提供的进气量不足，对于超声速气流，Φ 又不可能大于 1.0，结果正激波被吸进喉道之后的扩散段内，这种状态称为进气道的超临界工作状态。在这种工作状态下，进气道的 σ 值迅速降低。

进气道在以上三种不同的工作状态下的激波位置示意图如图 6-7 所示。

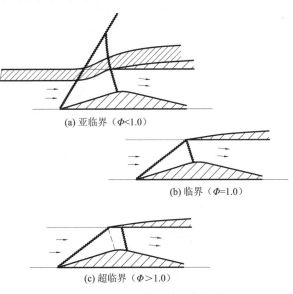

(a) 亚临界（$\Phi<1.0$）

(b) 临界（$\Phi=1.0$）

(c) 超临界（$\Phi>1.0$）

图 6-7　进气道的三种工作状态

　　超声速进气道的形式有许多种，但各种进气道的工作原理和几何参数都是类似的。下面对最常用的二元进气道和轴对称可调进气道的参数选择进行简要介绍。

　　1）二元进气道的参数选择

　　二元进气道自进口至喉道一段的截面呈长方形，以后逐渐变化，至发动机进口前过渡为圆形。二元进气道用调节板进行调节，调节板两级之间用铰链相连，其折角是可调的，用以控制进气道的激波系，改变喉道面积和控制溢流量。位于机身两侧的二元进气道，其调节板适合垂直放置，进气口安排在翼下或机身下面时，调节板可以水平放置。

　　调节板折角 δ_1、δ_2、δ_3 等（参见图6-5）的选择，应使进气道在设计工作状态时，外面的斜激波汇交于进气口的前缘，只有当各激波的强度相同时，才能获得最大的 σ 值。而激波强度取决于波前和波后的气流速度之比。因此，调节板折角的选取应保证使

$$V/V_1 = V_1/V_2 = V_2/V_3 = \cdots \tag{6-8}$$

式中，V 为飞行速度；V_1 为第一个斜激波后面的气流速度；V_2 为第二个斜激波后面的气流速度；以此类推。

　　为了使波系中的总压恢复系数最大，最后一道直激波前的气流速度不应大于 $Ma=1.2\sim$
1.25。

　　第 i 个斜激波后面的气流速度 V_i 与波前气流速度 V_{i-1} 之间的关系如下：

$$V_i = V_{i-1} \frac{\cos\beta_i}{\cos(\beta_i - \delta_i)} \tag{6-9}$$

　　当进气道的波系结构已选定，且激波的数目已知时，即可按上述要求，通过计算或查图6-8、图6-9、图6-10中的曲线求出最佳的调节板折角 δ_1、δ_2、$\cdots$ 和与其相对应的斜激波的马赫角 β_1、β_2 等。

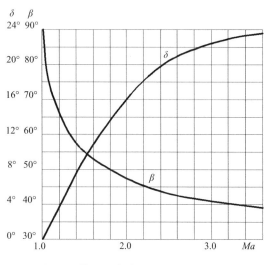

图6-8　单级两波系二元进气道的 δ、β 曲线

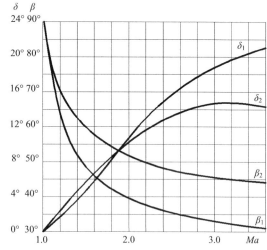

图6-9　两级三波系二元进气道的 δ、β 曲线

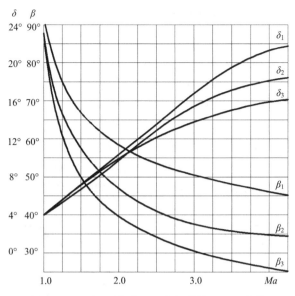

图 6-10 三级四波系二元进气道的 δ、β 曲线

按上述办法根据进气道设计状态下的飞行 Ma 数选定调节板折角时,应特别注意第一个压缩面的折角 δ_1,因 δ_1 实际上决定了调节板的前置量,即调节板的前缘至进口平面的距离。

进口面积 $S_{进口}$ 是进气道最主要的几何参数,从式(6-6)和式(6-7)可知, $S_{进口}$ 与发动机的空气流量和进气道的流量系数有关。

在进气道的设计工作状态下,发动机的空气流量 $m_{空气}$ 是已知的,此时,如果进气道处于最佳的临界工作状态,则流量系数 Φ 应接近于 1,在进行初步的参数选择时,也可以取稍小于 1 的值,例如,取 $\Phi=0.8\sim0.85$。

从式(6-7)可以得到

$$S_{进口} = \Phi m_{空气}\big/(\rho_{\mathrm{H}}V_{\infty}) \tag{6-10}$$

式中, $m_{空气}$ 为设计状态下的发动机空气流量,可以按标准状态下的发动机空气流量换算得出。

超声速进气道的喉道面积 $S_{喉}$,将随飞行 Ma 数的增大而减小,可以用理论计算的方法求出。初步设计时,可采用相对喉道面积来初步确定喉道面积。相对喉道面积 $\overline{S}_{喉}$ 的定义为

$$\overline{S}_{喉}=S_{喉}\big/S_{进口} \tag{6-11}$$

在飞机概念设计阶段,可按表 6-2 选取相对喉道面积。

表 6-2 相对喉道面积与飞行马赫数的统计关系

飞行马赫数	1.5	2.0	2.5	3.0	3.5
相对喉道面积	0.5	0.42	0.35	0.32	0.3

在调节板的折角 δ 和激波角 β 以及 $S_{进口}$ 等值选定以后，调节板各级之间的长度可以很容易地按几何关系计算出来。

2）轴对称可调进气道的参数选择

当飞机采用机头进气或发动机吊舱时，常用轴对称圆形截面的进气道，这种进气道用圆截面的中心锥体控制激波系，并对进气道的工作状态进行调节。图 6-11 给出了这种轴对称三元进气道的原理图。

这种进气道的工作原理与二元进气道相同，在设计工作状态下，要求斜激波汇交于进口前缘，总压恢复系数 σ 值最大。当 Ma 数增大时，调节锥向外伸，当 Ma 数减小时，调节锥向内收，以使进气道总处于最佳工作状态，进气道的喉道面积也同时得到调节。

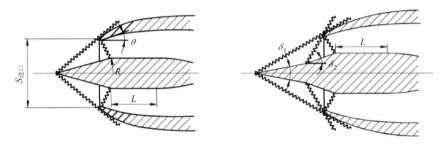

图 6-11　三元可调进气道

三元进气道调节锥的折角、进口面积等参数的选定方法也与二元进气道相同，这里不再赘述。在初步方案设计时，差别仅在于外部形状，对于三元进气道，大多数为圆形截面，也较为简单。

对于最大飞行 Ma 数小于 2.0 的进气道，通常可以采用一级的调节锥，构造比较简单，其半锥角即压缩面的折角可以取 $\delta = 15°\sim 20°$，这样既可以保证在设计状态下使进气道有足够大的 σ 值，同时又能使进气道有足够大的喘振余量，对于 $Ma>2$ 的进气道则需要采用二级以上的调节锥。

为了保证调节锥伸缩结构上的需要，在进气道的喉道截面以后，应设计一段等直剖面的圆柱段，此段与压缩面间过渡的整流半径 R 不应太小。

对于外压式进气道，进气道前缘唇口的内唇角 θ 应与斜激波后的气流偏角相一致。例如，当 $Ma=2.0$ 时，内唇角约为 10°，进气道外表面的形状应按减小外部阻力的要求来设计。

6.1.4　进气道布置的选择

进气道在飞机上的位置与选用的类型，可组成各种布置形式，其中常见的有利用机身或机翼预压缩的固定式进气道和二维、三维外压式进气道，以及按特性要求而设计的吊舱式、背部式等专用进气道。因此，只要把握基本类型的特性和安装在不同位置时外部流场对进气道的影响，根据具体飞机使用的特点，即可设计出独具特色的布置形式。

表 6-3 中列出了常见的进气道形式、布置的位置及其主要特点。

表 6-3　常见的进气道形式、布置的位置及其主要特点

布置的位置		进气道形式	主要特点
正面进气（含机头进气及专用发动机舱）		皮托管(正激波)式 二维及三维外压式 二维及三维混压式	进气道流场无干扰； 横截面积小、波阻小； 对飞机迎角变化较敏感
两侧进气		固定式 垂直或水平斜板的二维外压式 三维外压式	对飞机迎角变化的敏感性小； 对飞机侧滑角变化的敏感性大； 机身横截面积大、波阻大
机身腹部进气		三维外压式 固定式 水平斜板的二维外压式	适用于机动性能要求较高的飞机； 进气口距地面距离较小
翼下进气	机身两侧	固定式	简单、重量轻； 适用于高机动性能要求的飞机
	翼下发动机吊舱	水平斜板的二维外压式	适用于高机动性能要求的飞机； 进气口距地面距离小

6.2　尾喷管设计

尾喷管的功用是将发动机燃气的压力势能有效地转变为排气的动能，使发动机以最高的效率、最小的能量损失产生最大的推力。尾喷管的形式和主要参数应根据飞机的飞行性能指标和所选定的发动机工作特性来进行选择，要求是能保证在飞机全部的飞行使用范围内，都能够与发动机的工作很好地协调和匹配，始终保持较高的效率，这是对尾喷管的基本要求。此外，发动机短舱尾段的外形以及发动机装在机身内时机身尾段的外形与机尾罩及尾喷管的形式和几何参数有直接的关系，同时，飞机的外部阻力和底阻的影响也应考虑。尾喷管还需要冷却，四周应留有足够的冷却通道，有的飞机还需要加装反推力装置。

6.2.1　尾喷管设计工作状态的选定

燃气在尾喷管中总是处于膨胀的过程，通过尾喷管使燃气降压、降温和增速。表征尾喷管工作特征的参数为膨胀比和落压比。

膨胀比 $\pi_{喷}$ 定义为：燃气在尾喷管进口处的总压 $P_{进}^*$ 与所在高度大气压力 P_{H} 的比值，即

$$\pi_{喷}=P_{进}^*/P_{\mathrm{H}} \tag{6-12}$$

所以膨胀比代表燃气在进入尾喷管时压力势能的大小，或者说表示进入尾喷管的燃气膨胀能力的大小。

落压比 $\pi_{落}$ 定义为：尾喷管进口处燃气的总压 $P_{进}^*$ 与尾喷管出口处燃气静压 $P_{出}$ 之比，即

$$\pi_{落}=P_{进}^*/P_{出} \tag{6-13}$$

落压比表示燃气在通过尾喷管时实际的膨胀程度，是代表尾喷管工作特性好坏的参数。

显然，当燃气在尾喷管中完全膨胀时，尾喷管的落压比即等于其膨胀比。如果不能完全膨胀，则其落压比小于膨胀比，尾喷管出口处的喷气速度降低，排气损失增加。因此，对尾喷管的形式、几何尺寸和调节规律的选择，最主要的问题就是要使燃气在尾喷管内得到完全膨胀，不完全膨胀或过度膨胀均会使尾喷管的效率降低。

燃气在尾喷管中能否达到完全膨胀，主要取决于膨胀比、尾喷管的形式及其进出口的面积比等参数。膨胀比代表燃气进入尾喷管时所具有能量的大小，它与发动机的工作状态和飞机的飞行速度、高度有关。图 6-12 是典型的涡轮喷气和涡轮风扇发动机尾喷管的膨胀比与飞行 Ma 数、飞行高度之间的关系曲线示意图。

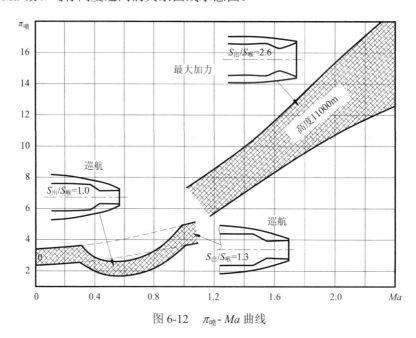

图 6-12　$\pi_{喷}$-Ma 曲线

从图 6-12 可以看出，飞机在亚声速巡航飞行过程中，尾喷管的膨胀比很小，基本上不需要有扩散段，因此，尾喷管进出口的面积比可以为 1.0，但是在超声速段，尾喷管的膨胀比随飞行 Ma 数的提高而迅速增大，这时尾喷管进出口的面积比也需要相应地调整，才能使燃气得到完全膨胀。

对于固定不可调的尾喷管，只能选定某一种最主要的飞行状态作为尾喷管的"设计状态"。尾喷管的几何参数，按在此设计状态下得到完全膨胀的要求来确定。当飞机偏离设计状态飞行时，尾喷管不能保证完全膨胀，效率降低。如果采用可以调节的尾喷管，则可以多选取几个飞行状态作为设计状态，使尾喷管在几个设计状态下都保持高效率。如果在飞机全部的飞行范围内，尾喷管都能采用无级的连续自动调节系统，则有可能使尾喷管始终保持最高效率。

6.2.2　尾喷管的效率

使燃气能够完全膨胀是保证提高尾喷管效率的基本条件，但尾喷管的效率还受到一些其他方面的影响。

尾喷管效率 $\eta_{喷}$ 的定义为：在尾喷管出口处，实际排出每千克燃气所得到的动能与在理想绝热条件下排出每千克燃气所能得到的动能之比，即

$$\eta_{喷} = \left(V_{出}^2 / (2g)\right) \Big/ \left(V_{出理}^2 / (2g)\right) = \left(V_{出} / V_{出理}\right)^2 = \varphi_{喷}^2 \tag{6-14}$$

式中，$V_{出}$ 为实际排气速度；$V_{出理}$ 为在理想状态无任何损失情况下的排气速度；$\varphi_{喷} = V_{出}/V_{出理}$ 为尾喷管的速度系数。

速度系数 $\varphi_{喷}$ 是衡量尾喷管内燃气流动能损失大小的主要参数，如前所述，它与燃气流能否完全膨胀有关，$\varphi_{喷}$ 总是小于 1 的。这是因为即使燃气流在尾喷管内得到完全膨胀，也会有各种损失存在，如气流流动的摩擦损失、气流方向偏斜引起的损失、喷管向外散热的损失以及在超声速喷管中可能产生的激波损失等。

式(6-14)表明，尾喷管的效率 $\eta_{喷}$ 与 $\varphi_{喷}$ 的平方成正比，而相对出口冲量则恰好等于 $\varphi_{喷}$。

对推力的影响，则可以用相对推力损失系数 $\Delta\overline{T}$ 来表示：

$$\Delta\overline{T} = \Delta T / T_{理} = (T_{理} - T) / T_{理} \tag{6-15}$$

式中，T 为实际产生的推力；$T_{理}$ 为在理想状态尾喷管无能量损失的情况下所提供的推力。

用尾喷管出口相对冲量损失 $(1-\varphi_{喷})$ 来表示相对推力损失系数，可得

$$\Delta\overline{T} = \left(1 - \varphi_{喷}\right) \Big/ \left(1 - \frac{V}{V_{出理}}\right) \tag{6-16}$$

式中，V 为飞机的飞行速度。

由式(6-16)可知，相对推力损失系数与 $\varphi_{喷}$ 和飞机的飞行速度有关。图 6-13 示出了它们之间的相互关系。当飞行 Ma 数为 0 时，相对推力损失系数即等于相对冲量损失系数；随着飞行速度的提高，$\varphi_{喷}$ 对 $\Delta\overline{T}$ 的影响越来越大，例如，$\varphi_{喷}$ 减小 5%，当 $Ma=0$ 时，推力下降 5%，$Ma=1.2$ 时，下降 8%，而 $Ma=2.2$ 时，推力下降达 14%。

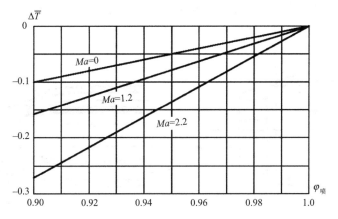

图 6-13　推力损失系数 $\Delta\overline{T}$ 与尾喷管的速度系数 $\varphi_{喷}$ 的关系

6.2.3　尾喷管的形式及主要参数的选择

尾喷管的设计与进气道相类似，属于发动机设计和飞机设计的结合部，问题比较复杂，在飞机方案的初步设计阶段，无法精确地完成，只能对其基本形式和出口面积等最主要的

参数进行初步选择。尾喷管的形式有许多种,常用的有以下几种。

1. 简单收敛式尾喷管

这种形式的尾喷管,通常是将发动机的尾喷口裸露在外面。发动机的尾喷口虽是可调的,但只是调节喷口截面积的大小,而始终保持简单收敛式的通道。这种尾喷管的优点是简单、重量轻,亚声速飞机多采用这种尾喷管。简单收敛式尾喷管示意图如图 6-14 所示。

当膨胀比 $\pi_{喷}$ <4 时,这种尾喷管的效率较高。若膨胀比小于临界压力比,则简单收敛式尾喷管处于亚临界或临界工作状态,能使燃气得到完全膨胀,推力损失系数很小。例如,当 $\pi_{喷}$ =4 时,推力损失约为 2%。当膨胀比增大,尾喷管处于超临界工作状态时,简单收敛式尾喷管则不能再保证燃气的完全膨胀,损失增加,例如,当 $\pi_{喷}$ =9.8 时,推力损失约为 10%。

对于一些飞行 Ma 数小于 1.5 的飞机,由于尾喷管的膨胀比一般小于 10,因燃气不完全膨胀所引起的推力损失在允许的范围内,而其在亚声速时的特性良好,所以通常仍可采用这种简单收敛式尾喷管。

2. 拉瓦尔喷管

对于飞行 Ma 数大于 1.5 的飞机,在尾喷管进口处的膨胀比大于 10,为了减小由燃气流不能完全膨胀而造成的推力损失,则多采用可调的收敛扩散型拉瓦尔喷管。

若尾喷管偏离了设计工作状态,例如,发动机打开加力燃烧室时,为了使燃气流在尾喷管中仍能完全膨胀,就必须根据膨胀比的变化来调节尾喷管出口截面和喉道截面的面积比 $S_{出}/S_{喉}$,如图 6-12 所示。随着飞行 Ma 数的增加,$S_{出}/S_{喉}$ 可以从 1.0 调到 2.6。

对于飞行 Ma 数比较大的飞机,用可调的拉瓦尔喷管代替简单收敛式尾喷管后,可以使推力损失显著减少。Ma=1.5 时,$\Delta \bar{T}$ 相差 10%;Ma=2.0 时,$\Delta \bar{T}$ 相差 18%;Ma=2.5 时,$\Delta \bar{T}$ 可达 30%。

3. 收敛-扩散式引射喷管

收敛-扩散式引射喷管是超声速飞机常用的一种尾喷管,它利用燃气的主喷流对从冷却通道或专门进气门引进的二次流及三次流的引射作用来改善尾喷管的工作条件,从而减少推力的损失,甚至使推力额外地增大。其示意图如图 6-15 所示。

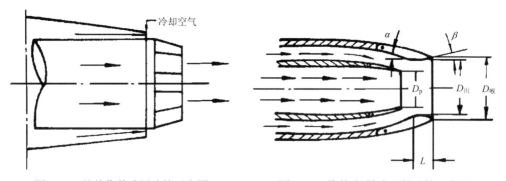

图 6-14　简单收敛式尾喷管示意图　　　　　图 6-15　收敛-扩散式引射喷管示意图

如果引射喷管的几何参数和二次流的参数选择适当,则在亚声速和超声速时都能得到满意的性能。例如,一种性能较好的引射喷管的参数如下:$D_{出}/D_{p}=1.23$;$D_{喉}/D_{p}=1.14$;$L/D_{p}=0.47$;半扩散角 $\beta=5°36'$;$\alpha=17°34'$。这种引射喷管,在各种不同膨胀比的情况下，均比非引射喷管的推力高。

一些歼击机还采用吸气门式引射喷管，它在收敛-扩散型外罩上，有一圈可向内打开的吸气门和一圈可调节的尾缘鱼鳞片。在低 Ma 数工作时，吸气门被向内吸开，外面的气流由于主喷流的引射作用被吸入，形成一股三次流，同时尾缘鱼鳞片也收缩，$D_{出}/D_p$ 减小，从而尾喷管的亚声速性能得到提高；当飞行 Ma 数增大时，吸气门自动关闭，尾缘鱼鳞片扩张，$D_{出}/D_p$ 增大，其超声速性能得以改善。

瑞典的 Saab-37 飞机采用的是环状吸气式可调尾喷管，其收敛-扩散型外罩可前后移动，向后移动时，尾喷管外罩与机身尾段之间产生一环状间隙，吸进三次流；向前移动时，间隙关闭，切断三次流。

吸气门式引射喷管的几何形状和具体参数必须按具体飞机仔细配置，才能获得较好效果。

6.2.4 尾喷管的底部阻力

尾喷管的底部阻力(简称底阻)，是由尾喷管后端面及机体尾部外表面上的低压区引起的气动阻力。各种形式的尾喷管在偏离其设计点工作时均会产生底阻。

如果尾喷管与机身尾部或短舱尾部配合得不好，尤其是安排多台发动机时，底部面积大，则会使底阻显著增大。在一些飞行状态下，例如，当最大限度地缩小尾喷口截面时，底阻则可能达到飞机总阻力的 30%。

对于亚声速飞机，不可调的尾喷管对底阻的影响不是很大。当飞行 Ma 数小于 0.7 时，尾喷流实际上对机身尾段或发动机短舱外表面的压强分布没有多大影响；当 Ma 数大于 0.8 和尾段长度较短时，有可能气流分离出现低压区而使底阻增大。

超声速时，机身尾部或发动机短舱的外形与尾喷管工作的匹配则比较复杂。当燃气流在尾喷管中不能完全膨胀，出口处排气的静压 $P_{出}$ 大于大气的静压 P_H，即 $P_{出}/P_H > 1$ 时，尾喷流离开尾喷口以后迅速膨胀，形成一个喇叭形的喷流边界，使外部气流发生转折，因而形成外激波，产生附加的外阻；当 $P_{出}/P_H < 1$ 时，尾喷流离开尾喷口后不膨胀，反而收敛，则有可能使燃气流在尾喷口内发生分离，这时则会引起底阻的急剧增加。实际上，各种形式的可调超声速尾喷管在亚声速飞行时，阻力总是比较大的，采用引射喷管有利于降低底阻。但即使采用引射喷管，当偏离设计点工作时，仍会有底阻产生，造成推力损失。图 6-16

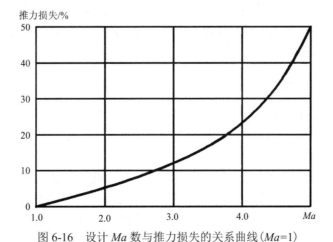

图 6-16 设计 Ma 数与推力损失的关系曲线($Ma=1$)

是表示尾喷管的设计 *Ma* 数与飞机在 *Ma* 数为 1 的状态下飞行时,由尾喷管底阻增大而造成的推力损失的关系曲线。可以看出,如果尾喷管按 *Ma*=3 的设计状态设计,当飞机偏离设计状态,以大约 *Ma*=1 的速度飞行时,则由底阻的增加所引起的推力损失将达到 10% 以上。

6.3　反推力装置

为了缩短飞机的着陆滑跑距离,现代飞机可以采用反推力装置。对于配装涡轮螺旋桨发动机的飞机,靠螺旋桨的反距得到反向的拉力;对于军用飞机,使用反推力可改善飞机空中的机动性能;对于一些装有涡喷发动机和涡扇发动机的飞机,尤其是客机,则需要靠反推力装置来改善着陆性能。

表 6-4 给出了使用反推力装置对缩短着陆距离和中止起飞距离的效果。从表中的数值可见,在湿跑道或带冰跑道上使用反推力装置,效果尤为显著。

表 6-4　使用反推力装置的效果

使用情况	使用反推力的滑跑距离/%(不使用反推力时的滑跑距离为 100%)		
	干跑道	湿跑道	带冰跑道
着陆	56%	35%	18%
中止起飞	66%	45%	33%

涡喷发动机或涡扇发动机为了产生反向推力必须在正常工作情况下,使向后喷的气流改变方向,使之向前喷。实现气流转向可采用机械的或气动的方法,其中机械装置比气动装置更为有效。

6.4　发动机短舱外形参数确定

目前几乎所有亚声速运输机都采用短舱来安装发动机。发动机短舱设计和发动机安装通常由飞机设计师负责。短舱是一种多功能系统,包括进气和排气系统、反推力装置(如果需要)、噪声抑制系统等。短舱设计的目标是尽量减小与之相关的气动阻力和噪声,并在所有飞行条件下为发动机提供平稳的气流。在概念设计阶段,需初步确定短舱的主要外形参数。下面介绍发动机短舱的类型和短舱外形参数的估算方法。

6.4.1　发动机短舱的类型

发动机短舱主要有分离式喷流发动机短舱和混合式喷流发动机短舱两种形式。这两种短舱均在飞机上得到了应用,图 6-17 为空客 A320 系列飞机安装的两种发动机短舱。

1. 分离式喷流发动机短舱

分离式喷流发动机短舱通常安装涡扇发动机,发动机外涵道气流(二次气流)直接排到短舱外面,不与热芯流(一次气流)混合。其优点是:主整流罩外壳的长度较短,因此短舱重量和成本均较低,气动干扰阻力也较小。主整流罩的长度根据需要来确定,最短的大约是短舱长度的一半。如果发动机本身的噪声水平较低,则使用主整流罩较短的发动机短舱。

(a) CFM56发动机(分离式)　　　　　　　　(b) PW6000发动机(混合式)

图 6-17　空客 A320 系列飞机安装的两种发动机短舱

2. 混合式喷流发动机短舱

混合式喷流发动机短舱的一次气流和二次气流在短舱内混合。与分离式喷流发动机短舱相比，混合气流增加了推力，并降低了噪声水平。尽管混合式喷流发动机短舱的重量较大，但其燃料经济性较好，成本相对较低。

6.4.2　发动机短舱主要几何参数的估算

典型的分离式喷流发动机短舱几何外形如图 6-18 所示，典型的混合式喷流发动机短舱几何外形如图 6-19 所示。

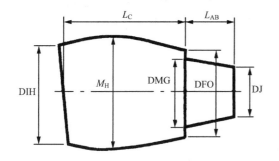
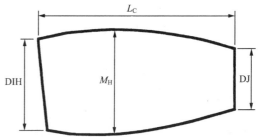

图 6-18　分离式喷流发动机短舱几何外形　　　图 6-19　混合式喷流发动机短舱几何外形

当涡扇发动机的型号选定后，就可查到以下发动机的数据：①海平面标准大气静止起飞状态时的总空气流量 W_a；②涵道比 R；③总增压比 OPR；④风扇直径 D_F；⑤发动机长度 L_E；⑥最大使用马赫数 Ma_{MO}。根据这些发动机数据，可按表 6-5 给出的估算公式初步确定短舱的尺寸[14]。

表 6-5　短舱尺寸的估算[14]

类型	尺寸	估算公式	输入数据
分离式、混合式	进气道唇口直径 DIH (in)	$DIH = 0.037W_a + 32.2$	W_a (lb/s)
分离式、混合式	最大高度 M_H (in)	$M_H = 1.21D_F$	D_F (in)
混合式	短舱长度 L_C (in)	$L_C = 1.1(0.7D_F + L_E)$	D_F (in), L_E (in)

类型	尺寸	估算公式	输入数据
分离式	主整流罩长度 L_C(in)	$L_C = 2.36D_F - 0.01(D_F Ma_{MO})^2$	D_F(in), Ma_{MO}
分离式	风扇出口处主整流罩直径 DFO(in)	$DFO = (0.00036RW_a + 5.84)^2$	R, W_a(lb/s)
分离式	风扇出口处燃气发生器整流罩直径 DMG(in)	$DMG = (0.000475RW_a + 4.5)^2$	R, W_a(lb/s)
分离式	燃气发生器喷口直径 DJ(in)	$DJ = (18 + 55K)^{0.5}$ $K = \left\{ \ln\left[\left(\dfrac{1}{R+1}\right)\left(\dfrac{W_a}{OPR}\right)\right]\right\}^{2.2}$	R, W_a(lb/s), OPR
分离式	燃气发生器后体长度 L_{AB}(in)	$L_{AB} = (DMG - DJ) / 0.23$	DMG(in), DJ(in)

6.5 螺旋桨基本参数的选择

螺旋桨是航空活塞发动机和涡桨发动机的能量转换部件,其功能是将发动机的功率转换为拉力或推力以克服飞机飞行阻力。螺旋桨效率的高低对飞机的飞行性能有着重要的影响。下面简要介绍螺旋桨的基本参数及其选择的依据。

6.5.1 螺旋桨的基本参数

螺旋桨的基本参数主要包括总体参数和桨叶外形参数。总体参数有桨叶数量、螺旋桨直径、螺旋桨转速等,而桨叶外形参数是指桨叶宽度、扭转角和桨叶剖面外形沿桨盘径向的分布。这些参数的具体含义如下。

1)桨叶数量

桨叶数量通常用 B 来表示,常用螺旋桨的桨叶数量为 2~6 片。

2)螺旋桨直径

螺旋桨直径 D 为螺旋桨旋转时桨尖所扫过的圆弧的直径。与螺旋桨直径相关的数据还包括螺旋桨半径 R 及桨叶任一剖面到旋转中心的距离 r。

3)螺旋桨转速

螺旋桨转速是在单位时间内桨叶转过的角度或圈数,当螺旋桨转速以每分钟的转数来衡量时,用符号 n 来表示,此时转速的单位为 r/min;当用角速度来定义时用符号 ω 表示,单位为 rad/s。显然,二者间的关系为 $\omega=2\pi n/60$。当螺旋桨直径一定时,螺旋桨的转速影响着桨尖马赫数。

4)螺旋桨桨叶宽度、厚度及扭转分布

螺旋桨桨叶宽度、厚度及扭转角分别定义为桨叶径向 r 处剖面的宽度、厚度及与旋转面的夹角。由于桨叶扭转角沿径向是变化的,通常用 $0.75R$ 处桨叶剖面的扭转角定义为螺旋桨的桨距,为了保证在飞行速度变化时螺旋桨仍具有较高的效率,很多螺旋桨的桨距随着飞行速度的改变是可变化的。典型螺旋桨桨叶宽度、厚度及扭转分布如图 6-20 所示。

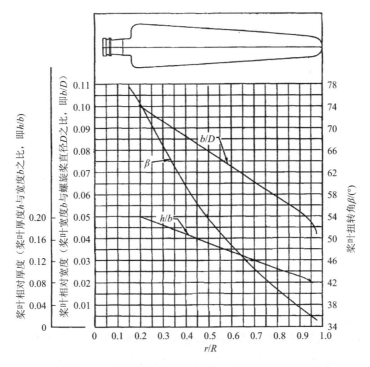

图 6-20　典型螺旋桨桨叶宽度、厚度及扭转分布

5）螺旋桨桨叶剖面翼型分布

螺旋桨桨叶剖面翼型分布主要体现在厚度沿径向的变化，由于由桨叶根部到端部速度是增加的，所以无论是从气动角度还是结构强度角度出发，厚度沿径向是逐渐变薄的，且桨尖处的翼型决定着该处的临界马赫数，对螺旋桨在高速工作时的气动效率有着决定性的影响。

6.5.2　螺旋桨参数的选择

1）螺旋桨直径

螺旋桨直径的选择应综合考虑飞机总体设计参数及螺旋桨桨尖马赫数的限制，即螺旋桨直径的确定一方面要考虑到飞机总体布置的安排，如起落架高度等，以满足螺旋桨桨尖与周围结构及地面的间隙要求。同时当发动机的转数和减速器的减速比确定后，螺旋桨直径的确定应使桨尖处的马赫数小于该处翼型的临界马赫数。初步确定螺旋桨直径的经验公式为[7]

$$D=K\sqrt[4]{P} \tag{6-17}$$

式中，D 为螺旋桨直径（m）；P 为发动机安装功率（kW）；$K=0.56$（二叶桨），$K=0.52$（三叶桨），$K=0.49$（四叶桨或更多桨叶）。

2）桨叶数量

当螺旋桨的其他参数一定时，螺旋桨的桨叶数量将影响螺旋桨吸收发动机功率的大小。通过选择合适的螺旋桨桨叶数量，可以使螺旋桨的需用功率与发动机的输出功率相平衡，以提高螺旋桨的气动效率，所以螺旋桨桨叶数量确定的首要依据是发动机的输出功率。除此以外，增加螺旋桨桨叶数量还可以降低螺旋桨的气动噪声。但桨叶数量增加，尤其对于可变距的螺旋桨，也会引起螺旋桨桨毂的重量增加，同时也会增大桨叶间的气动干扰。综合上述考虑，常用螺旋桨桨叶数量一般不超过 6 片。

3）螺旋桨转速

螺旋桨的转速影响桨尖马赫数和螺旋桨的需用功率大小。增加螺旋桨的转速，可以提高螺旋桨吸收的发动机功率，但会引起桨尖马赫数的增加，使气动效率降低。螺旋桨转速的确定还应满足桨尖马赫数和气动噪声的要求。

4）是否采用变距螺旋桨

采用变距螺旋桨可以保证螺旋桨在很大飞行速度范围内具有较高的气动效率。但螺旋桨的变距机构也会增加螺旋桨的结构重量和复杂程度及其价格。所以对于飞行速度较低的、造价低的小型飞机可采用固定桨距的螺旋桨，但对于绝大多数飞机，变距螺旋桨是更好的选择。

5）共轴对转双螺旋桨

前面提到通过改变螺旋桨的桨叶数量和转速可以调节螺旋桨的吸收功率，但桨叶数量和转速的增加，会引起桨叶间的气动干扰加剧及桨尖气动效率的降低和噪声的增大，一个好的折中办法是采用共轴对转双螺旋桨。共轴对转双螺旋桨的另一个益处是后面反转的螺旋桨降低了气流流过前面螺旋桨时的扭转速度，提高了螺旋桨的气动效率，也降低了螺旋桨对飞机机体的滚转和航向的不利耦合作用。共轴对转双螺旋桨的缺点是桨毂机构的复杂程度及设计难度增加。

6）螺旋桨桨叶外形

螺旋桨的桨尖形状对螺旋桨效率也有重要影响。图 6-21 列出了几种常用的螺旋桨桨尖形状。图 6-21（a）为过去常用的传统型桨尖外形，但随着飞行速度的提高，桨尖会出现局部激波，使螺旋桨的气动效率大大降低。为提高桨尖处桨叶剖面的临界马赫数，一种方式是采用薄的桨尖剖面并加大桨尖的弦长，使桨尖处翼型的相对厚度降低，以提高临界马赫数，推迟激波的产生，这样的桨尖形状即所谓的宽弦型桨尖外形，如图 6-21（b）所示。提高桨尖临界马赫数的另一个措施是使桨尖后掠，即图 6-21（c）所示的后掠型或马刀形状。

(a) 传统型　　　　　　　　(b) 宽弦型　　　　　　　　(c) 后掠型

图 6-21　螺旋桨桨尖形状

在飞机概念设计阶段，可参考同类机型相关数据来初步确定螺旋桨设计参数。表 6-6 列出了一些典型的螺旋桨飞机的螺旋桨参数，读者也可从各种飞机手册中查阅更多的信息。

表 6-6　一些典型飞机的螺旋桨参数

飞机型号	固定或变桨距	发动机台数与最大功率	直径	桨叶数量
塞斯纳-172（天鹰）	固定桨距	1 台，活塞式，160hp	2.04m	2
比奇 V35B	变桨距	1 台，活塞式，285hp	2.14m	2
Mooney 301	变桨距	1 台，活塞式，260hp	1.98m	3
塞斯纳-T303	变桨距	2 台，活塞式，每台 250hp	1.89m	3
ATR-42	变桨距	2 台，涡桨，每台 1800hp	3.96m	4

课 后 作 业

针对所选的飞机概念设计项目，初步确定进气道/尾喷管的主要参数，或初步确定短舱的主要尺寸，或初步确定螺旋桨的主要设计参数。

思 考 题

6.1　进气道有哪些种类？各类进气道有何特点？

6.2　超声速飞机进气道的波系结构对进气道总压恢复系数有何影响？

6.3　对于膨胀比小于 4 的飞机，采用什么形式的尾喷管比较合适？

6.4　螺旋桨设计参数主要有哪些？确定这些参数时，要考虑哪些因素？

第7章 机身设计

机身的主要功能是容纳有效载荷。机身除了装载之外，还需要将产生升力的机翼以及保证飞机稳定和操纵的尾翼连接成一个整体。另外，有些飞机的动力装置和起落装置也安装在机身内。因此，在进行机身参数选择时，还需要考虑这些部件的安装空间和传力路线。为完成有效载荷的装载任务，机身上要布置一些必要的舱门和口盖。这些布置又会影响到机身几何参数的确定。

本章介绍机身外形参数的初步设计方法，首先梳理机身外形初步设计的考量因素，然后分析机身设计参数与考量因素之间的关系，最后对机身设计步骤进行总结。

7.1　机身外形设计的基本要求

在飞机机体结构中，机身通常是构造最复杂的一个部件。在选择机身几何参数和设计机身外形时，必须协调考虑以下诸方面的基本要求。

(1)容积要求：应该有足够大的内部容积，保证满足内部装载的使用要求。对于客机，内部装载包括飞行机组、旅客、布置在机身内的各种设备和系统、起落架等；对于军机，内部装载包括飞行机组、弹药、武器、发动机、各种设备和系统、起落架等。

(2)气动要求：机身的外形应使得机身的气动阻力尽量小。对于大多数常规布局飞机而言，从气动角度来看，机身升力的占比很小，机身主要产生零升阻力，所以机身外形设计中应尽量减小零升阻力。不过，对于一些新型布局飞机(如翼身融合布局)，其机身的一个功能是产生升力。

(3)结构布置要求：机身的外形应有利于进行结构布置，具有足够的结构高度，便于连接和安装机翼、尾翼等其他部件。

(4)重量和成本要求：机身的外形应使得结构重量尽量轻、成本低。机身结构重量和成本在机体中的占比很大。因此在机身外形设计中，必须考虑结构重量和成本因素。

(5)运营要求：在飞机地面滑行和飞行过程中，飞行员具有良好的视界；在飞机起飞和着陆时，需避免机身尾部撞地的事故。

(6)衍生机型要求：对于有些飞机而言(尤其是客机)，通常会通过加长或缩短机身来发展其衍生机型。这种情况下需要考虑机身外形参数对其衍生机型的影响。

理想的情况是，机身外形设计方案最好能够同时全面满足上述各方面的要求。但是，在初步选择机身外形几何参数时，对于不同类型的飞机，所考虑的侧重点是不同的。设计人员在确定机身的最优外形时，应该首先弄清哪些设计要求更为重要。例如，对于低速飞机的机身，通常主要按照其内部装载的需要，以及连接安装机翼等其他部件的要求进行设计，然后考虑按气动力的要求，对其外形进行适当的修正。这种机身设计方案的重量较轻，但阻力较大。而对于高速飞机，尤其是超声速飞机，机身外形设计则应首先重点考虑减小气动阻力要求，然后考虑协调内部装载以及连接其他部件的要求。

7.2 机身外形的主要参数

对于不同类型的飞机，由于内部装载项目的内容、数量及尺寸的不同，机身的外部形状有很大的差异。常见的机身外形如图 7-1 所示。图 7-2 给出了客机和战斗机这两种典型飞机的侧视图和内部布置图。

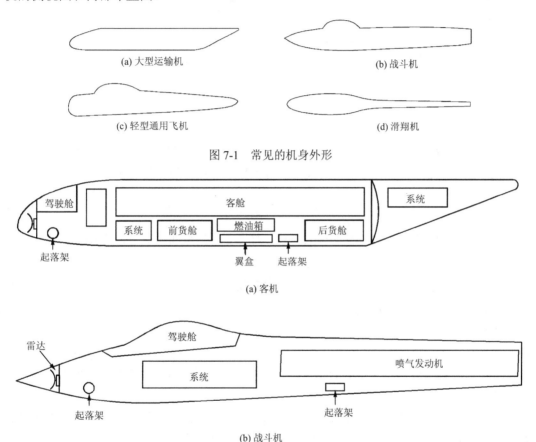

(a) 大型运输机 (b) 战斗机

(c) 轻型通用飞机 (d) 滑翔机

图 7-1 常见的机身外形

图 7-2 客机和战斗机的侧视图和内部布置图

对于不同类型的飞机，可选择相应的机身外形主要参数进行设计。图 7-3 为两种不同的机身外形主要参数的示意图，其主要参数包括以下方面：

(1) 机身总长度 L_f；

(2) 机身最大横截面面积 S_f；

(3) 机身当量直径 d_f；

(4) 前机身长度 L_{fn}；

(5) 后机身长度 L_{fr}；

(6) 机尾上翘角 θ_f。

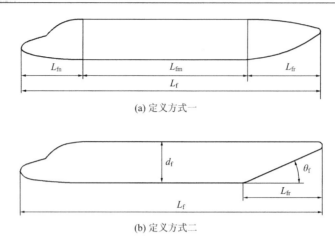

(a) 定义方式一

(b) 定义方式二

图 7-3　机身外形的主要参数

机身外形的最主要几何参数是其总长度 L_f 和机身当量直径 d_f。在进行参数选择时，还经常用到这两个几何参数的比值所构成的相对参数，即机身的长径比 λ_f：

$$\lambda_f = \frac{L_f}{d_f} \tag{7-1}$$

对于圆形截面的机身，d_f 为机身的最大直径；对于非圆形截面的机身，d_f 则是其最大横截面积的当量直径。当量直径的计算式为

$$d_f = \sqrt{4S_f/\pi} \tag{7-2}$$

式中，S_f 为机身的最大横截面面积。

由式(7-1)和式(7-2)可知，λ_f 是一个无量纲的相对参数。有时，为了参数选择和分析问题的方便，常把复杂的机身划分为前、中、后三段，如图 7-3(a) 所示。这样，机身头部的长径比 $\lambda_{fn} = L_{fn}/d_{fn}$，以及尾部的长径比 $\lambda_{fr} = L_{fr}/d_{fr}$，就是机身头部和尾部外形设计的主要几何参数。

上述机身参数决定了机身容积、浸润面积和重量。因此机身设计就是在基于众多设计需求的约束下，确定机身最佳的长径比和当量直径，使得零升阻力最小、浸润面积最小、重量最轻、容积最大以及成本最低。

7.3　机身外形参数的分析

机身阻力通常占整个飞机零升阻力的 20%～40%。机身外形设计应尽量降低机身阻力。

7.3.1　机身长径比

长径比 λ_f 是机身一个很重要的几何参数，它代表了机身几何外形最主要的特征，对机身的气动阻力和机身结构等方面的特性都有直接的影响。λ_f 对气动阻力的影响是很明显的。机身的阻力由压差阻力、摩擦阻力和波阻组成，此三部分阻力的阻力系数 C_D 与机身长径比 λ_f 的关系如图 7-4 所示[21]。

机身的压差阻力和波阻随 λ_f 的增大而降低，但摩擦阻力则有可能增加。此外，整个机身的阻力系数还与飞行 Ma 数有关，如图 7-5 所示。当飞行 Ma 数较低时，由于没有波阻的出现或者是波阻在机身总阻力中所占的比例较小，所以采用长径比较小的机身有利。图 7-5 表明，当 $Ma=0.6$ 时，选用 $\lambda_f = 3.5$ 的机身最有利。随着飞行 Ma 数的提高，则应采用较大的 λ_f，当 $Ma=0.9$ 时，则以 $\lambda_f = 6.5$ 最为有利。总之，可以看出，对应一定的飞行 Ma 数，从减小气动阻力的角度来说，存在一个最有利的长径比，λ_f 过大或过小都会引起气动阻力的增加。

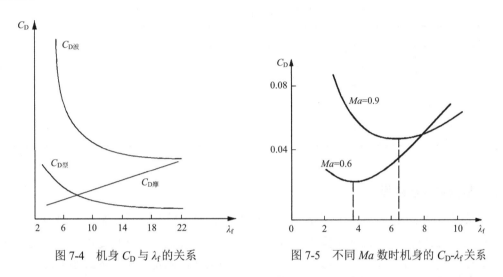

图 7-4　机身 C_D 与 λ_f 的关系　　　图 7-5　不同 Ma 数时机身的 C_D-λ_f 关系

前面已经简要地分析了机身的长径比对机身气动阻力的影响，这是选择机身参数时必须考虑的问题。因此，在进行机身参数选择时，通常第一步工作就是按气动阻力最小的原则，选定合适的机身长径比。但仅按气动力的要求来选定机身的参数是不全面的，在实际设计中，机身长径比的值并未完全是按照气动阻力最小来确定的，还需要考虑其内部的容积、结构和重量、操稳等方面的特性。因此，在概念设计阶段，一般先按气动方面的要求，参照同类飞机的统计数据，选取 λ_f 的初值，作为进一步参数选择的基础。待机身的各主要几何参数选定后，再重新对其 λ_f 值进行修正。

按飞机的飞行速度范围，机身及其头部和尾部长径比的取值范围如表 7-1 所示。按不同类型飞机，机身和尾部长径比以及机尾上翘角的取值范围如表 7-2 所示。由于飞机的用途不同，其 λ_f 值的差别可能很大，有可能超出这个范围。例如，对于一些配装活塞式发动机的轻型飞机，$\lambda_f = 4 \sim 5$ 或更小；对于超声速战斗机，不仅要考虑超声速情况，同时还要考虑其亚声速巡航情况。另外，对于美国 F-15 等飞机，还要考虑安装大直径的涡扇发动机的需要，其 λ_f 值为 $8 \sim 10$。对于客机，机身的长径比主要按客舱布置的需要而定，同时也要考虑客机衍生型的需求。若客机基本型的机身长径比过大，那么在设计机身加长的衍生型时，其机身的刚度不好。所以，客机基本型的机身长径比过大不利于发展飞机衍生型。

表 7-1 机身长径比的统计值

长径比	低速飞机 ($Ma \leq 0.7$)	高亚声速飞机 ($Ma=0.8 \sim 0.9$)	超声速飞机
λ_f	6~9	8~13	10~20
λ_{fn}	1.2~2.0	1.7~2.5	4~6
λ_{fr}	2~3	3~4	5~7

表 7-2 机身长径比与机尾上翘角的统计值[13]

机型	λ_f	λ_{fr}	θ_f / (°)
单发螺旋桨飞机	5~8	3~4	3~9
双发螺旋桨飞机	3.6~8	2.6~4	6~13
战斗机	7~11	3~5	0~8
喷气式客机	6.8~11.5	1.8~4	11~16
喷气式公务机	7~9.5	2.5~5	6~11

7.3.2 机身最大横截面

如果仅从减小机身的迎面阻力来看，总是希望其最大横截面面积 S_f 越小越好，但实际上，往往要受到机身内部装载的限制，尤其是对于小型飞机的设计更是如此。因此，在进行机身几何参数选择时，经常是先按其内部装载的需要，确定出可能的最小截面面积，并把这个面积作为所要选取的机身最大横截面面积 S_f。

对于歼击机，发动机大多装在机身内，发动机的外廓尺寸以及进气道和驾驶舱等可能成为选取机身最小截面面积的约束条件。根据这个约束条件，就可以确定出机身的最大横截面面积，当然，在最大截面处，除需满足内部装载的要求外，还必须留出足够的结构高度。

对于客机和货机，一般是根据客舱或货舱的具体布置方案来确定机身几何参数的。对于大型客机，当客舱的人数和对客舱的等级要求给定后，可能有许多种布置方案(每排座位的数目、座椅及过道的布置、客舱的高度等)，不同的布置方案所对应的机身截面形状和尺寸也不相同，也就是说，可能存在具有不同 S_f 和 L_f 的多种方案，均能满足同一装载的要求，这时就需要对不同的 S_f 和 L_f 组合进行优选。优选时，应全面协调考虑减小气动阻力、减轻结构重量、提高安全性和经济性等方面的要求。7.4 节将对客机的客舱设计做进一步介绍。

机身横截面的形状以圆形最为有利，原因在于以下方面。

(1)在内部容积一定的情况下，其表面面积最小，摩擦阻力也最小。

(2)圆形截面对于机身密封舱来说，承受内压的情况也最有利，从而可减轻其结构重量。如果由于内部布置的限制，不允许采用圆形截面，也应尽量采用近似于圆形，或由圆弧拼接而成的截面。

(3)对于开发客机的衍生机型，圆形剖面更易于满足机身加长的需求，更有利于减少制造成本。

7.3.3　机身头部形状

机身头部形状通常取决于气动、视界、总体布置等要求。气动要求主要是减小阻力；视界要求是在所有飞行和地面滑行过程中应使飞行员有良好的视界。

超声速飞机的机头外形应尽量采用 Sears-Haack 线形，少用直线，以减小超声速波阻。图 7-6 为典型超声速飞机的机身头部外形。而民机则由抛物线或对称翼型头部形状旋转而成。

(a) XB-70 飞机　　　　　　　　　　　　　　　(b) 苏-33 飞机

图 7-6　超声速飞机机身头部形状示例

Sears-Haack 体的形状函数的定义为

$$\frac{r}{r_{\max}} = \left[1 - \left(\frac{x}{l/2} \right)^2 \right]^{0.75} \tag{7-3}$$

式中，r 为截面的半径；$r_{\max}$ 为最大截面的半径；l 为长度尺度；x 为轴向位置，$-l/2 \leqslant x \leqslant l/2$。

对于高亚声速运输机，其前机身长径比对阻力发散 Ma 数有较大影响，如图 7-7 所示。其前机身长径比的确定应满足阻力发散 Ma 数的要求。关于阻力发散 Ma 数的概念，可参见 13.3.2 节。

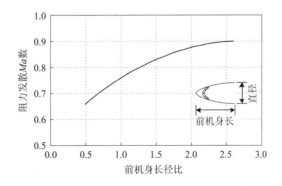

图 7-7　前机身长径比对阻力发散 Ma 数的影响

为了降低气动阻力，现代大型客机的头部形状通常由两段抛物线向一段抛物线过渡，如图 7-8 所示。气动数值分析表明，虽然两段抛物线型机头的摩擦阻力比一段抛物线型机头的小一些，但两段抛物线型机头的压差阻力大于一段抛物线型机头，一段抛物线型机头的总阻力比两段抛物线型机头要小一些。

(a)两段抛物线型　　　　　　　　　　(b)一段抛物线型

图 7-8　大型客机机头形状示例

7.3.4　机身尾部形状

1. 后机身上翘角

为了避免机身尾部撞地，后机身通常具有一定的上翘角。上翘角分为底部上翘角和后体上翘角，底部上翘角 θ_f 的定义参见图 7-3(b)，后体上翘角 φ 的定义参见图 7-9。

在机身直径确定下来之后，增大后机身底部上翘角，则后机身的长度会缩短，进而使得后机身的浸润面积减小，摩擦阻力也相应减小。但是机身的流线型也会发生变化，机身的压差阻力会增大。后机身上翘角增大到一定程度甚至会发生气流分离现象，阻力会急剧增大。为了避免后机身气流分离，后机身底部上翘角通常小于 20°。同时，由于后机身上翘角增大使得后机身的长度缩短，进而使得尾翼力臂长度减小。为保证飞机的操稳特性不变，这就需要增大尾翼的面积。反过来，如果减小后机身的底部上翘角，则后机身的摩擦阻力会增大，压差阻力会减小，同时为保证飞机操稳特性所需的尾翼面积也会减小。

很多货机和军用运输机在机身尾部有很大的舱门，并带有可以下降到地面的货桥，能自动装卸货物和装备，而不需要使用地面设备。这类飞机机身尾部的外形方案主要有两种：一种方案是增加机身的后体上翘角，以便在开口长度最小的情况下，保证货物所要求的开口尺寸，并利用舱口盖的大部分作为装卸货桥，这种方案的缺点是增大了机身阻力，如美国的军用运输机 C-130 的机身尾部形状便是如此；另一种方案是为了减小气动阻力，采用后机身上翘角较小的方案，但机身尾部和开口长度会增加。大多数近代运输机，如伊尔-76、C-5A 等飞机采用了第二种方案，如图 7-9 所示。

对于不需要滑跑着陆的飞机，其机身尾部就不存在与跑道相擦的问题。为了减小气动阻力，取消了机尾上翘角，如美国的倾转旋翼机 V-280 的机尾就没有上翘，如图 7-10 所示。

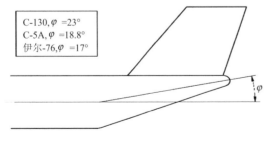

图 7-9　典型运输机的机身尾部形状示意图

图 7-10　V-280 倾转旋翼机

2. 尾部收缩角

影响尾段气动阻力的另一个重要参数是尾部收缩角 β_F，如图 7-11 所示。对于发动机尾喷管安装在机身尾部的飞机，该角度最好在 12° 以内，否则容易引起气流分离，致使跨声速抖振和气动阻力增大。而对于正常收缩的机身尾部，尾部收缩角建议不要超过 20°。

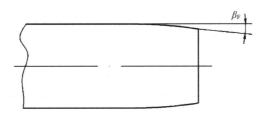

图 7-11　机身尾部收缩角示意图

7.4　民机客舱设计

民机机身外形主要取决于客舱设计方案。客舱方案设计主要包括客舱剖面设计、客舱纵向布局设计、应急出口设计、货舱设计等方面。

7.4.1　客舱剖面设计

客舱尺寸和外形主要由载客的数量来决定。首先需要确定的是每排座位数 n_s，它对机身的长径比有直接的影响。最佳机身长径比应该综合考虑各种需求后予以确定。较大的客舱剖面可提高旅客乘坐的舒适性，但会使飞机的重量和气动阻力增大，从而导致飞机的性能和经济性变差；较小的客舱剖面对飞机的性能和经济性有利，但降低了乘客的乘坐舒适性，从而会降低飞机的市场竞争力。

按舒适性的等级，客舱可分为头等舱、公务舱和经济舱。一般而言，经济舱占整个客舱的绝大部分甚至全部，因此客舱剖面的选取主要由经济舱布置决定。

在民机的客舱剖面设计中，需要确定的参数有：剖面形状、座椅规格与布置形式、过道数量及宽度、机身当量直径、货舱形式及货物类型（集装箱或是货物托盘）、行李架等。典型客舱的参数示意图如图 7-12 所示。表 7-3 是针对通用航空飞机和运输类飞机给出的某些客舱尺寸的建议值。具体的一些参数可查看适航规章的规定，如过道宽度查看 CCAR-23.815 或 CCAR-25.815 条款的要求。

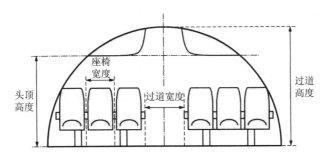

图 7-12　客舱参数示意图

表 7-3　典型的客舱布置数据[20]

序号	客舱参数	通用航空飞机	运输类飞机		
			经济舱		头等舱
			高密度	旅行级	
1	座椅宽度/mm	380～430	420～620	480～550	600～750
2	座椅排距/mm	550～650	650～720	750～860	920～1040
3	头顶高度/mm	1200～1300	1500～1600	1600～1700	1700～1850
4	过道宽度/mm	350～400	400～500	430～530	600～700
5	椅背角度/(°)	10～13	13～17	15～20	20～30

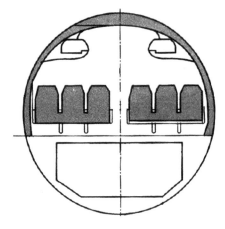

图 7-13　单通道客舱 3+3 布局示例

在飞机设计要求中通常已明确了飞机客舱的通道数量。需要说明的是,对于单通道客机,适航规章规定每侧不可超过 3 个座位,取 3+2 或 3+3。图 7-13 为单通道客机的典型客舱剖面。对于双通道客机,取 3+4+3 或 3+3+3 或 2+4+2。其中,中间排为 4 座的方案,因其内两座进出不方便,不受乘客的欢迎,而 3+3+3 和 2+3+2 的方案更受欢迎。

机身剖面形状对机身的空间利用率、重量、加工工艺性及承受气密压力能力有影响。剖面形状主要有:圆形、下部收缩长圆形、椭圆形、8 字形、双层梨形和双层大椭圆形,如图 7-14 所示。从强度与重量的角度考虑,上下半部形状取圆形的较多。但上下圆的直径可以不同,而且圆心也并非重合,错位的上下圆形成 8 字形。对该 8 字形做修形处理,上部按客舱要求修形,下部按装载集装箱的货舱要求修形。客舱地板安排在两个圆弧的交接处,以满足使用、气动、强度和工艺的要求。如果机身尺寸较小,为了满足使用要求而需采用其他类型的剖面,如图 7-15 所示。

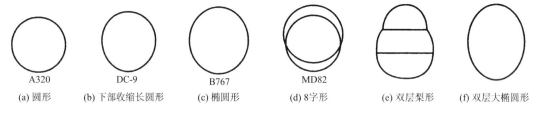

A320	DC-9	B767	MD82		
(a) 圆形	(b) 下部收缩长圆形	(c) 椭圆形	(d) 8字形	(e) 双层梨形	(f) 双层大椭圆形

图 7-14　几种机身剖面形状

大型客机机身的横截面通常为圆形,客舱地板通常为平面。因此飞机正常巡航飞行时客舱地板保持水平,便于餐车向旅客提供食品。当客舱的内部布置确定之后,客舱的宽度可由下式计算:

$$W_C = n_S \cdot W_S + n_A \cdot W_A \tag{7-4}$$

式中，W_C 为客舱宽度；n_S 为每排座位数；W_S 为座椅宽度；n_A 为过道数；W_A 为过道宽度。

利用客舱横截面尺寸，加上壁厚，即可确定机身外部宽度 D_f（如果是圆形截面，则是机身直径）：

$$D_f = W_C + 2T_W \tag{7-5}$$

式中，T_W 为机身壁厚，为 40～120mm。

机身壁厚是由框的结构高度决定的，在机身剖面设计初期，一般先采用统计方法给出初值，待结构强度专业人员提出具体意见后再进行修改。图 7-16 给出了机身框的结构高度与机身当量直径的关系曲线。在给定机身直径的情况下，根据该曲线可估算出框的结构高度值。

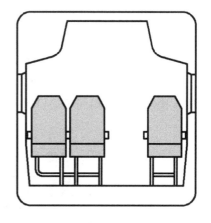

图 7-15 肖特-360 机身剖面

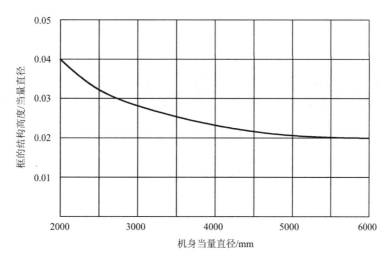

图 7-16 机身当量直径和框结构高度的关系曲线

7.4.2 客舱纵向布局设计

常规民用飞机的机身纵向布局方式为：从前至后依次为机头段、驾驶舱段、客舱段和尾段（后机身段）。

当客舱布置确定后，选择客舱几何尺寸（如座椅宽度、座椅排距），可计算客舱宽度和长度。通常用座椅排数乘以座椅排距，确定客舱的长度，即

$$L_C = \sum_{i=1}^{3} \sum n_{r_i} \cdot P_{s_i} \tag{7-6}$$

式中，n_r 为排数；P_s 为排距；求和符号 $\sum$ 包含三种形式的座椅（$i=1$，代表经济舱；$i=2$，代表公务舱；$i=3$，代表头等舱）。然后，对此数值进行修正，以包括所有厨房和盥洗间。

机身总长度 L_f 由机头段长度 L_N、驾驶舱段长度 L_{CP}、客舱段长度 L_C 和尾段长度 L_R 之和确定：

$$L_f = L_C + L_{CP} + L_N + L_R \tag{7-7}$$

机身还可以按是否增压分为：①非增压机头段；②带增压的驾驶舱和客舱段；③非增压尾段。

图 7-17 给出了三种客机的客舱座位布局图。通常头等舱位于客舱的最前端，其次是公务舱，最后排列经济舱。在客舱布置设计中，还需要确定乘务员人数、登机门数以及厨房、窗、盥洗间、衣帽间等项目。

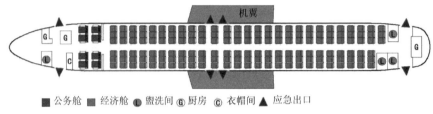

■ 公务舱　■ 经济舱　Ⓛ 盥洗间　Ⓖ 厨房　Ⓒ 衣帽间　▲ 应急出口

(a) 波音737-800客舱布局图

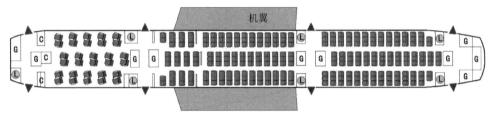

■公务舱　■超级经济舱■经济舱　Ⓛ盥洗间　Ⓖ 厨房　Ⓒ衣帽间　▲ 应急出口

(b) 波音787-9客舱布局图

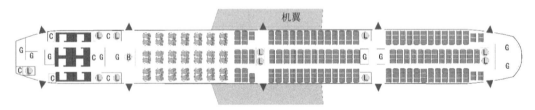

■ 头等舱　■ 公务舱　■ 经济舱　Ⓛ 盥洗间　Ⓑ 吧台　Ⓖ 厨房　Ⓒ 衣帽间　▲ 应急出口

(c) 波音777-300ER客舱布局图

图 7-17　客机的客舱座位布局示例

乘务员人数是由旅客数决定的，按 CCAR-121.391 确定。B757-300 飞机有 5～7 名客舱乘务员为 289 位旅客服务，而 B777-300 飞机有 16 名空舱乘务员为 550 位旅客服务。

盥洗间的装机数量与旅客数量及航班任务有关，每 25～50 人设置 1 个（至少 1 个）。通常，单通道中短程客机安装 3 个，宽体飞机安装 4～5 个甚至更多，如表 7-4 所示。

表 7-4　盥洗间数量与旅客数及续航时间的关系

续航时间/h	2～4	2～4	>4	>4	>4
旅客数/人	≤120	>120	<120	120～200	>200
每个盥洗间设计旅客数/人	40	45～50	30	40	45～50

民用飞机的盥洗间和厨房都是由专业供应商生产的。这些设备包括水槽、水龙头、照明设备和抽水马桶等，如图 7-18 所示。盥洗间可作为一个独立的功能模块，安装在机身上。

~1930mm

915~1220mm 915mm

图 7-18 典型盥洗间的空间尺寸

航空厨房应该功能齐全、尺寸紧凑、重量轻、消耗电能小。航空厨房可储存的食品、饮料数量多，配备多部手推车，保证快速供应。厨房的总体积为[29]

$$V = (0.12 \sim 0.14)N_{seat} \tag{7-8}$$

式中，V 为厨房的总体积(m^3)；N_{seat} 为旅客座位数。

客舱舱门通常位于客舱两端，乘客登机门位于机身左侧，服务门位于机身右侧。双走道和双层飞机机身两侧都布置登机门。客舱舱门的建议尺寸为 1829mm×915mm(高×宽)。对于小型飞机，该尺寸难以实现，但作为应急出口，其尺寸至少应符合相应类型应急出口的尺寸。在确定客舱舱门位置时，应考虑地面车辆服务的情况，使所有地面服务车辆尽可能同时接近飞机服务，缩短再次飞行准备时间，提高飞机利用率。图 7-19 为多尼尔 728 飞机的地面服务车辆和设备的示例。

7.4.3 应急出口设计

在客舱设计中一个必须考虑的问题是：要保证在紧急情况下，全部乘客能在规定的时间内(通常为 90s)安全撤离飞机。这就要求有足够数量及合理类型的应急出口，且应急出口的布置应充分考虑乘客的分布情况，应均匀合理。应急出口的类型和尺寸如表 7-5 所示。许可的最大乘客座位数也取决于机身上每侧的应急出口类型和数量。机身每侧特定类型出口的最大许可乘客座位数见表 7-6。应急出口数量的具体要求可参阅相关适航条款。几种典型客机的应急出口布置方案参见图 7-17。

另外，在计算机身客舱纵向长度时，需要注意的是，通向 A 型应急出口的通道宽度不小于 910mm，通向 I、II 型应急出口的通道宽度不小于 510mm。

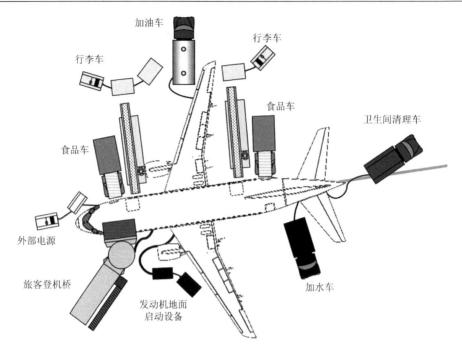

图 7-19 地面服务车辆和设备的示例

表 7-5 各型应急出口的尺寸 （单位：mm(in)）

类型	A 型	B 型	C 型	I 型	II 型	III 型	IV 型
最小宽度	1067(42)	813(32)	762(30)	610(24)	508(20)	508(20)	483(19)
最小高度	1829(72)	1829(72)	1220(48)	1220(48)	1118(44)	915(36)	661(26)
最大圆角半径	356(14)	271(10.6)	254(10)	204(8)	170(6.7)	170(6.7)	161(6.3)

表 7-6 特定类型出口的最大许可乘客座位数

A 型	B 型	C 型	I 型	II 型	III 型	IV 型
110	75	55	45	40	35	9

7.4.4 货舱设计

在飞机设计要求中通常明确规定了每名旅客可享有的行李额度和行李舱空间。因此在运输类飞机上，机身必须有货舱和行李舱，且有足够的容积来容纳货物和行李。大多数航空公司规定，一名旅客最多可托运 2 件行李，托运行李的重量不得超过 32kg，行李的长宽高相加的组合尺寸不得超过 158cm。在进行机身设计时，货舱必须有足够的空间来存放所有的托运行李。行李的总体积可按下式计算：

$$V_C = n_t \cdot V_b \tag{7-9}$$

式中，V_C 为行李总体积；n_t 为机上总人数；V_b 为每人的总行李体积。需要说明的是，总人数包括旅客、乘务员和飞行员。根据行李的组合尺寸 158cm，每件行李的体积近似为

$$V_{\mathrm{b}} = \frac{158}{3} \times \frac{158}{3} \times \frac{158}{3} = 146085.6(\mathrm{cm}^3) = 0.146(\mathrm{m}^3)$$

为了以安全的方式携带货物和旅客行李，并防止物件在飞行中移动，大型客机采用货运集装箱和货物托盘。这样也可节省装货员的时间和精力，并有助于防止航班延误。目前普遍使用的货运集装箱尺寸如表 7-7 所示。

表 7-7 普遍使用的货运集装箱尺寸

编号	集装箱	宽度/mm	高度/mm	深度/mm	容积/m³	最大载重/kg
1	LD1	2336.8	1625.6	1524	5.79	1589
2	LD2	1562.1	1625.6	1193.8	3.03	1225.8
3	LD3	2006.6	1625.6	1534.2	5.00	1589
4	LD4	2438.4	1625.6	1534.2	—	2451.6
5	LD5	3175	1625.6	1534.2	—	3178
6	LD6	4064	1625.6	1534.2	10.14	3178
7	LD7	3175	1625.6	2032	10.49	6038.2
8	LD8	3175	1625.6	1534.2	7.92	2451.6
9	LD9	3175	1625.6	2032	—	6038.2
10	LD10	3175	1625.6	1534.2	—	3178
11	LD11	3175	1625.6	1534.2	7.92	3178
12	LD29	4724.4	1625.6	2235.2	—	6038.2

客舱内上部行李舱的高度应适合旅客的身材，不可太高，以致存取困难。行李舱底部不可太低，以免使旅客产生压抑感。客舱通道高度应不低于 1.9m，不高于 2.5m，在 2.05～2.10m 比较合适，超大型飞机的通道可更高。

若地板下行李舱高度在 1m 左右，称为腹式货舱，基本上只能采取人工装卸方式。宽体飞机的下行李舱高度可达 1.6m，称为货舱，可以使用机械化装卸设备，可大大提高行李装卸速度，缩短飞机中转时间。图 7-20 为超大型民机 A380 的客舱剖面，从中可以看到头顶行李箱与地板下部的货舱形式。

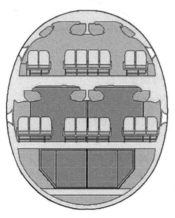

图 7-20 A380 飞机的客舱剖面

7.5　面　积　律

一般来说，尽管机翼、机身和尾翼等每个单独的部件都是最佳部件，但是将它们组合在一起，并不一定是最佳的飞机外形。这是因为各部件组合在一起后，存在着相互影响和干扰的问题。

空气动力学的理论和实验表明，超声速气流流经飞机的气流扰动仅与飞机机体的横截面分布有关，而与机体的外形无关，或者说波阻仅是机体沿激波平行方向截面积的函数。所谓面积律，就是研究飞机机体横截面积的分布规律与波阻之间相互关系的理论。根据该理论，为了使飞机在跨声速范围内的阻力最小，飞机各个部件组合在一起的横截面积的分布图形，应该相当于一个最小阻力的当量旋成体图形。

旋成体的横截面积分布不同，其零升阻力也不同。那么，什么样的面积分布，既能满足容积要求，又能使波阻最小。这样的旋成体就是著名的 Sears-Haack 旋成体。如果飞机的横截面积分布与 Sears-Haack 旋成体的横截面积分布相同，那么这个飞机的波阻将最小。但实际上没有任何一架实用的飞机能做到这点，只是在设计飞机外形时尽量接近这种横截面积分布。

当 $Ma \leqslant 1$ 时，沿垂直于飞机纵轴方向取机体的横截面，如图 7-21 所示。

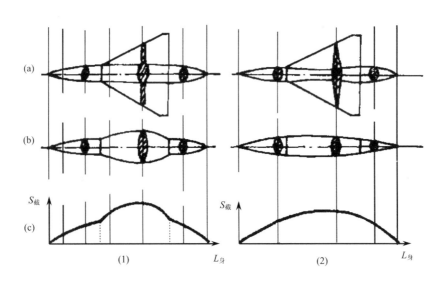

图 7-21　$Ma \leqslant 1$ 时当量旋成体

(1) 不考虑面积律要求；(2) 考虑面积律要求；

(a) 机翼-机身组合体；(b) 当量旋成体；(c) 横截面积分布

在超声速情况下，激波马赫锥与飞机纵轴成 μ 夹角，即

$$\mu = \arcsin\left(\frac{1}{Ma}\right) \tag{7-10}$$

此时，飞机机体的横截面应该斜切，并与飞机纵轴 x 成 μ 角，斜切截面积的平均值为

$$S(x,Ma) = \frac{1}{2\pi}\int_0^{2\pi} S(x,Ma,\theta)\mathrm{d}\theta \tag{7-11}$$

如果在选择机身外形及其与机翼、尾翼等其他部件的相互位置时，能够使 $S(x,Ma)$ 沿飞机纵轴的分布为一光滑曲线，且其一阶导数 $S'(x,Ma)$ 是连续的，与最小阻力旋成体的截面分布情况相当，则在此 Ma 数下的波阻最小。

按面积律的要求对飞机进行修形，多采用将机身中段收缩成蜂腰形，将水平尾翼、垂直尾翼及发动机短舱等部件的纵向位置错开等办法，使 $S(x)$ 曲线的高峰降低，凹坑填平，从而得到能使全机阻力降低的光滑曲线，如图 7-22 所示。

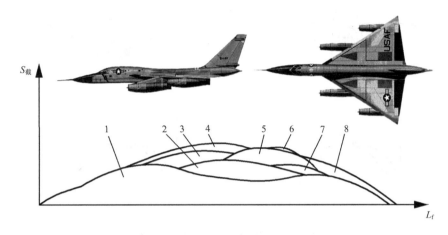

图 7-22　美国 B-58 飞机横截面积分布图

1-机身；2-机翼；3-内侧发动机短舱；4、6-挂架；5-外侧发动机短舱；7-整流包皮；8-尾翼

按面积律的要求进行修形，对降低跨声速时的波阻是很有效的，有时可以使 C_{D0} 降低 0.008～0.01。从图 7-23 中可以明显地看出这种情况。随着飞行 Ma 数的提高，采用面积律修形减小阻力的效果逐渐降低，当 $Ma>1.5$ 以后，波阻减小效果开始下降，在 $Ma=1.8～2.0$ 以后，实际上已不再起什么作用了。还应指出，上面的分析都是相对于升力系数不很大（$C_L=0.05～0.5$）的情况而言的，当 C_L 的值更大时，由于诱导阻力占较大的比例，采用面积律的影响将减小。

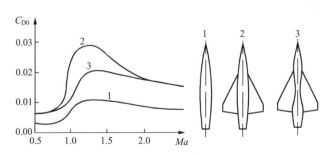

图 7-23　面积律修形对零升阻力的影响

在飞机设计中，有很多应用面积律的例子。例如，美国的 YF-102 飞机开始没有按面积律设计，因跨声速时阻力太大，飞机不能达到声速，后来按面积律修形后，达到了设计要

求。修改措施主要是将机身修形成为所谓的"蜂腰"形状。其他修形还包括：在机尾发动机喷气口两侧外部加装一对突出的鼓包(面积律整流罩)；加长机头长度；对驾驶舱盖做低阻化修形(随之而来的视界恶化则通过让机头雷达罩下倾来弥补)；对进气口修形以及对翼型前缘部分进行锥度卷曲处理(以缓和大迎角状态下的气流分离)。修形后的飞机基本符合面积律要求，如图 7-24 所示。这样就解决了这架飞机超声速飞行的难题。我国自行研制的强-5 型强击机和歼-12 歼击机也都是应用面积律，取得了较好的效果。

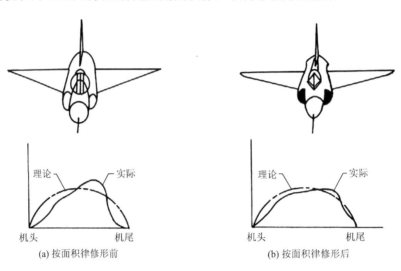

(a) 按面积律修形前　　　　　　　　　　(b) 按面积律修形后

图 7-24　按面积律修形的前后对比

7.6　翼身融合

　　翼身融合体就是将机身表面设计成与两侧机翼表面光顺融合的一种构型，它是将机翼和机身作为一个整体来设计的，两者的平面形状和剖面形状完全融合为一的机体。自第三代战斗机开始，基本上都采用翼身融合体，如美国的 F-16、F-22 战斗机，俄罗斯的苏-27战斗机，以及我国的歼-20 战斗机等。有的飞机还把机身边条和机身前体融合在一起。

　　翼身融合体主要有以下几方面的优点。

　　(1)提高飞机大迎角时的升力。这是由于大迎角时融合体机身产生较强的脱体涡，并对机翼产生有利的干扰作用。

　　(2)减小了雷达散射截面积，提高了飞机的隐身性能。这是因为融合体消除了机身与机翼角反射区的强反射。

　　(3)增加了机身的容积。例如，歼-20 战斗机将武器与外挂都装入机身内，提高了隐身效果。

　　(4)巡航飞行时，机身也能产生一定的升力，有利于提高整个飞机的升阻比。

　　可以预计，未来翼身融合布局方案将在越来越多的飞机中获得应用，不仅在军机(战斗机、无人机、军用运输机、轰炸机等)上得到进一步应用，也有可能应用于大型民机中。

7.7　机身初步设计的步骤

无论是军机还是民机，都遵循"由内而外"这一准则开展机身设计。机身初步设计一般包括以下主要步骤。

(1) 列出机身设计的需求，包括容积要求、气动要求、结构要求、运营要求等。

(2) 根据"由内而外"准则确定最大剖面尺寸和形状。

(3) 参考同类飞机的数据，初步确定合理的机身长径比。

(4) 设计机身中段外形。

(5) 设计机身前段外形。

(6) 设计机身后段外形。

(7) 绘制初步的机身外形图。

(8) 检查机身外形方案是否满足需求。若某个需求未能满足，则需修改机身外形设计方案(如调整机身长径比)，直至满足机身的所有需求。通常需要设计多个机身外形方案，通过权衡分析，确定出优选方案。

(9) 绘制优选方案的机身外形图。

需要说明的是，上述过程只是机身设计的一般步骤。对于不同类型的飞机，其设计步骤也可能需要进行适当的调整。例如，对于客机，通常首先设计客舱剖面，其次绘制客舱平面布置图，然后校核货舱容积能否容纳必要数量的标准类型的货运集装箱，之后设计前机身及机身尾部的外形，并以流线型的方式与机身中段光滑过渡连接起来。在设计过程中，通常对不同客舱剖面方案进行权衡分析，确定出最优方案。最后绘制出机身外形图和客舱布置图，如图 7-25 所示。实际上，民机机身设计的大多数工作可在总体布局设计之前进行，也就是说，这项工作可以与市场调研及其他设计工作并行开展，这样有利于缩短飞机型号的设计周期。

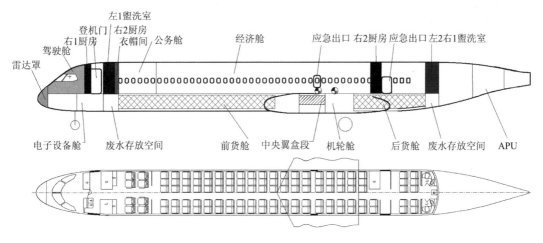

图 7-25　机身外形设计图示例

根据已确定的机身外形参数，可初步绘制出机身外形图。在绘制机身外形时，通常还需要对机身外形进行完善。

对于小型通用航空飞机，若机体采用复合材料，机身外形可考虑选择阻力较小的蝌蚪形机身，参见图 7-1（d）。若机体采用铝合金，机身外形可选择截锥形机身，如图 7-26 所示，这种机身外形更便于加工。

对于需要在内部安装喷气发动机的机身，必须明确给出进气道和排气口的位置和尺寸。由于喷气发动机的尺寸通常较大，如果在发动机附近再布置其他设备，则要考虑对机身外形的影响。F-35 飞机就是这个原因，机身上有很多部位出现了凸起，如图 7-27 所示。

图 7-26　截锥形后机身飞机 PA-28　　　图 7-27　F-35 机身形状

课 后 作 业

针对所选的飞机概念设计项目，按照本章机身设计步骤，完成机身外形参数的确定，并绘制机身概念方案的外形图。

思 考 题

7.1　机身外形设计的基本要求包括哪些方面？

7.2　机身长径比与飞行马赫数是什么关系？

7.3　面积律理论的含义是什么？它对飞机外形设计有何指导作用？

7.4　客舱布置参数有哪些？这些参数对机身外形有何影响？

7.5　如何确定机身的剖面形状？如何确定机身的长度？

第8章 机翼设计

机翼是飞机最重要的部件，其主要功能是提供飞机各飞行阶段所需的升力，它对飞机的性能具有决定性的影响。机翼除了产生升力外，对飞机的阻力、力矩、结构重量、油箱容积等也有很大的影响。

本章讲解飞机概念设计阶段的机翼设计方法，包括翼型、平面形状、机翼安装参数以及增升装置和副翼的设计方法。首先梳理机翼外形初步设计的考量因素，然后分析机翼设计参数与考量因素之间的关系，在此基础上整理出机翼设计的步骤。

8.1 机翼设计的考量因素

机翼初步设计的考量因素（即设计要求）包括气动特性、稳定性和操纵性、结构特性、总体布置、制造成本、尺寸等。

1. 气动特性要求

机翼的气动特性主要指机翼的升力特性、阻力特性、力矩特性和失速特性。机翼初步设计中需要考虑的气动特性要求包括：①满足飞机在巡航、爬升、机动等飞行阶段的升力要求；②满足飞机在起飞和着陆阶段的升力要求；③飞机主要飞行状态的气动阻力应尽量低，以满足各飞行阶段的升阻比要求；④机翼的俯仰力矩系数应较小，易于飞机的配平；⑤具有良好的失速特性，即失速过程中升力和俯仰力矩变化比较平缓，以提高飞机的安全性。

2. 稳定性和操纵性要求

飞机的稳定性和操纵性关系到飞机的安全性。机翼初步设计中需要考虑的稳定性和操纵性主要体现在以下几个方面：①要考虑机翼外形对飞机横侧向稳定性和滚转操纵的影响；②副翼应能提供足够的滚转力矩，满足横向（滚转）操纵要求；③飞机出现失速时，机翼应该尽量形成低头力矩；④机翼纵向位置要满足纵向静稳定裕度要求。

3. 结构特性要求

机翼初步设计方案应有利于满足机翼结构的强度和刚度要求，并有利于减轻机翼结构重量。

4. 总体布置要求

从飞机总体布置的角度，需考虑的因素包括机翼油箱容积、起落架安装、发动机安装等空间要求。许多飞机的燃油存放于机翼中，机翼应有足够的内部空间来存放所分配的燃油。当起落架固定在机翼上时，要考虑起落架的收藏空间。若发动机安装在机翼上，在连接发动机处机翼应有足够的结构高度，满足发动机安装要求，同时也应考虑发动机短舱与地面之间的间隙要求。

5. 制造成本要求

从机翼的制造工艺和飞机使用维护的角度，应尽量降低机翼的制造成本和飞机的使用维护成本。例如，复杂的增升装置虽然能提高起降阶段的升力，但同时也会增加制造成本。

6. 尺寸约束

需要考虑飞机使用中的尺寸约束。例如，商用飞机的机翼展长要受到机场停机位宽度的限制，舰载机的机翼展长也会受到航空母舰布局的限制。机翼展长还可能受到机库尺寸以及机翼部件运输过程中的限制。

上述列出的是机翼初步设计中应考虑的基本要求。在实际型号研制中，一般会包含更多更细的设计要求。这些要求将"驱动"机翼初步设计方案的形成。下面将分析翼型和机翼设计参数与这些设计要求之间的关系。

8.2　翼型分析与设计

翼型是平行于飞机对称面的机翼剖面形状。它的功能是提供足够的升力。升力是通过翼型上下表面的空气压力差来产生的。翼型的几何形状决定了翼型上下表面的空气压力分布，进而决定了翼型的气动特性，它对整个机翼的气动特性有着重要影响。

8.2.1　翼型的几何参数

图 8-1 描绘了一个典型的翼型几何外形。图中的弦长表示翼型前缘点与后缘点之间的长度，通常用 c 表示。中弧线是上表面与下表面之间的中点连线。如果中弧线与弦长重合，则翼型为对称翼型(上下表面的外形对称)；否则，翼型就是有弯度的。翼型几何特征可以用一组参数来描述。

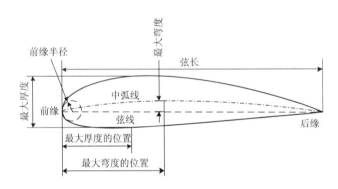

图 8-1　翼型外形和几何参数

(1)翼型最大厚度：它是沿弦线方向翼型的最大厚度，用 t 表示。通常用相对厚度 t_c(最大厚度相对于弦长的百分比)来表示翼型最大厚度，即 $t_c=t/c\times100\%$。

(2)翼型最大厚度的位置：它是翼型最大厚度在弦长上的位置，用 x_t 表示。通常用相对于弦长的百分比 $\bar{x}_t$ 来表示翼型最大厚度的位置，即 $\bar{x}_t = x_t/c\times100\%$，这个值越大，意味着翼型最大厚度的位置越靠后。

(3)翼型最大弯度：它是中弧线与弦线之间最大的距离，用 f 表示。通常用相对弯度 f_c(最大弯度相对于弦长的百分比)来表示翼型最大弯度，即 $f/c\times100\%$。若中弧线在弦线上方，则相对弯度为正，表示翼型向上凸；反之为负，表示翼型向下凹。

(4)翼型最大弯度的位置：它是翼型最大弯度在弦长上的位置，用 x_f 表示。通常也用相

对于弦长的百分比 $\overline{x}_f = x_f/c \times 100\%$ 来表示。

(5) 翼型前缘半径: 它是前缘点处的曲率半径。前缘半径大,表示翼型头部形状为"钝"形;反之,则翼型头部形状显得"尖"。

8.2.2 翼型几何参数的分析

1. 相对厚度

翼型相对厚度对机翼的阻力、升力、失速特性、结构特性和容积有直接的影响。

1)对阻力的影响

对于低速飞机($Ma<0.5$),其翼型相对厚度 t_c 对阻力的影响较小。虽然随着 t_c 的增大,零升阻力略有增加,但这种影响不是决定 t_c 的主要因素。从减轻机翼结构重量的角度考虑,低速飞机的 t_c 一般较大,大多为 15%~18%。

高亚声速及超声速时,由于激波的产生,t_c 对阻力的影响是需要考虑的主要问题。对于高亚声速飞机,减小 t_c 可以提高其临界 Ma 数、延缓激波的产生;对于超声速飞机,波阻与 t_c 的平方成正比,减小 t_c 可明显地降低波阻。图 8-2 形象地示出了不同厚度翼型对机翼零升阻力和波阻的影响。当飞行 Ma 数超过临界 Ma 数后,t_c 较大的翼型的阻力系数远高于 t_c 较小的阻力系数。

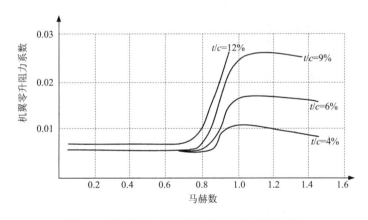

图 8-2 翼型厚度对机翼零升阻力和波阻的影响

2)对升力和失速特性的影响

翼型相对厚度 t_c 对最大升力系数具有一定的影响。t_c 较大时,最大升力系数较大,有利于延迟失速;飞行时的迎角超过临界迎角后,升力系数下降和力矩系数变化过程比较平缓,失速过程较缓慢,如图 8-3 所示。有关翼型试验数据表明,t_c 为 12%~18% 时,最大升力系数具有最大值。亚声速飞机的 t_c 大多在此范围之内。当 t_c 小于 6% 时(薄翼型),气流在翼型上表面容易过早出现分离气泡,力矩系数变化较急剧,如图 8-4 所示。

3)对结构特性与容积的影响

翼型相对厚度对机翼的结构设计和机翼内部容积有直接的影响。t_c 大,意味着机翼结构承载效率高,机翼结构的重量轻,且机翼内部容积也大。若 t_c 过小,有可能不能满足结构重量和内部容积的要求,所以 t_c 不能太小。对于超声速飞机,从结构设计角度来看,t_c 一般不能小于 3%。

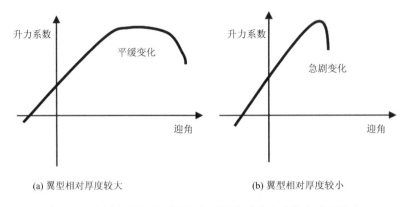

(a) 翼型相对厚度较大   (b) 翼型相对厚度较小

图 8-3　超过临界迎角后翼型相对厚度对升力系数衰减的影响

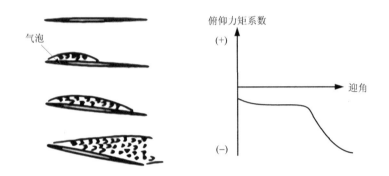

图 8-4　薄翼型的分离气泡及俯仰力矩系数的变化趋势[7]

2. 最大厚度的位置

各种翼型的最大厚度位置 $\bar{x}_t$ 的值差别较大，有的低速翼型的 $\bar{x}_t$ 为 15%～30%，有的翼型的 $\bar{x}_t$ 可以达到 40%～60%。$\bar{x}_t$ 对阻力和俯仰力矩有较大影响，另外对结构布置也有一定影响。

1) 对阻力的影响

$\bar{x}_t$ 增大，意味着翼型的最大厚度点后移，从而可以使翼型上的最小压强点后移，边界层的转捩点后移，层流边界层加长，湍流边界层缩短，摩擦阻力减小，从而有利于提高升阻比。因此，层流翼型具有 $\bar{x}_t$ 较大的特点。

2) 对俯仰力矩的影响

如果 $\bar{x}_t$ 在翼型的气动中心(弦线的 25%附近)之前，将使升力分布前移，即前加载，将产生抬头力矩(俯仰力矩为正)；如果 $\bar{x}_t$ 在气动中心之后，将产生后加载，产生低头力矩(俯仰力矩为负)。因此，$\bar{x}_t$ 对飞机的配平特性具有较大影响。

3) 对结构布置的影响

翼型的最大厚度位置对机翼结构设计也有影响。在机翼结构设计中，梁的位置一般布置在翼型厚度较大的位置，这样有利于提高结构效率。对于机翼双梁结构形式而言，前梁一般布置在弦长的 16%～22%处，后梁一般布置在弦长的 60%～75%处。

3. 相对弯度

翼型的相对弯度 f_c 对翼型的升力特性、极曲线形状和力矩特性有明显影响。

图 8-5 给出了正弯度(f_c 为正)、对称(f_c 为零)、反弯度(f_c 为负)三种翼型的升力特性的示意图。可以看出，正弯度翼型的 f_c 增大，则零升力迎角(负值)的绝对值越大；反弯度翼型的 f_c 增大，则零升力迎角(正值)越大；正弯度翼型具有更高的最大升力系数 C_{Lmax}，但失速迎角会减小。

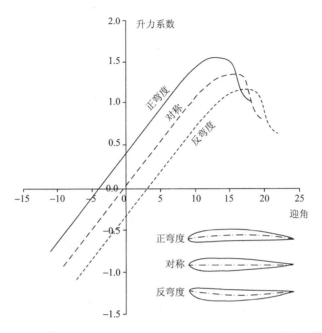

图 8-5　翼型弯度对升力系数、零升力迎角和失速迎角的影响[2]

图 8-6 给出了正弯度和对称翼型升阻极曲线的示意图。从图中可看出，翼型的弯度改变了升阻极曲线的形状，对称翼型的最小阻力系数出现在升力系数等于 0 的情况，而正弯度翼型的最小阻力系数出现在升力系数为某一正值的情况。通常，将翼型阻力系数最小时的升力系数称为翼型的设计升力系数。翼型的弯度不同，其设计升力系数也不同，因此相对弯度决定了翼型的设计升力系数。

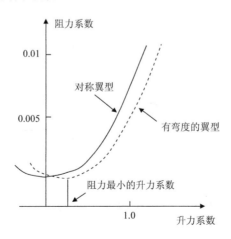

图 8-6　翼型弯度对升阻极曲线的影响

　　另外，翼型的 f_c 越大，绕其 1/4 弦点的低头力矩值也越大，且随着 Ma 数的增加而迅速增加。低头力矩大带来的不利影响是需增加配平飞机的气动力，同时也增加了配平阻力。因此，为了减小配平阻力，翼型的 f_c 不宜过大。例如，对于无尾布局飞机，若翼型的低头力矩较大，为了满足飞机配平需要，机翼后缘处需要产生向下的气动力，结果导致机翼升力的损失。

　　对于超声速飞机，增大 f_c 会增加波阻，产生不利影响。

　　综上所述，f_c 的取值应综合考虑所需的设计升力系数、最大升力系数和力矩系数的要求。对于亚声速飞机，巡航速度较小，所需设计升力系数要大一些，应选择 f_c 较大的翼型。而对于超声速飞机，巡航速度较大，所需设计升力系数较小，同时为了减小力矩系数，应选择 f_c 小的翼型或无弯度的翼型(对称翼型)。

　　4. 前缘半径

　　前缘半径对翼型的最大升力系数、失速特性和波阻有明显影响。

　　增大前缘半径，可延缓气流分离，提高失速迎角，有利于提高最大升力系数。图 8-7 示出了几种失速的情况。当前缘半径较大时，随着迎角增加，气流分离首先出现在后缘上表面，然后逐步扩展，直至扩展至整个上表面，升力损失是一个渐变过程。对于前缘半径小的翼型，随着迎角增加，首先在前缘上表面出现气泡，当迎角增加至某一值时，整个上表面发生气流分离，升力急剧下降，力矩系数突变，失速特性差。但从另一方面看，前缘半径小，对超声速飞行时减小波阻有利。一般来说，亚声速飞机采用前缘半径较大的翼型(最大升力系数约为 1.5)，而超声速飞机采用前缘半径较小的翼型(最大升力系数约为 1.0)。

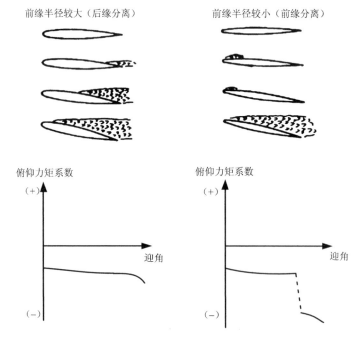

图 8-7　前缘半径对失速特性的影响[1]

8.2.3 翼型的类型

自飞机发明以来，人们已设计出多种类型的翼型，以满足不同飞行性能的要求。下面介绍几类典型的翼型。

1. NACA 四位数翼型

该类翼型是美国原 NACA(原美国国家航空咨询委员会)最早建立的一类低速翼型，它具有相同的基本厚度分布，但它们的中弧线的形状不同。这类翼型的中弧线由两段抛物线组成，并且两段抛物线在最大弯度处相切，中弧线的形状由最大相对弯度及其在弦线上的位置来确定。

NACA 四位数翼型的编号方式为 NACA XYZZ，其中 X 代表相对弯度；Y 代表最大弯度位置(以十分之 Y 表示)；ZZ 代表相对厚度。以 NACA 4415 为例，第一个 4 表示翼型的相对弯度为 4%，第二个 4 表示最大弯度位置在弦长的 4/10 处，15 代表相对厚度为 15%。

与早期的其他翼型相比，这类翼型具有较大的最大升力系数和较小的阻力系数，且易于制造，曾被广泛应用，例如，NACA 24ZZ 翼型系列曾应用于 DC-1、DC-3 飞机等。目前有一些低速的通用航空飞机也仍然采用 NACA 四位数翼型系列。NACA 00ZZ 为对称翼型系列，目前还广泛应用于各类通用航空飞机、支线涡桨飞机、公务机的平尾和垂尾翼型。

2. NACA 五位数翼型

NACA 五位数翼型是继 NACA 四位数翼型后发展而来的一个低速翼型系列，其目的是提高翼型的最大升力系数。该翼型系列的厚度分布与四位数字系列相同，但中弧线的形状有更多的选择，可使最大弯度位置靠前，从而提高最大升力系数，降低最小阻力系数和力矩系数，但失速特性欠佳，失速后升力急剧下降。

NACA 五位数翼型的编号方式为 NACA XYWZZ，其中 X 指示了该翼型的设计升力系数为 $X \cdot (3/20)$；Y 指示了最大弯度位置为 Y/20；W 表示中弧线的特征，中弧线无拐点时取 0，否则取 1(有拐点)；ZZ 代表相对厚度。以 NACA 23012 为例，2 表示设计升力系数为 $2 \cdot (3/20) = 0.3$，3 表示最大弯度位置为 3/20=0.15，0 表示中弧线为简单型，12 表示相对厚度为 12%。

NACA 230ZZ 翼型系列曾用于 DC-4、DC-5、DC-7 飞机以及第二次世界大战期间的许多美国飞机。目前，这类翼型仍然广泛应用于通用航空飞机和其他亚声速螺旋桨飞机。例如，Cessna-550 飞机采用了 NACA 23014(翼根)和 NACA 23012(翼梢)。

3. NACA 六系列翼型

为了寻找阻力更小的翼型，研究人员开发了 NACA 六系列翼型。这类翼型的空气压力分布能使翼型表面上具有更多的层流比例，从而达到减阻的目的。风洞试验表明，只要机翼表面足够光滑，NACA 六系列翼型的阻力系数低于 NACA 四位数翼型和五位数翼型的阻力系数，如图 8-8 所示，并且在一定升力系数范围内，NACA 六系列翼型的阻力系数处于最小值，形成所谓的 "低阻平底"(drag bucket)。

以 NACA 65_3-415 为例，NACA 六系列翼型中的数字含义如下：第一个数字"6"代表六系列翼型；第二个数字"5"表示该翼型厚度分布使零升力下的最小压力位置在弦长的 0.5 处；第三位数字"3"(下标)表示以设计升力系数为基准的有利升力系数上下边界为 ± 0.3；第四个数字"4"表示设计升力系数为 0.4(此时阻力系数最小)；第五、六个的数字代表相对厚度为 15%。根据第四个数字和第三个数字，可推断出该翼型的有利升力系数范围为 0.1～0.7，在这个升力系数范围内，阻力系数处于"低阻平底区"。

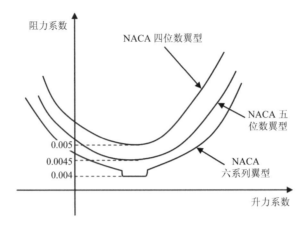

图 8-8　NACA 六系列与四、五位数翼型阻力特性的对比[3]

在 NACA 六系列翼型的基础上，对外形进行简化处理，形成了所谓的 6A 系列翼型，其编号是用"A"代替了原六系列翼型编号中"-"，表示翼型的上下弧线从 80%弦长位置至后缘都是直线，其目的是有利于加工制造和布置后缘翼肋。

虽然风洞试验表明 NACA 六系列翼型的阻力系数较小，但是这类翼型对表面质量较敏感。若机翼表面质量达不到要求，其减阻效果并不明显。事实上，许多飞机(特别是金属飞机)在实际制造中机翼表面质量并不一定能达到足够光滑的要求。因此，这类翼型在实际飞机应用的减阻效果并没有预期的那样好。尽管如此，NACA 六系列翼型曾应用于一些早期的喷气式运输机和公务机，目前仍然应用于一些速度较高的螺旋桨飞机以及军用飞机(战斗机和攻击机)。例如，福克 50 支线客机、C-130 军用运输机、F-16 战斗机等都采用了 NACA 六系列翼型。

4. 超临界翼型

为了提高翼型的临界马赫数，减弱激波强度，研究人员设计了一类新的翼型，称为超临界翼型。这种翼型的几何特征是：上表面较平坦，下表面后段弯曲较大，并向上内凹，头部半径较大，如图 8-9 所示。在跨声速流时，超临界翼型激波强度明显减弱，并且激波位置靠近翼型的后缘。与同样相对厚度的普通翼型相比，超临界翼型的阻力发散马赫数能提高 0.05～0.06。目前，超临界翼型已广泛应用于高亚声速运输机、客机、公务机等。

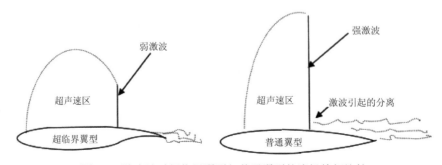

图 8-9　跨声速时超临界翼型与普通翼型的流场特征比较

但是，超临界翼型的一个缺点是翼型后半部分的气动载荷大，导致低头力矩较大，从而导致平尾气动载荷的增加和配平阻力的增加。另外，从结构设计角度来看，翼型后缘厚度较小，不利于增升装置和副翼的操纵机构布置。

5. 超声速翼型

在超声速飞行时，为减小波阻，翼型应具有尖前缘。这是因为尖前缘产生的斜激波的波阻要远小于钝前缘产生的离体正激波的波阻。典型的超声速翼型有双弧形、菱形等。例如，F-104 飞机为了减小波阻，采用了双弧形翼型。但翼型的尖前缘易引起气流分离，亚声速性能较差，为了兼顾各个速度范围的性能，目前大多数超声速飞机仍采用前缘半径小、相对厚度较小(3%～6%)的亚声速翼型。

8.2.4　翼型选择指南

通过上述对翼型的分析，根据机翼设计的考量因素，可归纳出翼型设计的一般准则。

1. 翼型设计的一般准则

1) 设计升力系数和低阻准则

在飞机设计升力系数附近，翼型的阻力系数尽量小。飞机设计升力系数通常是指飞机巡航状态的升力系数。在飞机设计升力系数附近，翼型的阻力系数小，意味着飞机巡航时的升阻比大，可减少燃油消耗，有利于飞机增加航程和提高经济性。另外，飞机爬升状态的阻力也是要考虑的因素。若爬升时阻力过大，在发动机给定的情况下，有可能达不到爬升率的要求。

翼型的升阻极曲线表征了升力与阻力之间的关系，如图 8-10 所示。在选择翼型时，应比较各种候选翼型的升力和阻力特性(极曲线)，优先选择在设计升力系数附近翼型的阻力系数小、爬升时升力系数所对应阻力系数也小的翼型，也就是巡航和爬升时升阻比大的翼型。一种比较理想的情况是：在设计升力系数和爬升时升力系数处，翼型的阻力系数都处于极曲线的低洼区域(即低阻区)，如图 8-10 所示。

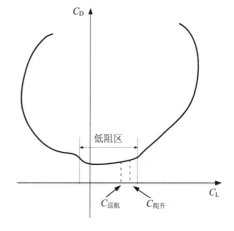

图 8-10　翼型升阻极曲线示意图

翼型设计升力系数主要取决于翼型的弯度。若所需的设计升力系数较大，那么意味着所选的翼型的弯度较大。通常，亚声速和高亚声速飞机的设计升力系数较大，因此翼型弯度较大。例如，高空长航时无人机的设计升力系数很大 (0.7～1.0)，因此它的翼型的相对弯度很大。而超声速飞机因飞行速度快，所需的设计升力系数较小，且翼型弯度增加会增加波阻，因此它的翼型弯度小，甚至采用无弯度的对称翼型。

翼型厚度的确定主要取决于飞行速度。对于低速飞机($Ma<0.5$)，翼型相对厚度大多为 12%～15%，也有些低速飞机的翼型相对厚度高达 18%～20%。对于高亚声速飞机，当飞行 Ma 数超过翼型临界 Ma 数后，会出现波阻，导致阻力增加，这种情况下可通过采用超临界翼型，这样可在不减小翼型相对厚度的情况下，提高临界 Ma 数，减小甚至消除波阻。对

于超声速飞机,翼型相对厚度对波阻的影响非常大(参见图 8-11)。通常,超声速飞机的翼型厚度一般为 3%~6%。

为了使读者对各种飞机的翼型相对厚度有一个直观的印象,根据统计数据,图 8-12 给出了不同飞行 Ma 数对应的翼型相对厚度平均值。

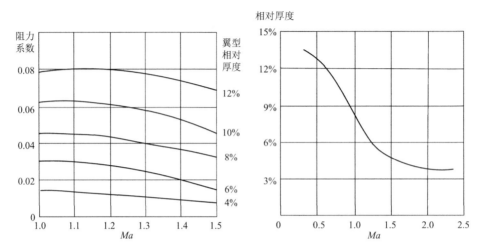

图 8-11 翼型相对厚度对波阻的影响图　　图 8-12 不同 Ma 数对应的翼型相对厚度平均值

2) 最大升力系数

应选择最大升力系数尽量大的翼型。翼型的最大升力系数大意味着飞机的失速速度低,可降低飞机的起飞速度和着陆速度,缩短起降距离,有利于提高飞机的起降性能。最大升力系数大也意味着飞机可进行大的过载飞行,有利于提高飞机的机动性。

3) 失速特性

从 8.2.2 节的失速特性分析得知,有的翼型失速过程较缓和(升力系数逐渐减小,力矩系数逐渐变化),而有的翼型失速过程急剧(升力系数急剧下降,力矩系数变化剧烈)。在选择翼型时,根据失速过程中可操纵性要求,应优先选择失速特性好的翼型,也就是失速过程比较缓和的翼型,从而提高飞机的安全性。

4) 力矩系数

翼型低头力矩系数大意味着所需的配平气动力大,配平阻力大。因此,在选择翼型时,俯仰力矩系数应较低或中等大小为宜,以防止过大的配平阻力。

5) 结构高度和内部容积

翼型相对厚度决定了翼型的结构高度和内部容积。从结构设计要求来看,增加翼型相对厚度,可增加机翼结构高度,能提高翼梁和蒙皮的承载效率,有利于减轻机翼结构重量。另外,增加翼型相对厚度,还可增加机翼的内部容积,可容纳更多的燃油,也有利于操纵机构和起落架的布置。因此,从结构设计和内部容积的要求来看,翼型相对厚度应尽量大些。

6) 制造成本

翼型的形状应有利于简化制造工艺,降低制造成本。例如,NACA 六系列翼型的修形翼型 NACA 6A 系列,就是对 NACA 六系列翼型的后缘形状进行了简化,将其上下弧线从

0.8 位置至后缘改为直线,简化了制造工艺。

7)气动特性的稳健性

由于在飞机制造过程中存在误差,制造出的机翼的翼剖面形状不一定能完全精确地与设计定义的翼型形状一致,表面质量也可能存在偏差。所谓稳健性是指翼型气动特性对外形误差的敏感性小,也就是在外形和表面质量有一定误差的情况下,气动特性不会有较大的变化。如果翼型气动特性的稳健性差,制造出的实际飞机的气动特性与所预测的气动特性会有较大差别,导致飞机性能下降。因此,翼型气动特性对外形误差的敏感性也是一个要考虑的因素。

上述准则中,各准则的重要度是有所区别的。一般而言,低阻、最大升力系数和失速特性的重要度更大一些。

2. 翼型选择示例

以某通用航空飞机翼型选择为例[18],说明如何根据上述准则筛选合适的翼型。首先根据该通航飞机的任务剖面和性能要求,计算出该型飞机飞行中典型的雷诺数和升力系数,见表 8-1。表中失速、爬升、巡航时的雷诺数,可根据各飞行速度、高度、机翼弦长计算出;设计升力系数可根据巡航时的翼载、巡航速度和高度计算出;爬升时升力系数可根据爬升速度、爬升轨迹和起飞重量计算出;期望的最大升力系数可根据起飞和着陆时升力系数的要求来确定。

表 8-1　某通用航空飞机飞行中的雷诺数和升力系数

失速时的雷诺数	2.4×10^6	期望的最大升力系数	1.45
爬升时的雷诺数	4.1×10^6	爬升时升力系数	0.70
巡航时的雷诺数	7.5×10^6	设计升力系数	0.25~0.32

从 NACA 翼型系列中筛选两种候选翼型:NACA 65_2-415 和 NACA 23015。两种翼型的气动特性数据见图 8-13。按照翼型选择准则对这两种翼型进行评估和比较,评分方法类似于飞机总体布局设计中的方法(参见 4.5 节),评分结果见表 8-2。从评估结果可以看出,NACA 65_2-415 翼型更适于该型通用航空飞机。

表 8-2　两种翼型的对比与评估

考量因素	重要度	NACA 65_2-415	NACA 23015
设计升力系数附近阻力系数	5	5	3
爬升时的阻力系数	3	5	3
最大升力系数	3	4	5
失速特性	5	4	2
低头力矩系数(巡航)	3	2	5
结构高度和内部容积	3	4	4
制造成本	3	3	4
气动特性的稳健性	1	2	5
得分		101	93

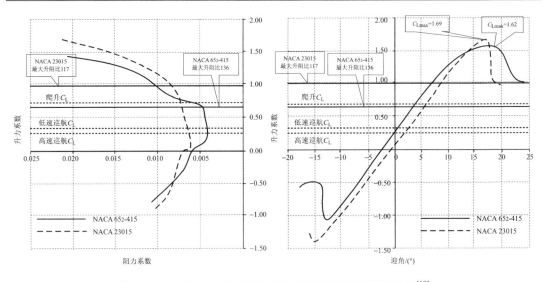

图 8-13　NACA 65₂-415 和 NACA 23015 翼型气动特性比较[18]

3. 一些实际飞机采用的 NACA 翼型

机翼翼型的最终确定是综合权衡多方面考量因素(升阻特性、失速特性、结构特性、内部容积、制造要求等)的结果。飞机设计初学者应了解历史上经典飞机所采用的翼型。这些翼型也是综合权衡各种设计要求而确定的。以下给出了一些不同用途的经典飞机所采用的翼型。由于目前高亚声速运输机和商用客机通常采用超临界翼型,飞机制造商各自开发了各种超临界翼型,但这些翼型数据往往并不公开,所以表 8-3 主要列出了一些经典的通用航空飞机、早期支线运输机和战斗机采用的 NACA 翼型。

表 8-3　若干采用 NACA 翼型的典型飞机

飞机型号	根部翼型	翼梢翼型	最大 Ma 数或最大飞行速度
Cessna-172 Skyhawk	NACA 2412	NACA 2412(修形)	269km/h
Cessna-500 Citation	NACA 23014	NACA 23012	745km/h
DC-3	NACA 2215	NACA 2206	346km/h
DC-6	NACA 23016	NACA 23012	509km/h
Piper PA-28 Cherokee	NACA 65₂-415	NACA 65₂-415	268km/h
Piper PA-44 Seminole	NACA 65₂-415	NACA 65₂-415	311km/h
Beech Super King Air	NACA 23018	NACA 23012	541km/h
Fokker 50	NACA 64₄-421	NACA 64₄-415	537km/h
ATR-72	NACA 43018(修形)	NACA 43013(修形)	510km/h
Lockheed U-2	NACA 63A409	NACA 63A406	810km/h
Lockheed C-130	NACA 64A318	NACA 64A412	583km/h
Grumman F-14	NACA 64A209.65(修形)	NACA 64A208.91(修形)	Ma2.34
F-15	NACA 64A006.6	NACA 64A203(修形)	Ma2.5
F-18	NACA 65A005(修形)	NACA 65A003.5(修形)	Ma1.8
F-16	NACA 64A204	NACA 64A204	Ma2.0
F-104G	双圆弧超声速翼型(相对厚度为 3.36%;前缘半径为 0.041cm)		Ma2.35

8.3 机翼平面形状参数分析与设计

8.3.1 机翼平面形状参数

机翼平面形状是指飞机俯视投影的机翼形状。描述机翼平面形状的参数主要有机翼参考面积、展弦比、后掠角、梯形比、平均气动弦长等。

1. 机翼参考面积

机翼参考面积 S_{ref} 是指"参考机翼形状"的面积。一般用梯形作为参考机翼形状,并且参考机翼的根部一直延伸至机身对称线。由于实际机翼的形状不一定为标准的梯形,梯形只是作为实际机翼平面形状的参考形状,它实质上是对实际机翼平面形状的一种近似描述。因此,机翼参考面积与实际机翼面积并不一定相等。

需要说明的是,有时参考机翼形状不一定用梯形来定义。例如,对于商用飞机,定义机翼参考面积的方法包括基本梯形法、全面积法、空客公司的方法(简称空客法)、等效面积法等,它们的机翼参考面积定义如图 8-14 所示。

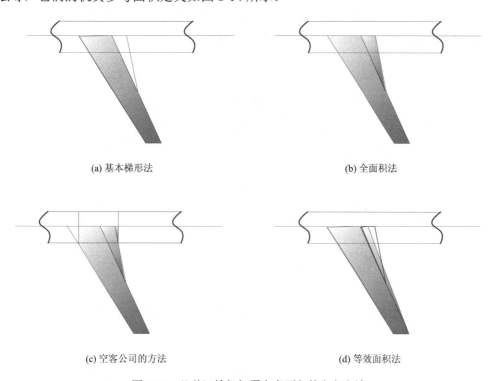

(a) 基本梯形法　　　　　　　　　　(b) 全面积法

(c) 空客公司的方法　　　　　　　　(d) 等效面积法

图 8-14　几种运输机机翼参考面积的定义方法

机翼参考面积将作为飞机气动力系数(升力系数、阻力系数、力矩系数)计算的基准。机翼参考面积不同,计算出的气动系数也不同。因此,一旦确定了机翼参考面积的定义方法,所有的气动系数计算需以该方法定义的参考面积为准。同样地,在第 5 章翼载的定义中,机翼面积是指机翼参考面积。

2. 展弦比

机翼展弦比 AR 用来反映机翼展向长度(展长)与弦向长度(弦长)的比值。一般来讲,弦长在不同的展向位置是不同的(矩形机翼除外),因此用下式来定义展弦比:

$$AR = \frac{b^2}{S_{ref}} \tag{8-1}$$

式中, S_{ref} 为机翼参考面积; b 为机翼展长。

展弦比描述了机翼形状的重要特征。展弦比大,表示机翼的形状为细长形;展弦比小,意味着机翼形状为短宽形。有时人们就直接用展弦比的大小来反映飞机的外形特征。例如,许多长航时无人机由于展弦比很大,通常被称为大展弦比无人机。

3. 后掠角

机翼后掠角 Λ 的定义一般有两种:机翼前缘后掠角 Λ_{LE} 和机翼四分之一弦线的后掠角 $\Lambda_{1/4}$。通常,在超声速飞机设计中,采用机翼前缘后掠角 Λ_{LE} 来定义机翼后掠角;而在亚声速飞机设计中,采用机翼四分之一弦线的后掠角 $\Lambda_{1/4}$ 来定义机翼后掠角,如图 8-15 所示。这是因为超声速飞机的波阻与机翼前缘后掠角密切相关(参见 8.3.2 节),所以超声速飞机更关注机翼前缘后掠角;而对于亚声速飞机,翼型的气动中心大约在弦线的四分之一处,因此用 $\Lambda_{1/4}$ 更能反映其对亚声速飞机气动特性的影响。

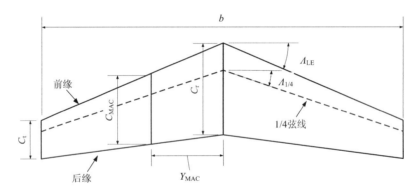

图 8-15　机翼后掠角、梯形比的定义

4. 梯形比

梯形比 λ(也称梢根比)是参考机翼的翼梢处弦长与翼根处弦长的比,由下式定义:

$$\lambda = \frac{C_t}{C_r} \tag{8-2}$$

式中, C_t 为翼梢处弦长; C_r 为翼根处弦长。若梯形比 $\lambda=1$,机翼形状则为矩形。 λ 越小,表示翼梢处弦长越短。

5. 平均气动弦长

在飞机设计中,通常会用到机翼平均气动弦长(mean aerodynamic chord, MAC,用 C_{MAC} 表示)这个术语。机翼平均气动弦长被定义为一个虚构的矩形机翼的弦长,这个虚构的矩形机翼的面积与实际机翼面积相同,它的气动力矩特性与实际机翼的气动特性是等效的。尽管我们称它为机翼平均气动弦长,但实际上它的计算公式只与机翼的几何特性有关。机翼

平均气动弦长的示意图参见图 8-16，平均气动弦长 C_{MAC} 的计算公式为

$$C_{MAC} = \frac{2}{S_{ref}} \int_0^{b/2} C^2 \, \mathrm{d}y \tag{8-3}$$

平均气动弦长距中心线的距离 Y_{MAC} 为

$$Y_{MAC} = \frac{2}{S_{ref}} \int_0^{b/2} C^2 \cdot y \, \mathrm{d}y \tag{8-4}$$

平均气动弦长前缘点位置 X_{MAC} 为

$$X_{MAC} = Y_{MAC} \cdot \tan \Lambda_{LE} \tag{8-5}$$

对于梯形机翼(或机翼参考形状为梯形)，其 C_{MAC} 和 Y_{MAC} 可通过积分计算得到其计算公式，即

$$C_{MAC} = \frac{2}{S_{ref}} \int_0^{b/2} C^2 \, \mathrm{d}y = \frac{2}{3} C_r \left(1 + \frac{\lambda^2}{1+\lambda} \right) \tag{8-6}$$

$$Y_{MAC} = \frac{2}{S_{ref}} \int_0^{b/2} C^2 \cdot y \, \mathrm{d}y = \frac{b}{6} \left(\frac{1+2\lambda}{1+\lambda} \right) \tag{8-7}$$

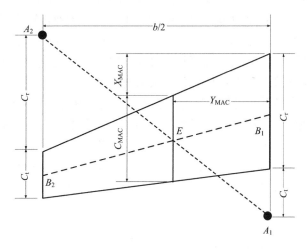

图 8-16　确定机翼平均气动弦长的作图法

对于梯形机翼(或机翼参考形状为梯形)，也可应用作图法确定机翼平均气动弦长和位置。如图 8-16 所示，首先在翼根处画出长度为 C_t 的延长线，确定出点 A_1，在翼梢处画出长度为 C_r 的反向延长线，确定出点 A_2，并画出 A_1 和 A_2 的连线；然后确定翼根弦长的中点 B_1 和翼梢弦长的中点 B_2，并连接 B_1 和 B_2；最后在两条连线的交点 E 处，画出机翼的弦长，该弦长即为机翼平均气动弦长。

机翼平均气动弦长的重要性在于：对于亚声速飞机，其 1/4 处可近似地看作机翼的气动中心；对于超声速飞机，机翼的气动中心大约在机翼平均气动弦长的 40%。在后续的重心范围估算和纵向静稳定裕度计算中，机翼平均气动弦长将被用为参考长度。

6. 几何参数之间的关系

对于梯形机翼，若给定机翼参考面积 S_{ref}、展弦比 AR、后掠角 $\Lambda_{1/4}$ 和梯形比 λ，就可计

算出机翼的展长、翼根弦长、翼梢弦长、前缘后掠角,从而可确定出机翼的平面形状。计算公式如下:

机翼的展长 b
$$b = \sqrt{\text{AR} \cdot S_{\text{ref}}} \qquad (8\text{-}8)$$

翼根弦长 C_{r} 和翼梢弦长 C_{t}
$$C_{\text{r}} = \frac{2 \cdot S_{\text{ref}}}{b(1+\lambda)}; \quad C_{\text{t}} = \lambda \cdot C_{\text{r}} \qquad (8\text{-}9)$$

前缘后掠角 Λ_{LE}
$$\tan \Lambda_{\text{LE}} = \tan \Lambda_{\text{l/4}} + \frac{C_{\text{r}}}{2b}(1-\lambda) \qquad (8\text{-}10)$$

8.3.2 主要平面形状参数的分析

下面将根据机翼设计的考量因素,分析机翼主要平面形状参数(展弦比、后掠角和梯形比)对气动特性、操稳特性、内部容积、结构重量等的影响。

1. 展弦比

1)展弦比对气动特性的影响

诱导阻力与展弦比成反比关系,展弦比越大,诱导阻力越小。这是因为展弦比越大,翼梢涡对整个机翼的影响越小,所以由翼梢涡引起的诱导阻力也越小。

对于亚声速飞机,展弦比对零升阻力的影响不大,因为亚声速飞机的零升阻力主要来源于摩擦阻力,而摩擦阻力主要取决于外露面积,与展弦比关系不大。对于超声速飞机,波阻占很大比例,而展弦比增大会增加波阻。因此,超声速飞机的展弦比应较小,一般小于5。

机翼升力线斜率和最大升力系数随着展弦比增大而增大,如图 8-17 所示。当展弦比趋于无穷大时,其升力线斜率为翼型的升力线斜率,其最大升力系数为翼型的最大升力系数。升力线斜率变大,意味着在同样起飞或着陆迎角下,具有更大的升力系数,因此展弦比增大有利于降低飞机起飞和着陆速度。另外,升力线斜率大也意味着飞机对阵风扰动更为敏感(阵风会瞬时改变机翼迎角),因此大展弦比飞机对阵风扰动较敏感。从图 8-17 中还可看出,展弦比增大,失速迎角将减小。因此,展弦比小的飞机具有更大的失速迎角。这就是小展弦比飞机在低速飞行时可以实现大迎角飞行的原因。

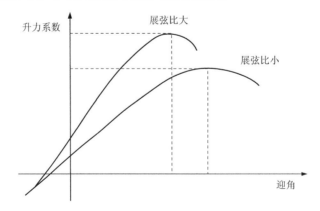

图 8-17 展弦比对机翼升力线斜率、最大升力系数和失速迎角的影响

2)展弦比对操稳特性的影响

展弦比增大,副翼的力臂变长(副翼通常布置在机翼外侧),有利于提高副翼操纵效率。

但展弦比增大，会增加飞机绕纵轴的惯性矩和横滚阻尼，降低了飞机横滚的机动性，对高机动飞机产生不利影响。

对于超声速飞机，从亚声速到超声速的飞行过程中，气动焦点会后移。展弦比减小，可减小从亚声速到超声速过程中气动焦点的移动量(相对于平均气动弦长)，有利于改善超声速飞机的稳定性和操纵性。

3)展弦比对结构重量和总体布置的影响

展弦比越大，机翼根部的弯矩增大，导致结构重量增加，而且机翼的刚度也变差，有可能出现副翼反效的不利现象。另外，从制造成本的角度看，展弦比增大，机翼结构重量增加，意味着机翼结构材料用量增加，导致机翼制造成本增加。

展弦比减小，机翼根部弦长增大，在翼型相对厚度相等的条件下，会增加机翼结构高度，这样有利于承力构件布置和起落架的布置，而且也会增加机翼内的油箱容积。

因此，从结构重量、制造成本和总体布置的角度来看，希望机翼展弦比尽量小。

4)展弦比对运营适应性的影响

在机翼面积一定时，增加展弦比会增加其展长。从民机运营角度来看，机翼展长不能超过机场停机位的宽度；另外，机翼展长也会受到滑行道间距的约束。因此，民机的展长要受到运营适应性的约束。表 8-4 列出了各类民机展长的限制。这个展长限制对机翼展弦比构成了约束。例如，超大型客机 A380 的机翼面积非常大(845m²)，为了满足翼展不超过 80m 的要求，不得不减小机翼展弦比，其展弦比只有 7.5(作为对比，A330 的展弦比为 10 左右)。又如，远程客机波音 777X 为了既能保持较大的机翼展弦比，又满足机翼展长的限制要求，采用了折叠式的翼梢设计方案。

表 8-4 各类民机展长限制的典型值[4]

飞机类别		翼展限制/m
通勤机		20～21.5
窄体	短程客机	28.5
	中短程客机	34
宽体	中远程客机	50
	远程客机	61
	超大型客机	77～80

2. 后掠角

1)后掠角对气动特性的影响

后掠角的主要功用是提高临界 Ma 数，延缓激波的产生，降低气动阻力，这是高亚声速飞机大多采用后掠翼的根本原因。

当机翼有后掠角时，空气来流可分解为垂直于前缘的流动和沿展向的流动，如图 8-18 所示。对机翼压力分布有实际影响的是垂直于机翼前缘的速度分量，这个速度分量低于来流速度，其值为来流速度乘以 cosΛ。因此，机翼后掠的直接效果就是提高了临界 Ma 数，临界 Ma 数的放大因子近似为 1/cosΛ。

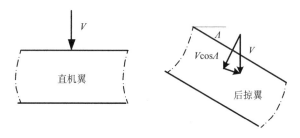

图 8-18   后掠角的效果

对于超声速飞机，在一定的飞行 Ma 数范围内，增大后掠角也可以改善其气动特性，降低气动阻力。图 8-19 示出了不同后掠角时机翼零升阻力系数的曲线。从图中可以看出，对于后掠机翼，当 Ma 数达到一个特定值时，其阻力会迅速上升，这个 Ma 数通常称为阻力发散 Ma 数（用 Ma_{dd} 表示）。Ma_{dd} 与临界 Ma 数有关，临界 Ma 数越大，阻力发散 Ma 数越大。

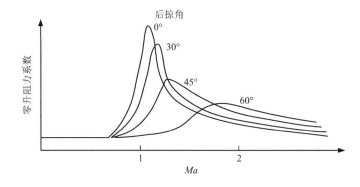

图 8-19   后掠角对机翼零升阻力系数的影响

超声速飞机机翼后掠角选择的一般原则是机翼前缘要避开声速前缘，通常采用亚声速前缘或超声速前缘。如图 8-20 所示，当机翼前缘处于激波扰动锥之内时，即当 $\gamma < \mu$ 时，即为亚声速前缘。此时，机翼前缘处的气流流速为亚声速，对降低气动阻力有利。按满足亚声速前缘的要求，当飞行 Ma 数为 1.2～1.8 时，机翼尖点扰动锥的半顶角为

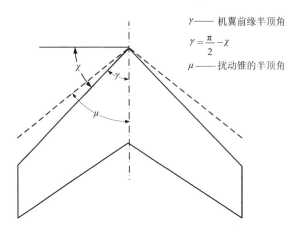

图 8-20   亚声速前缘的后掠机翼

$$\mu = \arctan \frac{1}{\sqrt{Ma^2 - 1}} = 33.7° \sim 56.7°$$

机翼前缘的后掠角一般在马赫线(激波扰动锥)之后的 5°～6°，所以机翼前缘的后掠角 Λ 应取为 45°～60°。

当 Ma 数大于 2 以后，要保持亚声速前缘，后掠角会很大，这对结构设计非常不利，机翼结构重量将显著增加。这时可以采用后掠角较小的超声速前缘，以避开波阻最大的声速前缘。例如,美国的 F-15、苏联的米格-25 超声速飞机的机翼前缘后掠角分别为 45°和 40°，就是采用了超声速前缘的设计方案。

后掠角带来的一个缺点是降低了机翼最大升力系数，其原因是：由于后掠翼的下洗流的影响，它改变了机翼的升力分布，导致机翼外段的升力系数增加，如图 8-21 所示。机翼外段的升力系数增加意味着靠近翼梢处的当地迎角较大；另外，由于后掠机翼存在从翼根向翼梢的展向流动，翼梢附近边界层厚度增加，易引起翼梢处先失速，如图 8-22 所示。这两个方面的原因导致后掠翼的最大升力系数减小。最大升力系数减小，意味着飞机的失速速度会增加。

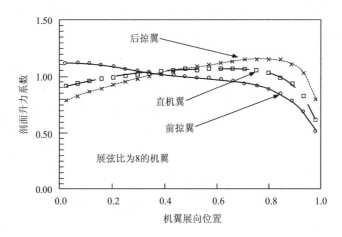

图 8-21　机翼后掠角对展向剖面升力系数分布的影响

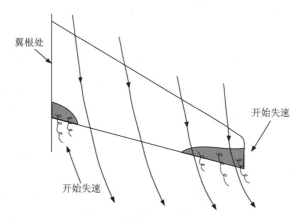

图 8-22　后掠翼翼梢失速现象示意图

亚声速时，增加后掠角也会降低机翼升力线斜率 C_L^α，机翼升力线斜率与后掠角的近似关系为

$$C_L^\alpha = (C_L^\alpha)_{\Lambda=0} \cdot \cos \Lambda \tag{8-11}$$

升力线斜率变小，意味着飞机在同样的起飞或着陆迎角情况下，升力系数小，起降性能变差。因此，后掠角增加给飞机的低速飞行性能带来不利影响。

2）后掠角对稳定性和操纵性的影响

在"飞行力学"课程中，我们已经知道，增加机翼后掠角可提高飞机的横向和侧向的静稳定性。

值得注意的是，迎角较大时，后掠角给飞机的俯仰操纵性会带来不利的影响。这是因为后掠角增大会引起翼梢处先失速。翼梢处失速后，就会出现升力损失。由于大多数的后掠翼的翼梢在飞机重心之后，因此后掠翼的外段的升力起着低头力矩的作用。在后掠翼的外段升力损失后，其产生的低头力矩减小，而在飞机重心之前的机翼内段的升力并没有减小，导致整个飞机会有一个较大的上仰力矩（参见图 8-23，此时俯仰力矩为正）。这个上仰力矩会使迎角进一步增加，反过来又会加剧后掠翼的外段的失速，形成恶性循环，引起所谓的"飞机自动上仰"现象，可能导致飞机俯仰操纵失控。对于展弦比较大的后掠翼飞机，这种现象更易于发生。

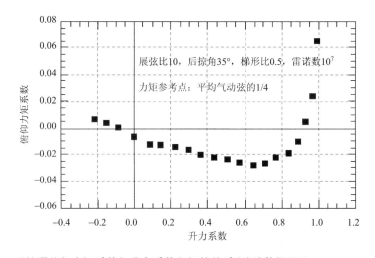

图 8-23　后掠翼俯仰力矩系数与升力系数之间的关系（试验数据源于 NACA RM A50K27）

因此，在机翼设计中需要采取其他措施来克服后掠翼飞机的翼梢先失速问题。例如，可通过机翼扭转、布置翼刀、机翼前缘转折等措施来避免翼梢先失速的问题。

由于副翼一般布置在机翼外侧，由后掠角引起的机翼外侧边界层厚度的增加以及迎角较大时翼梢气流分离，也会降低副翼的操纵效率，对飞机低速时的滚转操纵产生不利影响。

3）后掠角对结构重量的影响

在机翼展长固定的情况下，后掠机翼的结构展长 b_s 与机翼展长 b 的关系为 $b_s = b/\cos\Lambda$。后掠角增加意味着结构展长增加，从而导致结构重量增加。另外，机翼的后掠角增大会引起气动压力中心后移，机翼的扭矩增加，使气动弹性问题更为严重。为了满足更高的机翼刚度的要求，需要增加结构材料用量，这也会增加机翼结构重量。因此，从结构重量的角度

来看,增加机翼后掠角是不利的,应尽量减小后掠角。

3. 梯形比

1)梯形比对气动特性的影响

改变机翼梯形比 λ,可控制机翼展向的气动载荷分布。图 8-24 示出了机翼不同梯形比情况下的气动力分布,其中机翼剖面处的升力等于该剖面升力系数乘以当地弦长和动压。

对于亚声速飞机,需考虑梯形比对机翼诱导阻力的影响。根据亚声速机翼空气动力学理论,机翼诱导阻力系数的表达式为

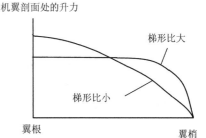

图 8-24 不同梯形比机翼升力沿展向分布的示意图(机翼无扭转)

$$C_{\mathrm{Di}} = k\,\frac{C_{\mathrm{L}}^2}{\pi \mathrm{AR}} \tag{8-12}$$

式中,C_{L} 是升力系数;k 是系数,它是 λ 的函数。计算分析表明,对于直机翼,当 λ 为 0.35~0.45 时,k 值接近最小值,即诱导阻力最小。这是因为此时机翼上的升力分布接近椭圆形。由机翼的低速气动特性可知,当气动力分布为椭圆形时,诱导阻力最小。这也是许多亚声速飞机多采用 λ 为 0.4 左右的直机翼的主要原因。

从失速特性来看,梯形比不宜过小。梯形比过小,意味着翼梢处的弦长很短,飞行时翼梢处的雷诺数比翼根处小很多,迎角较大时,翼梢可能会先于翼根失速。一般而言,梯形比不宜小于 0.2。

2)梯形比对结构重量和总体布置的影响

减小梯形比,意味着机翼内段承受更多的气动载荷(参见图 8-24),减小了机翼根部弯矩,从而可减轻机翼结构重量。减小梯形比,也意味着机翼内段的结构高度更大,有利于布置起落架,整个机翼的内部容积也会增加。不过,需要提醒的是,若梯形比过小,则机翼外侧的弦长很短,不易于布置副翼。总体来讲,从结构重量和总体布置的角度来看,减小梯形比是有利的。

3)梯形比对操纵性的影响

由于副翼一般布置在机翼外段,当梯形比减小时,机翼外段的面积减少,意味着副翼偏转后所影响的流场区域也减少,导致副翼操纵效率降低。另外,大迎角时,梯形比小的机翼外段易于先失速,也降低了副翼操纵效率。

从机翼质量分布的角度来看,当梯形比减小时,机翼质量内移,机翼绕飞机纵轴的惯性矩减小,这对提高飞机的横向(滚转)操纵是有利的。

4)梯形比对制造成本的影响

梯形比不等于 1 时,机翼的翼肋尺寸不同,将增加制造成本。而矩形机翼具有相同的翼肋尺寸,可减少机翼结构设计和制造成本。对于自制的私用飞机或轻小型飞机,减少成本是需要考虑的一个重要因素。因此,有些轻型飞机为了降低设计和制造成本,采用了矩形机翼。

8.4　位　置　参　数

机翼的位置参数主要表征机翼与机身相对位置的几何关系。在飞机总体布局设计中，已确定了机翼相对于机身的高低位置(上单翼、中单翼、下单翼)。下面通过定义若干安装几何参数，进一步细化机翼与机身相对位置的几何关系。

1. 上反角

上反角 Γ 表征机翼与机身在前视图上的几何关系。从飞机的前视图看，机翼基准面与水平面(垂直于飞机对称面的平面)之间的夹角定义为上反角，如图 8-25 所示。当翼梢位置高于翼根位置时，Γ 为正；反之，为负。Γ 为正时，称为上反角(dihedral angle)；Γ 为负时，称为下反角(anhedral angle)。

图 8-25　上反角的定义

采用上反角的主要原因是为了增加飞机的横向稳定性。对于下单翼布局的亚声速飞机，机翼通常具有上反角，以改善飞机的横向稳定性。对于上单翼布局的亚声速飞机，由于上单翼布局本身具有提供横向稳定性的作用，其机翼上反角很小或没有上反角，例如，Piper PA-28 飞机是一种下单翼的低速轻型飞机(图 8-26)，其上反角为 7°；塞斯纳-172 飞机 (图 8-27)也是一种低速轻型飞机，但采用上单翼布局，其上反角只有 2.73°。对于上单翼布局的高亚声速飞机，其机翼通常具有 25°～35°的后掠角，上单翼布局和机翼后掠角这两个因素可能使得飞机的横向稳定性过大，不利于横向操纵性，因此往往会采用机翼下反的方案来削弱飞机过大的横向稳定性，以便同时满足飞机横向稳定性和操纵性的要求。例如，高亚声速运输机运-20 的机翼就具有下反角，如图 8-28 所示。对于后掠角较大的超声速飞机，由于后掠角提供了过大的横向稳定性，也会通过机翼下反角来平衡飞机的横向稳定性和操纵性，例如，美国 F-15 战斗机的机翼就有下反角(–2.4°)。

图 8-26　Piper PA-28(下单翼，较大的上反角)　　图 8-27　塞斯纳-172(上单翼，小的上反角)

从总体布置的角度来看，若发动机安装在机翼上，则要考虑发动机短舱或螺旋桨与地面的间隙要求。由于下单翼飞机的上反角可增加机翼与地面的距离，因此增加上反角有利于布置发动机短舱或螺旋桨，如图 8-29 所示。

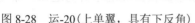

图 8-28　运-20(上单翼，具有下反角)

图 8-29　上反角有利于布置发动机短舱

从结构重量的角度来看，在机翼展长固定的情况下，上反角会增加机翼结构的展长。若上反角过大，则对机翼结构重量控制不利。所以，从结构重量的角度来看，上反角应尽量小。

2. 安装角与扭转角

安装角 i_W 表征机翼与机身在侧视图上的几何关系。安装角是指机翼根弦与飞机纵轴线之间的夹角，如图 8-30 所示。机翼安装角设计的主要要求是：使机身在巡航状态的阻力最小。若安装角配置不当(过小或过大)，巡航飞行时为了满足升力等于重量的条件，飞机会以"仰头"或"低头"的姿态飞行，这样就会增加机身迎风面积，导致飞机阻力增加。

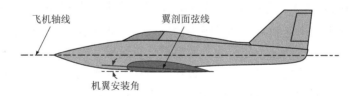

图 8-30　安装角的定义

安装角主要由飞机巡航飞行所需的迎角来确定，同时也要考虑机身形状和机翼扭转角的影响。初步设计时，可根据下式估算安装角(i_W)的值：

$$i_W = \alpha_C + \alpha_F - \Delta\theta_W \tag{8-13}$$

式中，α_C 为巡航状态的机翼迎角；α_F 为机身阻力最小时的姿态角，即机身轴线与飞行路径之间的夹角，机头下偏时为正，反之为负；$\Delta\theta_W$ 为计入机翼扭转角影响的修正量(通常为负值)，详见文献[18]。在初步设计时一般还不能精确地确定这些参数，此时可参考同类飞机的安装角统计值，初步确定一个安装角的值。在后续设计中，当定量信息足够后，再调整安装角的值。

机翼除了有安装角外，一般还有扭转角。机翼扭转角包括几何扭转角和气动扭转角，其主要功能是延缓翼梢失速和减小诱导阻力。

几何扭转角用于表征机翼沿展向各翼剖面的安装角。如果翼梢的安装角小于翼根的安装角，则称为负扭转；反之，则称为正扭转。翼梢相对于翼根的几何扭转角可用 θ_G 表示，如图 8-31 所示。

负扭转意味着机翼迎角沿展向逐渐减小，使翼梢剖面的迎角小于翼根剖面的迎角，可延缓翼梢失速，避免翼梢先于翼根失速，有利于提高飞机的安全性。因此，飞机的机翼一般都具有负扭转角。扭转角的另一个功能是：改变机翼展向的气动载荷分布，使气动载荷分布更趋于椭圆形，减小诱导阻力。

机翼有几何扭转角后，不同机翼剖面会有不同的安装角，这意味着每个翼肋有不同的安装角，会增加制造成本。负扭转带来的另一个不利影响是减小了升力。

机翼扭转的另一种方式是气动扭转，它通过在机翼翼根和翼梢采用不同的翼型，来实现与几何扭转相同的效果。如图 8-32 所示，翼根和翼梢处配置不同翼型。不同的翼型具有不同的零升力迎角，若翼梢剖面的零升力迎角小于翼根剖面的零升力迎角，就是负扭转；反之为正扭转。

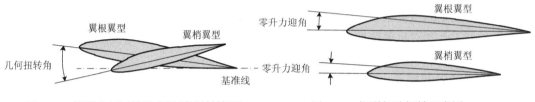

图 8-31　机翼几何扭转示意图(负扭转情况)　　　图 8-32　机翼气动扭转示意图

气动扭转角(θ_a)的定义为 $\theta_a = \alpha_{\mathrm{ZLroot}} - \alpha_{\mathrm{ZLtip}}$，其中 α_{ZLroot} 为翼根处翼型的零升力迎角，α_{ZLtip} 为翼梢处翼型的零升力迎角。

若既有几何扭转(θ_G)，又有气动扭转(θ_a)，则总的机翼扭转角为 $\theta = \theta_G + \theta_a$。

为了满足延缓翼梢失速和减小诱导阻力的要求，需要通过比较精细的气动计算方法来分析扭转角对机翼展向气动分布的影响，并根据分析结果，确定出最佳的机翼扭转角。这部分工作一般在概念设计之后的气动详细设计阶段和气动优化设计阶段完成。在概念设计阶段，可参考同类飞机的统计数据，估计一个合理的初值，供后续阶段开展进一步的分析和优化。若机翼有扭转角，意味着机翼展向的翼剖面的安装角是不同的，例如，图 8-33 示出了某高亚声速客机在不同展向位置处翼剖面的安装角[16]。

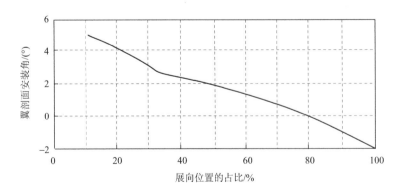

图 8-33　某高亚声速客机在不同展向位置处翼剖面的安装角[16]

3. 纵向位置

机翼的纵向位置是指机翼相对于机身纵轴上的位置，如图 8-34 所示。机翼的纵向位置主要根据飞机的纵向静稳定裕度来确定，即根据飞机的重心范围和气动中心的位置来确定。但由于目前阶段飞机外形和总体布置还未完成，重心范围和气动中心还无法计算。概念设计中通常的做法是：对现有同类飞机的机翼纵向位置数据进行统计分析，根据统计分析结果，估算出机翼纵向位置的初始值。在后续的总体布置和操稳特性评估中，还会对机翼纵向位置进行适当调整。

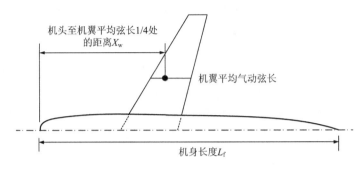

图 8-34　机翼纵向位置的定义

文献[16]根据各类飞机的统计数据，给出了各类飞机机翼纵向位置的平均值，见表 8-5。根据表中数据，可以确定机翼的初始位置。比较表中数据可知，轻小型飞机的机翼位置更靠前一些；战斗机、公务机、尾吊布局的喷气式客机的机翼位置更靠后一些；而支线涡桨飞机、翼吊布局的喷气式客机的机翼位置在前述二者之间。这是因为轻小型飞机的发动机通常安装在机头，战斗机、公务机、尾吊布局的喷气式客机的发动机通常安装在机身后部，支线涡桨飞机、翼吊布局的喷气式客机的发动机安装在机翼上。由于发动机的重量较大，为了匹配气动中心(焦点)与重心之间的位置，导致不同类型飞机的机翼位置明显不同。我们也鼓励读者自行收集相关的飞机数据，归纳出对机翼纵向位置初步设计具有指导意义的统计公式。

表 8-5　基于统计数据的机翼纵向位置[16]

飞机类型	X_w / L_f
轻小型飞机	0.35
通勤飞机	0.42
支线涡桨飞机	0.42
公务机	0.56
喷气式客机(尾吊布局)	0.55
喷气式客机(翼吊布局)	0.46
战斗机和攻击机	0.59

8.5　沿机翼展向的翼型相对厚度配置

对大多数飞机而言，沿机翼展向的翼型相对厚度并不相同，通常翼根处的翼型相对厚度较大，而翼梢处的翼型相对厚度较小。这样做的好处是：机翼根部的结构高度大，有利于提高结构效率。这是因为机翼上的气动载荷最终由机翼根部结构承受，若机翼根部结构效率高，将有利于减轻机翼结构重量。

对于亚声速飞机，一般在翼根处配置一个翼型较厚的翼型，在翼梢处配置一个翼型较薄的翼型，机翼的翼型厚度沿展向线性过渡。翼根处的相对厚度通常为14%~20%；翼梢处的相对厚度通常为翼根相对厚度的65%左右。例如，在某型亚声速飞机的机翼设计中，翼根处的翼型为NACA 23018（相对厚度为18%），在翼梢处的翼型为NACA 23012（相对厚度为12%）。

对于高亚声速的喷气式公务机和运输机，翼根翼型的相对厚度一般为12%~15%，翼梢翼型的相对厚度大多数为10%~12%。除此之外，对于这类飞机，一般还会在翼根和翼梢之间再配置一个或多个超临界翼型，这样可使机翼上的等压线分布均匀，并使等压线尽量与后掠角相平行，以提高临界马赫数。图8-35为喷气式运输机机翼厚度的典型分布[16]。

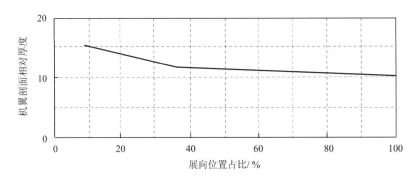

图8-35　某喷气式运输机的机翼厚度分布[16]

超声速战斗机的展弦比小，沿展向的翼型相对厚度通常保持不变。如果超声速战斗机的机翼属于亚声速前缘，那么机翼相对厚度一般为6%左右；如果超声速战斗机的机翼属于超声速前缘，那么机翼相对厚度应更小一些，大约为3%。

对于机翼厚度线性过渡的情况，机翼的平均相对厚度 $(t/c)_{AV}$ 定义为

$$(t/c)_{AV} = \frac{t_r + t_t}{C_r + C_t} \tag{8-14}$$

式中，t_r 和 C_r 分别为翼根的厚度和弦长；t_t 和 C_t 分别为翼梢的厚度和弦长。

对于配置了不同翼型的多段机翼，且每段线性过渡，则首先用式(8-14)计算每段的平均厚度，然后对各段机翼的平均厚度进行平均，得到整个机翼的平均厚度。

8.6　设计参数之间的相关性分析

在前面几节中，分析了机翼设计参数对飞机各方面特性的影响。实际上，为了满足气动、操稳、结构、内部容积等要求，这些参数的设计取值并不是独立的，一个参数的值发生变化后，往往会影响到另一个参数的取值。也就是说，设计参数之间的取值存在一定的相关性和约束性。

1. 阻力发散 Ma 数的约束：后掠角与相对厚度之间的相关性

对于高亚声速飞机，为了减少或消除巡航时的波阻，机翼的阻力发散 Ma 数（Ma_{dd}）要大于巡航 Ma 数。增加后掠角和减小翼型厚度均可提高其 Ma_{dd}，满足阻力发散马赫数的要求。因此，后掠角的确定与翼型的相对厚度是相关的。若机翼的相对厚度较大，则后掠角取值应大一些；若机翼的相对厚度较小，则后掠角取值可小一些。对于给定的巡航速度，在满足内部容积的前提下，应选择最佳的后掠角和相对厚度的组合，使气动效率和结构重量综合最优。一般地，在确定了机翼平均相对厚度后，在满足 Ma_{dd} 要求的前提下，应使后掠角尽量小。

图 8-36 用曲线的方式给出了不同机翼后掠角、平均相对厚度和升力系数的取值情况下，所对应的阻力发散马赫数 Ma_{dd}。根据图 8-36，可根据飞机的设计升力系数，选择适当的后掠角和相对厚度的值，来满足阻力发散马赫数的要求。

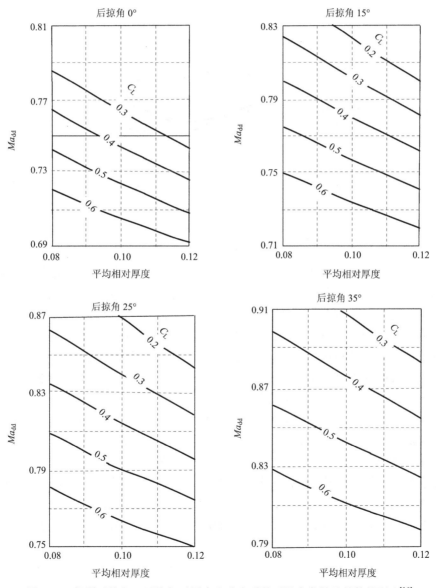

图 8-36 机翼后掠角、平均相对厚度和升力系数对阻力发散马赫数的影响[16]

2. 限制失速上仰：展弦比、后掠角之间的相关性

在 8.3.2 节中，已对展弦比、后掠角进行了分析，这两个参数对后掠机翼的失速特性均有较大影响。

飞机低速飞行时，迎角较大。当迎角增大到一定程度时，机翼上的气流开始分离，出现失速现象。若失速首先出现在翼梢，则会产生抬头力矩，即出现"失速上仰"的现象；若失速首先出现在翼根，则会产生低头力矩，飞机将低头，不会出现"失速上仰"的现象。从飞机的安全性角度来看，飞机出现失速时，应该形成低头力矩，减小迎角，而不是形成抬头力矩，如图 8-37 所示[18]。

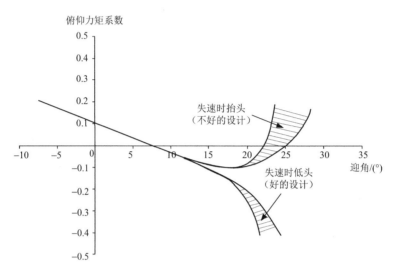

图 8-37　机翼失速时俯仰力矩特性对比[18]

图 8-38 给出了避免失速上仰的展弦比和后掠角的取值边界[18]。这个取值边界是根据试验数据和实际飞机数据来确定的。图 8-38 中的边界将展弦比和后掠角的取值划分为两个区域，并且这个边界随梯形比不同而有所不同。若展弦比和后掠角的取值在边界的右上方，则很有可能会出现失速上仰现象，若展弦比和后掠角的取值在边界的左下方，则出现失速上仰的概率很小。从图 8-38 中可看出，机翼后掠角越大，其展弦比的上限值就越小；机翼梯形比越大，其展弦比的上限值也越小。在图 8-38 中还标出了若干现代客机的取值。

从安全性角度看，飞机应尽量避免出现失速上仰的现象。在概念设计阶段，可根据图 8-38 中的边界来判断展弦比和后掠角的取值是否在合理范围内。在后续气动详细设计阶段，还需通过风洞试验或精确的气动数值仿真来证实机翼设计方案能否满足这一安全性要求。

3. 结构因素限制：展弦比、后掠角、相对厚度之间的相关性

对于后掠机翼，从机翼结构特性来看，展弦比和后掠角不宜过大，相对厚度不宜过小。因此，需要从结构的角度对展弦比、后掠角和相对厚度进行约束。在概念设计中，可以用结构参数 SP 来反映对展弦比、后掠角和相对厚度的约束[15]。其约束关系为

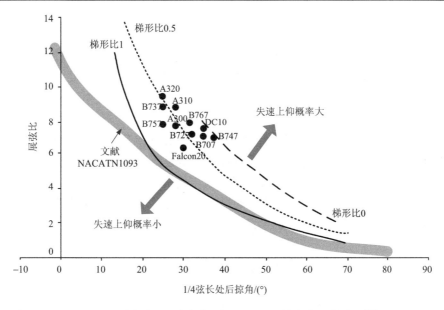

图 8-38 避免失速上仰的机翼展弦比和后掠角的取值边界[18]

$$\mathrm{SP} \geqslant \sec \varLambda_{\mathrm{E}} \left[\frac{N \cdot \mathrm{AR}^{1.25}}{\left(t_{\mathrm{c}}\right)^{0.5}} \right]^{0.5} \tag{8-15}$$

式中，AR 为展弦比；t_{c} 为机翼相对厚度；$\varLambda_{\mathrm{E}}$ 为有效结构的后掠角，可近似为机翼 1/4 弦的后掠角(但对于大后掠小展弦比机翼，$\varLambda_{\mathrm{E}}$ 应取得小些)；N 为设计过载系数，即安全系数乘以使用过载系数。对于不同类型的飞机，SP 取不同的值，参见表 8-6。

表 8-6 结构参数 SP 的取值范围(经验值)

飞机类型	SP 的值
公务机	12~13
亚声速攻击机和教练机	18
超声速攻击机和战斗机	18~20
远程超声速飞机	10
高性能滑翔机	30
其他类型飞机	15~16

根据式(8-15)，若增大后掠角，为了满足结构特性要求，就要求增加相对厚度，或者减小展弦比。

4. 内部容积要求：相对厚度与展弦比、梯形比之间的相关性

许多飞机机翼的一个功能是能容纳飞机所需存储的燃油。因此，机翼内部容积应满足油箱体积要求。

机翼外形参数对机翼内部容积均有影响，对于客机，可用以下经验公式[15]来估算机翼内部可容纳的燃油质量 $M_{\mathrm{F,wing}}$，即

$$M_{\mathrm{F,wing}} = 420 \cdot b \cdot S \cdot t_{\mathrm{c}} \cdot \left(1 - 0.89\lambda + 0.49\lambda^2\right) / \mathrm{AR} \quad (\mathrm{kg}) \tag{8-16}$$

式中，AR 为展弦比；t_{c} 为机翼相对厚度；λ 为梯形比；b 为展长；S 为机翼面积。

根据式(8-16)，若 AR 的值过大，可能无法满足容积要求，这就要求通过增加 t_{c} 或减小 λ 来满足容积要求。若 t_{c} 太小，也可能无法满足容积要求，这就要求减小 AR 和 λ。

5. 小结

从上述机翼主要参数的分析可以看出，调整一个设计参数，会同时对气动、操稳、结构、容积等方面产生影响，也会引起其他参数做出相应调整，以满足各方面的约束。因此，机翼设计参数的修改，犹如有"牵一发而动全身"之势。只有从多学科的视角进行多学科分析和权衡，才能确定出满足多方面要求的最佳参数值。第 17 章中的多学科分析和优化方法为机翼设计参数提供了更为科学的定量方法。

8.7 若干改进设计

为了满足更高的气动特性要求和其他要求，在基本机翼形状(梯形或三角形)设计基础上，还会有一些改进技术措施。典型的技术措施包括边条、前缘或后缘转折、翼梢小翼等。

8.7.1 边条

在一些高速飞机中，在后掠翼根部的前缘处，加上一个后掠角很大(70°～80°)的细长前缘，形成复合机翼。原来的后掠翼称为基本翼，附加的细长前缘段称为边条(strake 或 leading edge extension)，如图 8-39 所示。

边条的气动作用主要有两个方面：一是边条前缘产生强的脱体涡，可以直接产生涡升力；二是边条脱体涡对机翼流场的有利干扰会推迟机翼表面的气流分离。因此，边条可有效地提高飞机大迎角的升力特性，从而提高飞机的起降性能和机动性能。典型的带有边条翼的机翼升力特性的示意图如图 8-40 所示。

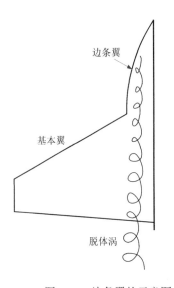

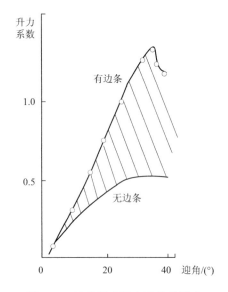

图 8-39 边条翼的示意图　　　　图 8-40 边条翼对升力系数的影响

边条翼技术已获得广泛应用。例如，美国的 F-16、F/A-18 战斗机，俄罗斯的米格-29、苏-27 战斗机，中国的高级教练机 L-15(图 8-41)以及中国和巴基斯坦联合研制的"枭龙"战斗机(图 8-42)都采用了边条翼的布局形式。另外，苏联的图-144 超声速客机和英法联合研制的"协和号"超声速客机采用了 S 形前缘细长三角翼机翼布局(参见图 4-22)，机翼内段前缘的后掠角很大，其作用类似于边条翼，气流从细长机翼前缘流过会分离出稳定脱体涡，增加升力，满足飞机在低速、大迎角情况下所需要的升力。

图 8-41　L-15 高级教练机　　　　　　　图 8-42　"枭龙"战斗机

8.7.2　前缘或后缘转折

为了兼顾多方面的考量因素，许多飞机的前缘或后缘并不是一条直线，而是有转折的，也就是机翼前缘或后缘的后掠角不止一个。这种机翼外形通常被称为多段梯形机翼或有转折的机翼。下面针对两种典型情况进行介绍。

1. 两段机翼

为了降低制造成本，有些轻型飞机采用了矩形翼。矩形翼具有制造成本低的优点，但不利于减小诱导阻力。为了兼顾制造成本和气动效率，机翼平面形状可采用两段机翼方案，内段为矩形翼，外段为梯形，如图 8-43 所示。这种两段机翼方案比矩形翼的线条更为丰富，其外形更为美观。实际上，许多通用航空飞机都采用了这种两段机翼方案。例如，塞斯纳-172、192、208 和 Piper PA-28 等通用航空飞机均采用了这种方案。

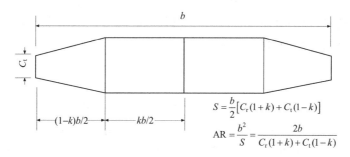

$$S = \frac{b}{2}\left[C_r(1+k) + C_t(1-k)\right]$$

$$AR = \frac{b^2}{S} = \frac{2b}{C_r(1+k) + C_t(1-k)}$$

图 8-43　两段机翼方案

2. 内翼后缘扩展

在许多高亚声速客机和公务机设计中，采用了一种所谓的内翼后缘扩展(wing inboard trailing edge extensions)设计方案。内翼后缘扩展是指机翼内侧的后缘形状有转折，可加长内侧机翼的弦长，如图 8-44 所示。

内翼后缘扩展的主要目的是：通过增加机翼根部弦长，机翼根部具有更大的空间，便于机翼结构与起落架的连接。它带来的一个额外好处是有利于机翼根部的气动设计。在保持机翼展向气动载荷分布的情况下，由于机翼根部弦长增加，可降低翼根剖面升力系数，从而减少机翼机身的气动干扰引起的气流分离。因此，大多数喷气式客机都采用了内翼后缘扩展的设计方案。如果你在机场观察一下各种喷气式客机的机翼形状，就会发现大多数喷气式客机的机翼都具有内翼后缘扩展的特征。另外，有些超声速战斗机也类似地采用加大翼根弦长的后掠翼方案，如图 8-45 所示。

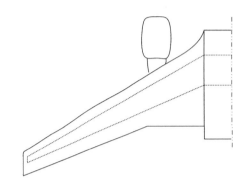

图 8-44　内翼后缘扩展示意图(客机)　　　　图 8-45　加大翼根弦长的后掠翼方案(战斗机)

3. 多段梯形机翼的平均气动弦长

上面介绍的用于轻型通用航空飞机的两段机翼方案和用于高亚声速客机内翼后缘扩展方案，从平面外形上看，均属于多段梯形。

多段梯形机翼的平均气动弦长的计算步骤为：①将多段机翼分别看作多个简单的梯形机翼，计算每个梯形机翼的平均气动弦长、平均气动弦前缘坐标和参考面积；②计算机翼总参考面积；③根据以下公式，计算整个多段机翼的平均气动弦长和前缘点坐标：

$$C_{\mathrm{MAC}} = \frac{\sum S_i \times C_{\mathrm{MAC},i}}{S_{\mathrm{ref}}} ; \quad X_{\mathrm{MAC}} = \frac{\sum S_i \times X_{\mathrm{MAC},i}}{S_{\mathrm{ref}}} \tag{8-17}$$

式中，S_i 为每段机翼的参考面积；$C_{\mathrm{MAC},i}$ 为每段机翼的平均气动弦长；$X_{\mathrm{MAC},i}$ 为每段机翼平均气动弦前缘点坐标；S_{ref} 为整个机翼的参考面积。

8.7.3　翼梢小翼

飞机飞行时，由于机翼上下表面存在压力差，会在翼梢附近形成一个很强的翼梢涡。翼梢涡的出现不仅降低了机翼翼梢的升力，而且翼梢涡包含有大量的动能。从能量的角度看，翼梢涡能量的产生意味着机翼上会产生阻力，这个阻力就是诱导阻力。

对于大多数高亚声速运输机而言，巡航飞行时它的诱导阻力占总阻力的 40% 左右。若能减小其诱导阻力，就可减少飞机的燃油消耗，提高飞机的经济性。虽然增加机翼的展弦比可减小诱导阻力，但机翼展长有时会受到尺寸限制，例如，客机会受到机场停机位的宽度限制。而采用翼梢小翼可以在展长增加不多的情况下，有效地减小诱导阻力。

顾名思义，翼梢小翼是安装在机翼梢端的翼面。它通过削弱翼梢涡的强度，来减小机翼的诱导阻力,如图 8-46 所示。有关研究表明,在已有的运输机(如 DC-10、波音 747-400、MD-11、图-204 等)上加装翼梢小翼后,飞机阻力可减小 3%~5%。

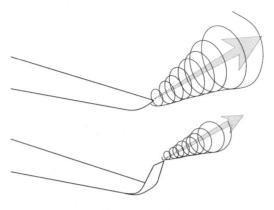

图 8-46 翼梢小翼削弱翼梢涡的强度

翼梢小翼除了具有削弱翼梢涡的强度和减小诱导阻力的作用外,还可推迟机翼梢端的气流分离,改善飞机的失速特性,提高飞机的稳定性和操纵性。另外,由于翼梢小翼削弱了机翼的翼梢涡,也能减少大型飞机尾流对尾随飞机的危害。

虽然从气动角度来看,机翼上采用翼梢小翼具有优势,但从结构设计角度来看,翼梢小翼带来了负面的影响。一是翼梢小翼本身的重量,会增加机翼结构重量;二是翼梢小翼上的气动力会增加机翼的翼根弯矩,导致机翼结构重量增加;三是可能对机翼的颤振特性产生不利的影响。因此,关于是否采用翼梢小翼及其形状和大小的问题,需要通过气动、结构等综合权衡分析,才能做出正确的决策。

8.8 增升装置初步设计

如前所述,机翼的翼型和平面形状几何参数,通常都是主要按巡航状态的要求来设计的。例如,翼型的相对弯度是按设计升力系数的要求来确定的;高亚声速飞机的机翼后掠角主要是按巡航飞行速度的要求来确定的。由于起降状态的速度远低于巡航速度,机翼的升力系数一般不能满足起飞和着陆状态的升力需求,因此大多数飞机的机翼上都附设有增升装置,用以改善飞机的起飞和着陆性能。

从工作原理上来看,机翼增升装置主要通过三种方式来实现增升:①增加翼型的相对弯度;②增大机翼的面积;③延迟翼面上的气流分离。

下面首先简要介绍各种类型的增升装置及其增升效果,在此基础上讲解在概念设计阶段如何进行增升装置的设计。

8.8.1 增升装置的类型

机翼的增升装置主要包括后缘增升装置和前缘增升装置两大类。

1. 后缘增升装置

机翼后缘襟翼有多种类型,最常见的有简单襟翼、开裂襟翼、单缝襟翼、双缝襟翼、

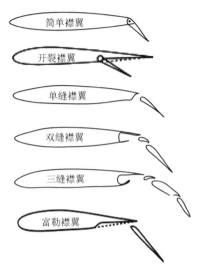

图 8-47　各种后缘襟翼的示意图

三缝襟翼和富勒襟翼（后退式襟翼），如图 8-47 所示。

1）简单襟翼（plain flap）

简单襟翼是最简单的一种机翼后缘襟翼形式，它通过增加翼型弯度来增加升力。简单襟翼的制造成本低，但增升效果有限。许多低成本的低速通用航空飞机采用了简单襟翼。例如，自制飞机（homebuilt aircraft）为了降低成本，大多采用了简单襟翼。

2）开裂襟翼（split flap）

开裂襟翼下偏时，在后缘与机翼之间形成一个低压区，增大了机翼上下表面的压力差，使升力增大。开裂襟翼的增升效果与简单襟翼相当，而且也具有制造成本低的优点，它在早期的飞机（如 DC-3 飞机）中有一些应用，但现代飞机中已很少使用。

3）单缝襟翼（single slotted flap）

单缝襟翼在下偏的同时往后移动，在翼型后部形成一条缝隙。单缝襟翼的下偏增加了翼型弯度，且往后移动增加了弦长，形成的缝隙延迟了翼面上的气流分离，因此它的增升效果要明显好于简单襟翼和开裂襟翼。许多通用航空飞机和涡桨支线运输机采用了单缝襟翼。

4）双缝襟翼（double slotted flap）

双缝襟翼与单缝襟翼类似，双缝襟翼在下偏时有两条缝，其增升效果比单缝襟翼大得多，但增加了结构复杂程度，也增加了结构重量。双缝襟翼在高亚声速运输机上获得了广泛的应用，例如，B737-800、MD-90 等飞机采用了双缝襟翼。

5）三缝襟翼（triple slotted flap）

三缝襟翼在下偏时形成三条缝，能增加更多的升力，但结构也最为复杂，制造成本高，重量代价也大。三缝襟翼主要用在翼载大的喷气式运输机上，例如，波音 747 客机采用了三缝襟翼。

6）富勒襟翼（Fowler flap）

富勒襟翼在展开时，它不但向下偏，而且还有一个特殊的机构使襟翼能沿滑轨往后移动，这样不但增加了机翼弯度，而且也增加了机翼面积，可有效地增加升力。将富勒襟翼的增升原理与单缝襟翼、双缝襟翼、三缝襟翼的增升原理相结合，可设计出单缝富勒襟翼、双缝富勒襟翼和三缝富勒襟翼。例如，A320 采用了单缝富勒襟翼，A321 采用了双缝富勒襟翼。

2. 前缘增升装置

前缘增升装置主要包括简单前缘襟翼、前缘缝翼和克鲁格襟翼，如图 8-48 所示。

1）简单前缘襟翼（plain leading edge flaps）

简单前缘襟翼也称铰式前缘襟翼（hinged leading edge flaps）或下垂前缘襟翼（droop nose flaps），它通过机

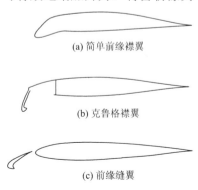

(a) 简单前缘襟翼

(b) 克鲁格襟翼

(c) 前缘缝翼

图 8-48　典型的前缘增升装置

翼下表面的铰链，使前缘向下偏转，在保持上表面平滑的同时，提高了翼型的弯度，从而提高了机翼升力系数。另外，由于机翼的前缘向下弯，前缘与来流的夹角减小，推迟了机翼前缘的气流分离，可增大失速迎角。因此，简单前缘襟翼可用于翼型为薄前缘且相对厚度较小的机翼，前缘襟翼向下偏转时，能增大相对弯度，并保证机翼前缘气流不分离。例如，美国的 F-104 战斗机就采用了简单前缘襟翼。简单前缘襟翼的结构简单，成本低，但这种增升装置的增升效果有限，其典型偏角为 10° 左右，二维情况下的升力系数增量一般为 0.5 左右。

2）前缘缝翼（leading edge slat）

机翼的前缘缝翼起控制附面层、延缓气流分离的作用，从而使最大升力系数值增大。另外，机翼梢端的前缘缝翼还可以延缓翼梢的气流分离，提高大攻角时副翼的操纵效率。若设计适当，在二维情况下前缘缝翼可使机翼的最大升力系数增量达到 1.0～1.2。许多高亚声速运输机采用了前缘缝翼，一些超声速战斗机也采用了前缘缝翼。

3）克鲁格襟翼（Kruger flap）

克鲁格襟翼装在前缘下部，打开时它伸向机翼下前方，这样既增大了机翼面积，又增大了翼剖面的弯度，具有良好的增升效果，同时构造也比较简单。

8.8.2　增升装置的增升效果

不同类型的增升装置，其增升效果明显不同。表 8-7 给出了二维和三维情况下的各类襟翼的升力系数增量[15]。表中的二维情况是指翼剖面，三维情况是指有限展长的直机翼。此外，三维情况还应考虑机翼平面形状参数（展弦比、后掠角和梯形比）对增升装置的增升效果的影响。机翼的展弦比增大，意味着升力线斜率增大，因此增升装置的增升效果会增加。表 8-7 给出的三维情况的数据是针对展弦比为中等或较大的直机翼而言的。对于后掠翼，要乘以 $\cos\Lambda_{1/4}$。因为后掠角增大，意味着升力线斜率减小，因此襟翼增升效果会降低。另外，梯形比减小，意味着后缘襟翼展开后所影响的机翼面积变大，因此襟翼增升效果增大。对于小展弦比机翼，若安装简单的单缝襟翼，升力系数的增量大约为 0.25。

表 8-7　二维和三维情况下的各类襟翼的升力系数增量

增升装置	最大升力系数增量的典型值	
	二维情况	三维情况
简单后缘襟翼（相对弦长 0.2）	0.8	0.55
简单后缘襟翼（相对弦长 0.4）	1.10	0.75
开裂襟翼（相对弦长 0.2）	0.9	0.60
开裂襟翼（相对弦长 0.4）	1.4	0.95
单缝襟翼（相对弦长 0.2）	1.2	0.8
单缝襟翼（相对弦长 0.4）	1.8	1.20
双缝襟翼（相对弦长 0.4）	2.5	1.65
三缝襟翼（相对弦长 0.4）	2.9	1.90
富勒襟翼（相对弦长 0.2）	1.2	0.8

增升装置	最大升力系数增量的典型值	
	二维情况	三维情况
富勒襟翼 (相对弦长 0.4)	1.8	1.2
简单前缘襟翼 (相对弦长 0.15)	0.5	0.4
前缘缝翼 (相对弦长 0.18)	1.0	0.85
克鲁格襟翼 (相对弦长 0.20)	0.8	0.65

图 8-49 为双缝/富勒襟翼的升力增量随偏角变化的示意图。从图中可以看出，升力增量大致与偏角成正比。随着后缘襟翼的偏角增大，升力线向左移，失速迎角逐渐变小，零升力迎角的绝对值逐渐变大。但是，若机翼装有前缘缝翼，打开前缘缝翼后，会增加失速迎角。

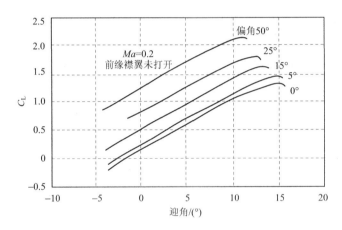

图 8-49　某型客机的后缘襟翼在不同偏角时的增升效果

展开增升装置后，还会产生附加的阻力。这个附加的阻力对飞机起飞产生不利影响。实际上，飞机起飞时，增升装置并未下偏至最大偏角，通常不大于最大偏角的一半。这是因为，若起飞时增升装置完全展开，偏角很大，导致阻力太大，反而不利于滑跑加速和起飞。但着陆时，通常下偏至最大偏角，以获得尽量大的升力系数，降低着陆速度。因此，增升装置一般会设置几个挡位，可根据不同飞行状态，将增升装置展开至适当的位置。图 8-50 为起飞状态和着陆状态下增升装置展开位置的示意图。表 8-8 给出了单缝襟翼和双缝/富勒襟翼在起飞状态和着陆状态下的典型下偏角度。

表 8-8　客机起飞状态和着陆状态下襟翼下偏角典型值[5]

飞行状态	单缝襟翼	双缝/富勒襟翼
一般起飞状态	7°	10°
最大重量起飞	15°	20°
着陆状态	35°	45°

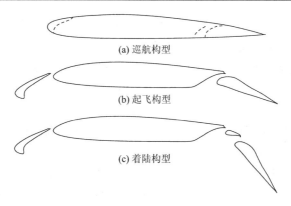

图 8-50　不同飞行状态下增升装置的位置

8.8.3　增升装置设计指南

增升装置的功能是提供飞机起飞和着陆时所需的额外升力,其产生的升力系数增量应该满足起飞和着陆时所需的最大升力系数的需求。在飞机概念设计阶段,增升装置设计的任务是确定增升装置的类型和主要几何尺寸,可按照以下步骤进行增升装置初始方案的设计。

1)明确起飞和着陆时所需的最大升力系数

在第 5 章中估算翼载和推重比时,曾预估了飞机起飞时的最大升力系数($C_{\text{Lmax起飞}}$)和着陆时的最大升力系数($C_{\text{Lmax着陆}}$)。一般而言,起飞时的最大升力系数为着陆时的最大升力系数的 70%～80%。现在这两个升力系数被视为增升装置的设计要求。所以,在增升装置的设计中首先要明确的就是 $C_{\text{Lmax起飞}}$ 和 $C_{\text{Lmax着陆}}$ 这两个气动指标的值。这两个指标来源于翼载和推重比估算时所预估的 $C_{\text{Lmax起飞}}$ 和 $C_{\text{Lmax着陆}}$ 的值。

2)计算所需的起飞和着陆升力系数的增量

起飞和着陆时所需的最大升力系数增量分别为

$$\Delta C_{\text{Lmax起飞}} = k\left(C_{\text{Lmax起飞}} - C_{\text{Lmax}}\right)$$

$$\Delta C_{\text{Lmax着陆}} = k\left(C_{\text{Lmax着陆}} - C_{\text{Lmax}}\right)$$

式中,$C_{\text{Lmax起飞}}$ 为起飞时所需的最大升力系数;$C_{\text{Lmax着陆}}$ 为着陆时所需的最大升力系数;C_{Lmax} 为襟翼未展开时(干净构型)的最大升力系数;k 为放大系数,一般为 1.05 左右,这个系数是为了考虑飞机配平所引起的升力损失的影响。对于亚声速飞机,干净构型的最大升力系数 C_{Lmax} 与机翼的后掠角有关,可估计为 $C_{\text{Lmax}}=1.5\cos\Lambda_{1/4}$ 左右;对于采用尖前缘翼型的超声速飞机,干净构型的最大升力系数可估计为 $C_{\text{Lmax}}=0.95\cos\Lambda_{1/4}$ 左右。

3)确定增升装置的类型

从 8.8.2 节的分析可知,增升装置的类型对增升效果具有决定性的影响,因此需要确定合理的增升装置的类型。增升装置类型的确定主要依据的是起飞和着陆时所需的升力系数增量。

在上一步骤中,已经计算出起飞和着陆时所需要的升力系数增量,参考表 8-7 中各种增升装置的最大升力系数的增量,就可选择合适的增升装置类型。需要注意的是,起飞状态下增升装置提供的最大升力系数增量并不是表 8-7 中列出的最大的升力系数增量，而是最大升力系数的增量的 δ_f/δ_{max} 倍，其中 δ_f 为起飞时增升装置的下偏角，δ_{max} 为增升装置的最大偏角。一般可假设起飞时增升装置的下偏角为最大偏角的 50%。另外，还要考虑机翼后掠角对襟翼增升效果的影响，应将表 8-7 中三维情况的数据乘以 $\cos \Lambda_{1/4}$。

一般来说，应先考虑选择后缘襟翼。选择后缘襟翼形式的一个准则是：在满足最大升力系数的前提下，襟翼形式应尽量简单。这是因为，后缘襟翼的增升效果越大，通常意味着后缘襟翼的结构越复杂，会增加重量和制造成本。

若后缘襟翼能满足最大升力系数的要求，就不需要布置前缘襟翼。若采用后缘襟翼后，最大升力系数仍然达不到要求，则可考虑采用前缘增升装置。通常，翼载较小的飞机(如通用航空飞机)无须采用前缘襟翼。对于翼载较大的飞机(如高亚声速运输机)，或机动性要求高的飞机，或要求短距起降的飞机，需要安装前缘襟翼。是否需要前缘襟翼，可以通过翼载和后掠角的大小来判断，初步的判断准则为[15]

$$\frac{W_{TO}/S}{\cos \Lambda_{1/4}} \geqslant F_{LE} \tag{8-18}$$

式中，W_{TO}/S 是翼载(N/m²)；对于客机，F_{LE} 约为 5500N/m²；对于具有短距起降要求的作战飞机，F_{LE} 约为 4000N/m²。满足式(8-18)条件，意味着需要前缘襟翼，否则就可不需要前缘襟翼。

从现有的飞机来看，轻型通用飞机一般采用简单襟翼或单缝襟翼；涡桨支线客机、公务机和喷气运输机大多采用双缝襟翼或富勒襟翼；现代客机为了满足更高的增升要求，还采用了前缘增升装置(大多为前缘开缝襟翼)，战斗机为了提高其机动性，也采用了前缘增升装置(一般为简单前缘襟翼)。

4) 确定增升装置的尺寸

确定了增升装置类型后，还需要确定增升装置的尺寸。由于增升装置附设在机翼上，所以它的几何参数与机翼的几何参数有关。在概念设计阶段，要确定的几何参数是襟翼展长 b_f、襟翼相对弦长 C_f/C(C_f 为襟翼弦长，C 为在襟翼位置的机翼弦长)和偏转角 δ_f。

(1) 增升装置的展长。

后缘襟翼一般布置在机翼后缘的内侧，其展长通常要与外侧副翼的展长协调考虑。关于副翼展长的确定参见 8.9 节。在满足副翼长度的前提下，为了提高增升效果，襟翼的展长应尽量长。但后缘襟翼的展长除了受到副翼展长的约束外，还受到机身宽度的影响。另外，对于翼吊布局的飞机，后缘襟翼的展长还会受到发动机短舱安装的影响，这样会进一步限制其展长。鉴于这些因素，三维情况的后缘襟翼的升力系数增量要明显小于其二维情况的升力系数增量。平均而言，三维情况的后缘襟翼的升力系数增量(ΔC_{L3D})大约为其二维情况的升力系数增量(ΔC_{L2D})的 67%，表 8-7 中后缘襟翼的增升效果大致反映了这一关系。

对于前缘增升装置，由于不受副翼展长的限制，其展长相对较长。平均而言，其三维情况的升力系数增量(ΔC_{L3D})大约为其二维情况的升力系数增量(ΔC_{L2D})的 85%。表 8-7 中前缘襟翼的增升效果也大致反映了这一关系。

再次强调一下，表 8-7 中的三维情况的数据是三维情况(有限展长)的一个平均值，且已考虑了增升装置展长的限制因素，但没有包括后掠角的影响。

(2) 增升装置的相对弦长。

从表 8-7 可以看出，增加增升装置的相对弦长，可增加增升效果，但增升装置的相对弦长要考虑机翼结构布置的影响。机翼前梁位置一般在弦长的 15%～22%处，后梁位置一般在弦长的 60%～75%处。后缘增升装置的相对弦长要受到机翼后梁位置的限制；前缘增升装置的相对弦长要受到机翼前梁位置的限制。理论上讲，应该在权衡分析了增升装置的增升效果和机翼梁的位置设计要求后，确定出最合理的相对弦长值。但在概念设计阶段，在考虑机翼梁位置的约束条件下，可参考表 8-7 中给出的各类增升装置的相对弦长典型值及其上下限值，确定出增升装置相对弦长的初始值。

(3) 最大偏角。

增升装置下偏后，增加了翼型的弯度。在失速之前，增升装置的偏角越大，升力系数增量越大。增升装置的最大偏角与增升装置的类型有关，其值一般为 35°～50°。

上述的襟翼设计方法适用于概念设计阶段，只是初步确定了增升装置的类型和主要几何尺寸。在飞机总体设计的后期，需细化增升装置方案。有关增升装置设计更详细的说明，可参考文献[18]。

8.9　副翼初步设计

副翼是布置在机翼后缘的操纵面，其功能是提供足够大的滚转力矩。副翼提供的滚转力矩应满足飞机横向操纵性的要求。

副翼通常布置在机翼的外段，这样可增加力臂，提高飞机的操纵效率。但有些高亚声速大展弦比飞机，除了在机翼外段有副翼外，还会在机翼内段布置一个短的内侧副翼。内侧副翼一般在发动机短舱附近和后缘襟翼之间，参见图 8-51。内侧副翼在飞机高速飞行(高动压)时使用，以避免此时外侧副翼可能存在的副翼反效问题。

副翼的操纵效率与其自身的几何参数及机翼的平面形状和几何参数有关。在概念设计阶段，需要确定副翼的主要几何参数。这些参数包括：①副翼面积与机翼面积的比值，即副翼的相对面积；②副翼平均弦长与机翼平均气动弦长的比值，即副翼的相对弦长；③副翼展长与机翼展长的比值，即副翼的相对展长；④副翼的偏角。

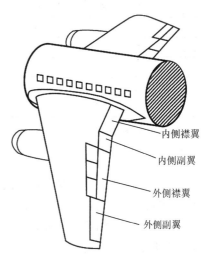

图 8-51　外侧副翼与内侧副翼的示意图

内侧襟翼
内侧副翼
外侧襟翼
外侧副翼

统计数据表明，副翼的相对面积大多为 0.04～0.10；副翼的相对弦长为 0.25～0.30；副翼的相对展长大多为 0.21～0.38。副翼的相对弦长要受到机翼后梁位置的限制。副翼的相对展长要与襟翼展长相协调。增加副翼的相对展长，可提高副翼的操纵效率，但襟翼展长会变短，削弱增升效果，对起降性能不利。因此，需要在这两者之间进行权衡分析。一般而言，战斗机的操纵性更重要些，而民机的起降性能更重要些。大多数情况下，低速飞机的副翼的位置处于半展长 60%～90%处。对于有些高机动性战斗机，可能需要在整个展长的机翼后缘布置副翼，才能满足高机动性要求。这样，在机翼上就没有地方布置襟翼了。为了解决这个问题，设计人员提出了将襟翼和副翼合并的操纵面方案，即所谓的襟副翼(flaperon)的概念，它具有襟翼和副翼的功能。

表 8-9 列出了各类飞机副翼几何尺寸的典型值[15]。从表中数据可看出，低速飞机的副翼相对展长要大些；高亚声速客机的副翼相对展长要小些；喷气式公务机、军用喷气式运输机、战斗机和攻击机的副翼相对展长介于上述两类飞机之间。

表 8-9　各类飞机副翼几何尺寸的典型值[15]

飞机类型	内侧副翼			外侧副翼			
	b_A/b	C_A/C	y_A/b	b_A/b	C_A/C	y_A/b	S_A/S
单发活塞式轻型飞机	—	—	—	0.37	0.25	0.37	0.08
单发活塞式农用飞机	—	—	—	0.37	0.25	0.37	0.10
单发螺旋桨教练机	—	—	—	0.38	0.25	0.37	0.086
喷气式教练机	—	—	—	0.34	0.27	0.39	0.075
双发螺旋桨轻型飞机	—	—	—	0.32	0.26	0.36	0.065
双发螺旋桨支线运输机	—	—	—	0.33	0.25	0.40	0.58
军用涡桨运输机	—	—	—	0.26	0.30	0.41	0.058
喷气式公务机	—	—	—	0.27	0.25	0.39	0.052
喷气式运输机(1)	—	—	—	0.21	0.29	0.42	0.032
喷气式运输机(2)	0.08	0.23	0.19	0.20	0.23	0.43	0.04
军用喷气式运输机	—	—	—	0.28	0.28	0.42	0.05
战斗机	—	—	—	0.26	0.26	0.38	0.04
攻击机	—	—	—	0.28	0.27	0.37	0.06
超声速巡航飞机(1)	没有内侧副翼			0.8	0.5	0.3	0.13
超声速巡航飞机(2)	有内侧副翼			0.5	0.24	0.3	0.09

注：b_A 和 b 分别为副翼展长(包括两侧的副翼)和机翼展长；C_A 和 C 分别为副翼弦长和机翼弦长；y_A 为副翼中点到飞机对称面的距离；S_A 和 S 分别为整个副翼的面积和机翼参考面积。

通常，副翼的最大偏角 δ_A 为 25°～30°。副翼参数的取值下限，按能否满足横向操纵的性能指标而定，上限则要受到能否进一步有效增大副翼横向操纵力的限制。

一般地，当副翼向下偏转时会增大机翼的迎角。如果此时机翼原来的迎角已相当大，副翼下偏则有可能使这一侧机翼的迎角超过临界迎角，使升力下降而不是增加。为避免这种现象发生，副翼采用差动偏转：向上时 $\delta_A=-25°$；向下时 $\delta_A=+15°$。

在概念设计阶段，可参考相关飞机的统计数据(表 8-9)，确定副翼主要几何参数的初值。这些参数是否满足横向操纵要求，还需根据飞机横向操纵性能的分析(第 15 章)，才能作出判断。若不能满足要求，还需调整这些参数。

在许多喷气式公务机和喷气式运输机上，除了用副翼来提供横向操纵外，还可采用扰流板进行横

图 8-52　飞机上的扰流板

向操纵。扰流板是安装在机翼上表面的板，其位置通常在襟翼的前面，它的前缘用铰链连接，如图 8-52 所示。当扰流板以非对称方式打开时，它改变了左右机翼的升力，左右机翼的升力不相等，从而产生了滚转力矩。扰流板的另一种工作方式是以对称方式打开以增加阻力。飞机下降时，扰流板可作为阻力板来增加阻力，从而增加飞机的下降率；在飞机着陆接地后，扰流板用于破坏升力，提高刹车效果，缩短着陆滑跑距离。

8.10　机翼设计指南

根据上述对机翼设计参数的分析，下面来梳理机翼设计的步骤并以此作为本章的总结。

1. 计算设计升力系数

设计升力系数是指设计点的升力系数，设计点通常指巡航状态。根据飞机的任务剖面图，可计算其设计升力系数。其计算公式为

$$C_L = W_c \cdot g \big/ \left(S_{ref} \cdot 0.5 \rho V^2 \right) \tag{8-19}$$

式中，W_c 为巡航时的平均重量(kg)，即巡航开始与巡航结束时的平均重量；S_{ref} 为机翼参考面积(m^2)；V 为巡航速度(m/s)；ρ 为巡航高度处的大气密度(kg/m^3)；g 为重力加速度，其值为 $9.81m/s^2$。

如果燃油重量在飞机最大起飞重量中的占比较小(如航程短的低速轻型飞机)，W_c 可近似取为飞机最大起飞重量。对于航程较大的飞机，燃油重量在飞机重量中的占比较大，计算 W_c 时应考虑燃油消耗的因素。

2. 确定翼型

在概念设计阶段，翼型设计的任务是确定翼型的类型和相对厚度，它主要由飞机的类型和飞行速度范围来确定。在这一步骤中，应对同类飞机所采用的翼型进行调研和分析，根据翼型选择指南(参见 8.2.4 节)，确定出合适的翼型的类型和相对厚度。表 8-10 列出了各类飞机采用的典型翼型的类型和相对厚度的统计值范围。

表 8-10　各类飞机采用的典型翼型的类型和相对厚度

飞机类型	典型的翼型类型	典型的相对厚度
低速轻型飞机	NACA 四、五、六位数翼型	14%～18%
涡桨支线客机	NACA 五、六位数翼型	14%～18%
高亚声速公务机	超临界翼型	10%～15%
高亚声速喷气式运输机	超临界翼型	10%～15%
超声速战斗机	NACA 六位数翼型；对称翼型	3%～6%

3. 确定后掠角、展弦比和梯形比

1)后掠角

对于亚声速飞机($Ma<0.65$)，一般采用直机翼或 $\Lambda_{1/4}<15°$ 的小后掠机翼。一般而言，亚声速飞机的机翼无须后掠。特殊情况下，有些亚声速飞机也采用小后掠角机翼，其原因主要是为了调整气动中心位置，使飞机的气动中心与飞机重心相匹配，以保证飞机的纵向稳定性。例如，南京航空航天大学研制的轻型飞机 AD-200 的机翼就采用了小的后掠角，其

主要原因就是为了使其气动中心与飞机重心相匹配。

对于高亚声速飞机（$0.65 \leqslant Ma < 0.95$），通常采用后掠翼，其后掠角 $\Lambda_{1/4}$ 的大小主要根据飞行马赫数 Ma、翼型相对厚度 t_c、设计升力系数 C_L 来确定。高亚声速飞机后掠角的 $\Lambda_{1/4}$ 的初始值，可以参考图 8-36 来确定。大多数情况下，高亚声速飞机的后掠翼角 $\Lambda_{1/4} < 35°$。

对于超声速飞机，需要确定前缘后掠角 Λ_{LE}。超声速飞机 Λ_{LE} 的确定有两种方案，即亚声速前缘方案和超声速前缘方案。至于究竟采用哪种方案，要从气动阻力、结构重量等方面进行综合分析评估，有关内容参见 8.3.2 节。图 8-53 给出了已有飞机的机翼前缘后掠角、扰动锥的半顶角与飞行 Ma 数之间的统计关系。从图 8-53 中可以看出，当 Ma 数大于 2.0 时，倾向于采用超声速前缘。

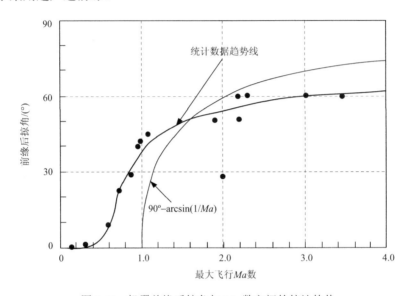

图 8-53　机翼前缘后掠角与 Ma 数之间的统计趋势

可根据下面的估算公式来确定超声速飞机前缘后掠角 Λ_{LE} 的初始值[15]。

采用亚声速前缘时，即机翼前缘在马赫锥之后，其后掠角 Λ_{LE} 大约为

$$\Lambda_{LE} \approx 90° - \arcsin\left(\frac{1}{Ma}\right) + 6° \tag{8-20}$$

采用超声速前缘时，即机翼前缘在马赫锥之前，其后掠角 Λ_{LE} 应满足：

$$\Lambda_{LE} < 90° - \arcsin\left(\frac{1}{Ma}\right) - 6° \tag{8-21}$$

式中，$\arcsin(1/Ma)$ 为马赫锥的半顶角；6° 为前缘与马赫锥线之间的夹角。

2）展弦比

对于展弦比的确定，要从气动特性、结构重量、操稳特性、内部容积、运营限制等方面综合考虑，在 8.3.2 节中已经分析了展弦比对各种考虑因素的影响关系。例如，对于亚声速飞机，单从气动特性角度来看，希望尽量增大机翼展弦比，这样能提高升力线斜率，减小诱导阻力，提高爬升和巡航时的升阻比，但对结构重量、失速特性、内部容积、尺寸要求等产生不利影响。所以，机翼展弦比的确定，实际上是多方面因素综合分析和权衡的

结果。

现有各类飞机的机翼展弦比数据表明，不同类型的飞机具有其展弦比值的范围，可参考表 8-11 中的统计数据。这些数据为我们选择一个合理的展弦比的初值提供了参考。

3）梯形比

从 8.3.2 节中已经知道，机翼梯形比对多个考量因素（诱导阻力、失速特性、副翼的操纵效率、结构重量、内部容积、制造成本等）均有影响。不同用途的飞机，其考量因素的重要性也有所不同，而且梯形比的取值与展弦比和后掠角大小有关（参见 8.6 节），因此，不同类型飞机的梯形比取值也有所不同。表 8-11 给出了各类飞机梯形比的取值范围（统计值）。

表 8-11　各类飞机外形参数值的典型范围

飞机类型	展弦比 AR	梯形比 λ	翼根处相对厚度 t_c
轻型飞机	5.0～8.0	0.6～1.0	0.15～0.20
通勤飞机	9.0～12.0	0.5～1.0	0.15～0.20
涡桨支线客机	11.0～13.0	0.4～0.6	0.15～0.20
公务机	5.0～9.0	0.4～0.6	0.10～0.15
喷气式运输机	7.0～10.5	0.2～0.4	0.10～0.15
超声速战斗机	2.0～5.0	0.2～0.5	0.3～0.6

4. 确定机翼沿展向的厚度分布

为了提高结构效率，大多数飞机的翼根处的翼型相对厚度较大，而翼梢处的翼型相对厚度较小。对于低速飞机，翼梢相对厚度一般为翼根相对厚度的 65% 左右。不过，为了降低制造成本，有些轻型飞机采用了梯形比为 1 且翼根和翼梢的翼型相同的方案。对于高亚声速飞机，翼梢相对厚度也大多为翼根相对厚度的 65% 左右。对于超声速战斗机，沿展向的翼型厚度变化较小或一般保持不变。各类飞机翼根相对厚度的取值范围可参考表 8-11。

5. 基本机翼外形的修形

参照 8.7 节，考虑是否需要对机翼基本设计方案进行改进设计。例如，对于直机翼的低速飞机，考虑是否需要采用两段不同梯形比的直机翼；对于高亚声速客机，考虑是否需要采用内翼后缘扩展，是否采用翼梢小翼；对于超声速飞机，考虑是否需要采用边条。

6. 设计参数的相容性评估

通过上述步骤，分别确定了翼型、后掠角、展弦比、梯形比等参数，但对于有些飞机（尤其是高亚声速飞机），这些参数组合的取值范围是要受到约束的，要满足阻力发散马赫数、失速时俯仰稳定性、结构设计限制、内部容积等要求。因此，需要根据 8.6 节中设计参数组合的限制边界，评估这些参数取值的组合方案是否满足要求。若不满足要求，则需对参数进行调整。

7. 确定机翼上反角、安装角、扭转角和机翼位置

上反角的取值主要由横向稳定性要求决定。若机翼上布置有发动机，还要考虑发动机舱或螺旋桨与地面之间的间隙要求。由于上反角、机翼布局形式（上单翼、中单翼、下单翼）和后掠角均影响着飞机的横向稳定性，因此上反角的大小与机翼布局形式和后掠角有关。表 8-12 给出了不同机翼布局形式和后掠角的机翼上反角的统计值。可以看出，由于上单翼

布局会增加横向稳定性，故机翼上反角较小；同样地，机翼后掠翼也会增加横向稳定性，故上反角较小。在概念设计阶段，可根据机翼布局形式和后掠角的大小，确定上反角的初值。

表 8-12　各类飞机的上反角的统计值

飞机类型	机翼位置		
	下单翼	中单翼	上单翼
低速直机翼	5°～7°	2°～4°	0°～2°
亚声速后掠翼	3°～7°	−2°～2°	−5°～2°
超声速后掠翼	0°～5°	−5°～0°	−5°～0°

为了使飞机巡航飞行时的机身阻力最小，需要设置合适的机翼安装角。安装角主要由飞机巡航飞行所需的迎角来确定，其估算方法见 8.4 节。根据飞机的统计数据，通用航空飞机和涡桨支线飞机的安装角一般为 2°～4°；高亚声速运输机的安装角一般为 1°～5°；超声速战斗机大多为 0°～2°。文献[13]、[18]和[20]给出了一些典型飞机安装角的数据，可供参考。

为了减小诱导阻力和延缓翼梢的失速出现，机翼一般具有扭转角。飞机统计数据表明，通用航空飞机和涡桨支线客机的机翼扭转角一般为–3°左右；喷气式公务机和喷气式运输机的机翼扭转角一般为–7°～–5°；超声速战斗机的机翼扭转角很小或为 0°；有些低成本轻型飞机的机翼没有扭转角。在概念设计阶段，可参考同类飞机的统计数据，估计一个合理的初值。文献[13]、[18]和[20]给出了一些典型飞机扭转角的数据，可供参考。

机翼的纵向位置主要根据飞机的纵向静稳定裕度来确定。各类飞机机翼纵向位置的初始值可参考 8.4 节给出的经验方法。

8. 确定增升装置类型和主要几何参数

根据起飞、着陆阶段等的增升需求，按照 8.8.3 节所述的增升装置设计指南，确定增升装置类型和主要几何参数。

9. 确定副翼主要几何参数

根据飞机横向操纵性的要求，按照 8.9 节所述的副翼设计方法，确定副翼主要几何参数。

10. 绘制机翼初始设计方案的外形图

根据上述确定的机翼外形布局形式和设计参数，以表格的方式列出所有设计参数的取值，用制图工具绘制出机翼设计方案的外形图，并编写机翼设计的报告。至此，初步完成了飞机概念设计阶段的机翼设计工作。

课 后 作 业

针对所选的飞机概念设计项目，按照机翼设计步骤，完成机翼的概念方案设计。

思 考 题

8.1　机翼设计的考量因素主要有哪些?

8.2　描述翼型的主要参数有哪些? 机翼主要平面形状参数有哪些? 机翼位置参数有哪些? 这些参数对各考量因素有何关系?

8.3　机翼设计参数之间是否存在相互约束? 举例说明。

8.4　增升装置有哪些类型? 各类增升装置的效果如何? 如何确定增升装置的类型和尺寸?

8.5　副翼的主要尺寸如何确定?

8.6　在基本的机翼外形设计基础上, 有哪些典型的技术措施能改善机翼的综合性能?

第9章 尾翼设计

当完成了机身和机翼的初步设计后，就进入了尾翼设计阶段。尾翼的主要作用是在机身和机翼给定的情况下，为全机提供合适的气动力矩，以实现飞机的稳定、操纵和配平。

尾翼是通过产生相应的气动力矩来实现飞机的稳定、操纵和配平的，这一气动力矩除了和作用在尾翼上的气动力大小有关外，还要受到尾翼距离全机重心远近的影响。所以，在尾翼的初步设计中，除了要确定尾翼的尺寸和形状参数外，还需要确定尾翼的位置参数，主要是指尾翼至全机重心间的距离。

本章介绍尾翼的初步设计方法。首先介绍对尾翼设计的基本要求，然后着重分析尾翼设计参数与其设计要求之间的关系，并在此基础上整理出尾翼设计的步骤，最后通过示例来说明尾翼设计的具体方法。

9.1 尾翼初步设计的基本要求

虽然尾翼对全机的升阻特性有一定的影响，但影响最大、关系最直接的则是飞机的稳定性、操纵性及配平，所以对尾翼的设计考量即设计要求虽与机翼有很多相似之处，但也有不同的侧重点。因此，尾翼的具体设计要求有以下方面。

1. 配平要求

配平是保证飞机安全飞行的基本要求。当飞机处于配平状态时，围绕飞机重心的力矩之和为零，此时飞机能够按照所希望的航向直线飞行或做所希望的圆周运动。在所有可能的飞行状态下，尾翼应能提供足够的气动力矩，以达到全机在俯仰及航向的力矩平衡，实现飞机的纵向及航向配平。

2. 稳定性和操纵性要求

稳定性和操纵性是使飞机安全飞行的两项基本要求。稳定性是指飞机受到扰动后恢复到最初配平状态的趋势；操纵性是使飞机从一个配平状态改变为另一种新的配平状态。尾翼设计应满足在所有可能的飞行状态下使飞机具有所需的稳定性和操纵性的要求。

3. 飞行安全性要求

为保证飞机的安全飞行，对尾翼的要求表现在三个方面。首先是当飞机在正常的飞行状态范围内意外地超过机翼的临界迎角时，尾翼仍能提供足够的操纵效能，使飞机恢复到安全的飞行状态；其次是当飞机进入尾旋后尾翼能使飞机进入俯冲状态，使飞机具有改出尾旋的能力；最后是当飞机俯冲并达到设计俯冲马赫数时，应保证在尾翼上不会出现强激波，使飞机维持必需的稳定性和操纵性。

4. 气动特性要求

首先，与机翼的升力特性要求不同，为满足所有可能飞行状态的操稳及配平需求，尾翼气动力矩会发生方向的变化，这就要求尾翼的升力系数从正到负具有一定的变化范围；其次，尾翼的气动阻力应尽量小，以满足各飞行阶段对全机升阻比的要求；最后，与满足飞行安全性要求相对应，尾翼应具有良好的失速特性，即尾翼的临界迎角应大于机翼的临界迎角。

5. 结构特性要求

同机翼一样，尾翼设计过程中也需要考虑的结构特性主要包括结构的强度、刚度、结构重量等因素。尾翼初步设计方案应有利于满足尾翼结构的强度和刚度要求，并有利于减轻尾翼结构重量。

6. 总体布置要求

首先，通过尾翼的合理布置应能够降低气流通过机翼引起的下洗和尾涡对尾翼造成的不利干扰。其次，与飞机的推进装置相关，尾翼不应直接布置在推进器的滑流中。因为滑流会引起尾翼振动，从而产生噪声和结构疲劳，还有当动力发生变化时，会使作用在尾翼上的气动力发生改变，引起意外的大的配平变化。最后，尾翼的布置不应给全机的结构布置带来不利影响。

7. 尺寸约束

在飞机的使用过程中，需要考虑尾翼的尺寸约束。例如，因为机库空间的限制，可能对飞机的高度进行约束，这将会影响到垂直尾翼的构型。

上述列出的是尾翼初步设计中应考虑的基本要求，这些要求将"驱动"尾翼初步设计方案的形成。这里需要强调的是，在飞机总体设计阶段，很难依据上述所有要求来确定尾翼的设计参数，通常需要对这些设计要求按优先权进行排序，如尾翼的设计首先基于配平的需求，然后基于稳定性和操纵性等需求进行修订。因此，在下面的内容中，将选择重要的几个设计要求与尾翼的参数间关系进行分析，根据这些分析结果来指导尾翼参数的初步选择。

9.2　尾翼设计参数的分析

尾翼设计参数主要包括尺寸参数、位置参数和外形参数三种，其中尺寸参数主要指尾翼的平面面积，位置参数包括尾翼与机翼的前后距离大小等，而尾翼的翼型、展弦比、梯形比和后掠角等则属于外形参数。确定这些参数的依据是满足尾翼的设计要求。本节主要介绍水平尾翼和垂直尾翼的设计参数对其各自方向的配平和稳定性的影响，为尾翼参数的选择、后续的操稳性能评估和尾翼参数的细化设计提供依据。

9.2.1　水平尾翼设计参数分析

飞机在使用过程中，重心是在一定范围内变化的，这就要求水平尾翼在所有可能的重心位置实现飞机的纵向配平及稳定。下面主要分析当重心在一定范围内变化时水平尾翼设计参数对飞机纵向配平和稳定性的影响。

1. 水平尾翼设计参数对纵向配平的影响

当飞机处于纵向配平状态时，作用在飞机重心处的所有纵向力矩之和应为零。机翼和水平尾翼是产生纵向力矩的主要部件，当迎角逐渐增大时，机身也会产生显著的纵向力矩。此外，当发动机的推力轴线不经过重心时，也会产生额外的俯仰力矩。为分析问题方便，忽略机翼阻力和发动机推力产生的俯仰力矩及水平尾翼的零升俯仰力矩，作用在飞机垂直方向上的力及纵向力矩如图 9-1 所示。

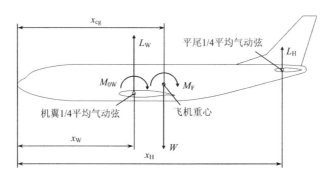

图 9-1　作用在飞机垂直方向上的力及纵向力矩

在图 9-1 中，假设机翼和水平尾翼的气动中心在各自翼面的 1/4 平均气动弦处，以机身头部作为基准点，x_{cg}、x_W 和 x_H 分别为飞机重心、机翼气动中心和水平尾翼气动中心与基准点间的距离，W、L_W 和 L_H 分别为全机重力、机翼升力和平尾升力。M_{0W} 为机翼零升俯仰力矩，图中方向为正，但通常为负的低头力矩；M_F 为作用在重心处的机身产生的俯仰力矩。为满足纵向配平要求，作用在重心处的俯仰力矩之和应为 0，即

$$M_F + L_W \cdot \left(x_{cg} - x_W\right) + M_{0W} - L_H \cdot \left(x_H - x_{cg}\right) = 0 \tag{9-1}$$

将式 (9-1) 两边同除以 $\frac{1}{2}\rho V^2 S C_{MAC}$，其中，$\rho$ 为自由来流大气密度，V 为来流速度，S 为机翼面积，C_{MAC} 为机翼的平均气动弦长，有

$$C_{mF} + C_{LW} \cdot \left(\bar{x}_{cg} - \bar{x}_W\right) + C_{m0W} - \eta_H \frac{S_H}{S} C_{LH} \cdot \left(\bar{x}_H - \bar{x}_{cg}\right) = 0 \tag{9-2}$$

式中，C_{mF} 为机身俯仰力矩系数；C_{LW} 为机翼升力系数；$\bar{x}_{cg} = x_{cg} / C_{MAC}$；$\bar{x}_W = x_W / C_{MAC}$；$\bar{x}_H = x_H / C_{MAC}$；$C_{m0W}$ 为机翼的零升俯仰力矩系数；C_{LH} 为水平尾翼升力系数；S_H 为水平尾翼面积，η_H 为平尾处的速度阻滞系数，即

$$\eta_H = \left(\frac{V_H}{V}\right)^2 \tag{9-3}$$

式中，V_H 为水平尾翼处的来流速度。

为对式 (9-2) 做进一步处理，引入垂直方向力的平衡条件：

$$W = L = L_W + L_H \tag{9-4}$$

式中，全机升力 $L = \frac{1}{2}\rho V^2 S C_L$，$C_L$ 为全机升力系数，对该式两边同除 $\frac{1}{2}\rho V^2 S$，有

$$C_L = C_{LW} + \eta_H \frac{S_H}{S} C_{LH} \tag{9-5}$$

将式 (9-2) 中的机翼升力系数 C_{LW} 用式 (9-5) 代替，经整理得到

$$C_{mF} + C_L \cdot \left(\bar{x}_{cg} - \bar{x}_W\right) + C_{m0W} - \eta_H \frac{S_H}{S} C_{LH} \cdot \left(\bar{x}_H - \bar{x}_W\right) = 0 \tag{9-6}$$

观察式 (9-6)，其中 $\left(\bar{x}_H - \bar{x}_W\right) \cdot C_{MAC} = x_H - x_W$，为 1/4 机翼平均气动弦到 1/4 水平尾翼

平均气动弦之间的距离，定义该距离为水平尾翼尾力臂，用符号 l_H 表示。有了水平尾翼尾力臂的定义后，式(9-6)变为

$$C_{mF} + C_L \cdot \left(\overline{x}_{cg} - \overline{x}_W \right) + C_{m0W} - \eta_H \frac{l_H}{C_{MAC}} \frac{S_H}{S} C_{LH} = 0 \tag{9-7}$$

式中出现的组合参数 $\dfrac{l_H}{C_{MAC}} \dfrac{S_H}{S}$ 是水平尾翼设计中的一个重要的无量纲参数，该参数是水平尾翼面积大小及其前后位置与机翼尺寸的比值，称为水平尾翼容量系数，用符号 $\overline{V}_H$ 来表示，即

$$\overline{V}_H = \frac{l_H}{C_{MAC}} \frac{S_H}{S} \tag{9-8}$$

当机翼参数给定时，增加平尾的容量系数，可提高平尾的气动效率。

令 $C_{L\alpha_H}$ 为水平尾翼升力线斜率，ε 为水平尾翼处气流下洗角，α 为全机迎角，i_H 为水平尾翼安装角，则式(9-7)中水平尾翼的升力系数又可表示为其升力线斜率与其实际迎角的乘积。因此，式(9-7)可进一步整理为

$$C_{mF} + C_L \cdot \left(\overline{x}_{cg} - \overline{x}_W \right) + C_{m0W} - \eta_H \overline{V}_H C_{L\alpha_H} \left(\alpha + i_H - \varepsilon \right) = 0 \tag{9-9}$$

式(9-9)为无量纲的纵向配平方程。观察纵向配平方程可看出，如果忽略机身的俯仰力矩，当飞机重心在机翼气动中心之前时，有 $\overline{x}_{cg} - \overline{x}_W < 0$，为使飞机配平，平尾升力方向应向下。对于给定的飞机重量，总的升力是固定的，当平尾的配平力方向向下时，机翼所需的升力会增加，这会引起机翼诱导阻力的加大，这一增量称为配平阻力。由式(9-9)可知，重心位置和机翼的零升俯仰力矩是决定配平阻力大小的主要因素。

纵向配平方程清楚地表明了水平尾翼设计参数对飞机纵向配平性能的影响。首先，水平尾翼的面积即几何尺寸的变化会影响水平尾翼容量系数，进而对水平尾翼的配平力矩产生影响；其次，水平尾翼的外形参数，如展弦比、后掠角、梯形比和翼型决定着其升力线斜率的大小，进而也对水平尾翼的配平力矩产生影响；最后，水平尾翼的位置参数，如水平尾翼相对于机翼的远近，决定着水平尾翼尾力臂 l_H 的大小，从而影响平尾容量系数 $\overline{V}_H$，对平尾配平力矩产生影响。水平尾翼的远近和高低，决定着平尾处的速度阻滞系数 η_H、水平尾翼处气流下洗角 ε 等参数，再加上水平尾翼安装角 i_H，也会对水平尾翼的配平能力产生影响。

纵向配平方程式(9-9)揭示了水平尾翼设计参数与其纵向配平能力间的影响关系，提供了确定水平尾翼设计参数的依据，是水平尾翼设计中的关键工具。

2. 水平尾翼设计参数对纵向静稳定性的影响

纵向静稳定是指处于平衡状态的飞机当其迎角发生改变时，在不需要升降舵偏转的情况下飞机将产生相应的俯仰力矩，以力求恢复到原来的平衡状态。可以用全机俯仰力矩系数对迎角或升力系数的导数来衡量纵向静稳定性的大小。将式(9-9)对迎角进行求导，注意到机翼的零升俯仰力矩系数及平尾安装角不随迎角变化，令 $C_{m\alpha F}$ 为机身俯仰力矩系数对迎角的导数，$C_{L\alpha}$ 为全机升力线斜率，有

$$\frac{\partial C_m}{\partial \alpha} = C_{m\alpha F} + C_{L\alpha} \left(\overline{x}_{cg} - \overline{x}_W \right) - \eta_H \overline{V}_H C_{L\alpha_H} \left(1 - \frac{\partial \varepsilon}{\partial \alpha} \right) \tag{9-10}$$

当全机的俯仰力矩系数关于迎角的导数为 0 时，就可以求出全机的气动中心。用 x_n 表示全机气动中心与基准点的距离，且 $\bar{x}_n = x_n / C_{\mathrm{MAC}}$。当力矩参考点取全机气动中心时，式 (9-10) 为 0，即

$$\left. \frac{\partial C_{\mathrm{m}}}{\partial \alpha} \right|_n = C_{\mathrm{m}\alpha_{\mathrm{F}}} + C_{\mathrm{L}\alpha} \left(\bar{x}_n - \bar{x}_{\mathrm{W}} \right) - \eta_{\mathrm{H}} \bar{V}_{\mathrm{H}} C_{\mathrm{L}\alpha_{\mathrm{H}}} \left(1 - \frac{\partial \varepsilon}{\partial \alpha} \right) = 0 \tag{9-11}$$

将式 (9-10) 减去式 (9-11)，有

$$\frac{\partial C_{\mathrm{m}}}{\partial \alpha} = C_{\mathrm{L}\alpha} \left(\bar{x}_{\mathrm{cg}} - \bar{x}_n \right) \tag{9-12}$$

对式 (9-12) 进一步整理，得到

$$\frac{\partial C_{\mathrm{m}}}{\partial C_{\mathrm{L}}} = \bar{x}_{\mathrm{cg}} - \bar{x}_n \tag{9-13}$$

式 (9-13) 说明，飞机纵向静稳定性大小与飞机的重心相对于全机气动中心的位置有关。当飞机重心在气动中心之前时，有 $\partial C_{\mathrm{m}} / \partial C_{\mathrm{L}} < 0$，飞机是纵向静稳定的，且重心越靠前，纵向静稳定性越好。重心与气动中心间的无量纲距离 $\bar{x}_n - \bar{x}_{\mathrm{cg}}$，又称为纵向静稳定裕度，典型商用飞机的静稳定裕度为 0.1～0.3。显然，当飞机的重心固定后，通过改变飞机的气动中心位置，会对飞机的纵向静稳定性产生影响。由式 (9-11) 可以求得全机气动中心的位置为

$$\bar{x}_n = -\frac{C_{\mathrm{m}\alpha_{\mathrm{F}}}}{C_{\mathrm{L}\alpha}} + \bar{x}_{\mathrm{W}} + \eta_{\mathrm{H}} \bar{V}_{\mathrm{H}} \frac{C_{\mathrm{L}\alpha_{\mathrm{H}}}}{C_{\mathrm{L}\alpha}} \left(1 - \frac{\partial \varepsilon}{\partial \alpha} \right) \tag{9-14}$$

由式 (9-14) 可以发现机身、机翼和水平尾翼对全机气动中心的位置都有影响。当全机重心位置固定时，机身和机翼前移会使全机气动中心位置向前移动，降低全机的俯仰静稳定性；增大水平尾翼的尾容量即增加水平尾翼面积或加大尾力臂会使全机气动中心后移，使静稳定裕度增加，提高全机的俯仰静稳定性。

3. 重心移动范围对水平尾翼设计参数的影响

前面水平尾翼设计参数对飞机纵向配平和静稳定性的影响分析都是在重心不变的情况下进行的。当全机重心前后移动时，为满足纵向配平和稳定的要求，平尾设计参数又将如何变化？下面主要针对水平尾翼尾容量来分析重心移动范围对它的影响。

由纵向配平方程式 (9-9) 可知，当重心向前移动时，为使飞机纵向配平，需增大平尾尾容量。当飞机的纵向静稳定裕度一定时，重心向后移动，气动中心也应跟随重心同步向后移动，由式 (9-14) 可知应增加平尾容量。将同时满足纵向配平和稳定要求的平尾容量随重心的变化画在同一张图上，得到水平尾翼尾容量随重心变化的剪刀图，如图 9-2 所示。由图可看出，为使水平尾翼满足重心在前限处的纵向配平要求和在后限处的稳定要求，重心移动范围越大，所需的水平尾翼尾容量也越大。

9.2.2　垂直尾翼设计参数分析

垂直尾翼设计参数的选择主要应满足飞机的航向稳定性、操纵性和配平的设计要求。下面着重进行垂直尾翼设计参数对飞机的航向静稳定性和配平能力的影响分析。

1. 垂直尾翼设计参数对航向静稳定性的影响

当飞机以飞行速度 V 和侧滑角 β 进行侧滑飞行时，如果忽略飞机侧滑时机翼产生的偏

航力矩，则作用在飞机上的气动力及力矩如图 9-3 所示。图中 β 为正值，N_F 为机身产生的偏航力矩，由于机身是引起航向不稳定的部件，所以其力矩方向为负；Y_V 为垂尾产生的侧力，方向向左，将产生阻止侧滑的正向偏航力矩；l'_V 为 1/4 垂尾平均气动弦处至飞机重心的距离。

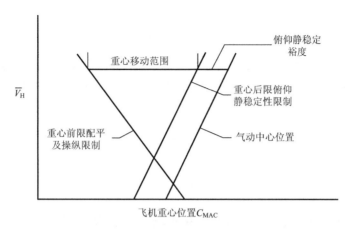

图 9-2　水平尾翼尾容量随重心变化的剪刀图

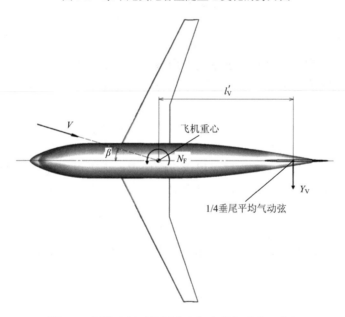

图 9-3　侧滑飞行时作用在飞机上的气动力及力矩

作用在重心处总的偏航力矩 N 为

$$N = Y_V \cdot l'_V - N_F \tag{9-15}$$

垂直尾翼产生的侧力为 $Y_V = \dfrac{1}{2}\rho V_V^2 S_V C_{Y_V}$，其中 V_V 为垂直尾翼处的来流速度，C_{Y_V} 为垂直尾翼侧力系数，S_V 为垂直尾翼面积。将式 (9-15) 两边同除 $\dfrac{1}{2}\rho V^2 S b$，其中 b 为翼展，得

到作用在重心处的偏航力矩系数为

$$C_n = \left(\frac{V_V}{V}\right)^2 \frac{S_V l_V'}{Sb} C_{Y_V} - C_{n_F} \tag{9-16}$$

式中，C_{n_F} 为机身偏航力矩系数。定义垂尾处的速度阻滞系数 η_V 为

$$\eta_V = \left(\frac{V_V}{V}\right)^2 \tag{9-17}$$

定义垂直尾翼的尾力臂为 1/4 机翼平均气动弦到 1/4 垂直尾翼平均气动弦之间的距离，用符号 l_V 表示。通常飞机重心在机翼气动中心附近，因此 l_V 与 l_V' 近似相等。引入垂直尾翼尾容量系数 $\overline{V}_V$ 的定义：

$$\overline{V}_V = \frac{l_V}{b} \frac{S_V}{S} \tag{9-18}$$

将式(9-17)和式(9-18)代入式(9-16)有

$$C_n = \eta_V \overline{V}_V C_{Y_V} - C_{n_F} \tag{9-19}$$

航向静稳定性由偏航力矩系数随侧滑角的变化率来衡量，即

$$\frac{\partial C_n}{\partial \beta} = \eta_V \overline{V}_V \frac{\partial C_{Y_V}}{\partial \beta} - \frac{\partial C_{nF}}{\partial \beta} \tag{9-20}$$

为了保证飞机具有航向静稳定性，应满足 $\partial C_n / \partial \beta > 0$。显然，增加垂尾的面积及尾力臂，使垂尾容量系数增加，以及通过垂尾外形参数设计来增大侧力系数对侧滑角的导数，都能提高飞机的航向静稳定性。航向静稳定性的典型值为 $0.1 \sim 0.4 / \mathrm{rad}$。

2. 垂直尾翼设计参数对航向配平的影响

飞机通常是关于 xz 平面左右对称的，因此在无侧滑飞行时在其航向上自然是配平的。但是对于装备了多台发动机的飞机，当其中一台发动机失效时其余正常工作的发动机会对飞机产生偏航力矩，此时需由垂直尾翼提供反向的偏航力矩以实现飞机的航向配平。对于单发失效时垂直尾翼的航向配平，以翼吊布局且装备了两台发动机的喷气式运输机为例进行介绍，其俯视图如图 9-4 所示。

图 9-4 中，假设左侧发动机停止工作，此时飞机应向右侧滑，单台发动机的推力为 P，发动机距纵向对称面的距离为 y_P，其余符号与图 9-3 中定义相同。当飞机航向配平时，对重心的偏航力矩之和为 0，有

$$Y_V \cdot l_V' - N_F - P \cdot y_P = 0 \tag{9-21}$$

令 D 为单发失效时飞机的总阻力，当发动机的数量为 n_P 时，单台发动机的推力与阻力间的关系为

$$P = D / (n_P - 1) \tag{9-22}$$

将式(9-22)代入式(9-21)及由垂尾侧力的表达式，有

$$\frac{1}{2} \rho V_V^2 S_V C_{Y_V} \cdot l_V' - N_F - D \cdot y_P / (n_P - 1) = 0 \tag{9-23}$$

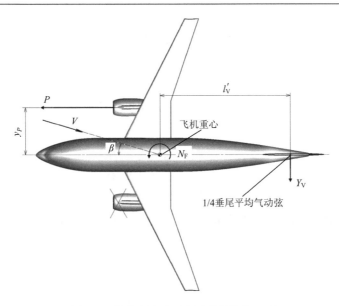

图 9-4 单发失效时垂直尾翼的航向配平

将式 (9-23) 两边同除 $\frac{1}{2}\rho V^2 Sb$，并定义 $\bar{y}_P = y_P / b$，C_D 为飞机的阻力系数，得到单发失效时的无量纲航向配平方程为

$$\eta_V \bar{V}_V C_{Y_V} - C_{n_F} - C_D \cdot \bar{y}_P / (n_P - 1) = 0 \qquad (9\text{-}24)$$

显然，增加垂直尾翼的尾容量系数和侧力系数，可以提高垂尾的航向配平能力。

9.3　尾翼设计指南

通过 9.2 节尾翼设计参数对其设计要求的影响分析，可以指导尾翼的初步设计。尾翼设计的一般过程是：首先根据稳定性要求或已有机型的统计值确定尾翼容量系数，然后根据已有的机身设计结果选择尾力臂，并确定尾翼面积及根据机翼设计参数确定尾翼的外形参数，最后完成尾翼上相应操纵面的设计。

9.3.1　水平尾翼设计

1. 水平尾翼容量系数

水平尾翼容量系数决定着飞机的稳定性、操纵性及其配平能力。增加平尾容量系数可提高飞机的纵向稳定性，降低平尾容量系数可提高飞机的俯仰操纵性。因此，对机动性能要求高的战斗机应具有低的平尾容量系数。相反，对于运输类飞机，安全性和稳定性是首要要求，应具有大的平尾容量系数。

为满足飞机的纵向静稳定性要求,根据式 (9-13) 和式 (9-14) 并假设平尾的升力线斜率与机翼的升力线斜率近似相等和忽略速度阻滞系数，可计算出所需的平尾容量系数为

$$\overline{V}_{\mathrm{H}} = \frac{\dfrac{C_{\mathrm{m}\alpha_{\mathrm{F}}}}{C_{\mathrm{L}\alpha}} + \overline{x}_{\mathrm{cg}} - \overline{x}_{\mathrm{W}} - \dfrac{\partial C_{\mathrm{m}}}{\partial C_{\mathrm{L}}}}{1 - \dfrac{\partial \varepsilon}{\partial \alpha}} \tag{9-25}$$

式中，机身俯仰力矩系数对迎角的导数可根据无黏小扰动理论得出的对称旋转体的经典结果进行估算：

$$C_{\mathrm{m}\alpha_{\mathrm{F}}} = \frac{\pi}{2}\left(1 - 2\frac{d_{\mathrm{F}}}{l_{\mathrm{F}}}\right)\frac{d_{\mathrm{F}}^2 l_{\mathrm{F}}}{SC_{\mathrm{MAC}}} \tag{9-26}$$

其中，d_{F} 为机身的当量直径；l_{F} 为机身长度。

全机的升力线斜率近似等于机翼的升力线斜率，可由机翼外形参数通过下式计算：

$$C_{\mathrm{L}\alpha} \approx C_{\mathrm{L}\alpha_{\mathrm{W}}} = \frac{C_{l\alpha}}{1 + \dfrac{C_{l\alpha}}{\pi \cdot \mathrm{AR}}} \tag{9-27}$$

式中，$C_{l\alpha}$ 为机翼翼型升力线斜率；AR 为机翼展弦比。

平尾处的气流下洗率为

$$\frac{\partial \varepsilon}{\partial \alpha} = \frac{2C_{\mathrm{L}\alpha_{\mathrm{W}}}}{\pi \cdot \mathrm{AR}} \tag{9-28}$$

平尾处气流下洗率的典型值约为 0.3。

此外，重心位置取后限值，可根据表 9-1 给出的不同类型飞机的重心变化范围确定。机翼气动中心位置已在机翼设计章节给出，而俯仰静稳定性由设计要求给出。

表 9-1　不同类型飞机重心变化范围的典型值

飞机类型	重心变化范围/(%MAC)
轻型飞机	10%
涡桨支线客机	16%
公务机	18%
喷气式运输机	32%
超声速战斗机	20%

为了判断按上述方法计算的平尾容量系数是否在合理的范围内，表 9-2 列出了不同类型飞机的尾翼容量系数的典型值[16]，其中相关的平尾容量系数可供参考。如果所设计的飞机类型已包含在该表内，也可以根据表中数据初步确定平尾容量的初始值。

2. 水平尾翼尾力臂

水平尾翼的尾容量系数确定下来后，就可以通过进一步明确平尾尾力臂来求出平尾的面积。

对于大多数平尾通过机身与机翼相连接的常规布局通用飞机，机身后部尺寸主要是为满足尾翼力臂的设计要求。显然，增加尾力臂，可以减少平尾面积，使平尾的结构重量及摩擦阻力降低。但增加尾力臂也会使机身后部的长度增加，引起机身的结构重量和阻力增大。因此，应综合考虑平尾尾力臂对后机身和水平尾翼的重量及阻力的影响，对平尾尾力臂的大小进行合理的选择。

表9-2 不同类型飞机的尾翼容量系数的典型值

飞机类型	水平尾翼容量系数	垂直尾翼容量系数
滑翔机	0.6	0.03
家庭制造飞机	0.5	0.04
单螺旋桨发动机通航飞机	0.7	0.04
双螺旋桨发动机通航飞机	0.8	0.07
鸭式布局通航飞机	0.6	0.05
农用机	0.5	0.04
双发涡桨飞机	0.9	0.08
喷气式运输机	1.1	0.09
喷气式教练机	0.7	0.06
战斗机	0.4	0.07
鸭式布局战斗机	0.1	0.06
轰炸机/军用运输机	1	0.08

　　水平尾翼尾力臂对后机身和水平尾翼重量及阻力的影响实质上是来源于尾力臂的变化引起后机身和平尾浸润面积的改变。要确定合理的尾力臂大小，使后机身和平尾浸润面积之和为最小值，首先应明确二者的影响关系。图 9-5 为飞机俯视图，图中定义后机身的长度为由 1/4 机翼平均气动弦处至机身尾部，用符号 $l_{\text{aft-fus}}$ 表示。

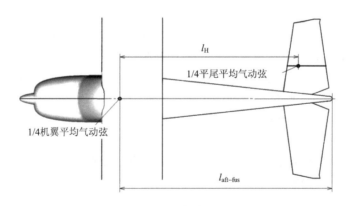

图 9-5　飞机俯视图

　　假设机身后部为圆锥体，因此后机身的浸润面积 $S_{\text{wet}_{\text{aft-fus}}}$ 为

$$S_{\text{wet}_{\text{aft-fus}}} = \frac{1}{2}\pi D_{\text{fus}} l_{\text{aft-fus}} \tag{9-29}$$

式中，D_{fus} 为机身最大直径。

　　水平尾翼的浸润面积 $S_{\text{wet}_{\text{H}}}$ 约为水平尾翼面积的两倍，即

$$S_{\text{wet}_{\text{H}}} \approx 2S_{\text{H}} \tag{9-30}$$

其中，水平尾翼面积可由水平尾翼尾容量系数的定义求出：

$$S_H = \frac{\bar{V}_H S C_{MAC}}{l_H} \tag{9-31}$$

将后机身的浸润面积与水平尾翼的浸润面积相加，得到总的机身后部浸润面积 $S_{wet_{aft}}$ 为

$$S_{wet_{aft}} = S_{wet_{aft-fus}} + S_{wet_H} = \frac{1}{2}\pi D_{fus} l_{aft-fus} + 2\frac{\bar{V}_H S C_{MAC}}{l_H} \tag{9-32}$$

式 (9-32) 中，为分析方便，假设后机身长度与水平尾翼尾力臂相等，由机身后部浸润面积对平尾尾力臂的一阶导数为零可求得最佳尾力臂，即

$$\frac{\partial S_{wet_{aft}}}{\partial l_H} = \frac{1}{2}\pi D_{fus} - 2\frac{\bar{V}_H S C_{MAC}}{l_H^2} = 0 \tag{9-33}$$

求解式 (9-33) 得到最佳尾力臂 $l_{H_{opt}}$ 为

$$l_{H_{opt}} = 2\sqrt{\frac{\bar{V}_H S C_{MAC}}{\pi D_{fus}}} \tag{9-34}$$

为弥补后机身长度与尾力臂相等这一假设带来的误差，文献[20]通过添加修正系数 K_c 将式 (9-34) 更改为

$$l_{H_{opt}} = K_c \cdot 2\sqrt{\frac{\bar{V}_H S C_{MAC}}{\pi D_{fus}}} \tag{9-35}$$

式中，修正系数 K_c 根据飞机构型在 1～1.4 变化，当机身后部为圆锥体时，令 K_c 为 1，当后机身与圆锥体相差较大时 K_c 取最大值 1.4。

还需指出的是，对于高亚声速运输类飞机，机身根据客舱布置和发动机布局等因素已完成了初步设计，机翼相对于机身的位置也已明确下来，此时水平尾翼的尾力臂只与机翼之后的机身长度有关，并且应尽量取大的尾力臂值。根据统计数据，对于发动机翼吊布局的运输类飞机，平尾尾力臂为 50%～55%机身长度；对于发动机尾吊布局的运输类飞机，平尾尾力臂可取 45%～50%机身长度。

3. 水平尾翼面积及外形参数

1) 面积

水平尾翼面积在满足配平及稳定性的要求下，应尽可能小，这样可以降低平尾的结构重量和阻力。当水平尾翼尾容量系数和尾力臂确定下来后，可根据式 (9-31) 求出水平尾翼面积。

2) 翼型

水平尾翼翼型选择的基本原则是应能够产生提供配平及稳定性所需的升力而阻力和俯仰力矩最小、翼型的升力线斜率尽可能大和相当宽的可用迎角范围。

随着飞行时重心的移动，水平尾翼在上下两个方向均需提供升力以对飞机进行配平，相应的水平尾翼的迎角会在正负范围内发生变化，因此大部分平尾采用对称翼型或是对称翼型的修形。例如，对于一些通用飞机，典型的平尾翼型为 NACA 0009～0018。另外，对于一些大型运输类飞机，当大部分飞行时间由于重心的变化范围只需平尾产生向下的气动力以配平飞机时，可以采用非对称的反弯度翼型，这样可以减小巡航飞行时的平尾阻力。

在确定平尾翼型相对厚度时，应使平尾具有较大的升力线斜率。对于高速飞机，其平尾翼型应具有比机翼翼型更高的临界 Ma 数。通常，对于低速飞机，平尾翼型相对厚度为 $10\%\sim12\%$；对于高速飞机，平尾翼型相对厚度应比机翼翼型相对厚度小 $1\%\sim2\%$，一般为 $3\%\sim6\%$。

3）展弦比

水平尾翼的展弦比通常要小于机翼的展弦比，这主要有三个方面的原因。首先，增大展弦比，可以提高水平尾翼的升力线斜率，但当升降舵偏转时也会在平尾的根部产生更大的弯矩，使平尾的结构重量增加；其次，为了保证在机翼所有可能的迎角下，平尾都有足够的效率，平尾不能比机翼先失速，平尾的展弦比也应小于机翼的展弦比；最后，相比于机翼，平尾产生的诱导阻力要小得多，所以不要求其具有过大的展弦比。令 AR_H 为水平尾翼的展弦比，AR 为机翼的展弦比，可按下式确定平尾展弦比的初始值：

$$AR_H = \frac{2}{3}AR \tag{9-36}$$

表 9-3 和表 9-4 分别给出了若干支线和若干干线运输类飞机的机翼和水平尾翼的展弦比数据[31]，水平尾翼展弦比的典型值为 $3\sim5$。

表 9-3 若干支线运输类飞机的机翼和水平尾翼的展弦比、梯形比和后掠角

飞机	展弦比		梯形比		后掠角 $\Lambda_{1/4}$ /(°)	
	机翼	平尾	机翼	平尾	机翼	平尾
DHC-8-100	12.35	4.43	0.50	0.80	0.0	6.5
新舟 60	11.37	5.49	0.31	0.44	6.5	20.0
ATR72-500	12.00	4.37	0.50	0.56	3.1	8.0
ERJ145LR	7.86	4.68	0.25	0.59	22.8	20.0
CRJ200LR	8.28	3.72	0.20	0.50	24.5	34.5
CRJ700ER	7.87	4.36	0.25	0.40	26.0	33.0
E175	9.28	4.29	0.25	0.50	25.5	35.0

4）梯形比

改变梯形比会对翼面类部件的诱导阻力、结构重量和失速特性产生影响，在这三个方面中，良好的失速特性是对平尾的重要要求。增加梯形比，会推迟翼梢区域失速现象的发生。为满足水平尾翼后于机翼失速这一要求，通常水平尾翼的梯形比要大于机翼的梯形比，表 9-3 和表 9-4 中列出的若干支线和若干干线运输类飞机的水平尾翼梯形比与机翼的对比数据也验证了这一规律。表 9-5 给出了不同类型飞机水平尾翼梯形比的统计数据，可供确定平尾梯形比的初始值时使用。

5）后掠角

对于高亚声速的运输类飞机，水平尾翼的临界马赫数应高于机翼的临界马赫数，通常要求超过量为 $\Delta Ma = 0.05$。所以，平尾的后掠角一般不小于机翼的后掠角，通常大 5°左右。加大平尾的后掠角，也能增加平尾的尾力臂、减少平尾面积，但也会降低平尾的升力线斜率，引起操纵功效的降低。对于低速飞机，通常平尾的后掠角很小或为 0°。表 9-3 和表 9-4

也分别给出了若干支线和若干干线运输飞机的水平尾翼后掠角数据。

表9-4　若干干线运输飞机机翼和水平尾翼的展弦比、梯形比和后掠角

飞机	展弦比		梯形比		后掠角 $\Lambda_{1/4}$ /(°)	
	机翼	平尾	机翼	平尾	机翼	平尾
波音 737-700	10.3	5.04	0.22	0.33	25.0	36.0
A320-200	9.35	4.85	0.23	0.31	25.0	32.5
A310-300	8.79	3.99	0.31	0.44	28.0	37.0
波音 767-200	7.99	4.42	0.22	0.30	31.5	36.0
波音 777-200	8.68	4.40	0.20	0.33	31.5	39.5
A340-300	10.10	5.12	0.25	0.40	30.0	32.5
波音 747-400	7.91	3.57	0.24	0.24	37.5	42.5
A380-800	7.53	4.45	0.20	0.37	35.8	37.5

表9-5　水平尾翼梯形比统计数据

飞机类型	轻型飞机	涡桨支线飞机	公务机	喷气式运输机	战斗机
梯形比	0.5~1.0	0.5~0.8	0.35~0.5	0.25~0.45	0.3~1.0

6) 安装角

水平尾翼的安装角是其根弦与飞机纵轴间的夹角，其作用是在巡航飞行时在操纵面(升降舵)不需要偏转时能够产生所需的气动力以满足纵向配平要求。而在其余所有可能的飞行状态下，当采用固定式水平尾翼构型时，可通过偏转升降舵或采用可调安装角水平尾翼来实现对飞机的配平。

可通过纵向配平方程来确定水平尾翼的安装角。由于机翼具有一定的安装角，在巡航飞行时，作用在机身上的气动力几乎全为阻力，且假设机身阻力通过飞机重心，则可略去纵向配平方程式(9-9)中的机身气动力矩，有

$$C_{\mathrm{L}} \cdot \left(\bar{x}_{\mathrm{cg}} - \bar{x}_{\mathrm{W}} \right) + C_{\mathrm{m0W}} - \eta_{\mathrm{H}} \bar{V}_{\mathrm{H}} C_{\mathrm{L}\alpha_{\mathrm{H}}} \left(\alpha + i_{\mathrm{H}} - \varepsilon \right) = 0 \tag{9-37}$$

由式(9-37)可得到计算水平尾翼安装角的表达式为

$$i_{\mathrm{H}} = \frac{C_{\mathrm{L}} \cdot \left(\bar{x}_{\mathrm{cg}} - \bar{x}_{\mathrm{W}} \right) + C_{\mathrm{m0W}}}{\eta_{\mathrm{H}} \bar{V}_{\mathrm{H}} C_{\mathrm{L}\alpha_{\mathrm{H}}}} - \alpha + \varepsilon \tag{9-38}$$

式中，飞机的设计升力系数为

$$C_{\mathrm{L}} = \frac{2W_{\mathrm{avg}}}{\rho V_{\mathrm{cru}}^2 S} \tag{9-39}$$

式中，V_{cru} 为巡航速度；W_{avg} 为巡航阶段飞机的平均重量。

式(9-37)中的机翼的零升力矩系数可由下式确定[20]：

$$C_{\mathrm{m0W}} = C_{\mathrm{m0_{af}}} \frac{\mathrm{AR} \cos^2 \Lambda}{\mathrm{AR} + 2\cos \Lambda} + 0.01\tau \tag{9-40}$$

式中，$C_{\mathrm{m0_{af}}}$ 为机翼翼型的零升力矩系数；Λ 为机翼后掠角(°)；τ 为机翼扭转角(通常为负

值)(°)。

式(9-37)中的气流下洗角是机翼迎角 α_W 的函数,其函数关系为

$$\varepsilon = \varepsilon_0 + \frac{\partial \varepsilon}{\partial \alpha} \alpha_W \qquad (9\text{-}41)$$

式中,ε_0 为迎角为零时的下洗角,可由如下公式求得

$$\varepsilon_0 = \frac{2C_{L_W}}{\pi \cdot \text{AR}} \ (\text{rad}) \qquad (9\text{-}42)$$

ε_0 的典型值约为 1°;下洗率 $\dfrac{\partial \varepsilon}{\partial \alpha}$ 已由式(9-28)给出;在巡航状态下,机翼的迎角可近似为机翼的安装角。

式(9-37)中的水平尾翼的升力线斜率可由其展弦比 A_H 和翼型的升力线斜率 $C_{l\alpha_H}$ 求得

$$C_{L\alpha_H} = C_{l\alpha_H} \Big/ \left(1 + \frac{C_{l\alpha_H}}{\pi \cdot A_H} \right) \qquad (9\text{-}43)$$

为能由式(9-37)求出平尾安装角,还需根据机身和机翼设计结果确定机翼和全机重心间的位置关系。为使求解方便,速度阻滞系数取其典型值0.9;在巡航状态下,假设飞机的迎角为0°。

可见,在初步确定了水平尾翼的外形参数之后,确定水平尾翼的安装角,就是为了满足对水平尾翼的纵向配平要求。

7)其他几何参数

其他几何参数如水平尾翼翼展、根弦和梢弦等,可参考机翼设计章节由上述相关平尾外形参数求得。

4. 升降舵

升降舵的功能是实现飞机的俯仰操纵和配平。需要确定的升降舵设计参数有升降舵面积 S_e、升降舵弦长 c_e、升降舵展长 b_e 和升降舵最大偏角 $\pm\delta_{\text{emax}}$,如图 9-6 所示。在升降舵初步设计过程中,应用更多的是升降舵的相对参数,即升降舵弦长与水平尾翼弦长之比 c_e / c_H、升降舵展长与水平尾翼展长之比 b_e / b_H。

选择升降舵参数的指导思想是使升降舵具有足够的操纵功效。所谓升降舵的操纵功

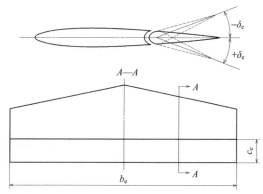

图 9-6 升降舵设计参数

效是指飞机俯仰力矩系数随升降舵偏角的变化率。在满足一定的操纵功效的前提下,升降舵的弦长、展长和最大偏角是相互关联的,即当增大一个参数时,其余两个参数可减小。另外,应尽可能将升降舵设计成全展长形式,然后在舵面最大偏角下确定升降舵的弦长,以产生足够的操纵功效。但过大的弦长会造成水平尾翼上的气流过早分离,所以如果所需的升降舵的弦长超过平尾的 50%,则应采用全动水平尾翼设计。对于升降舵的最大偏角也有限制,当升降舵的偏角大到一定程度时会引起平尾气流分离,使舵面的操纵功效降低。

通常升降舵的最大偏角应不超过 $\pm 25°$。

升降舵设计最主要的是要满足两个极限需求，一个是起飞抬前轮需求，另一个是重心在前限时的配平需求。在升降舵的初步设计阶段，由于很多参数还不完备，很难一下就由这些设计需求确定出准确的升降舵设计参数。在实际的设计中，往往需要根据现有的同类飞机的统计数据来初步确定升降舵的参数，再随着设计过程的深入对这些参数进行订正。表 9-6 给出了不同类型若干飞机升降舵设计参数的数据[20]，以供参考。

表 9-6　若干飞机升降舵设计参数的统计数据

飞机	类型	S_e / S_H	c_e / c_H	$+\delta_{emax} / (°)$	$-\delta_{emax} / (°)$
塞斯纳-182	轻型通航飞机	0.380	0.44	22.0	25.0
塞斯纳奖状Ⅲ	喷气式公务机	0.370	0.37	15.0	15.5
湾流 200	喷气式公务机	0.280	0.31	20.0	27.5
AT-802	农用飞机	0.360	0.38	15.0	29.0
ATR42-320	涡桨支线飞机	0.350	0.33	16.0	26.0
C-130 大力神	涡桨军用运输机	0.232	0.35	15.0	40.0
福克 F-28-4000	喷气式运输机	0.197	0.22	15.0	25.0
福克 F-100B	喷气式运输机	0.223	0.32	22.0	25.0
麦道 DC-8	喷气式运输机	0.225	0.25	10.0	25.0
麦道 DC-9-40	喷气式运输机	0.280	0.30	15.0	25.0
麦道 DC-10-40	喷气式运输机	0.225	0.25	16.5	27.0
麦道 MD-11	喷气式运输机	0.310	0.35	20.0	37.5
波音 727-100	喷气式运输机	0.230	0.25	16.0	26.0
波音 737-100	喷气式运输机	0.224	0.25	20.0	20.0
波音 777-200	喷气式运输机	0.300	0.32	25.0	30.0
波音 747-200	喷气式运输机	0.185	0.23	17.0	22.0
空客 A300B	喷气式运输机	0.295	0.30	17.0	30.0
空客 A320	喷气式运输机	0.310	0.32	17.0	30.0
空客 A340-600	喷气式运输机	0.240	0.31	15.0	30.0
洛克希德 L-1011	喷气式运输机	0.215	0.23	—	25.0
洛克希德 C-5A	喷气式军用运输机	0.268	0.35	10.0	20.0

9.3.2　垂直尾翼设计

1. 垂直尾翼容量系数

满足航向静稳定性要求的垂尾容量系数可由式(9-20)得到：

$$\overline{V}_V = \left(\frac{\partial C_{nF}}{\partial \beta} + \frac{\partial C_n}{\partial \beta} \right) \Big/ \left(\eta_V \frac{\partial C_{Y_V}}{\partial \beta} \right) \tag{9-44}$$

当假设机身为对称旋转体时，式(9-44)中机身偏航力矩系数对侧滑角的导数可由式(9-26)确定，速度阻滞系数可近似取 1，垂尾侧力系数对侧滑角的导数可参考相近外形垂尾的参考值。当现阶段有些参数还无法获得时，可参考表 9-2 给出的同类飞机的典型值，来初步确定垂尾容量系数。

对于采用多台发动机的飞机，当单发失效会引起较强的偏航力矩时，应根据式(9-24)来确定垂尾容量系数，即

$$\bar{V}_V = \frac{C_{n_F} + \dfrac{C_D}{n_P-1} \cdot \bar{y}_P}{k_V C_{Y_V}} \tag{9-45}$$

表 9-7 列出了若干不同发动机布局喷气式运输机垂尾容量系数和相对面积统计数据。由这些数据可得出结论：采用尾吊短舱式布局的飞机垂尾容量系数和相对面积较小，因为飞机单发停车不是垂尾设计的严重情况。

表 9-7　不同发动机布局喷气式运输机垂尾容量系数和相对面积统计数据

机型	麦道 DC-9-30	麦道 MD-82	三叉戟	洛克希德 C-5A	波音 737-100	空客 A300B
发动机布局形式	尾吊布局			翼吊布局		
$\bar{V}_V$	0.0723	0.0652	0.0548	0.0951	0.1117	0.1020
S_V/S	0.1609	0.1331	0.1610	0.1910	0.2680	0.2040

2. 垂直尾翼尾力臂

垂直尾翼尾力臂可按平尾的数值确定。

3. 垂直尾翼面积及外形参数

1) 面积

当垂尾的尾容量系数和尾力臂确定后，由垂尾容量系数的定义式(9-18)求出垂尾面积：

$$S_V = \frac{\bar{V}_V S b}{l_V} \tag{9-46}$$

2) 外形参数

选择垂直尾翼外形参数的指导思想与平尾有很多相似之处，这里仅对与垂尾相关的特别之处进行说明。

由于飞机通常是关于其纵向对称面左右对称的，所以垂直尾翼的翼型必须是对称的。

垂直尾翼展弦比的定义是其展长与平均气动弦长之比，这里需说明的是由于垂尾与机翼和平尾不同，垂尾通常只有一个翼面，所以垂尾展长的定义为根弦与梢弦间的距离。确定垂尾展弦比时需考虑的因素是：增大展弦比，可以提高垂尾的升力线斜率，当垂尾同时后掠时，还可以增大尾力臂，提高航向稳定性；但随着展弦比的增加也会带来相应的问题，如会引起飞机总的结构高度的增加和因绕纵轴的垂尾质量惯矩增大，从而降低飞机的滚转操纵性等。建议选择垂直尾翼展弦比为 1～2。

对于高速飞机，使垂直尾翼具有一定后掠角的目的与平尾相同，即使垂尾具有高于机翼的临界马赫数。但对于很多低速飞机，也常采用适当后掠的垂尾，这是因为垂尾与平尾不同，在对称飞行时对垂尾没有配平需求，增大垂尾后掠角，虽使升力线斜率有所降低，但会使垂尾尾力臂显著增大，减少了垂尾面积，使垂尾的结构重量和阻力降低。所以，对

于低速飞机，应选择合理的垂直尾翼后掠角，使垂尾的升力线斜率与其尾力臂的乘积尽可能最大。

为了便于对垂尾的外形参数进行选择，表 9-8 列出了若干飞机垂直尾翼的展弦比、梯形比和后掠角的数据可供参考[20]。

表 9-8 若干飞机垂直尾翼外形参数统计数据

飞机	展弦比 A_V	梯形比 λ_V	后掠角 $\Lambda_{I/4V}$ /(°)
塞斯纳-177	1.41	—	35.0
塞斯纳奖状 I	1.58	—	33.0
Dash 8 Q100	1.20	0.67	32.0
新舟 60	1.57	0.40	27.0
CRJ700ER	1.16	0.71	40.0
波音 737-700	1.88	0.20	37.0
A320-200	1.77	0.30	39.0
波音 767-200	1.77	0.33	45.0
波音 777-200	2.03	0.25	45.0
A340-300	1.81	0.34	44.0
波音 747-400	1.39	0.31	49.5
A380-800	1.76	0.37	44.0

4. 方向舵

方向舵的相关参数定义与升降舵相似，这些参数的选择方法也几乎相同，在此不再复述。表 9-9 列出了若干飞机方向舵设计参数的统计数据以供参考[20]，表中符号 S_r 为方向舵面积，c_r 为方向舵弦长，δ_{rmax} 为方向舵最大偏角，S_V 为垂尾面积，c_V 为垂尾平均气动弦长。

表 9-9 若干飞机方向舵设计参数统计数据

飞机	类型	S_r / S_V	c_r / c_V	δ_{rmax} /(°)
塞斯纳-182	轻型通航飞机	0.380	0.42	±24.0
湾流 200	喷气式公务机	0.300	0.33	±20.0
AT-802	农用飞机	0.610	0.62	±24.0
C-130 大力神	涡桨军用运输机	0.239	0.25	±35.0
福克 F-100B	喷气式运输机	0.230	0.28	±20.0
麦道 DC-8	喷气式运输机	0.269	0.35	±32.5
波音 737-100	喷气式运输机	0.250	0.25	—
波音 777-200	喷气式运输机	0.260	0.28	±27.3
波音 747-200	喷气式运输机	0.173	0.22	±25.0
空客 A340-600	喷气式运输机	0.310	0.32	±31.6
洛克希德 C-5A	喷气式军用运输机	0.191	0.20	—

9.3.3 示例

本节以一轻型 4 座通用飞机为例,给出尾翼初步设计的步骤。已知飞机的巡航飞行速度为 240km/h,所在巡航高度空气密度为 $1.18kg/m^3$,飞行重量为 1200kg。机翼面积为 $15m^2$,平均气动弦长为 1.454m,展弦比为 7.3,梯形比为 0.8,翼型为 NACA 64412,翼型的升力线斜率为 6.3/rad,零升力矩系数为–0.065,机翼的安装角为 0°,扭转角为–2°。机身长度为 7.7m,机身最大截面处的当量直径为 1.5m。飞机的俯仰静稳定裕度为 0.2。试完成该机水平尾翼的初步设计。

1. 确定水平尾翼容量系数

由式(9-26)计算出机身俯仰力矩系数对迎角的导数为

$$C_{m\alpha_F} = \frac{\pi}{2}\left(1 - 2\frac{d_F}{l_F}\right)\frac{d_F^2 l_F}{SC_{MAC}} = \frac{\pi}{2}\left(1 - 2 \times \frac{1.5}{7.7}\right)\frac{1.5^2 \times 7.7}{15 \times 1.454} = 0.762 \tag{9-47}$$

由式(9-27)计算出全机升力线斜率为

$$C_{L\alpha} \approx C_{L\alpha_W} = \frac{C_{l\alpha}}{1 + \dfrac{C_{l\alpha}}{\pi \cdot AR}} = \frac{6.3}{1 + \dfrac{6.3}{\pi \cdot 7.3}} = 4.942 \tag{9-48}$$

平尾处的气流下洗率由式(9-28)得

$$\frac{\partial \varepsilon}{\partial \alpha} = \frac{2C_{L\alpha_W}}{\pi \cdot AR} = \frac{2 \times 4.942}{\pi \cdot 7.3} = 0.431 \tag{9-49}$$

飞机正常重心位置在机翼平均气动弦 1/4 处,并由表 9-1 查得轻型飞机的重心移动范围为 10%,可计算出飞机重心后限与机翼气动中心间的无量纲距离为 0.05。将上述计算结果代入式(9-25),并由飞机的静稳定裕度为 0.2,得到平尾容量系数为

$$\bar{V}_H = \frac{\dfrac{C_{m\alpha_F}}{C_{L\alpha}} + \bar{x}_{cg} - \bar{x}_W - \dfrac{\partial C_m}{\partial C_L}}{1 - \dfrac{\partial \varepsilon}{\partial \alpha}} = \frac{\dfrac{0.762}{4.942} + 0.05 + 0.2}{1 - 0.431} = 0.711 \tag{9-50}$$

2. 水平尾翼尾力臂计算

最佳尾力臂可由式(9-35)计算。由于后机身截面近似方形,修正系数取 1.4,有

$$l_{H_{opt}} = K_c \cdot 2\sqrt{\frac{\bar{V}_H SC_{MAC}}{\pi D_{fus}}} = 1.4 \times 2\sqrt{\frac{0.711 \times 15 \times 1.454}{1.5\pi}} = 5.079 \text{ (m)} \tag{9-51}$$

3. 水平尾翼面积及外形参数

水平尾翼面积由式(9-31)计算:

$$S_H = \frac{\bar{V}_H SC_{MAC}}{l_H} = \frac{0.711 \times 15 \times 1.454}{5.079} = 3.053 \text{ (m}^2\text{)} \tag{9-52}$$

由于是低速飞机,平尾选择 NACA 0012 翼型;展弦比取 2/3 机翼展弦比,为 4.9;梯形比大于机翼值,取 0.85;机翼后掠角为 0°。由上述参数可确定平尾的其他参数,具体如下。

水平尾翼展长 b_H 为

$$b_H = \sqrt{A_H \cdot S_H} = \sqrt{4.9 \times 3.053} = 3.868 \ (\text{m}) \tag{9-53}$$

水平尾翼根弦长 $c_{H\text{root}}$ 为

$$c_{H\text{root}} = \frac{2S_H}{b_H(1 + \lambda_H)} = \frac{2 \times 3.053}{3.868 \times (1 + 0.85)} = 0.853 \ (\text{m}) \tag{9-54}$$

水平尾翼梢弦长 $c_{H\text{tip}}$ 为

$$c_{H\text{tip}} = c_{H\text{root}} \cdot \lambda_H = 0.853 \times 0.85 = 0.725 \ (\text{m}) \tag{9-55}$$

水平尾翼平均气动弦长 c_{a_H} 为

$$\begin{aligned} c_{a_H} &= \frac{2}{3} c_{H\text{root}} \frac{1 + \lambda_H + \lambda_H^2}{1 + \lambda_H} \\ &= \frac{2}{3} \times 0.853 \times \frac{1 + 0.85 + 0.85^2}{1 + 0.85} = 0.791 \end{aligned} \tag{9-56}$$

即平尾的平均气动弦长为 0.791m。

为计算水平尾翼的安装角，首先需确定飞机的巡航升力系数，由式 (9-39) 为

$$C_L = \frac{2W_{\text{avg}}}{\rho V_{\text{cru}}^2 S} = \frac{2 \times 1200 \times 9.8}{1.18 \times 66.67^2 \times 15} = 0.299 \tag{9-57}$$

机翼的零升力矩系数可由式 (9-40) 确定：

$$\begin{aligned} C_{m0W} &= C_{m0_{\text{af}}} \frac{\text{AR} \cos^2 \varLambda}{\text{AR} + 2 \cos \varLambda} + 0.01\tau \\ &= -0.065 \times \frac{7.3}{7.3 + 2} + 0.01 \times (-2) = -0.071 \end{aligned} \tag{9-58}$$

NACA 0012 翼型的升力线斜率为 6.47/rad，计算出平尾的升力线斜率为

$$C_{L\alpha_H} = \frac{C_{l\alpha_H}}{1 + \dfrac{C_{l\alpha_H}}{\pi \cdot A_H}} = \frac{6.47}{1 + \dfrac{6.47}{4.9\pi}} = 4.555 \tag{9-59}$$

气流下洗角由式 (9-41) 计算：

$$\varepsilon = \varepsilon_0 + \frac{\partial \varepsilon}{\partial \alpha} \alpha_W = \frac{2C_{Lw}}{\pi \cdot \text{AR}} = \frac{2 \times 0.299}{7.3\pi} = 0.026 \ (\text{rad}) \tag{9-60}$$

将上述计算结果代入式 (9-38)，并假设速度阻滞系数为 0.9、飞机巡航飞行时迎角为 0° 且重心与机翼气动重心重合，得到水平尾翼安装角为

$$\begin{aligned} i_H &= \frac{C_L \cdot (\overline{x}_{cg} - \overline{x}_W) + C_{m0W}}{k_H \overline{V}_H C_{L\alpha_H}} - \alpha + \varepsilon = \frac{-0.071}{0.9 \times 0.711 \times 4.555} - 0 + 0.026 \\ &= 0.002 (\text{rad}) = 0.1° \end{aligned} \tag{9-61}$$

根据式 (9-61) 的计算结果，平尾的安装角可取 0°，可见由于机翼引起平尾处气流下洗，可使平尾产生向下所需的配平力。

4. 升降舵设计

升降舵设计参考表 9-6 中塞斯纳-182 的设计结果，参数取值为表 9-10 中的数据。

表 9-10　升降舵设计参数

S_e / S_H	c_e / c_H	$+ \delta_{emax} /(°)$	$- \delta_{emax} /(°)$
0.380	0.44	22.0	25.0

需要说明的是，尾翼参数设计结果还需由后续的方案评估进行多次修正，直至完成最终设计，从而满足设计要求。

课 后 作 业

针对所选的飞机概念设计项目，按照尾翼设计步骤，完成尾翼的概念方案设计。

思 考 题

9.1　尾翼的基本功能有哪些?

9.2　什么是飞机的配平? 配平阻力的定义及影响其大小的因素有哪些?

9.3　水平尾翼和垂直尾翼的尾容量系数是如何定义的? 尾翼容量系数受哪些因素影响?

9.4　尾翼设计中的一个重要要求是尾翼要比机翼后失效，具体表现在哪几方面? 为满足此要求，在进行尾翼外形参数设计时有哪些考量因素?

第 10 章　起落架参数设计

起落架也是飞机的一个重要部件，其主要功能是保证飞机在地面滑行、起飞和着陆阶段的安全运行。起落架布局形式已在第 4 章中介绍，在此基础上还需确定起落架位置的主要几何参数。

在机身、机翼和尾翼等部件的主要几何参数已经选定，完成了初步的机体外形设计以后，就可以对起落架位置的主要几何参数进行设计。此外，起落架的几何参数与飞机重心的位置密切相关，因此，在确定起落架的几何参数前，还必须对飞机的重量进行初步的估算，给出飞机重心的位置，作为确定起落架参数的基础。

10.1　起落架的基本功能和设计要求

为了保证飞机在地面滑行、起飞和着陆阶段的安全运行，起落架应具有如下基本功能。

(1)在地面支撑飞机，并使机体与地面保持一定的间隙。

(2)吸收并存储着陆时的能量。

(3)用于刹车、停机和拖曳飞机。

(4)用于滑行、起飞和着陆滑跑时的方向控制。

(5)不允许发生不稳定性现象，特别是在最大刹车、侧风着陆和高速滑行时。

为了保证上述起落架的功能，起落架设计应满足以下基本要求(约束)。

(1)几何约束，即保证飞机起飞和着陆时所需要的姿态。飞机在各种规定的操纵姿态下，除了起落架轮子外，飞机上任何部分不能擦地(主要可能擦地的部位包括机尾、翼梢以及翼吊发动机的短舱)。

(2)重心约束，即飞机在各种规定的操纵姿态下，飞机不会前翻、后翻或侧翻，同时，各起落架支柱的载荷分配要适当，以获得良好的地面操纵品质。

(3)结构约束，即起落架布置的位置应便于起落架的收放和存储，同时尽量安装在结构加强部位附近(如在机身加强框、机翼后梁处)，以减轻起落架安装引起的结构增重。

(4)地面通过性约束，即满足起降机场道面的要求，避免对机场道面造成破坏。

除此之外，还需考虑起落架重量、制造成本、维修性等方面的要求。

这些基本要求，对任何形式的起落架都是共同的。对于不同形式的起落架，在选择几何参数时所要考虑的主要问题和基本原则也都是一样的。

10.2　起落架几何参数设计

10.2.1　起落架位置的几何参数

为了便于起落架的一些主要几何参数在水平平面与垂直平面内的确定，采用机身水平基准线与水平面重合的方式。起落架各几何参数的含义见图 10-1，其中，h_{CG} 为起落架高度，按最大起飞设计重量与最大着陆设计重量对应的最后及最上的重心位置与静态压缩的静态地面线的高度取值；θ_{TD} 为擦地角；θ_{TB} 为后翻角；θ_{TO} 为防后翻角（也称为防后倒立角）；t_M 为稳定距；θ_{NR} 和 θ_{MR} 分别为前轮和主轮的前倾角；ϕ 为飞机侧倾（坡度）角；ϕ_{TO} 为飞机防侧翻角；B 为主轮距；L 为前轮与主轮之间的距离；L_N 和 L_M 分别为前轮和主轮到飞机重心的纵向距离；C 为重心与前轮和主轮的连线之间的距离。

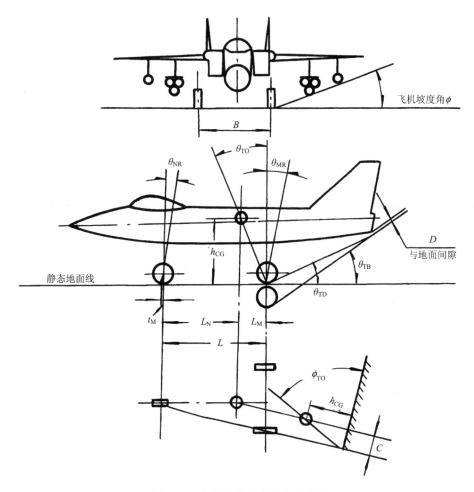

图 10-1　起落架几何参数的示意图

10.2.2　飞机俯仰角

飞机起飞离地和着陆接地时的俯仰角 θ_{AC} 是指此时飞机水平线与跑道平面之间的夹角，它与起飞离地或着陆接地时的迎角关系为

$$\theta_{AC} = \alpha - \theta_P - i_W \tag{10-1}$$

式中，α 为起飞离地时的迎角或着陆接地时的机翼迎角；i_W 为机翼安装角；θ_P 为飞机的停机角（飞机水平基准线与跑道平面之间的夹角）。α 的值可以通过如下几种方法来确定：①最大升力系数减去一个防止失速的余量；②最大升力系数的 90%；③取起飞离地时给定的迎角；

④取着陆接地时给定的迎角。

10.2.3　擦地角、后翻角和防后翻角

1. 擦地角 θ_{TD}

为了保证起飞着陆时，飞机的尾部(包括机体后部及尾翼)不致擦地，按起飞和着陆的最大设计迎角(必要时可留有一定余量)确定对应的飞机俯仰角 θ_{AC}，令 $\theta_{TD}=\theta_{AC}$，按图 10-1 所示即可定出对应机轮与缓冲器静态压缩量的静态地面线及起落架的长度。间隙 D 的参考值见表 10-1，可根据飞机的尺寸及设计需要自行确定，表中着陆角为飞机着陆状态下的俯仰角。另外，对所设计的具体飞机，若有必要，也可按机轮和缓冲器全压缩的要求设计或校核 θ_{TD}。

表 10-1　间隙 D 的参考值

1	≈150mm(美国)
2	200～250mm(俄罗斯)
3	≥主轮压缩量(民机)
4	标准着陆角偏差 2.25°～3°

2. 后翻角 θ_{TB}

后翻角 θ_{TB} 是指飞机起落架全伸长时，飞机尾部(包括后体及尾翼)触地时仰起的最大俯仰角，见图 10-1。为了避免着陆接地时飞机向后翻倒，轮胎接地面积中心必须位于飞机后重心与地面的法线交点之后，如图 10-2 所示。飞机的后翻角 θ_{TB} 一般在 15°左右。

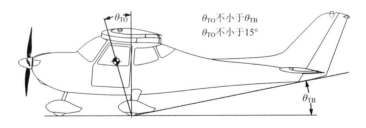

图 10-2　飞机的后翻角与防后翻角

3. 防后翻角 θ_{TO}

防后翻角的主要作用是：在着陆接地瞬间(起落架为全伸长状态)，防止飞机有向后翻仰的趋势。这就要求防后翻角 θ_{TO} 大于后翻角 θ_{TB}。

4. 影响各角度选择的其他因素

(1)外挂物与侧风的影响因素：确定起落架长度时，还需考虑带外挂物的起飞、着陆情况，特别是有侧风时，飞机机体、外挂物与地面之间应当有一定的间隙。此时应把外挂物视为机体一部分来检查间隙。

(2)道面适应性的因素：在柔性及不平道面上使用飞机时，轮胎压缩量和缓冲器的垂直压缩行程比在刚性道面上要大。为使舰载机适应大的下沉速度和尽量减小起落架设计过载，缓冲器的垂直行程应取得很大，随着 θ_{TB} 的增大，θ_{TO} 也应增大，飞机重心必须布置得比较

靠前。

（3）发动机喷口的因素：对装有可调喷口的涡扇发动机，其喷口为触地点时，则需考虑起飞与着陆时不同喷口尺寸的影响。

10.2.4　前主轮距的选择

前轮载荷太大，起飞时不易抬前轮；载荷太小，又不利于地面滑行时的方向操纵。一般而言，前轮载荷取 8%～18%的飞机最大起飞重量为宜。由此可得

$$L_N = (0.82 \sim 0.92)L , \quad L_M = (0.08 \sim 0.18)L \tag{10-2}$$

式中，L 为前主轮距；L_N 为前轮至重心的距离；L_M 为主轮至重心的距离。

10.2.5　起落架高度的选取

在前后支柱上的轮胎和缓冲器单独压缩以及同时压缩的情况下，确定起落架高度的条件。苏联标准常要求地面与飞机结构(机身、机翼、发动机、螺旋桨、腹鳍等)之间的距离取值范围为 200～250mm，而美国标准通常要求只有 75～150mm。

这一距离还需在飞机带倾斜坡度着陆时予以确定。此时，飞机俯仰角等于着陆角，倾斜坡度定为 4°～5°。对于有下反角的后掠下单翼飞机，起落架高度通常也取决于这些条件。在实际型号设计中，通常是按如下情况检查起落架高度：

(1)三点着陆，全部机轮和缓冲器全压缩；

(2)着陆迎角下，一个主轮轮胎和缓冲器全压缩，另一个主轮缓冲器和轮胎处于静态；

(3)着陆迎角下，两主轮轮胎和缓冲器全压缩；

(4)两个主起落架处于静态，前轮的轮胎和缓冲器全压缩。

检查这些情况下外挂物和机体与地面的间隙是否满足规范要求，从而决定是否再调整飞机停机高度。另外，起落架高度还取决于飞机布局形式(上单翼、中单翼、下单翼)、起落架固定部位及其收起位置的布局。

10.2.6　主轮距的选择

主轮距 B 决定着地面转弯的稳定性和刹车的稳定性，当机轮与道面的侧向摩擦系数 μ 最大时为严重条件，表示为

$$B = 2\mu h_{CG} L \Big/ \sqrt{L_N^2 - (\mu h_{CG})^2} \tag{10-3}$$

式中，初步选择时取 $\mu \approx 0.85$，$L_N \approx 0.9L$。

在确定主轮距 B 时，也可采用图 10-1 所示的防侧翻角 ϕ_{TO} 作为设计要求之一，其参考值见表 10-2。

表 10-2　防侧翻角 ϕ_{TO} 的参考值

项目	陆基飞机	土跑道	舰载飞机
ϕ_{TO}	≤63°	≈57°	≤54°
优点	提高刹车稳定性	适用于低压宽轮胎	提高转弯稳定性
缺点	降低转弯稳定性	—	降低刹车稳定性

另外，对于大展弦比机翼的飞机，若主起落架安装在机翼上，主轮距对飞机在地面上因飞机重量引起的机翼结构挠度也有较大影响。适当增加主轮距，可减小此时机翼结构的挠度。

10.2.7　飞机侧倾角的选择

对飞机侧倾角(或称坡度角)的要求是：飞机在侧风着陆或地面转弯机动时，飞机部件(机翼翼梢、发动机短舱等)不能擦地。侧倾角的定义参见图10-1。初步设计时，其值一般为4°～5°，确切值需要在飞机侧风着陆分析和评估时再最终确定。

10.2.8　前倾角的选择

1. 前倾角的主要作用

(1)在不平道面上滑跑撞击局部鼓包时，可使机轮向上、向后运动，从而较平稳地越过鼓包；

(2)保持自由、定向的可转机轮(如前轮、尾轮)在滑跑中的静稳定和动稳定；

(3)可以防止或减缓(取决于稳定距 t_M 大小，参见图10-3)前轮摆振。

2. 前倾角的静、动稳定性

静态稳定是指当前轮受扰动向左或向右偏转时，如果使机头上抬，则可用飞机的重力使偏转的前轮回到中立位置。反之，在飞机重力作用下继续向外偏，使飞机偏离跑道，为静不稳定。

动态稳定是指机轮受到左、右旋转的扰动时，可自行减弱此扰动。如果扰动是发散的，则是动态不稳定。

几种典型情况如图10-3所示。

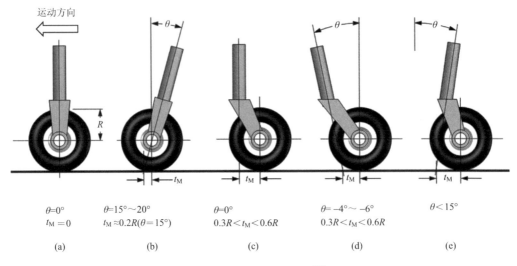

$$
\begin{array}{ccccc}
\theta=0° & \theta=15°～20° & \theta=0° & \theta=-4°～-6° & \theta<15° \\
t_M=0 & t_M≈0.2R(\theta=15°) & 0.3R<t_M<0.6R & 0.3R<t_M<0.6R & t_M \\
(a) & (b) & (c) & (d) & (e)
\end{array}
$$

图10-3　前轮转轴方案[18]

图10-3(a)所示为静、动态均为中性稳定(即无前倾角)；

图10-3(b)所示为静态中立稳定(因轮左右旋转时，飞机上下位置不变)和动态稳定(因

为稳定距 t_M)；

图 10-3(c) 所示为静态中立稳定和动态稳定；

图 10-3(d) 所示为唯一能保持静、动态都稳定的形式；

图 10-3(e) 所示为静态不稳定，但是动态稳定的形式。

3. 主轮前倾角的选择

对于需在粗糙道面上使用的飞机，它的主轮才采用前倾角。因其主轮是不可左右旋转的，通常采用图 10-3(e) 的形式。美国空军规范要求 $\theta \leqslant 7.5°$ ，以 $7°\sim7.5°$ 为好。是否采用前倾角，应视具体设计要求确定。

4. 前轮前倾角的选择

前轮一般都需装减摆器防止前轮摆振。如需设置前倾角，美国空军规范要求：$\theta \leqslant 7.5°$，以 $7°\sim7.5°$ 为好，并同时要求 $t_M \geqslant 8\%D_t$(D_t 为前轮直径)。此要求是否合适，需在设计中分析研究确定。

对于采用前轮方向操纵的飞机，一般的设计方法是在保证动态稳定的条件下，尽量减小操纵力，方法可以是：①为了防止前轮因静不稳定而产生的机头上、下跳动，采用控制连杆或采用正的 θ 和小的稳定距 t_M；②有的资料建议采用下述值：对于大型飞机，$\theta \approx +7°$，$t_M \geqslant 8\%D_t$；对于轻小型飞机，$\theta \approx +15°$，$t_M \approx 10\% D_t$。

10.2.9　起落架设计要求与几何参数的关联关系

从上述分析可以看出，起落架几何参数的设计需满足起落架设计要求，表 10-3 对起落架设计要求与起落架几何参数的关联关系进行了简要总结。

表 10-3　起落架设计要求与起落架几何参数的关联关系

需求与约束	需求含义	受影响的参数
离地间隙	机翼、发动机、机身、螺旋桨的离地距离需合理	起落架高度
地面操纵性	必须限制前轮载荷	前主轮距，前轮到重心的距离
起飞抬前轮	飞机必须能够以希望的角速度围绕主轮转动	起落架高度
起飞抬前轮离地间隙	在起飞抬前轮过程中后机身和尾翼不得触地	高度，前主轮距
防止机头机尾擦地	起飞时防止机尾擦地，着陆时防止机头擦地	高度
防止侧翻	必须能够防止在滑行急转弯时发生侧翻	主轮距
机翼结构挠度	在地面上因飞机重量引起机翼结构挠度尽量小	主轮距
地面横向稳定性	在侧风作用下飞机不得翻倒	主轮距，高度

10.3　飞机漂浮性

飞机漂浮性又称为地面通过性，是对飞机在规定强度的道面上使用能力的一种评定。如果飞机的漂浮性达不到起降机场道面的要求，就会对机场道面造成破坏，从而限制飞机的使用范围。漂浮性的分析有波特兰水泥协会(PCA)方法、联邦航空局(FAA)方法、载荷分类号(LCN)及飞机分类号-道面分类号(ACN-PCN)方法等。

ACN-PCN 是目前国际民用航空组织(ICAO)提倡的分析飞机和机场适应性的方法。飞机分类号(aircraft classification number，ACN)是根据飞机的载荷和起落架布局参数，表示飞机对某种道面产生影响的一个数字；道面分类号(pavement classification number，PCN)是根据道面的类型及厚度，表示道面对飞机非限制使用时承载能力的一个数字。ACN 和 PCN 都是无量纲的数，它们使用同一把标尺，共同构成了评定飞机与机场道面适应性的判断标准。若 ACN 值等于或小于 PCN 值，则在限定的轮胎压力情况下飞机能够在道面无限制使用；反之，则飞机不能在道面上使用或只能限制使用。

有关飞机漂浮性的评估可参阅飞机起落架设计的相关文献。

10.4　机轮数目及其布置方式

起落架机轮的数目和布置方式主要取决于跑道的承载限制。起落架上的机轮数目及其布置方式有多种形式，如图 10-4 所示。设计中采用何种形式，主要由飞机总重、起降场地的强度、机轮大小和收藏空间等条件决定。

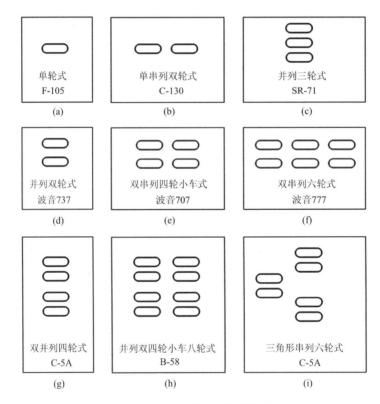

图 10-4　每一起落架上的机轮数目及其布置方式

典型的机轮数目及其布置方式包括以下几种。

(1) 单轮式：如图 10-4(a)所示，由于结构简单，被很多战斗机所采用。

(2) 单串列双轮式：如图 10-4(b)所示，被 C-130 等飞机所采用。

(3) 并列三轮式：如图 10-4(c)所示，例如，SR-71 飞机采用了这种形式。

（4）并列双轮式：如图 10-4（d）所示，大多数舰载飞机的前起落架以及民用飞机的前起落架采用这种形式。

（5）双串列四轮小车式：如图 10-4（e）所示，被大部分重型飞机主起落架所采用，如波音 707、波音 747、L-1011、DC-8 等飞机主起落架的采用。

（6）双串列六轮式：如图 10-4（f）所示，例如，波音 777 飞机的前起落架采用了这种形式。

（7）双并列四轮式：如图 10-4（g）所示，例如，C-5A 飞机的前起落架采用了这种形式。

（8）并列双四轮小车八轮式：如图 10-4（h）所示，这种布局被 B-58 飞机的主起落架所采用。

（9）三角形串列六轮式：如图 10-4（i）所示，这种布局被 C-5A 飞机的主轮所采用。

表 10-4 给出了不同类型飞机的典型机轮数目和尺寸的部分统计数据，更多的统计数据可参阅文献[13]的第 2 册。在概念设计阶段可参考这些数据，初步选取机轮的数目和尺寸。

表 10-4　不同类型飞机的典型机轮数目和尺寸[13]　　　　　（尺寸单位：in）

飞机类型	最大起飞重量/lb	主起落架			前起落架		
		轮胎尺寸（直径×宽度）	承载占比	轮胎数（每个支柱）	轮胎尺寸（直径×宽度）	承载占比	轮胎数（每个支柱）
喷气式客机	116000	40×14	0.94	2	24×7.7	0.06	2
	220000	40×14	0.94	4	29×7.7	0.06	2
	330000	46×16	0.93	4	40×14	0.07	2
	572000	52×20.5	0.93	4（3 个支柱）	40×16	0.07	2
	775000	49×17	0.94	4（4 个支柱）	46×16	0.06	2
单发螺旋桨飞机	1600	15×6	0.80	1	15×6	0.20	1
	2400	17×6	0.84	1	12.5×5	0.16	1
	3800	16.5×6	0.84	1	14×5	0.16	1
喷气式公务机	12000	22×6.3	0.93	1	18×5.7	0.07	1
	23000	27.6×9.3	0.95	1	17×5.5	0.05	2
	39000	26×6.6	0.92	2	14.5×5.5	0.08	2
	68000	34×9.25	0.93	2	21×7.25	0.07	2
战斗机	14000	18.5×7	0.87	1	18×6	0.13	1
	25000	24×8	0.91	1	18×6.5	0.09	1
	35000	24×8	0.90	2	21.5×10	0.10	1
	60000	35×9	0.88	1	22×7.5	0.12	2

10.5　起落架几何参数设计示例

下面以前三点起落架布局的通用航空飞机为例，说明起落架几何参数的确定步骤。

步骤 1：在侧视图上画出重心前限，如图 10-5 所示。

步骤 2：在侧视图上画出重心后限，如图 10-5 所示。

步骤 3：确定重心后限处重心的最高位置，如图 10-6 所示标出该点的位置。

步骤 4：如图 10-6 所示，画出平行于水平面的螺旋桨与地面间隙的最小限制线。在起落架最不利的情况下，该值不得小于 178mm。

步骤 5：如图 10-6 所示，画出机尾擦地线，确保它与地面夹角为失速迎角 α_{stall} 或等于 15°（推荐值）。

步骤 6：过重心画一条垂直于机尾擦地线的垂线。这就是主起落架轮胎接地点的位置（注意：这是 1g 过载的静态压缩位置，飞机一旦离开地面，起落架将低于机尾擦地线）。

步骤 7：画一条通过机尾擦地线和机尾擦地线垂线交点与水平面垂直的直线。

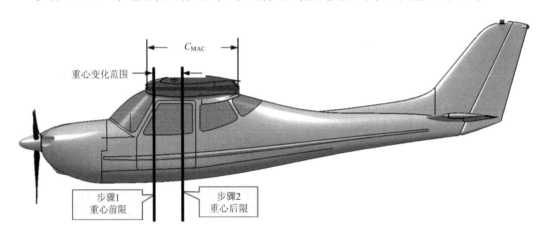

图 10-5　前三点起落架几何参数确定（步骤 1 和步骤 2）

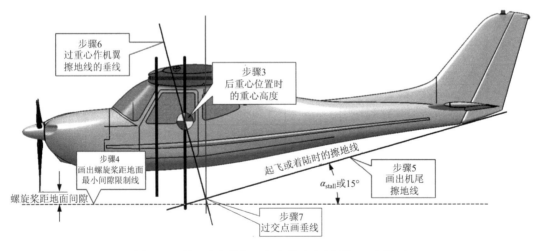

图 10-6　前三点起落架几何参数确定（步骤 3～步骤 6）

步骤 8：如图 10-7 所示，主起落架的机轮接地点的位置就是这三条线的交点。

步骤 9：确定起落架前轮的位置，使得在重心位于前限时，前轮载荷不超过 20%的飞机重量，重心位于后限时，前轮载荷不小于 10%的飞机重量。前轮载荷过大将不利于飞机转向与离地，太小则因为减小了与地面之间的摩擦会造成操纵困难。起落架前轮承载太轻还有可能造成飞机在地面"跳跃"。

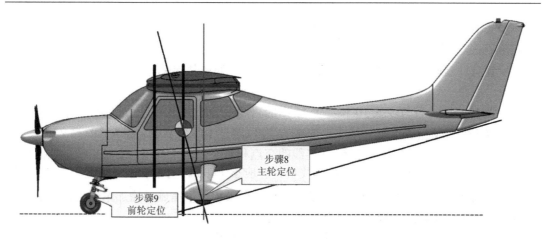

图 10-7 前三点起落架几何参数确定(步骤 8 和步骤 9)

关于起落架的合理定位还需要考虑地面滑跑时横向稳定性方面的因素,可以通过侧翻角的大小来衡量横向稳定性的好坏。

下面的步骤是为了验证轮距要有足够的宽度,以提高滑行和转弯时的横向稳定性。由于重心位于距离地面 h_{CG} 的高度,转弯时的离心力产生的力矩就可能会使飞机翻滚,甚至滚出跑道。为将这种风险降到最低,应该同时检验轮距和 h_{CG} 以确保不会发生这种情况。经验表明,重心越接近地面,飞机的横向稳定性越好;重心位置越靠前,横向稳定性越差。

下面的步骤(步骤 10~步骤 14)参考图 10-8。

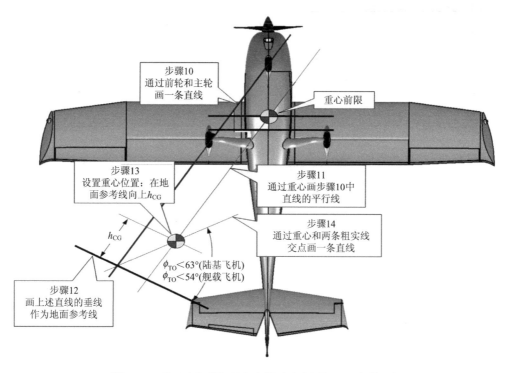

图 10-8 前三点起落架几何参数确定(步骤 10~步骤 14)

步骤 10：画出一条直线通过前轮和主起落架左轮或右轮接地点连线。在这里，选择的是起落架右轮(注意：图 10-8 是底视图，因此右翼位于左侧)。

步骤 11：画一条与步骤 10 中的线平行的线。为清楚起见，将两条直线都画得远离飞机。

步骤 12：画一条与步骤 10 和步骤 11 中的直线垂直的直线。这条直线代表了地面线。

步骤 13：将 h_{CG} 置于地平线之上的某一高度(参见 10.3.1 节中关于 h_{CG} 的定义)。

步骤 14：通过步骤 10 和步骤 12 连线的交点和重心画一条直线。这条直线与地面线的夹角即飞机的防侧翻角 ϕ_{TO}。对于陆基飞机，它应小于 63°，对于舰载飞机应小于 54°。如果防侧翻角比这个值稍大，为了满足以上要求，可采用以下措施：增加主轮距；减小起落架高度；增大前主轮距；或采用以上三种方式组合。

通过上述步骤，就可确定出起落架布局的几何参数。

课 后 作 业

针对飞机概念设计项目，按照起落架初步设计方法与步骤，确定飞机的起落架布局及几何参数。

思 考 题

10.1　起落架有哪些布局形式，其特点是什么？

10.2　起落架布局的主要几何参数有哪些？如何确定这些参数？

10.3　什么是飞机的漂浮性？

10.4　起落架机轮的布置方式有哪些？飞机概念设计中如何初步确定机轮的数目？

第 11 章　飞机总体布置与几何模型绘制

飞机的总体布置工作是完成飞机总体方案初步设计工作的最终阶段。当飞机的布局形式、所采用的具体发动机、飞机的基本参数、飞机的机翼、机身、尾翼、起落架等主要部件的主要几何参数均选定后，就可着手进行飞机总体布置的工作。这个阶段的工作完成后，需绘制设计方案的三视图、三维外形图和总体布置图，并完成相关的技术文件。

11.1　飞机总体布置的内容

飞机总体布置工作的主要任务包括以下方面：

(1)安排布置飞机内部的各种装载、系统和设备，包括驾驶舱、燃油系统、军机的武器、设备舱、操纵、电气、液压、冷气等各种系统的管路、电缆等；

(2)布置动力装置，包括发动机、螺旋桨、短舱的布置；

(3)合理布置飞机各部件的结构承力系统；

(4)布置起落架，并与结构布置、设备系统布置等协调；

(5)对飞机的重心进行定位；

(6)对全机的几何外形进行协调和修正。

值得注意的是，上述几个方面并不是孤立的，而是互相影响，具有内在的联系。因此，需要设计师综合考虑协调解决多方面问题，平行地进行这几方面的工作，才能完成飞机总体布置的工作。实际上，总体布置方案和飞机的几何外形修正是多方面综合权衡的结果。

飞机总体布置通常是按照"布置-协调-布置"的过程进行的。开展这项工作的主要依据是"飞机型号设计要求"，主要包括：①使用环境条件与用户要求；②市场竞争目标；③飞机基本性能与使用特性要求；④选定的标准、规范和条例。

总体布置工作涉及的工作内容非常广，本章只介绍总体布置的基本内容，有些内容已在机身外形中介绍过(如民机的客舱布置)。另外，作为总体布置合理性判据的重量重心估算将在第 12 章进行介绍。

11.2　驾驶舱的布置

在有人驾驶的飞机上，必须设计驾驶舱。飞机驾驶舱是飞行控制的人机交互节点。驾驶舱设计的宗旨是结合人(驾驶员)的生理和心理因素，根据飞机的总体指标去规划并协调飞机的操纵、控制、通信和导航等机载系统设备的布置，使驾驶员在不感到疲劳的状态下，迅速、准确地获取各种反映飞机工况的视觉、听觉和触觉信号，并按需做出正确无误的操纵、控制指令，以完成飞行任务。在设计中应考虑到把驾驶员误操作的概率尽可能降低到最小。

驾驶舱设计是飞机总体布置的一项重要工作，内容繁多，一般由专门的设计团队来完

图 11-1 "协和号"超声速客机

成。这里针对飞机概念设计阶段，对驾驶舱布置只做初步介绍。

对驾驶舱总的要求是：要保证飞行人员有良好的工作条件、舒适的乘坐环境，保证驾驶员有良好的视界，对于军用飞机还需要有安全可靠的弹射救生系统。驾驶员的视界很重要，如果视界不好，则不能满足战斗飞行和起飞着陆的要求。

但是，如果驾驶舱凸出机身过高，又会影响机身前段的流线形状，增加气动阻力，这是与视界的要求相矛盾的，在布置过程中需要进行协调。例如，英、法两国合作研制的"协和号"超声速客机和苏联的图-144 超声速客机，为了同时满足这两方面的要求，不得不在起飞着陆时将机头向下折，如图 11-1 所示。

1. 民用飞机的驾驶舱布置

民用飞机驾驶舱设计涉及的内容主要包括：机组人数、设计眼位、视界、驾驶舱布置原则等。

1) 机组人数

机组人数与其工作负荷有关，也与机组成员对必需的操纵器件的可达性和操作简易性有关。最小机组人数的确定可按照 CCAR-25.1523 和 CCAR-25 部附录 D 来确定。20 世纪 50 年代设计的运输机往往配备一名正驾驶员、一名副驾驶员、一名飞行工程师、一名领航员和一名通信员。随着技术的进步，首先减去了通信员，机组成员逐渐减少至三名，目前最少为两名机组成员。这主要是由于航空电子设备和计算机系统的发展，省去了飞行工程师和领航员的工作。对于通用航空类飞机，常常仅有一名驾驶员。

2) 设计眼位

眼位高的基准"0"位是从飞机驾驶舱地板上表面起计算。中国人中等身材标准人眼位高尺寸的推荐值为 1230mm。设计眼位在飞机坐标系中的横坐标定位尺寸推荐值为 507.5～533.4mm。

驾驶员眼位平面角度的测量参数如图 11-2 所示。

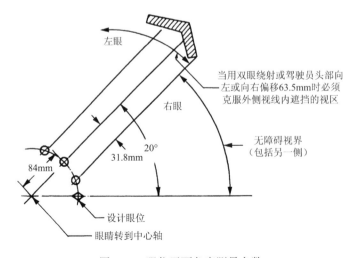

图 11-2 眼位平面角度测量参数

3) 视界

在驾驶舱设计中应提供合适的外部视界和内部视界的保障。为安全起见，尤其在着陆时，机头前下方视界至关重要。现代飞机对外部视界的保障遵循规则是 SAE(society of automotive engineers)航空航天标准 AS580，具体设计时参考该标准。

在设计驾驶舱风挡时，利用视界图绘制出视界喇叭面，如图 11-3 所示。按驾驶舱布置的眼位将该喇叭面插入相应位置，结合喇叭面与机身外形表面，即可制定出满足视界要求的风挡玻璃的最小形状。

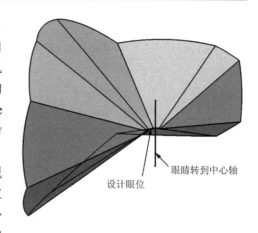

图 11-3　视界喇叭面

4) 驾驶舱布置原则

驾驶舱布置的原则是以标准人的设计眼位为中心(关于标准人的定义见附录 A)，以满足标准人的外视界为前提来设计风挡，用满足标准人的内部视界为基本要求来设计驾驶员仪表板，以及控制板上的显示、指示、控制设备的布局，同时以标准人的可达性为依据(手足向前、向后、向上、向下、向侧向)来布置显示、控制、操纵设备、系统等。另外，以人体测量数据统计值相对于标准人(50%百分位测量统计值的人)的各类测量的算术差作为驾驶员座椅的向上、向下、向前、向后、向侧向的调节量，以保证95%的统计尺寸的人的眼位都能调节到设计眼位上，并且，其可达性也能通过调节达到满足。

图 11-4 为推荐的大型运输类飞机驾驶舱几何尺寸，座椅为并排形式，有关更多细节可查阅 CCAR-23.772 和 CCAR-25.772。图 11-5 为大型运输类飞机驾驶舱的典型布置实例。

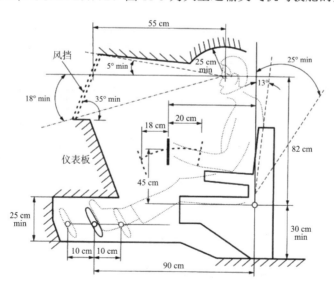

图 11-4　大型运输类飞机驾驶舱几何尺寸

图 11-5　驾驶舱典型布置实例

2. 军用飞机的驾驶舱布置

军用飞机驾驶舱的几何尺寸主要取决于座椅尺寸、操作和活动空间、安全弹射离机通道、仪表板、显示器、操纵台、视界要求的驾驶舱盖以及设备安装等。军用飞机驾驶舱设计同样也需要进行人机工效的分析与设计，将飞行员有效地结合到飞机系统中去。驾驶员的人体数据可按附录 A 中的数据进行选择。

图 11-6 所示的战斗机驾驶舱基本尺寸为基于我国飞行员人体统计动态测量而推荐的驾驶舱基本尺寸。军用飞机驾驶舱的前后气密框的间距一般为 1.55~1.65m。驾驶舱处机身宽度一般为 1.0~1.65m。

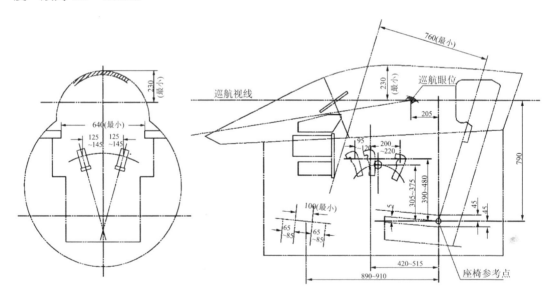

图 11-6　战斗机驾驶舱基本尺寸

对于串列双座作战飞机和教练机，后座的正前方下视界要求应大于 5°，如图 11-7 所示。

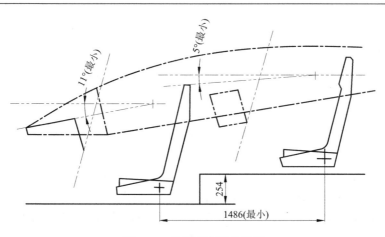

图 11-7　串列双座飞机视界

11.3　动力装置的布置

飞机动力装置的布置是在发动机的类型和数目已经选定，发动机的外廓尺寸及其主要附件的位置和尺寸、发动机的重量和重心位置、推力轴线、安装接头的形式及位置等基本数据均已经知道，螺旋桨参数或进气道及尾喷管的形式和基本参数也已经初步确定的情况下开始进行的。其任务是具体安排发动机、螺旋桨或进气道和尾喷管在飞机上的位置，保证在各种飞行状态下，发动机都能正常工作。以下对几种典型飞机的动力装置布置做简要介绍。

1. 战斗机的动力装置布置

对于战斗机(或歼击机)，一般都是将一台或两台涡轮喷气发动机或涡轮风扇发动机装在机身尾段，并直接通过一些接头和拉杆固定在机身的加强框上。这种形式的动力装置布置起来比较复杂，存在着与其他各部分相互干扰的问题。布置动力装置时，在保证与其他部分互不干扰、相互协调的前提下，还应尽可能地减小飞机的总阻力和降低发动机的推力损失。为此，应使发动机的轴线与飞机的水平基准线相重合，并考虑到进气道及尾喷管调节系统的安排。

为了使发动机能正常工作，并且保证发动机周围的部件或结构不致过热，应采取对发动机及尾喷管进行冷却和隔热的措施。常用的措施是布置导风罩，从进气道或机身外部引入冷却空气，并安排隔热层。否则，在尾喷管的高温烧烤下，后机身过热，会发生烧机身的事故。此外，还需注意的是，平尾不应直接暴露在尾喷管的高温喷流之下，以避免平尾被烧坏。

动力装置的布置还应便于发动机的拆装和维护。在机体上，要安排合适的使用分离面与发动机的检查、维护舱口，在分离面处的机体结构上布置承力支点和承力结构。发动机的各支点接头处应有足够的强度和刚度，以承受发动机的轴向推力、惯性力和陀螺力矩等载荷，而且应允许发动机因温度变化而自由伸缩。

2. 螺旋桨的位置布置

对于采用螺旋桨的飞机，必须合理布置螺旋桨的位置。除非已证实可采用更小间距，否则飞机在最大重量、最不利重心位置以及螺旋桨在最不利桨距位置的情况下，螺旋桨的间距应满足中国民用飞机适航规章要求，具体如下。

(1)螺旋桨与地面的间隙至少如下：对于前三点起落架飞机为180mm；对于后三点起落架飞机为230mm。飞机的状态是起落架静压缩、水平起飞或滑行的姿态，取其中最临界者。

(2)在水平起飞姿态、临界轮胎全压缩和相应的起落架支柱全压缩状态，螺旋桨与地面之间必须有正的间隙。

(3)必须满足：①桨叶尖部与飞机结构之间至少有25mm的径向间隙，还要加上为防止有害振动所必需的附加间隙。在螺旋桨或桨毂整流罩与飞机静止部分之间至少有13mm的纵向间隙。②在螺旋桨其他转动零件或螺旋桨整流罩与飞机静止部分之间要有正的间隙。上述数值是最小值，为了限制客舱的噪声水平，建议桨叶尖与机身之间的间隙至少为100mm，再加上每台发动机每100hp的16.5mm的间隙。

(4)对于水上飞机，每个螺旋桨与水面的间隙必须至少为460mm，但建议此间隙应该至少为螺旋桨直径的40%。

(5)当两个螺旋桨盘靠近时，从前面看两者之间相对的距离至少应为230mm。

(6)螺旋桨的安装位置还要考虑螺旋桨碎片飞出以及这种破损模态对飞机的影响。应当采取切实可行的预防措施，尽量减小螺旋桨桨叶的一部分或整个桨叶飞出所造成的灾难性影响。

3. 发动机短舱的布置

对于采用翼吊短舱布局的飞机，其短舱与机翼之间的位置关系如图11-8所示。

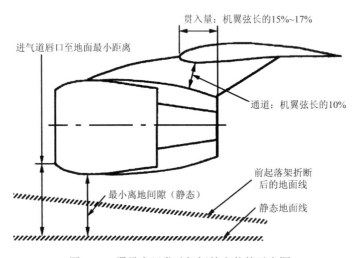

图11-8　翼吊布局发动机短舱安装的示意图

发动机短舱安装必须考虑以下因素。

(1)通道纵深度：为降低机翼与短舱之间的气动干扰，需在机翼和短舱之间留有间隙。

(2)贯入度：尾喷口喷流平面距机翼前缘的距离，即短舱和机翼纵向重叠长度。贯入度应与通道纵深度同时设计，使短舱的干扰阻力最小。

(3)进气口距地面有足够的高度，以避免形成地面效应涡系。这个涡系有可能导致进气道气流发生畸变，也有可能从地面吸入异物而造成损失。在初步设计时，可参考图 11-9 中单位面积进口流量与地面间隙的关系统计数据，初步确定地面间隙。

(4)必须控制反推力喷流的方向，以保证其不致对机翼襟翼和机身造成气动干扰，同时需避免发动机重新吸入热排气。

(5)必须妥善配置进气口和起落架的相对位置，以避免外来物或过量的水溅影响发动机安全工作。内侧发动机短舱的位置与前起落架形成的喷溅角应不小于 30°，如图 11-10 所示。

(6)在发生风扇或涡轮盘解体等小概率事件时，必须使碎片可能的运动轨迹不致对飞机造成额外的危险，特别是不能对另一侧发动机构成危险。

(7)短舱必须与地面有足够的距离。在发生着陆中前起落架折断或者飞机以大的滚转或俯仰姿态着陆时，不致危及动力装置。

在概念设计阶段，翼吊布局发动机短舱在机翼展向上的位置，可按表 11-1 初步确定发动机短舱的位置。

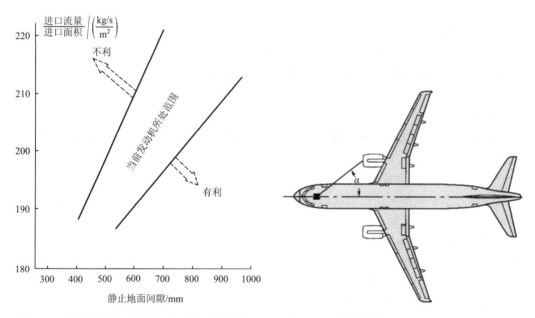

图 11-9　单位面积进口流量与地面间隙的关系　　　图 11-10　前起落架与发动机短舱的喷溅角关系

表 11-1　翼吊发动机短舱的安装位置

发动机数量	安装位置
两台发动机	飞机中心线两侧 0.3~0.32 的半翼展处
三台发动机	两台发动机与上一条相同；第三台发动机安装在飞机的中心线上
四台发动机	内侧发动机安装在 0.29~0.32 的半翼展处，外侧发动机安装在 0.62~0.66 的半翼展处

尾吊短舱设计与翼吊短舱设计类似，但在相对于机身的定位时，需要特别仔细。为减小气动干扰阻力，在机身和短舱之间可以至少保留短舱直径一半的间隙。短舱的垂直位置通常靠近机身的中心线或偏上一些的位置。另外，短舱的位置应远离机翼的尾涡，同时也要防止短舱的废气流干扰尾翼。

4. 考虑发动机转子非包容性损坏的影响

在布置动力装置时，还需考虑发动机转子非包容性损坏这个因素。发动机转子非包容性损坏是指由于环境(鸟撞、腐蚀、外来物破坏)、制造和材料缺陷、机械、人为等因素(维修、检查、运行程序不当)，导致发动机转子碎片从发动机甩出而可能对飞机造成危害的任何损坏。

为防止发动机转子非包容性损坏，应从三个方面着手：①在发动机设计时，减小发动机转子非包容性爆破发生的概率；②在飞机设计时，考虑当发动机转子非包容性爆破发生后，如何保证将飞机的危害降至最低；③在飞机运行阶段，通过适当的维修和检查来预防发动机转子非包容性爆破的发生。

这里仅从飞机设计角度出发，考虑当发动机转子非包容性爆破发生后对飞机的影响。要完全消除非包容性转子损坏不大可能，所以，通用航空类飞机和运输类飞机的适航标准都要求飞机设计中需采取措施，将此类事件造成的危害减至最小。在发动机转子碎片不能包容的情况下，发动机的安装位置应采取一切实用的预防措施，使非包容的发动机转子碎片造成灾难性损伤的风险最小。在飞机设计中，通常需考虑非包容的发动机转子碎片对下列飞机关键部件或区域的影响：

(1) 其他发动机(特别是那些位于飞机同一侧的发动机)；

(2) 机身增压舱和其他主要结构；

(3) 驾驶舱区域；

(4) 燃油系统和油箱，并应当考虑燃油溢入发动机舱而可能引起火灾危险的飞机任何其他区域；

(5) 最重要的控制系统，包括主飞行操纵装置、电气系统、液压系统和切断装置。

美国联邦航空局发布的咨询通报(advisory circular)AC20-128A给出了将涡轮发动机和辅助动力装置非包容性转子损坏的危害减至最小的设计考虑，并为达到以上目的提供了指南。AC20-128A指出，减轻发动机和APU非包容性转子损坏危害的最有效的方法包括：①将关键元器件置于可能的碎片撞击区之外；②分离、隔开、冗余和遮护飞机关键元器件和/或系统。AC20-128A不仅明确了"飞机关键元器件/系统/区域"，而且给出了划定发动机转子发生非包容性损坏受影响区域的方法。

11.4　结构初步布置

由于对机体结构要求的复杂性，有些要求又是互相矛盾的，所以结构方案设计是一个反复比较、优化选择的过程。经验表明，总体布置方案对结构方案的选择影响甚大。既定总体方案造成的对结构布置的不利因素，往往在后续结构设计中要付出重量代价，甚至造成无法弥补的强度和刚度缺陷，迫使在研制后期改变方案或飞机带缺点使用。因此，在总体设计时，要重视结构方案设计，要强调总体方案为机体承力系统的合理设计提供有利条件。

主要承力结构布置的原则是：①保证飞机结构具有足够的强度和刚度；②有利于减轻结构重量；③便于维护和使用；④良好的工艺性；⑤满足内部装载的要求；⑥主承力构件的综合利用。

飞机承力结构的布置一般主要包括以下方面。

1. 确定使用分离面

使用分离面用于在飞机运输过程中，对飞机进行分解和装配，以及在飞机进行定期大修和维护中，对发动机等大型装载物的拆装。典型战斗机的使用分离面如图 11-11 所示。

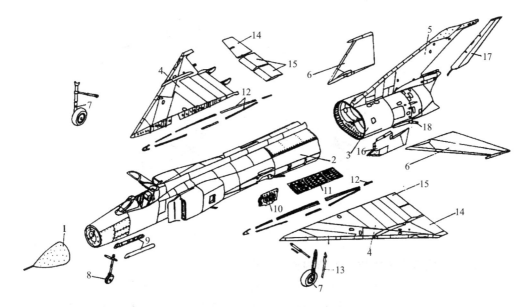

图 11-11　典型战斗机的使用分离面示例

1-机头锥；2-前、中机身；3-后机身；4-机翼；5-垂尾；6-平尾；7-主起落架；
8-前起落架；9-前起护板；10-主起舱门；11-发动机维护口盖；12-机翼根部整流包皮；
13-主起护板；14-副翼；15-襟翼；16-腹鳍；17-方向舵；18-平尾大轴

使用分离面过少或选取的位置不恰当，会使飞机的分解、维修困难，但也不能取得过多，多一个使用分离面就会使飞机多增加一份结构重量。

2. 确定大开口的部位

飞机上一些非受力舱门比较大的地方，如驾驶舱的开口处、起落架舱口、弹药舱口、客机的出入口以及一些快卸的大检查舱口等，均属于飞机的大开口处，为了保证飞机结构传力，在大开口的边缘要布置加强构件参与承力。

3. 确定全机结构主要受力形式及传力方案

全机结构主要受力形式及传力方案包括机翼、机身、尾翼和起落架结构布局形式的确定，其中最重要的是机翼与机身结构的总体布置形式。

基于机翼与机身载荷传递情况，机翼的弯矩、扭矩和剪力要通过机身传递，与机身的载荷相平衡。在这三种载荷中，弯矩是最主要的载荷，它对结构重量影响最大，全机结构布局要重点考虑该载荷的传送。飞机翼身结构一般有以下几种布局形式，如图 11-12 所示。

1) 机翼翼盒穿过机身的结构布局形式

上单翼和下单翼布局的飞机，一般采用机翼主受力盒穿过机身的布局结构形式，如图 11-12(a) 所示。由于这种布局将结构总体的最主要载荷(左右机翼弯矩)直接相互平衡，这样机身不承受任何机翼弯矩，只承受机翼通过接头传来的剪力和扭矩，这种布局是高速飞机和民用飞机的理想传力布局。但机翼主受力盒要占据一些机身空间，一般只有在上单翼和下单翼飞机布局时采用。

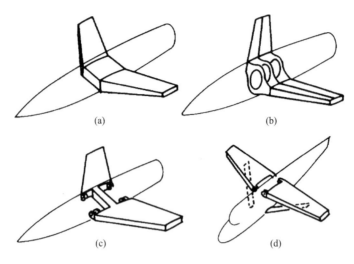

图 11-12　翼身结构布置形式

2) 通过加强框传递机翼载荷的结构布局形式

由于气动力要求，高速飞机常采用中单翼布局。这种布局的机翼翼盒无法穿过机身，机翼上的载荷只能通过接头传递给机身框，如图 11-12(b)所示。这样，机身的加强框要传递机翼上的弯矩、扭矩和剪力，特别是传递机翼弯矩，要付出一定的结构重量，加强框和传力接头设计都要特别精心。

3) 翼梁穿过机身的结构布局形式

在有些情况下，中单翼布局的飞机允许机翼的梁穿过机身，通过穿过机身的梁自身平衡机翼的弯矩，剪力和扭矩通过机身框接头传递，如图 11-12(c)所示。这种结构与翼盒穿过机身布局传力的不同点是：由于机翼翼盒不能穿过机身，机翼要将外翼传递过来的弯矩在翼根部集中到梁上，扭矩也要通过加强肋集中到翼根接头上，机翼根部要加强，机身接头传载也加大，这样要付出一部分结构重量代价。从受力观点看，该结构优于通过加强框传载布局，但不如机翼翼盒穿过机身布局，多用于梁式结构布局的机翼情况，如歼-5飞机的结构布局。

4) 外带撑杆的结构布局形式

这种布局形式在机翼与机身间允许布置撑杆，如图 11-12(d)所示。该撑杆使机翼上的弯矩卸载，大大减小了机翼弯矩。机身结构通过机翼接头与撑杆接头，传递机翼的弯矩、扭矩和剪力，受力十分合理，是结构重量最轻的布局方案。不过，这种布局形式会增加气动阻力，目前大多用于轻型低速飞机。

4. 确定飞机结构的工艺分离面

工艺分离面是保证飞机加工制造之用的。飞机在投入批量生产时，都需要分段进行施工，合理的工艺分离面越多，施工制造越开敞，越有利于提高生产率和缩短制造周期。但工艺分离面过多会造成连接件的增多，使结构重量增加。

5. 布置主承力构件

凡是承受集中力和安装固定装载物的部位都应布置承力构件。在布置构件时，应明确所布置的构件在各种飞行状态下如何受力，估计危险截面及其尺寸，检查是否合理。

上述布置的承力结构是很粗略的，只是供确定飞机总体设计方案及作为以后进行结构打样设计的基础之用。关于受力形式的分析和构件的合理布置，在"飞机结构设计"课程中，已有详细的介绍。

11.5　起落架的布置

在起落架的形式和基本参数选定后，需对其进行具体布置，并与飞机构件的结构布置相协调。在布置起落架时，需要确定以下方面：①起落架支点和转轴在承力结构中的安装位置；②起落架机轮收入机体中的舱室位置，即起落架舱的安排。这两方面的任务又是相互影响的。

对于大型飞机，需采用多支点多轮的起落架。如果选用前三点式，一般前起落架装在机身的加强框上，收入机身内，在前机身相应部位布置前起落架舱，主起落架安装在机翼的大梁和加强翼肋上，在机翼相应的部位设置专门的起落架舱，供收藏起落架之用。如果选用自行车式的起落架，则前、后起落架均安装在机身的加强构件上，收入机身，在机身内布置起落架舱。

对于高速的小型飞机，一般都采用前三点式起落架。前轮装在机身加强框上，收入机身内，在机身内布置前起落架舱，而主起落架在飞机上的安装和收放方案则有许多种，比较典型的有：主铰点在机翼上，机轮也收入机翼内；主铰点在机翼上，机轮则收入机身内；主铰点在机身上，机轮也收入机身等不同的布置方案。具体采用哪种方案，要根据飞机的形式、机翼的上下位置、机翼内部空间的大小和结构形式等具体条件而定，不能一概而论。

在起落架布置过程中，要考虑满足以下要求。

(1)必须保证全面满足已经选定的各项几何参数及与飞机重心的相对位置。起落架在机体结构上的安装点和转轴位置，应按已经选定的起落架形式和各项几何参数来确定。布置起落架时，首先要检查其在放下位置时的着地点、轮距和高度等参数是否满足要求，然后考虑改善其减震性能，保证其强度、刚度，尽量降低其高度，减小几何尺寸，减轻质量。在确定起落架在机体上的位置时，还必须考虑其在收放过程中对飞机重心位置的影响。

(2)布置起落架时，重点要考虑的是收上位置在机体结构中所占的空间。收藏起落架所占的空间越小越好，要与机体结构和其他内部装载相协调，不能影响飞机的气动外形。当设置专门的起落架舱时，也要尽量减小其气动阻力。

(3)起落架在机体上安装点的布置，应与飞机机体结构主要承力构件的布置相协调。起落架的撞击载荷很大，主铰点一定要安排在机体主承力构件附近，并应考虑承力构件的综合利用，以减轻机体结构的重量。

(4)在布置过程中应对起落架的收放系统有所考虑。现代飞机的内部空间越来越紧张，当起落架放下位置确定以后，往往难以找到很宽裕的收藏位置和空间。这种矛盾常需要靠收放系统来解决，有的起落架机轮或机轮小车在收上位置时需要转动某一个角度，有的需要对起落架支柱、减震器等在结构上做些改进，使其在收上位置缩短和转折。

11.6　系统设备的布置

系统设备布置的主要工作内容是主通道安排和成品附件的布置与协调。通常在布置电子电气系统和机械系统时，应给出系统的主通道布置框图。

电子电气系统的主通道主要由三个方面组成：各特设舱通向驾驶舱；特设舱(驾驶舱)在地板下通向执行部分；特设舱(驾驶舱)在顶部通向客舱货舱。

机械系统的主通道包括飞行操纵、液压冷气系统、空调系统，以及环控系统、生命保障系统、燃油系统、地面设备、起落架系统等主通道。其主要的通道为地板下、机翼前后缘和主起落架舱。

系统布置的一般要求如下：

(1)系统布置应以实现飞机总性能、飞机总功能为主要目标；

(2)系统控制、显示与执行机构连接线系的布置走向正确，布局要合理，要兼顾结构与其他系统；

(3)安全可靠，有良好的维修性；

(4)系统布置、协调应优先布置直接危及飞机安全的系统，如飞行操纵系统；

(5)电气、电子线路的安排应尽可能避开潮湿、液体泄漏、干扰的部位；

(6)使用过程中检测率高的设备应尽可能布置在容易接近、容易发现、适宜操作的地方；

(7)系统布置应尽量减少转场、服务、维修的时间。

11.6.1　燃油系统的布置

燃油系统的布置包括油箱、油泵、油滤、油管、加油口、放油口及通气口的安排和布置，重点是油箱的布置，如图 11-13 所示。

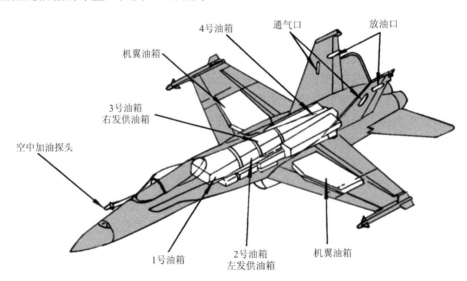

图 11-13　油箱布置示意图(F/A-18C 飞机)

油箱的布置，首先要充分利用机翼和机身的内部空间，保证有足够的燃油容积，或者尽量扩大机内的载油量。其次，由于燃油是消耗性载荷，为了在燃油的消耗过程中飞机的重心变化不大，应让各油箱的组合重心位置与飞机的重心靠近或重合，燃油系统应能自动调节燃油的消耗顺序，控制因燃油消耗所引起的飞机重心的变化范围。对于战斗机，这个范围应控制在 5%的平均气动弦长以内，为此，应在飞机重心布置消耗油箱。外挂副油箱的布置，也要使其重心尽可能与飞机重心相重合。

对于小型飞机，机身内空间比较大，可以采用金属的硬油箱和橡胶的软油箱。机翼内部空间较狭窄，可采用整体油箱。整体油箱能充分利用机体内部的空间。

对于机动类飞机，还应布置倒飞油箱，以保证飞机倒飞时供油不致中断，倒飞油箱的油量应能保证发动机工作 15～30s。

11.6.2　军用飞机武器的布置

军用飞机的武器包括机炮、火箭和导弹等射击武器和炸弹、鱼雷等轰炸武器。飞机武器的布置应考虑以下要求。

(1)满足所装武器的要求。主要是武器在机体上的安装位置和固定点的选择上，应注意保证射击和投放方便，不受机体结构的干扰。武器的安装固定点要有足够的强度和刚度，以保证射击和投放时的精度。

(2)要考虑武器发射时对飞机重心位置的影响。武器弹药是突变性消耗载荷，应尽量安排在飞机的重心附近，以免在战斗中发射武器时影响飞机的操纵性和稳定性。

(3)保证武器发射时，不影响发动机的正常工作。发射导弹和炮弹时，会对发动机的进气产生不利的影响，因此，在选定导弹挂架和机炮炮口位置时应加以考虑。一般地，当机炮炮口安排在进气道进口之前时，炮口与进气口的距离应大于 4m；当炮口安排在进气道进口之后时，对于 23mm 机炮，炮口与进气口的距离应不小于 1.2m，对于 30mm 机炮，应不小于 1.75m。否则，必须加装有效的消烟装置。

(4)保证维护和使用方便。飞机武器装备的装卸、维修以及弹药的充填、补充是否方便，对于作战飞机是一个十分重要的问题，直接影响到飞机在战斗中再次起飞的准备时间和出勤率，武器舱及舱口盖的布置应满足这方面的要求。

军用飞机的武器可以安装在飞机内部，也可以挂在飞机外面，这取决于哪一种方式对飞机的性能和作战效能最为有利。外挂武器对于飞机性能带来的不利影响主要包括以下几个方面：增大阻力；降低可用升力和抖振边界；降低飞机的稳定性；增大飞机的惯性矩、降低操纵性。

现代战斗机的外挂种类和外挂方案是非常繁杂和多样化的，概括起来可分为下面四种方式，如图 11-14 所示。

(1)挂架式：用挂架悬挂在飞机外部，如机翼下部、机身的下部和侧部，也有的在机翼上部。挂架式具有非常大的阻力。在近声速飞行时，外挂炸弹的阻力比飞机其余的全部阻力都大。实际上，装有外挂武器的飞机，由于阻力过大，不太可能进行超声速飞行。

(2)保形式：或称为半埋式，或用整流罩包装固定在飞机上。半埋式是将武器一半埋入飞机的凹槽内部。例如，F-4 飞机机身腹部开槽以便半埋挂载 4 枚"麻雀"AIM-7 空空导弹，如图 11-15 所示。半埋式系统可减小阻力，但也降低了安装不同武器的适用性。另外，凹槽也使飞机的结构重量增大。

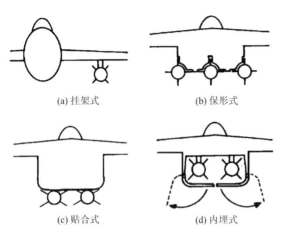

(a) 挂架式　　　　　(b) 保形式

(c) 贴合式　　　　　(d) 内埋式

图 11-14　武器的外挂形式

图 11-15　F-4 飞机机身下面的半埋式外挂形式

(3)贴合式：多数安装在机身下部，也有的在机翼下部。贴合式对飞机结构没有影响，阻力也只是比半埋式稍大一些。

(4)内埋式：大多数轰炸机都采用这种方式挂架炸弹，优点是基本消除了安装阻力。最早美国的 F-106 战斗机使用这种方式内挂导弹。但这种方式很难适应多种类型的武器装载，而且还带来了结构和系统的复杂性以及重量增加的问题。因此，除了现代隐身战斗机，其他战斗机基本没有采用内埋式这种方式。

外挂的悬挂方式对外挂的阻力有很大的影响，常规的多点挂梁式的阻力最大，阻力增量接近基本飞机阻力的 90%，如图 11-16 所示。机翼下贴合式悬挂可以明显减小阻力，而在机身下部贴合式串列安装的阻力更小，为基本飞机阻力的 30% 左右，而半埋式保形外挂的阻力最小，只相当于基本飞机阻力的 10% 左右。因此寻求外挂最有利的安装形式是外挂布置的一项重要任务。

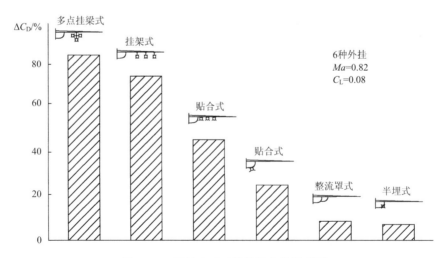

图 11-16　悬挂方式对外挂阻力的影响[33]

11.6.3　设备舱的布置

现代飞机的机载设备越来越多，往往需要在机身内布置相应的设备舱。设备舱的布置应考虑以下原则。

（1）工作条件相近的同类设备应布置在一起，设备舱的环境条件应满足所装设备的技术要求。例如，一些电子设备要求限制环境温度和压力，则其设备舱应是密封的，可以调温和增压。

（2）为了保证维护、使用方便，设备舱应尽量布置在结构开敞性较好的部位，安排宽大且可快卸的口盖。对于不需要经常拆装的设备，也需要布置必要的检查口盖，对于一些经常需要调整和检查的设备，为了便于维护，最好制成标准尺寸的盒形件，做成抽斗式。

（3）设备舱的位置，也应与飞机重心的调整一起考虑。

11.6.4　系统的管路、电缆等的布置

在总体布置的初步设计阶段，不可能具体细致地进行布置，但也应对操纵、电气、液压、冷气等各种系统管路的走向做初步的安排，以避免与飞机结构及其他内部装载发生干扰，并且对其中一些主要附件，如液压助力器、蓄电瓶、液压油箱、冷气瓶等的安放位置做初步的考虑。

飞机内部装载的布置工作比较烦琐，尤其对于设备门类众多、需要多方面协调的，就更增加了这项工作的难度。在系统通路及附件布置协调时，应考虑下述布置原则。

（1）液压系统的液压源的布置应靠近发动机附件机匣舱。

（2）为提高飞机的生存力、降低易损性，各系统的余度分系统或正常/备份（应急）系统应左、右分离布置；左、右平尾和副翼及左、右方向舵等舵面操纵线路（电缆或机械杆系）应左、右分离布置；左、右发动机操纵线路也应左、右分离布置。

对于低空飞行的飞机，其关键的液压管路尽量不要布置在前缘蒙皮的后面，以防遇到大型鸟类撞击引起毁灭性的坠机事故，如图 11-17 所示。

图 11-17　鸟类撞击事故示例

（3）对于各系统管路的布置，易燃的液压等管路应与氧气管路、关键电缆等保持足够的间隙。

（4）各管路的布置还需要考虑维护的可达性，口盖的位置设计要合理，对于经常需要维护的口盖应设计成快卸形式，以缩短再次起飞准备时间。

（5）电缆布置通路协调，应考虑插头能顺利通过，在分离面处有足够的电缆对接插头安装空间。

（6）通过气密舱的结构时，要采用相应的气密措施。

11.7　总体方案的几何模型

完成了总体布置和外形协调工作后，飞机外形得到了补充和修正。在总体布置工作的

最后阶段，需通过图样和文件资料方式，给出总体布置方案和几何模型，其中最重要的是飞机三视图、三维外形图和总体布置图。

目前已广泛使用计算机辅助设计技术来进行飞机的设计工作，这项技术为飞机外形设计和总体布置工作带来了极大的便利，设计人员应用这项技术可高效、高质量地进行飞机的三视图、三维外形图和总体布置图的绘制工作。

11.7.1　三视图的绘制

在三视图中，除应将整架飞机的几何外形、各部件及机体各主要组成部分的相对位置、所选定的几何参数等完全表示清楚，还应标明机翼的平均气动弦长、飞机重心的前限位置和后限位置。此外，还应附表列出飞机各部件的几何参数和初步估算的飞机性能数据。

绘制飞机三视图的大致步骤如下。

(1)绘制机身的外形。此时应特别注意驾驶舱盖的安排是否合适，是否能满足视界的要求，在此前提下尽量圆滑过渡，以减小其所产生的附加阻力。对于发动机装在机身内的情况，还要重点协调进气道进口及发动机尾喷口在机身三视图上的位置及其截面的大小。

(2)绘制机翼的外形。首先综合考虑所选定飞机的配平布局形式和尾翼或前翼的设计参数需要，初步选定机翼在机身上的前后位置和上下位置，同时选定机翼的安装角。对于有几何扭转的机翼，首先绘出机翼根弦与机身水平基准线之间的夹角，然后在三视图上画出机翼的外形。在机翼上再按所选定的襟翼和副翼的几何外形参数画出襟翼、副翼，并标出它们的偏角和位置。在三视图上还要画出机翼的平均空气动力翼弦，供初步调整飞机重心位置之用。

(3)根据所选定的尾力臂等几何参数画出水平尾翼、垂直尾翼和方向舵等的外形视图。

(4)画出起落架的前轮和主轮。

图 11-18 为飞机三视图的示例。与该三视图对应的飞机总体尺寸数据和各部件的几何参数见附录 B。

11.7.2　全机三维数字模型

飞机的外形包括机身外形、机翼外形、尾翼外形、进气道内形以及需要整流部分的部件外形。飞机的外形图和飞机设计的基本文件，是飞机设计中进行有关外形协调的唯一的依据文件。目前通常采用数字模型的方法来建立飞机外形几何模型。所谓数字模型(简称数模)，是借助计算机辅助设计软件，用数学方法在计算机上建立飞机三维外形模型。

飞机外形设计及三维数模建立应在飞机设计过程中不断细化、协调、修改。在不同阶段，飞机外形数模设计要有不同的设计思路和方法。在飞机外形初步设计阶段，要能够根据有限的几何信息初步生成简单外形。为了进一步提高效率，还可采用参数化几何建模方法，快速地对飞机的外形进行设计、修改和优化。在详细设计阶段，准确地设计各部件数模，以满足详细设计及试制阶段有关部门对几何数据的各种要求。

在数模设计时，不管采用什么样的数学方法，其飞机外形曲面的描述应该是唯一的。在曲面的任意一处不应有二重性，并保证二阶连续。外形数模建立后，不需要也不允许再在模线上或者样板上对切面进行光顺，否则，必将导致与数模的矛盾。

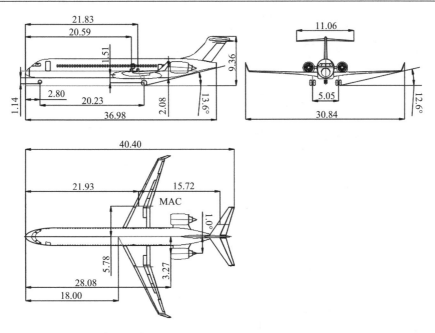

图 11-18 飞机三视图示例(尺寸单位为 m)

所用的数学方法应该能够对飞机外形进行完全、唯一的描述,以便采用数控机床进行加工。常用的方法有:二次曲线法、圆弧法、指数方程法、样条函数和多项式解析法等,对于一些重要的复杂部件,应用较多的是三次参数样条曲线、贝塞尔函数和 B 样条曲线等。

飞机外形按其几何特征,大致可分为机身及整流类(如机身、发动机短舱、整流罩等)和翼面类(如机翼、尾翼等)两种。

1. 机身及整流类部件数模设计

机身外形设计应综合内部装载、结构设计、制造工艺及气动力要求等几方面内容。民用飞机机身按形体特征常分为三段:机身前段(主要指驾驶舱及头部)、机身中段及尾段。机身前段,在不影响内部装载(雷达、前起落架等)和保证驾驶员视界的前提下,尽量设计为流线型,减小阻力;机身中段,按客舱布置和装载要求设计为等直段;尾段设计近似为锥体并满足起飞着陆时擦地角的要求。

对于外形比较简单的部件,常采用母线法设计数模。例如,机身以横剖面线为生成线,上零纵线、下零纵线、最大半宽线等为控制线。对于外形比较复杂的部件,如整流罩及机头驾驶舱等,常采用曲面片法设计数模,如图 11-19 所示。

2. 翼面类部件数模设计

翼面类部件包括机翼、尾翼等,如图 11-20 所示。对尾翼来说,其外形主要为直纹面,除翼根和翼梢修形区外可采用控制翼型均匀过渡法(即母线法)或双曲面法形成翼面。对机翼来说,当巡航速度较低时,翼面比较简单,其外形设计方法与尾翼相当;当巡航速度较高时,翼面比较复杂,有弯扭,并且从翼根到翼梢的厚度呈非线性变化,直纹面法无法满足要求,常采用双曲面法或提高拟合曲面次数等方法形成机翼外形。

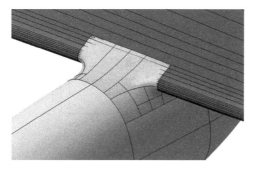 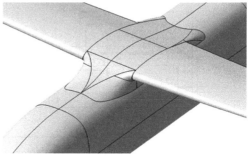

(a)发房与机翼的整流 　　　　　　　　　(b)机翼与机身的整流

图 11-19　整流罩设计示例

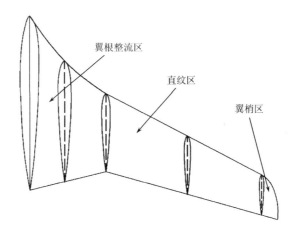

图 11-20　翼面类部件外形示意图

3. 全机三维外形数模图

在完成飞机各部件数模设计之后，按照各部件之间的位置关系，将各部件外形数模组合在一起，便可建立全机三维外形数模图。图 11-21 为支线客机概念研究方案的三维外形数模图。

图 11-21　三维外形数模图示例

11.7.3 总体布置几何模型

飞机总体布置图是表示飞机各主要组成部分的布置、主要设备、成品附件的安装位置和相互关系的一组图样。

在总体设计过程中时刻都要考虑总体布置工作，随着总体设计工作的深入，总体布置工作也越来越详细。在概念设计阶段，只需要在概念草图上用点、线和方块表示出所需装备的系统和设备，到初步设计终了阶段，可以将设备供应商提供的三维数模放置在相应的飞机三维外形中，然后在此基础上安排系统的管路、线路，就更加方便，同时也可减小出现差错的概率。

图 11-22 为某轻型运动飞机的二维平面布置图，图 11-23 为瑞典 JAS-39 战斗机二维总体布置图，图 11-24 为客机总体布置三维几何图。

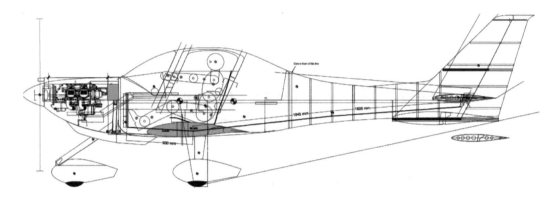

图 11-22　某轻型运动飞机的二维平面布置图

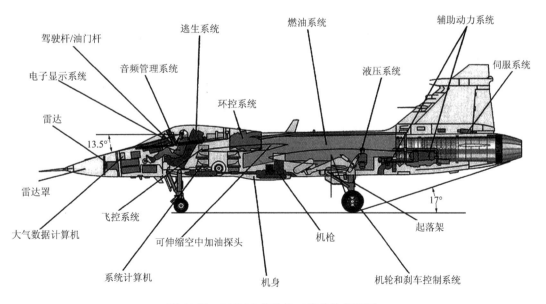

图 11-23　JAS-39 战斗机二维总体布置图

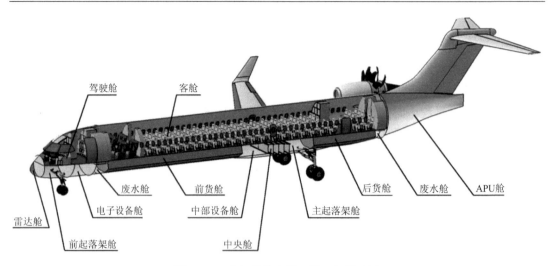

图 11-24　客机总体布置三维几何图示例

课 后 作 业

　　针对飞机概念设计项目，绘制出飞机三视图或飞机三维外形数模图，并说明飞机总体布置方案。

思 考 题

11.1　飞机总体布置工作包括哪些内容？

11.2　目前飞机总体布置工作采用什么手段？

第12章　重量重心分析

从严格意义上讲，飞机重量应称为飞机质量，飞机重心应称为飞机质心，但习惯上已将飞机质量和飞机质心称为重量和重心，所以本书中沿用了重量重心的术语。

重量重心对飞机的飞行性能和操稳特性有十分重要的影响，而且它也是飞行性能和操稳特性评估的输入数据，因此重量重心估算的准确度对于概念方案评估的可信度十分重要。

在第5章中，根据飞机的任务剖面和同类飞机的统计数据，已对飞机的最大起飞重量、空机重量和燃油重量进行了初始估算。通过前述各章的设计工作，已形成了具体的飞机概念方案，现在需进行更为详细和精确的重量估算，并进行重心估算和定位。

12.1　飞机重量的组成

飞机的最大起飞重量包含设计燃油重量(包括设计航程所需的燃油、备用燃油和死油)、使用空机重量和设计有效载荷(任务载荷或商载)。其中，使用空机重量包括基本空重和使用项目重量，而基本空重又包括机体结构重量、推进系统重量和系统设备重量。飞机的最大起飞重量(有时也简称为全机重量)组成结构见图12-1。以下各小节将说明各项重量的含义和估算方法。

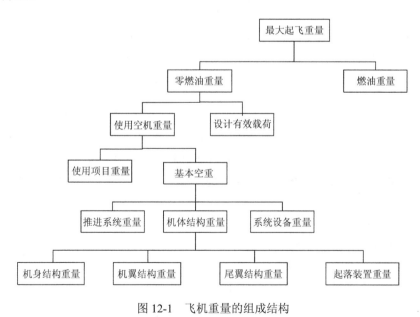

图 12-1　飞机重量的组成结构

12.2　机体结构重量

机体结构重量是空机重量的主要组成部分，结构重量在全机重量的占比是衡量飞机设计方案优劣的一个重要指标。结构重量的增加会产生十分不利的影响。结构重量增加将造成全机重量(最大起飞重量)增加，进而造成推重比减小、诱导阻力增加等不利影响。在全机重量增大的情况下，为了满足飞机的性能指标，需要推力更大的发动机，这样会导致发动机重量增加；而阻力增加会导致燃油量增加；全机重量增加也意味着需要更强、更重的起落架，以及更大的机翼面积；机翼面积增加又会导致尾翼面积增加。这些增量反过来又会增加机体结构重量，引起所谓的"重量雪球效应"。例如，对于300座级的客机，如果结构重量增加1000kg，由于"重量雪球效应"，最终全机重量将增加3034kg，也就是说结构重量增加的效应被放大了2倍[14]。在结构重量增加的情况下，若想保持飞机最大起飞重量不变，意味着要么减小任务载荷，要么减小航程，导致飞机的竞争力下降。因此，结构重量的估算和控制是十分重要的。

飞机结构重量估算方法一般有两大类：基于统计数据的方法和基于物理的方法。基于统计数据的方法的基本过程是：根据以往的飞机重量的统计数据(几何、性能、重量等数据)，进行回归分析，得到经验公式。这种方法简单，计算量小，但依赖于以往飞机的统计数据，如果当前所设计的飞机与已有的飞机有较大的区别，这种方法的估算精度可能存在较大的不确定性。基于物理的方法的基本过程是：应用力学原理，通过飞机结构分析，建立飞机结构重量计算方法。这种方法能比较详细地反映飞机结构的特征，适用范围较广，计算精度也较高，但它的计算过程复杂，计算量大，一般在总体设计阶段的后期采用这种方法。

在本书中，主要采用基于统计数据的方法来估算飞机结构重量。有很多学者对大量的飞机重量数据进行了分析，已建立了多种飞机结构重量估算方法。在这些估算方法中，有的适用于军机[17]，有的适用于客机或运输机[12,14]，而另一些则适用于通用航空飞机[18]。本书采用文献[15]的方法，因为这种方法具有较好的通用性，可用于各类飞机重量的估算。

需要指出的是，在实际工作中，无论采用何种重量估算方法，都应该用已有的同类飞机重量数据来校对和修正重量估算方法，从而使重量估算结果更为可靠。

12.2.1　机翼结构重量

机翼结构重量估算所采用的方法是一种受力分析和经验数据修正相结合的方法，其过程为：①根据强度要求和简化的受力分析，估算理想情况下的机翼主结构(盒段)重量，建立其估算公式；②考虑实际机翼结构中各种因素和机翼次结构的重量，用修正系数对公式进行第一次修正；③考虑机身宽度对机翼结构重量的影响，用修正系数对公式进行第二次修正。

1)理想情况下的机翼主结构重量

机翼主结构是指承受载荷的机翼盒段，组成盒段的部分主要包括梁、桁条、蒙皮和翼肋等。机翼主结构重量(W_{IPS})的估算公式为

$$W_{IPS} = (m_c + m_r)W_{TO} \tag{12-1}$$

$$m_c = 1920 \cdot AR^{1.5} \cdot S^{0.5} \cdot \overline{N} \cdot r(1+\lambda)\sec\Lambda\sec\varphi/(t_c \cdot f_a) \tag{12-2}$$

$$m_r = \frac{3S^{1.25} \cdot t_c^{0.5}}{W_{TO} \cdot AR^{0.25}}\left[\left(1-0.34\lambda+0.44\lambda^2\right)+2.2t_c\left(\frac{S}{AR}\right)^{0.5}\left(1-\lambda+0.72\lambda^2\right)\right] \tag{12-3}$$

式中，W_{TO}为最大起飞重量(kg)；S为机翼面积(m^2)；Λ为机翼1/4弦线处后掠角；t_c为机

翼与机身连接处的翼型相对厚度；AR 为机翼展弦比；φ 为机翼结构后掠角，在还未确定的情况下可近似等于 Λ；λ 为梯形比；$\bar{N}$ 为有效极限设计过载系数，其值等于 1.65 倍的限制机动过载系数或者等于极限突风过载系数，$\bar{N}$ 取二者中较大的值。极限突风过载系数可近似地用下式估算：

$$N_t = 1.65 + \frac{6.45 V_D S}{W_{TO}\left(2 / AR + \sec \Lambda_{1/4}\right)}$$

其中，V_D 为海平面最大设计速度 (m/s)，可根据等效空速 (V_{EAS}) 与真实空速 (V_{TAS}) 的关系来计算，即 $V_{EAS}=V_{TAS}\cdot\sigma^{0.5}$，$\sigma$ 为相对密度 (飞行高度与海平面的密度之比)。若 V_{TAS} 设为在巡航高度上的最大巡航速度 (通常比巡航速度高 25%)，根据 $V_{EAS}=V_{TAS}\cdot\sigma^{0.5}$ 就可计算出海平面最大设计速度。f_a 为机翼材料的工作许用应力 (N/m^2)，其计算公式为

$$f_a = 1.12\left[\frac{\bar{N}\cdot r\cdot AR^{1.75}\cdot W_{TO}}{S^{0.75}\cdot t_c^{1.5}}\left(1+\lambda\right)^{2.5}\sec\Lambda\sec\varphi\right]^{0.5}\times 10^5 \qquad (12\text{-}4)$$

r 为考虑惯性卸载的因子，其计算公式为

$$r = 1 - \left[C_{cfg} + \left(1 - W_{ZW} / W_{TO}\right)\right] \qquad (12\text{-}5)$$

式中，W_{ZW} 为零燃油重量，其等于最大起飞重量与燃油重量之差；C_{cfg} 是与飞机布局形式有关的系数，对于发动机没有安装在机翼上的布局，C_{cfg} 取 0.12；对于双发翼吊布局，C_{cfg} 取 0.20；对于四发翼吊布局，C_{cfg} 取 0.22。

2) 计入非理想结构和次级机翼结构重量的修正系数

上述重量计算公式没有考虑机翼与其他部件的连接结构、结构开口、变后掠、机翼折叠等因素引起的重量增加，也不包含襟翼、副翼等次级结构的重量。因此，需要对其进行修正。

由非理想结构带来的惩罚修正系数为 C_1，这个修正系数主要考虑机翼主结构之外的其他因素，包括固定发动机的连接机构、固定起落架和载荷的连接机构等，其取值见表 12-1。总的 C_1 为表 12-1 中有关各项系数之和。

计入次级机翼结构重量的修正系数为 C_2，可以根据机翼的设计特征分别取值，如表 12-2 所示。总的 C_2 为表 12-2 中有关各项系数之和。

表 12-1　非理想结构的修正系数 C_1

影响因素	修正系数 C_1
发动机连接结构 (双发)	0.001
发动机连接结构 (四发)	0.0015
起落架装置连接结构	0.004
考虑起落架收放的主结构开口	0.01
翼下挂载连接结构	0.004
内侧机翼折叠	0.02
外侧机翼折叠	0.005

续表

影响因素	修正系数 C_1
变后掠机翼	$0.03 - 3.5 \times 10^{-5} \left(W_{\text{TO}}\right)^{0.5}$
支撑翼(总重小于 5700kg)	-0.022
梯形比小于 1 的机翼(总重小于 5700kg)	$0.002 \sim 0.005$
矩形机翼(总重小于 5700kg)	0.01

表 12-2　计入次级机翼结构重量的修正系数 C_2

影响因素	修正系数 C_2
仅有副翼	0.02
简单后缘襟翼或单缝襟翼	0.003
富勒襟翼或双缝襟翼	0.006
三缝襟翼	0.012
前缘襟翼/缝翼	0.007
扰流板或减速板	0.0015
翼梢装置、整流装置等	0.002
复合材料操纵面	-0.005
总重小于 140000kg 的额外惩罚项	0.005

3)计入机翼中央翼结构重量的修正系数

在机翼结构穿过机身的情况下,机翼结构包括中央翼结构,整个机翼的结构重量应当包含中央翼结构重量。式(12-1)在计算机翼主结构重量时已经考虑了中央翼结构重量,只不过这个公式中假设典型的机身宽度为机翼展长的 10%。若机身宽度不等于机翼展长的 10%,则机翼主结构重量需进行修正,修正系数 C_3 为

$$C_3 = 1.13\left[\left(1 - 5\beta^2\right) - 0.0027(1 + 43\beta)\lambda\right] \tag{12-6}$$

式中,β 为机身宽度与翼展的比值,它反映了中央翼的长度;λ 为机翼梯形比。

对于机翼直接连接到机身上的加强框的情况,机翼没有中央翼,机翼结构重量会减轻,此时机翼重量的修正系数 C_4 可近似为 $C_4 = 1 - \beta$。

4)机翼总重

当机翼有中央翼(机翼结构穿过机身)时,整个机翼的重量估算公式为

$$W_{\text{w}} = \left[C_1 + C_2 + C_3(m_{\text{c}} + m_{\text{r}})\right]W_{\text{TO}} \tag{12-7}$$

当机翼没有中央翼时,机翼结构重量会减轻,整个机翼的重量公式要乘以修正系数 C_4,估算公式为

$$W_{\text{w}} = C_4(C_1 + C_2 + m_{\text{c}} + m_{\text{r}})W_{\text{TO}} \tag{12-8}$$

从上述机翼结构重量估算方法可以看出,影响机翼结构重量的因素包括:①最大速压;②机翼设计参数(机翼面积、后掠角、梯形比、相对厚度等);③飞机总体布局或布置特征(翼吊布局、变后掠、中央翼、起落架安装位置等);④次部件的设计方案(襟翼、副翼、翼梢小翼等)。因此,上述机翼结构重量估算方法具有较好的适用范围。

12.2.2 机身结构重量

计算机身结构重量时，将机身划分为增压机身和无增压机身两大类。

1. 增压机身的结构重量

对于增压机身，机身内部与外部大气的压差是影响机身结构重量的最主要的因素。增压机身结构重量的估算公式为

$$W_f = k_6 \left[1 + (3.12 - 0.354B) \frac{2\sigma}{1+\sigma} \right] \left(\frac{3.56P}{\sigma^{0.75}} S_f B \right) \tag{12-9}$$

式中，S_f 为机身表面积(m^2)；B 为机身最大宽度(m)；P 为最大的机身内外压差(bar)(1bar=100kPa)；σ 为机身的名义应力(MN/m^2)，通常情况下 σ 值小于 1。在缺少详细数据的情况下，σ 可按下列方式估算：当 $D \leqslant 2m$ 时，$\sigma = 0.8$；当 $2m < D < 6m$ 时，$\sigma = 0.8 + 0.05(D-2)$；当 $D \geqslant 6m$ 时，$\sigma = 1.0$，其中 D 为机身最大当量直径；k_6 为系数，其值取决于飞机类型和设计特征。对于起落架安装在机翼上的布局，k_6 取 1。对于其他布局形式，要在 $k_6=1$ 的基础上，添加一个增量，可按下列方式确定增量的取值：对于双发尾吊布局，k_6 值要增加 0.013；对于主起落架安装在机身上的布局形式，k_6 值要增加 0.05；对于运输机的后机身有装卸桥的布局形式，k_6 值要增加 $0.5(B/7)^2$；对于机身没有窗户和舱门很少的情况，k_6 值要减去 0.1。

2. 无增压机身的结构重量

军机和一些其他飞机(增压体积与机身总体积之比较小)可划归为无增压机身。对于这类机身，影响机身结构重量的主要因素为机身几何特征和后机身承受的载荷。后机身的主要载荷是尾翼载荷传递给机身的弯矩和扭矩。

无增压机身结构重量的估算公式如下：

$$W_f = 0.044 k_7 V_D^{0.74} \left(\frac{L_T}{2D} \right) \left(S_f^{0.07} + \frac{0.225 S_f^{0.45} N^{0.32}}{V_D^{0.35}} \right) S_f \quad (kg) \tag{12-10}$$

$$k_7 = k_8 + 0.2\varepsilon + 0.4\alpha + k_9\delta + 2.7k_{10} + k_{11}(n-1) + 0.1\eta + 0.3\omega \tag{12-11}$$

式中，L_T 为尾力臂长度(m)；D 为机身最大当量直径(m)；S_f 为机身表面积(m^2)；N 为设计极限机动因子(design ultimate manoeuvre factor)；V_D 为海平面最大设计速度(m/s)，其计算方法参见 12.2.1 节；k_7 为一种综合修正系数，该系数的值取决于飞机类型和各种设计特征。式(12-11)中各项系数的含义为：若发动机安装在机身中，则 $\varepsilon=1$，否则 $\varepsilon=0$；若进气道埋在机身中，则 $\alpha=1$，否则 $\alpha=0$；若主起落架收在机身内，则 $\delta=1$，否则 $\delta=0$；若座位数小于等于 4，则 n 等于座位数，否则 $n=0$；对于舰载机，$\eta=1$，而对于陆基飞机，$\eta=0$；对于支撑翼布局，$\omega=1$，而对于非支撑翼布局，$\omega=0$；对于军用飞机(不包括轻小型飞机)，$k_8=1.8$，对于双发通用航空飞机，$k_8=2.0$，对于 S_f 小于 $20m^2$ 的轻小型飞机，$k_8=2.0+1.5(20-S_f)/S_f$；对于主起落架收藏于机翼但连接在机身上的情况，$k_9=0.35$，对于主起落架安装并收藏于机身内的情况，$k_9=0.7$；k_{10} 为武器舱与机身长度的比值；对于军用飞机(轻小型飞机除外)，$k_{11}=0.05$，对于 4 座以下的轻型飞机，$k_{11}=0.2$，对于其他飞机(机上人员数大于 4)，$k_{11}=0$。

3. 考虑机身与机翼连接修正

当机翼通过机身上的加强框连接时，机身重量会增加，增加的重量按 βW_w 来计算，其

中 β 为机身宽度与翼展的比值；W_w 为机翼重量。

4. 双尾撑布局

对于双尾撑布局，机身的重量仍可按式(12-9)或式(12-10)计算。尾撑的重量 W_b 的计算公式为

$$W_b = 0.25V_D S_b^{0.75} \text{ (kg)} \tag{12-12}$$

式中，S_b 为整个尾撑的表面积。

12.2.3　尾翼结构重量

尾翼结构重量在全机重量中的占比通常小于3%，尽管它在全机重量中的占比较小，但对重心的纵向位置却具有较大影响。影响尾翼结构重量的主要因素是尾翼的面积和最大设计速度。

1. 平尾结构重量

平尾或鸭翼重量 W_h 的估算公式为

$$W_h = 0.047V_D S_h^{1.24} \text{ (kg)} \tag{12-13}$$

式中，S_h 为平尾面积(m^2)，这个平尾面积是指机身外的平尾面积；V_D 为海平面最大设计速度(m/s)，其计算方法参见12.2.1节。

一般而言，平尾结构重量占飞机最大起飞重量的0.9%~1.75%。

2. 垂尾结构重量

单个垂尾结构重量 W_v 的估算公式为

$$W_v = 0.065k_{12}V_D S_v^{1.15} \text{ (kg)} \tag{12-14}$$

式中，S_v 为垂尾面积(m^2)；V_D 为海平面最大设计速度(m/s)；k_{12} 值取决于尾翼布局形式，对于平尾没有安装在垂尾上的布局形式，k_{12} 取1；对于 T 形尾翼布局形式，k_{12} 取1.5。

一般而言，垂尾结构重量占飞机最大起飞重量的0.5%~1.0%，对于 T 形尾翼布局形式，重量占比可能达到1.2%。表12-3给出了各类飞机的尾翼重量(包括平尾和垂尾)在全机重量占比的统计值。

表 12-3　尾翼重量在全机重量中的占比[15]

飞机类型	重量占比/%
运输机和类似的飞机(平尾安装在机身上)	1.5~2.8
运输机和公务机(T 形平尾)	2.0~3.2
单发轻型飞机	2.0~3.5
双发通用航空飞机	1.9~2.4
战斗机	1.6~3.0
大型轰炸机	1.5~2.4
无尾布局飞机	0.6~1.6

12.2.4　起落装置重量

起落装置重量包括起落架结构的重量以及相关液压作动系统的重量。估算起落装置重

量的一种简单的方法是：按起落装置的重量系数(起落装置重量与全机重量之比)，来确定起落装置的重量。表 12-4 给出了各类飞机的起落装置的重量系数。前起落架的重量一般为全机重量的 0.5%，但对于通用航空飞机和舰载飞机，前起落架重量可能超过全机重量的 1%。

表 12-4　各类飞机的起落装置的重量系数(在全机重量中的占比)[15]

飞机类型	重量系数/%
运输机、公务机、轰炸机(有两个主轮支柱)	3.5~4.0
短距起降支线运输机	4.0~4.5
大型运输机(有四个主轮支柱)	4.5~5.3
轻型飞机(前三点布局)	5.0~6.5
教练机(前三点布局)	6.0
轻型飞机(后三点布局)	4.5~5.0
陆基军用机(不含轰炸机)	4.0~4.5
舰载飞机	5.0~6.0

12.2.5　复合材料应用的重量修正

现在越来越多的飞机结构中采用了先进的复合材料。采用复合材料可有效降低结构重量。对于采用复合材料的机体结构，按上述经验公式估算的重量需要进行修正。通过引入修正系数，对上述结构重量估算结果进行修正。各类部件重量的修正系数参见表 12-5。例如，对于复合材料机翼，按照 12.2.1 节的方法计算出来的机翼重量应减少 10%~15%。

表 12-5　复合材料结构的重量减重修正系数[6]

部件	减重修正系数
机翼	10%~15%
平尾	12%~17%
垂尾	12%~17%
机身	5%~10%

12.3　推进系统重量

推进系统重量是指包含发动机裸机、燃油系统、安装挂架、进排气系统、短舱、螺旋桨等在内的所有重量，其计算公式为

$$W_{pp} = nC_{eng}W_{eng} \tag{12-15}$$

式中，W_{eng} 为单台发动机裸机重量；n 为发动机数量；C_{eng} 为推进系统的安装系数，其值取决于飞机类型，如表 12-6 所示。

表 12-6 推进系统安装系数的参考值[15]

飞机类型	C_{eng} 的值
喷气式公务机和运输机	1.56
超声速飞机(进气道形状可调节)	2.0
配装涡桨发动机的运输机	2.25
通用航空飞机(配装两个活塞式发动机)	1.80
其他类型的飞机	1.4

在选定发动机型号的情况下,发动机裸机重量可从发动机制造商处获取。在没有发动机裸机重量数据的情况下,可根据飞机的需用推力(最大海平面静推力),按发动机的推重比或功重比来估算。表 12-7 给出了各类发动机推重比(或功重比)典型值的范围。

表 12-7 各类发动机推重比(或功重比)典型值的范围[15]

发动机类型	典型值
涡喷和小涵道比涡扇发动机(军用作战飞机)	
没有加力	4.5~6.5
有加力	7~9
有矢量喷管	4.0~6.0
大涵道比的发动机(运输机)	5.0~6.5
先进涡桨发动机(包含减速齿轮箱)	0.34~0.42(kW/N)
活塞式发动机	
小型非增压(海平面最大功率 P 小于 150kW)	$0.057(1+0.006P)$ (kW/N)
非增压(海平面最大功率 P 大于 150kW)	0.12(kW/N)
增压(海平面最大功率 P 大于 150kW)	0.10(kW/N)

12.4 系统设备重量和其他设施重量

12.4.1 系统设备重量

系统设备重量为飞机各系统和设备重量的总和,包括飞控系统、液压系统、电气系统、仪器仪表、航电系统、环控系统(含空调系统、防冰系统)、辅助动力系统、燃油系统等。在概念设计阶段,系统设备重量可按最大起飞重量的百分比来估算。主要系统设备的重量系数参见表 12-8。表中没有包括辅助动力系统和燃油系统,因为这两项重量已经在推进系统重量估算中包含了。

12.4.2 军械和防护装甲重量

对于军机而言,通常配有军械(机炮、武器挂架等),另外还有防护装甲来保护机组人员。这部分的重量可初估为1%的全机重量。

表 12-8 系统设备重量系数(在全机重量中的占比) (单位:%)

飞机类型	飞控系统 + 液压系统	电气系统 + 仪器仪表 + 航电系统	环控系统
远程运输机	1.6~2.4	2.0~3.0	1.0~1.7
短程运输机	1.6~2.5	2.0~3.0	2.0~2.5
货机	1.6~2.4	2.0~3.0	0.6~1.0
公务机	2.0~3.0	5.0~8.0	2.0~3.0
通用航空飞机(单发)	2.5	2.5~5.0	1.0
通用航空飞机(双发,起落架不可收)	1.3~2.0	3.0~5.0	2.0~2.5
通用航空飞机(双发,起落架可收)	1.7	4.0~5.0	2.0~3.0
军用教练机	2.0~3.0	9.0~11.0	3.0~4.0
攻击机和战斗机	4.0~5.0	3.0~5.0	0.6~1.4
轰炸机	1.6~2.4	1.8~3.5	1.0

12.4.3 内饰设施重量

飞机中除了需配置上述系统设备外,一般还需配置机上人员所需的一些内饰设施,如配有座椅、装饰、厨房、卫生间、衣帽间等。对于不同类型的飞机,这部分的重量有很大差别,表 12-9 给出了各类飞机的设施重量的典型值。

表 12-9 机上设施重量 (单位:kg)

飞机类型	设施重量(按每人计算)
远程客机	40
短程客机	25
通勤飞机	15
公务机	100
轻型通用航空飞机	6~10
军用教练机	30~65
战斗机	至少 100(有弹射座椅)

12.4.4 杂项重量

另外,还有一部分重量是杂项(miscellaneous item)重量。所谓杂项重量是没有包含在上述重量范围内的其他项目重量。例如,飞机外表面油漆的重量就属于杂项重量。杂项重量可初估为 0.5%的全机重量。

12.5 使用项目重量

使用项目重量是指飞行过程中飞机上需要携带的物品重量。

对于客机而言,使用项目重量包括机组人员(含机组人员需要的相关物品)、安全设备

(应急氧气和救生艇)、装货设备、水、食品等的重量,其使用项目重量 W_{op} 的估算公式为

$$W_{op} = 85n_c + F_{op}P \text{ (kg)} \tag{12-16}$$

式中,P 是乘客人数;n_c 是机组人员人数;F_{op} 是一个取决于航程的系数,对于支线客机和短程客机取 7,对于中程客机取 12,对于远程客机取 16。

对于货机,其使用项目重量的估算公式为

$$W_{op} = 600 + 0.03 \times (\text{有效载荷}) \text{ (kg)} \tag{12-17}$$

需要指出的是,在有的飞机重量分类中,会将机上设施重量(座椅、装饰、厨房、卫生间、衣帽间等)也归类于使用项目重量,因此在计算使用项目重量时,应注意其包含的范围。

12.6　全机重量计算

飞机全机重量(最大起飞重量)是上述各部分重量之和,计算公式为

$$W_{TO} = W_{fuel} + W_p + W_w + W_f + W_h + W_v + W_{lg} + W_{pp} + W_{sys} + W_{furn} + W_{misc} + W_{op} \tag{12-18}$$

式中,W_{TO} 为飞机最大起飞重量;W_{fuel} 为燃油重量;W_p 为有效载荷重量;W_w 为机翼结构重量;W_f 为机身结构重量;W_h 为平尾结构重量;W_v 为垂尾结构重量;W_{lg} 为起落装置重量;W_{pp} 为推进系统重量;W_{sys} 为系统设备重量;W_{furn} 为其他设施重量;W_{misc} 为杂项重量;W_{op} 为使用项目重量。

另外,对于军机,式(12-18)中还需包括军械和防护装甲的重量。

需要说明的是,在上述各组成部分重量中,有些是与全机重量直接相关的,这意味着式(12-18)的左右两边均有全机重量项 W_{TO},因此,需要通过迭代计算,才能计算出各组成部分的重量和全机重量。通常,首先设定一个全机重量的初始值(这个初始值可以设为第 5 章中估算出的全机重量),然后通过迭代计算,至全机重量的值收敛为止。

12.7　重心位置的估算与定位

飞机在使用过程中,装载方式不同和燃油消耗会引起重心位置的变化,另外起落架的收放以及军用飞机弹药的消耗也会引起飞机重心的移动,因此飞机实际飞行时,其重心的位置有多种情况。为了评估飞机重心特性是否满足操稳要求,需对飞机重心变化范围进行估算。若重心位置不满足操稳要求,则需对飞机总体布置方案进行调整,直至满足操稳要求,这一工作过程称为重心定位。

12.7.1　飞机重心位置的限制

从飞机操纵性和稳定性的角度来看,对重心的最前位置(重心前限)和最后位置(重心后限)都有约束要求。

1)重心后限位置

飞机重心的后限位置是指,考虑纵向静稳定性要求所允许的最后的重心位置。对于常规操纵系统的飞机,应满足设计规范或适航性条例所规定的最低的纵向静稳定裕度要求;对于带有增稳系统的飞机,可放宽其纵向静稳定裕度要求;对于超声速飞机,一般根据亚

声速飞行时的气动中心位置来安排飞机重心的后限。

对于无助力器操纵的飞机，限制飞机重心后限的另一个条件是：应保证单位过载的驾驶杆力增量 $\mathrm{d}F/\mathrm{d}n$ (F 为杆力，n 为过载)的最小值不应过小，以避免驾驶员稍有不慎，拉杆猛一些，使飞机超过允许的过载。

2) 重心前限位置

飞机重心的前限位置是指，考虑飞机操纵性要求所允许的飞机重心最前的位置。一般来讲，当飞机的重心处于前限位置时，飞机在着陆过程中，要求全动的水平尾翼应有四分之一的备用偏度，以便遇到紧急情况需要复飞时，有拉杆的余地；当飞机起飞滑跑时，抬前轮的速度不应超过 85% 的离地速度，否则不易抬前轮，使起飞操纵困难；此外，对于无助力器操纵的飞机，还要求每单位过载的杆力增量的最大值不应超过 4kg。

飞机在使用过程中，其使用重心前限(飞机使用中重心可能的最前位置)不能超过重心前限，使用重心后限(飞机使用中重心可能的最后位置)不能超过重心后限。

12.7.2　飞机重心的估算

为了计算全机的重心位置，首先需要确定飞机各部分的重量和重心位置。飞机各部分的重量已在 12.1 节～12.6 节进行了详细说明，接下来需要对飞机各部分的重心进行估算。

在概念设计阶段，通常采用基于统计数据的经验方法对飞机各部分的重心进行估算。一种简单的各部件重心估算方法如下[15]。

(1)机翼：重心位置约在平均气动弦 1/4 处之后的 0.1×(机翼参考面积/机翼展长)处。

(2)尾翼：对于正常式布局飞机，尾翼重心位置大约可取机身长度的 90%。

(3)机身：重心位置取在约 45%机身长度处。

(4)动力系统：对于燃气涡轮发动机，重心取在 30%～45%的发动机长度处；对于活塞式发动机，重心取在其形心位置。

(5)设备和操纵系统：重心取在 45%机身长度处。

(6)起落架：根据起落架的布置方案(参见第 10 章)，确定其重心。

(7)燃油：单独考虑每个油箱的体积和重心，煤油的质量密度按 $0.8(0.78 \sim 0.83)\,\mathrm{g/cm^3}$ 计算。

(8)有效载荷：根据有效载荷的总体布置方案来确定其重心。

需要说明的是，上述估算数据只是统计数据的典型值。针对具体飞机，可对这些数据进行适当修正，使之更加符合具体飞机的实际情况。另外，文献[12]和[14]针对运输类飞机，给出了各部件的重心估算方法。文献[13]的第 5 册也列出了飞机各部件的重心估算的统计数据。

确定了飞机各部分的重量和重心以后，计算全机的重心就比较容易了。其原理很简单，用静力矩平衡解析法即可求出。

用于计算重心的坐标系的原点，通常可以取机身头部最前的端点，这样可以使所有载重的坐标均为正值。一般取飞机设计水平基准线(通常为机身轴线)为 Ox 轴，如图 12-2 所示。

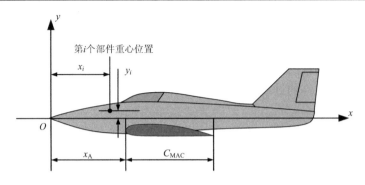

图 12-2　用于计算飞机重心的坐标系

坐标轴选定后，分别对飞机各组成部分相对坐标原点的静力矩进行计算，得出每一组成部分的静力矩，然后将各部分静力矩的总和除以全机重量，就得到飞机重心的坐标，计算公式为

$$x_{\mathrm{G}} = \frac{\sum W_i x_i}{\sum W_i} \tag{12-19}$$

式中，W_i 和 x_i 分别为飞机各组成部分的重量和重心坐标。实际计算中，可用表格的形式列出飞机各组成部分的重量、重心位置和静力矩，如表 12-10 所示。

表 12-10　重心计算表格

飞机组成部分	重量/kg	距机头位置/m	静力矩/(kg·m)
机翼			
机身			
平尾			
垂尾			
起落架			
……			

为了便于重心位置与气动中心位置的比较，飞机重心一般以其在机翼平均气动弦长上的位置来表示，所以用式 (12-19) 求出的飞机重心位置需按下式进行换算：

$$\bar{x}_{\mathrm{G}} = \frac{x_{\mathrm{G}} - x_{\mathrm{A}}}{C_{\mathrm{MAC}}} \times 100\% \tag{12-20}$$

式中，x_{G} 为飞机重心位置；x_{A} 为机翼平均气动弦前缘点至机头之间的距离 (参见图 12-2)；C_{MAC} 为机翼平均气动弦长。

根据上述方法，可计算出飞机使用过程中的重心变化范围。图 12-3 为客机的重心变化范围示意图，通常称之为重心包线图。其含义解释如下：

(1) 在使用空重的情况下 (没有商载和燃油)，重心位置的均值在 30% C_{MAC}，考虑到重心位置具有一定的不确定性 (如误差因素)，此时的重心位置在 A 点和 A' 点之间；

(2) 假定乘客登机时首先按顺序靠窗座位入座，AB 线段表示乘客从前到后入座，$A'B'$ 线段表示从后到前入座，B 与 B' 不重合的原因也同样是由重心位置的不确定性引起的；

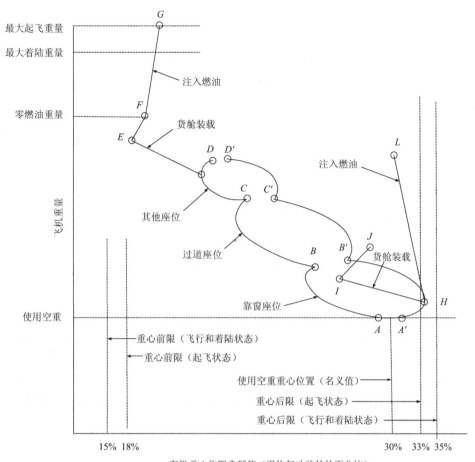

图 12-3　客机的重心变化范围示意图[14]

(3) 乘客按顺序入座过道座位，BC 线段表示从前到后入座，$B'C'$ 线段表示从后到前入座；

(4) 剩余座位按同样的方式入座，得到线段 CD 和 $C'D'$；

(5) 为了估算可能的重心最前位置情况，假定在乘客入座过程中重心处于最前时，开始将货物装入到前货舱，重心进一步前移到 E 点；

(6) 装货到后货舱，重心移到 F 点；

(7) 注入燃油后，重心移至 G 点；

(8) 假设在乘客入座过程中重心处于最后点 H 时，开始装货到前、后货舱，装货完成后重心移到 I 点和 J 点；若在点 H 时注入燃油，则重心移至 L 点。

12.7.3　飞机重心的定位

经过飞机重心计算以后，所求出的飞机重心位置应在一定的范围之内。如果计算出的重心不能满足要求，则需要先进行调整总体布置方案，再重新计算飞机重心。因此，飞机总体布置工作(第 11 章)与飞机重心估算应该平行进行，相互协调。通过飞机总体布置方案的调整和飞机重心的估算，使飞机满足静稳定性和操纵性要求，这个工作过程称为飞机重心的定位。为了能把重心调整到所需要的位置，往往需要进行多次反复的计算。

从飞机使用的角度来看，要求飞机的使用重心前、后限所规定的飞机重心的变化范围不应太小，否则在装载方案和飞行使用上均不方便。另外，如果飞机重心的变化范围过大，为了满足操稳要求，则要求增大尾翼的面积，这样会引起飞机重量的增加，也会引起配平阻力的增加。因此，飞机重心的变化范围应在一个合理的范围内。

一般而言，对于发动机安装在机翼上的运输机，其空机重心在平均气动弦长的 25% 左右；而对于发动机安装在机身后部的运输机，其空机重心在平均气动弦长的 35% 左右[16]。飞机在装载、燃油注入和消耗、武器投放等时，会引起飞机重心变化。对于小型亚声速飞机，其重心变化范围较小；而对于大型客机和运输机，由于其乘客、货物和燃油等变化范围大，其重心变化范围较大。表 12-11 给出了各类飞机重心变化范围的参考值，可供飞机重心定位时参考。

表 12-11　各类飞机重心变化范围的参考值[16,20]

飞机类型	重心前限(%C_{MAC})	重心后限(%C_{MAC})	重心变化范围(%C_{MAC})
亚声速通用航空飞机	15～20	25～30	5～15
亚声速运输机	5～20	20～35	10～32
超声速运输机	15～35	40～60	20～40
亚声速战斗机	15～20	35～45	15～30
超声速战斗机	40～45	50～55	10～30

如果重心计算结果的值不在合理的范围内，则需要对飞机的总体布置方案进行调整，并重新计算重心。调整重心的方法可以有以下两种。

1）调整装载

通过前后移动一些重量较大的装载设备，可调整飞机重心的位置。若对某一重量为 W_i 的装载，移动 Δx_i 的距离，则飞机重心的移动量为 $\Delta \bar{x}_G$，其计算公式为

$$\Delta \bar{x}_G = \frac{\Delta x_i}{C_{MAC}} \cdot \frac{W_i}{W_0} \qquad (12\text{-}21)$$

式中，W_0 为全机重量。这种调整飞机重心的办法最简单，但由于现代飞机内部空间比较拥挤，可移动的装载有限，因此这一办法往往不能解决问题。

2）移动机翼

显然，如果将机翼在机身上的安装位置向后移，则机翼平均气动弦也将随之后移，而飞机的重心位置也就相对前移了，这是调整飞机重心位置很有效的办法。但是，另外，由于机翼的后移，机翼部分的重量也要同时后移。而机翼重量是飞机重量的重要组成部分，这就使飞机的重心势必将略向后移一些，综合这两方面的影响，移动机翼 $\Delta x_{机翼}$ 距离后，飞机重心的新位置将为

$$\bar{x}_G = \frac{1}{C_{MAC}} \left[\frac{\sum W_i x_i + W_{机翼} \Delta x_{机翼}}{W_0} - (x_A + \Delta x_{机翼}) \right] \qquad (12\text{-}22)$$

飞机重心位置的移动量为

$$\Delta \overline{x}_{\mathrm{G}} = \frac{1}{C_{\mathrm{MAC}}}\left(\frac{W_{机翼}}{W_0}-1\right)\Delta x_{机翼} \tag{12-23}$$

从式 (12-23) 可以看出，机翼的后移量使飞机重心前移的作用不是全部有效，而只是等于 $W_{机翼}/W_0-1$ 的那一部分有效。在调整飞机重心位置移动机翼时，还应注意机翼与机身的对接接头、传力构件的移动及对内部装载的影响，也要检查起落架位置参数的变动和对尾翼所产生的影响。

课 后 作 业

针对本团队所完成的飞机概念设计方案，计算该方案的各项重量、全机重量和重心变化范围。

思 考 题

12.1　飞机机体结构重量、基本空重、使用空重、最大零燃油重量、最大起飞重量的含义是什么？它们之间的关系是什么？

12.2　机体结构空重的增加导致的不利影响是什么？

12.3　影响机身、机翼重量的主要因素有哪些？

12.4　重心前限和重心后限主要被哪些要求所限制？

12.5　全机重心如何计算？为何全机重心在机翼平均气动弦长上定义更具意义？

12.6　调整飞机重心有哪些措施？

12.7　移动机翼位置对全机重心在平均气动弦长上的位置有怎样的影响？如何计算？

第 13 章　气动特性分析

本章所讲的飞机气动特性是指飞机的升力特性和阻力特性，它是飞机飞行性能评估所需的输入数据。升力特性对飞机的起降和机动性有很大影响，阻力特性对飞机航程、巡航速度和最大速度有很大影响，因此飞机气动特性对飞行性能的优劣有直接的影响。

在第 5 章的飞机基本参数初始设计中，参考同类飞机的气动特性统计数据，对飞机的巡航升阻比、起降时的最大升力系数进行了预估。在本章中，将针对已形成的飞机概念方案，进行更为详细的计算和分析，为第 14 章的性能分析提供更为可靠的气动特性数据。

13.1　气动特性分析方法概述

对于给定的飞机概念方案，气动特性分析的任务是计算出其各飞行阶段(起飞、爬升、巡航、机动、着陆等)的升力特性和阻力特性，评估该概念方案是否满足气动设计要求。通常可采用三类方法进行飞机概念方案的气动特性分析。

第一类是工程估算方法，也称为半经验方法(semi-empirical method)。这种方法以空气动力学理论为指导，依据大量的飞机部件和全机气动试验数据，通过数据拟合和经验系数等手段，归纳总结出一套气动特性计算方法。这类方法通常是以解析公式或图表的方式来估算升阻特性，能直观地反映各种设计参数和飞行条件对升阻特性的影响，而且计算过程简单，能快速对概念方案进行分析和评估。这类方法的典型代表是 DATCOM(data compendium 的缩写)方法[35]和 ESDU(engineering sciences data unit 的缩写)方法[36]。在计算机和数值方法出现之前，除了风洞试验方法，设计人员通常用这种方法对设计方案进行气动特性分析。不过，这种方法有其局限性。因为这种方法是依据已有的试验数据而建立的，当所设计的飞机的布局形式与样本飞机有明显区别时，这种方法的计算结果具有较大的不确定性，可能会导致较大的误差。

第二类是快速数值方法与工程估算方法相结合的方法。这里所谓的快速数值方法包括：①基于无黏线性位流理论的涡格法或面元法，可用于亚声速或超声速的升力和诱导阻力的分析；②基于小扰动位流方程或全位流方程的数值方法，可用于亚、跨声速的升力和诱导阻力分析；③基于无黏有旋流理论(欧拉方程)的数值方法，可用于亚、跨、超声速升力和诱导阻力的分析。但这些方法没有考虑空气的黏性，空气黏性导致的阻力需要用工程估算方法来计算，所以它是一种数值方法与工程估算相结合的方法。这种方法的精度较高，计算速度也较快，在飞机概念设计中的应用日益增多。不过，相较于工程估算方法，其计算过程较为复杂，也需要具备专门的计算程序。

第三类是基于黏性有旋理论(N-S 方程)的数值方法。从理论上讲，这类方法的计算精度高，适用范围广，可用于亚、跨、超声速气动特性分析。但这种方法的气动建模过程复杂，计算量大，还难以满足快速获得气动数据的需求。因此，它目前在概念设计阶段的应用还有限，主要用于后续阶段对气动外形进行详细分析。

本章将讲述如何应用工程估算方法来分析飞机的升阻特性。在参考多种文献的基础上，本章力求提炼出一套较为简洁的升阻特性工程估算方法，可用于概念设计方案的快速分析。关于快速数值方法和 N-S 方程的数值方法，可参考专门的文献[37,38]。

13.2　升力特性分析

升力特性是指飞机的升力线斜率、干净构型(襟翼收起)的最大升力系数、起降构型(襟翼展开)的最大升力系数、零升力迎角等，参见图 13-1。这些气动特性对飞机的失速速度、机动性能、抖振边界、起飞和着陆距离等有很大影响。

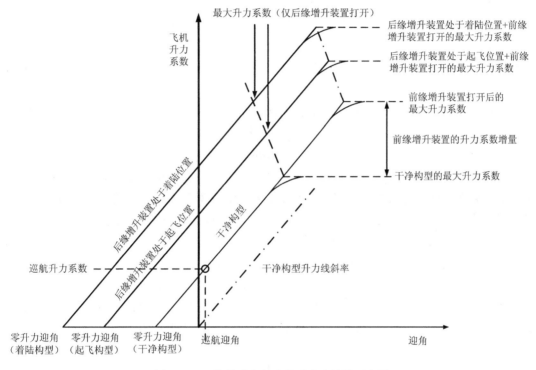

图 13-1　巡航构型和起降构型升力特性示意图

13.2.1　升力线斜率

1. 亚声速

升力主要由机翼产生。根据低速薄翼型理论，翼型的升力线斜率为 2π(1/rad)。翼型的流场是一种二维流场，而机翼的流场是三维流场，存在气流的三维效应，因此机翼的升力线斜率要小于翼型的升力线斜率。气流三维效应对机翼升力线斜率的影响程度主要取决于机翼平面形状，其中展弦比增加有利于提高机翼升力线斜率，而后掠角增加会降低升力线斜率。另外，机身对升力线斜率也有一定的影响。综合上述因素，亚声速时机翼机身组合体的升力线斜率为

$$\frac{\mathrm{d}C_\mathrm{L}}{\mathrm{d}\alpha}=C_{\mathrm{L}\alpha}=\frac{2\pi\mathrm{AR}}{2+\sqrt{4+\mathrm{AR}^2\beta^2\left(1+\dfrac{\tan^2\varLambda_{\mathrm{maxt}}}{\beta^2}\right)}}\left(\frac{S_\mathrm{e}}{S_{\mathrm{ref}}}\right)F \quad (1/\mathrm{rad}) \tag{13-1}$$

式中，$\varLambda_{\mathrm{maxt}}$ 为机翼的翼型最大厚度线的后掠角，可近似取 1/2 弦处后掠角；AR 为展弦比；S_{ref} 为机翼参考面积；S_e 为机翼外露的投影面积(机翼参考面积减去被机身覆盖的面积)；$1/\beta$ 为亚声速压缩性形状因子，$\beta=\sqrt{1-Ma^2}$；Ma 为马赫数；F 为机身升力影响系数，按下式计算：

$$F=1.07(1+d/l)^2 \tag{13-2}$$

其中，d 为机身当量直径；l 为机翼展长。

当机翼上配置翼梢小翼时，用"有效展弦比"$\mathrm{AR}_{\mathrm{eff}}$ 来替代式(13-1)中的展弦比 AR。从气动效果上看，翼梢小翼的作用相当于增加了机翼展长，也意味着提高了展弦比。在概念设计阶段，由于还没有详细的翼梢小翼设计方案，可近似为 $\mathrm{AR}_{\mathrm{eff}}=(1.15\sim1.20)\mathrm{AR}$。

2. 超声速

根据超声速薄翼型理论，薄翼型的升力线斜率为

$$C_{\mathrm{L}\alpha}=\frac{4}{\sqrt{Ma^2-1}} \tag{13-3}$$

机翼的升力线斜率可用超声速线化理论和三维流场效应修正的办法来估算。对于实际的机翼，要考虑展弦比 AR、前缘后掠角 $\varLambda_{\mathrm{LE}}$、梯形比 λ 对升力线斜率的影响。由于这种方法很难用简洁的公式来表达，因此用图表的方法来计算该机翼升力线斜率。

图 13-2 给出了如何计算超声速机翼升力线斜率的方法[17]。图中 $C_{N\alpha}$ 为法向力系数的斜率，当迎角不太大时，其近似等于升力系数的斜率；$\beta=\sqrt{Ma^2-1}$；AR 为展弦比；$\varLambda_{\mathrm{LE}}$ 为前缘后掠角。升力线斜率的计算过程是：①根据梯形比 λ 的大小选定对应的曲线图；②计算 $\beta/\tan\varLambda_{\mathrm{LE}}$，若 $\beta/\tan\varLambda_{\mathrm{LE}}$ 小于 1，则应用左半部的曲线图，根据 $\mathrm{AR}\tan\varLambda_{\mathrm{LE}}$ 和 $\beta/\tan\varLambda_{\mathrm{LE}}$，查出 $C_{N\alpha}$；若 $\beta/\tan\varLambda_{\mathrm{LE}}$ 大于 1，则取其倒数，根据右半部的曲线图，计算出 $C_{N\alpha}$。

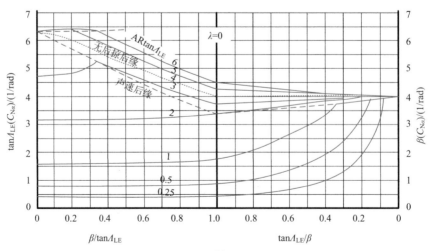

(a)

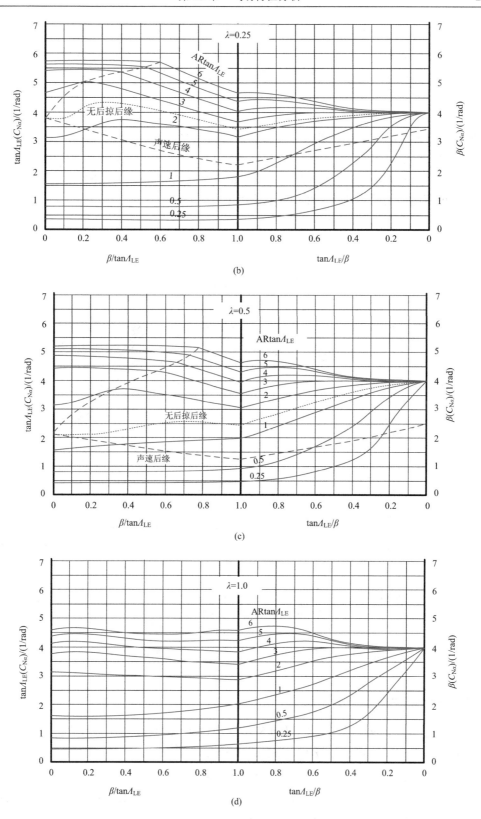

图 13-2　超声速机翼升力线斜率计算的曲线[17]

需要注意的是，图 13-2 中 $C_{N\alpha}$ 是基于机翼外露的投影面积 S_e 来定义的。如果 $C_{N\alpha}$ 是基于机翼参考面积 S_{ref} 来定义的，那么升力线斜率需要乘以 S_e/S_{ref}。同样地，若考虑机身的影响，升力线斜率需乘以机身升力影响系数 F，参见式(13-2)。

3. 跨声速

跨声速时，机翼的升力线斜率 $C_{L\alpha}$ 与 Ma 数之间呈现较强的非线性关系，目前还没有较精确的工程估算方法。一种简单的近似方法是：①在亚声速范围内($Ma<0.9$)计算出 Ma 与 $C_{L\alpha}$ 之间的曲线关系；②在超声速范围内($Ma>1.3$)计算出 Ma 与 $C_{L\alpha}$ 之间的曲线关系；③在跨声速范围内($0.9<Ma<1.3$)，亚声速段曲线和超声速段曲线进行延伸和平滑过渡，如图 13-3 所示[17]，过渡段即为跨声速区域的升力线斜率。

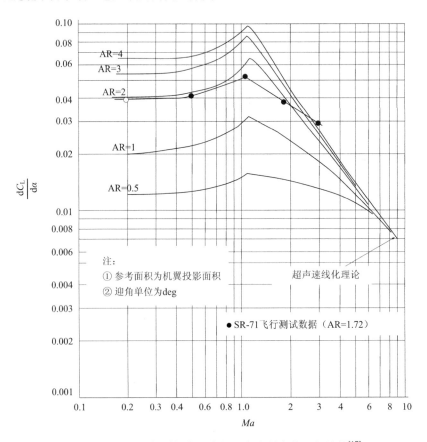

图 13-3　跨声速机翼机身组合体升力线斜率的近似估算[17]

13.2.2　干净构型的最大升力系数

对于中等和大展弦比(展弦比大于 4.5)的亚声速飞机，其最大升力系数主要取决于翼型的最大升力系数和后掠角。可按下式估算最大升力系数[7]：

$$C_{L\,max} = 0.9C_{l\,max} \cos \Lambda_{1/4} \tag{13-4}$$

式中，$C_{l\,max}$ 是翼型的最大升力系数；0.9 表示直机翼的最大升力系数大约为翼型 $C_{l\,max}$ 的90%；$\Lambda_{1/4}$ 为机翼四分之一弦线的后掠角。

小展弦比(小于 4.5)和三角翼机翼布局形式通常用于高速飞机，其翼型相对厚度小，翼型前缘较尖，迎角较大时机翼前缘会产生脱体涡(参见 8.7 节)，推迟失速迎角。例如，展弦比为 2 的机翼，其失速迎角大约为 30°。对于带有边条的小展弦比机翼飞机，或采用近距耦合鸭翼布局的飞机，其最大升力系数会进一步增加。文献[15]给出了一种简洁的小展弦比飞机最大升力系数的估算方法，计算公式为

$$\text{低速飞行(起降阶段):} \quad C_{\text{Lmax}} = (AR/2)^{1/2} \cos \Lambda_{1/4} + \Delta_{\text{L}} \tag{13-5}$$

$$\text{高速飞行(空中阶段):} \quad C_{\text{Lmax}} = \left[(AR/2)^{1/2} \cos \Lambda_{1/4} + \Delta_{\text{H}} \right](1 - 0.25Ma) \tag{13-6}$$

式中，AR 为展弦比；Ma 为飞行 Ma 数；Δ_{L} 为起降阶段的干净机翼最大升力系数增量，这个值受到起飞和着陆时迎角的限制(迎角一般为 12°~14°)；Δ_{H} 为高速飞行(空中飞行阶段)时的最大升力系数增量，此时飞机的迎角不受起降阶段的限制，Δ_{H} 对飞机的飞行机动性有很大影响；Δ_{L} 和 Δ_{H} 的大小取决于气动布局形式，典型值见表 13-1。

表 13-1 小展弦比机翼的最大升力系数增量[15]

气动布局特征	起降阶段：Δ_{L}	空中阶段：Δ_{H}
带有边条的机翼	0.3	0.6
变几何前缘的机翼	0.4	0.8
近距耦合鸭翼	0.5	0.8
变几何前缘+近距耦合鸭翼	0.6	1.0

13.2.3 抖振升力系数

对于高亚声速飞机，当升力系数和飞行 Ma 数达到一定值时，会发生明显的气流分离现象，导致机体和操纵面抖振。出现抖振现象时的升力系数称为抖振升力系数。飞机实际飞行时的最大升力系数要受限于抖振边界。所谓抖振边界是指升力系数和飞行 Ma 数存在一个边界，这个边界将升力系数和 Ma 数分为两个区域，即抖振区和无抖振区，如图 13-4 所示。导致抖振现象主要有两种情况：①当升力系数接近飞机最大升力系数 C_{Lmax} 时，机翼上表面的气流发生分离；②当 Ma 数超过阻力发散 Ma 数(Ma_{dd})时，机翼上的激波会引起不稳定的气流，导致气流分离。

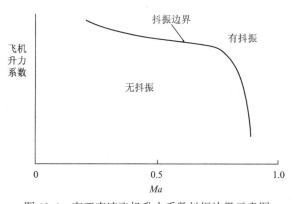

图 13-4 高亚声速飞机升力系数抖振边界示意图

　　因此，抖振边界主要由两种情况来确定[16]：一是与 C_{Lmax} 关联的抖振边界；二是与 Ma_{dd} 关联的抖振边界。确定 C_{Lmax} 关联的抖振边界的方法是：首先计算各飞行 Ma 数下的 C_{Lmax}，然后取各飞行 Ma 数下 C_{Lmax} 的 90% 作为抖振升力系数。关于 Ma_{dd} 关联的抖振边界，一般认为，飞行 Ma 数比 Ma_{dd} 高 0.03 时，会出现抖振现象。升力系数越大，Ma_{dd} 越小。Ma_{dd} 值可根据 13.3.2 节中给出的式(13-26)来计算。通过升力系数和 Ma_{dd} 的关系，可确定 Ma 数与抖振升力系数之间的关系。

13.2.4　低速构型的最大升力系数

　　飞机在起降阶段处于低速构型，即增升装置(包括前缘和后缘增升装置)展开的外形。增升装置展开后，最大升力系数会增加，其增量为[7]

$$\Delta C_{Lmax} = 0.9 \Delta C_{lmax} \left(\frac{S_f}{S_{ref}} \right) \cos \varLambda_{HL} \tag{13-7}$$

式中，S_f 为机翼流场被增升装置所影响的面积，如图 13-5 所示；$\varLambda_{HL}$ 为增升装置铰链线的后掠角；ΔC_{lmax} 为二维情况下的各类增升装置的升力系数的增量，参见表 8-7。

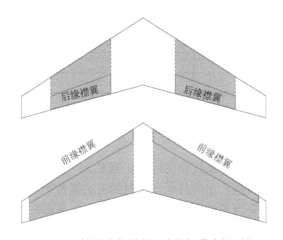

图 13-5　被增升装置所影响的机翼流场面积

　　增升装置展开后，飞机低速构型的最大升力系数为

$$C_{Lmax,低速构型} = C_{Lmax,干净构型} + \Delta C_{Lmax} \tag{13-8}$$

式中，$C_{Lmax,干净构型}$ 为干净构型的最大升力系数；ΔC_{Lmax} 为增升装置产生的升力系数增量。

　　飞机着陆时，增升装置通常完全展开，最大升力系数可按式(13-8)计算。而飞机起飞时，为避免起飞加速时的气动阻力过大，增升装置一般不会完全展开。起飞时增升装置产生的升力系数增量为最大增量的 50%～60%。

　　后缘增升装置展开后，零升力迎角会发生变化(升力线往左移，参见图 13-1)，零迎角变化量为

$$\Delta \alpha_{0L} = (\Delta \alpha_{0L})_{2D} \left(S_{flap} / S_{ref} \right) \cos \varLambda_{1/4} \tag{13-9}$$

式中，$(\Delta \alpha_{0L})_{2D}$ 为二维情况下的襟翼的零迎角变化量，其取决于增升装置的类型和偏转角。

　　在后续的性能分析中，起飞和着陆时最大升力系数将用于飞机起飞失速速度、起飞距

离和着陆失速速度、着陆距离的计算。

13.2.5　地面效应对升力特性的影响

　　当飞机的机翼离地面很近时，即机翼与地面之间的距离小于机翼展长时，存在气动的地面效应。这种地面效应会增加机翼的环量，从而增加机翼的升力。例如，在飞机起飞和着陆时，就存在明显的地面效应。图 13-6 为地面效应对飞机升力特性的影响示意图。应用涡格法或面元法可比较精确地计算出地面效应引起的升力变化。

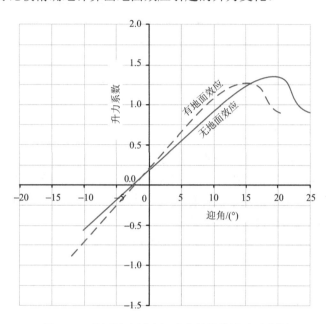

图 13-6　地面效应对飞机升力特性的影响示意图

13.3　阻力特性分析

　　根据物体与空气之间的相互作用，气动阻力来源于边界层的表面切向力和物体表面的压力引起的前后压差。分析飞机的阻力特性时，通常根据飞机外形特征和飞行速度范围，首先识别出阻力的来源，然后分别计算各项阻力，再叠加各项阻力，最后计算出全机阻力。

　　通常将飞机的阻力分为零升阻力、升致阻力、跨声速压缩性阻力和配平阻力，其中零升阻力包括各部件摩擦阻力、各部件形状阻力、部件之间的干扰阻力、杂项阻力、超声速波阻等，升致阻力包括诱导阻力、黏性升致阻力、升力引起的超声速波阻。表 13-2 列出了飞机的各项阻力，其中，亚声速飞机($Ma<0.5$)的阻力不包括跨声速压缩性阻力和波阻；而对于高亚声速飞机和跨声速飞机，需计入跨声速压缩性阻力；对于超声速飞机，需计算超声速波阻。以下将说明各项阻力的计算方法。

表 13-2　飞机阻力的构成

零升阻力	各部件摩擦阻力
	各部件形状阻力(压差阻力)
	部件之间的干扰阻力(压差阻力)
	杂项阻力
	超声速波阻($Ma>1$)
升致阻力	诱导阻力
	黏性升致阻力
	与升力相关的超声速波阻($Ma>1$)
跨声速压缩性阻力	局部激波引起的压差阻力
配平阻力	保持力矩平衡引起的阻力

13.3.1　亚声速零升阻力

亚声速飞机的零升阻力估算的基本思路是：①计算飞机各部件(机身、机翼、尾翼等)的摩擦阻力；②根据各部件形状特征，用形状因子乘以各部件的摩擦阻力来反映压差阻力；③根据总体布局形式，用干扰因子来计算气动干扰阻力；④根据飞机类型和特征，再加上各种杂项阻力以及通气口和突出物引起的阻力。

根据这一思路，亚声速飞机的零升阻力系数估算公式为

$$(C_{D0})_{\text{亚声速}} = \frac{\sum_{i=1}^{n}\left(C_{fi}\,S_{\text{wet}i}\,\text{FF}_i\,Q_i\right)}{S_{\text{ref}}} + C_{D\text{misc}} \tag{13-10}$$

式中，C_{fi} 是第 i 个部件表面的摩擦系数；$S_{\text{wet}i}$ 是第 i 个部件表面的面积(外露面积)；FF_i 是第 i 个部件的形状因子；Q_i 为第 i 个部件的干扰因子；$C_{D\text{misc}}$ 为杂项阻力系数。

1. 摩擦系数

各部件表面与空气之间的摩擦系数，可按空气流过平板时的摩擦系数来估算。根据边界层理论，层流和湍流情况的摩擦系数分别按式(13-11)和式(13-12)计算，式中 Re 为雷诺数。在式(13-12)中计入了马赫数对摩擦系数的影响，当马赫数较小时，其影响很小。

$$\text{层流}\ C_{Fc} = \frac{1.328}{\sqrt{Re}} \tag{13-11}$$

$$\text{湍流}\ C_{Ft} = \frac{0.455}{\left(\lg Re\right)^{2.58}\left(1+0.144Ma^2\right)^{0.65}} \tag{13-12}$$

一般来说，飞机部件表面上的边界层可能既有层流又有湍流，是一种混合流情况，如图 13-7 所示。此时，摩擦系数的计算公式为

$$C_F = \left(1 - 0.74\frac{X_L}{L_B}\right)C_{Ft} \tag{13-13}$$

式中，X_L/L_B 为边界层中层流比例。

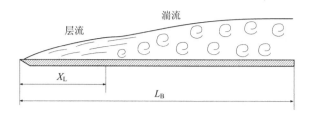

图 13-7　平板混合边界层示意图

　　层流比例对摩擦阻力系数有很大影响，飞机各部件上的层流比例取决于外形特征、飞行速度、表面光滑度等因素。在概念设计阶段，可参考已有飞机的数据对层流比例进行估算。表 13-3 给出了现有飞机机身和翼面层流比例的典型值。若在气动设计中采用了先进的层流设计技术，层流比例会明显增加。关于层流设计技术可参阅有关文献[37]。

表 13-3　机身和翼面层流比例的典型值

飞机类型	机身层流比例	翼面层流比例
通用航空飞机(普通金属表面)	0%	10%
通用航空飞机(光滑金属表面)	10%	35%
喷气式客机(金属表面)	5%	10%
军用飞机(涂迷彩色)	0%	0%

2. 形状因子

　　形状阻力(form drag)是物体形状导致的气流分离而产生的阻力。在概念设计阶段，可用形状因子的方法来计算形状阻力系数。形状因子是一个经验系数，用于反映气流流过飞机表面时边界层分离引起的压差阻力。形状因子的大小主要取决于飞机部件的外形特征。流线性好的外形，压差阻力很小，其形状因子的值小；反之，则压差阻力大，形状因子的值也大。通常采用已有试验数据来估算形状因子的值。

　　对于翼面类部件，包括机翼、尾翼、短舱或武器的挂架等，其形状因子为[7]

$$\mathrm{FF} = \left(1 + \frac{0.6t_\mathrm{c}}{x_\mathrm{t}} + 100t_\mathrm{c}^4\right) 1.34 Ma^{0.18} \left(\cos \varLambda_\mathrm{m}\right)^{0.28} \tag{13-14}$$

式中，t_c 为机翼平均的相对厚度；x_t 为翼型最大厚度处的相对位置；$\varLambda_\mathrm{m}$ 为最大厚度位置连线的后掠角；Ma 为飞行 Ma 数。

　　对于机身类部件，形状因子为[7]

$$\mathrm{FF} = 1 + \frac{60}{f^3} + \frac{f}{400} \tag{13-15}$$

　　对于短舱和外挂物(副油箱等)，形状因子为[7]

$$\mathrm{FF} = 1 + 0.35/f \tag{13-16}$$

式中，f 为机身、短舱、外挂物的长径比。如果机身剖面形状为矩形或方形，形状因子会增加 30%～40%，这是因为在机身剖面尖角处可能会发生气流分离，引起额外的压差阻力。

3. 干扰因子

飞机部件之间的气流可能存在干扰，产生额外的压差阻力，这种阻力称为干扰阻力。在初步分析中，可用干扰因子来计入干扰阻力。干扰因子也是一个经验系数，其值取决于飞机布局形式，可通过已有飞机的气动数据的统计分析而获得。

短舱和外挂通常会引起干扰阻力。若短舱(或外挂)与机身(或机翼)的间距很小，其干扰因子 Q 大约为 1.5；若短舱(或外挂)与机身(或机翼)的间距为短舱(或外挂)的一个直径左右，Q 大约为 1.3；若间距大于短舱或外挂的直径，可认为无干扰，Q 取 1.0。

对于上单翼、中单翼和具有很好整流的下单翼布局，可认为机翼机身之间的干扰阻力很小，Q 取 1.0；对于没有整流的下单翼布局，Q 取 1.1~1.4。

机身的干扰因子取 1.0。对于常规尾翼布局，Q 取 1.04~1.05；对于 V 尾布局，Q 约为 1.03；H 形尾翼的 Q 约为 1.08。

4. 杂项阻力

上述方法主要适用于流线型的飞机部件。若有些部件属于非流线型，则飞机的阻力还需加上额外的阻力。与流线型相比，非流线型的部件会导致更为严重的气流分离，从而产生额外的压差阻力。这些额外阻力通常称为杂项阻力(miscellaneous drags)。

许多运输机的后机身外形具有上翘角 μ，如图 13-8 所示。当后机身上翘角较大时，会导致较严重的气流分离，从而增加机身的阻力。通常依据已有的试验数据来估算机身的杂项阻力，其经验公式为

$$(D/q)_{\text{upsweep}} = 3.83\mu^{2.5}A_{\text{max}} \tag{13-17}$$

式中，D 为阻力，q 为动压，(D/q) 的单位为面积，因此有时也称为阻力面积；μ 为后机身上翘角(rad)(参见图 13-8)；A_{max} 为机身最大横截面的面积。将机身的阻力面积除以机翼参考面积即可得到机身的杂项阻力系数。

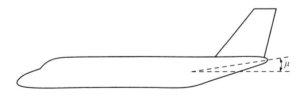

图 13-8   后机身上翘角的定义示意图

有些部件的尾部截面为一个平面时(例如，有些飞机的机身尾部、有些外挂物的尾部)，也会导致较严重的气流分离，产生额外的阻力，这种杂项阻力也被称为底阻(base drag)，其估算公式为

$$(D/q)_{\text{base}} = \left[0.139 + 0.419(Ma - 0.161)^2\right]A_{\text{base}} \quad (\text{亚声速}) \tag{13-18}$$

$$(D/q)_{\text{base}} = \left[0.064 + 0.042(Ma - 3.84)^2\right]A_{\text{base}} \quad (\text{超声速}) \tag{13-19}$$

式中，A_{base} 为部件尾部截面的面积。

对于固定式起落架飞机或起落架放下状态的飞机，起落架引起的杂项阻力为

$$(D/q)_{\text{起落架}} = 0.25 A_{\text{迎风}} \quad (\text{普通机轮}) \tag{13-20}$$

$$(D/q)_{起落架} = 0.18A_{迎风} \quad （流线型机轮） \tag{13-21}$$

$$(D/q)_{起落架} = 0.13A_{迎风} \quad （带有整流罩的起落架） \tag{13-22}$$

式中，$A_{迎风}$ 为起落架机轮的迎风面积。将式中的计算值除以机翼面积，即可获得起落架的阻力系数。

驾驶舱的风挡引起的杂项阻力为

$$(D/q)_{风挡} = 0.07A_{迎风} \quad （平滑融入机身的风挡） \tag{13-23}$$

$$(D/q)_{风挡} = 0.15A_{迎风} \quad （非平滑融入机身的风挡） \tag{13-24}$$

式中，$A_{迎风}$ 为驾驶舱的风挡的迎风面积。类似地，可计算出风挡的阻力系数。

飞机上通常有各种通气口（包括进气口和出气口），这些通气口会导致额外的压差阻力。另外，飞机上外露的天线、航行灯、舱门边缘、操纵面的铰链和作动器、不平整的铆钉和口盖，都可视为飞机表面的凸起物，它们会引起额外的压差阻力。这些阻力通常按总的零升阻力的百分比来估算。表 13-4 给出了各类飞机的经验数据。

表 13-4　通气口和凸起物引起的阻力估算

飞机类型	零升阻力的占比	飞机类型	零升阻力的占比
螺旋桨飞机	5%～10%	战斗机	10%～15%
喷气式运输机或轰炸机	2%～5%	隐身战斗机	3%～5%

产生杂项阻力的还包括以下情况：机炮机枪、拦阻钩（舰载机）、阻力伞打开、减速板打开等，这些情况产生的额外阻力估算可参见文献[7]。

13.3.2　跨声速压缩性阻力

对于高亚声速飞机，当飞机的飞行速度超过临界 Ma 数时，飞机表面的流场会出现局部超声速区。此时，飞机表面上既有亚声速区域，又有超声速区域，也就是存在跨声速流场，如图 13-9 所示。跨声速流场的局部激波会引起一种附加的阻力，这是一种局部激波导致的阻力，通常称为跨声速压缩性阻力。

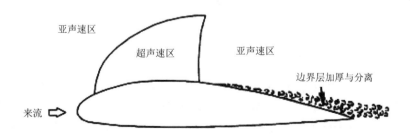

图 13-9　跨声速流场示意图

影响压缩性阻力的因素主要有升力系数、马赫数和机翼外形参数。跨声速压缩性阻力系数的估算公式为[39]

$$\Delta C_{\text{Dcomp}} = 0.002 \left[1 + \left(\frac{Ma - Ma_{\text{dd}}}{\Delta Ma} \right) \right]^{n} \tag{13-25}$$

式中，Ma 为飞行 Ma 数，ΔMa 通常取 0.05；n 大约为 2.5，Ma_{dd} 为阻力发散马赫数。阻力发散马赫数是指：对于给定的升力系数，随着 Ma 数增加，当压缩性阻力达到 0.002（即 20 个单位阻力，1 个单位阻力=0.0001）时对应的 Ma 数，参见图 13-10。阻力发散 Ma 数与临界 Ma 数（Ma_{cr}）之间的关系为 $Ma_{\text{dd}} = Ma_{\text{cr}} + \Delta Ma$。可根据下式估算 Ma_{dd}：

$$Ma_{\text{dd}} = \frac{1}{\cos \Lambda_{1/4}} \left[M_{\text{ref}} - \frac{1}{10} \left(\frac{C_{\text{L}}}{\cos^2 \Lambda_{1/4}} \right)^{3/2} - \frac{t_{\text{c}}}{\cos \Lambda_{1/4}} \right] \tag{13-26}$$

式中，t_{c} 为机翼平均的相对厚度；M_{ref} 为翼型设计的技术水平因子，通常取值为 0.85～0.95。先进的机翼设计方案会提高阻力发散 Ma 数。若机翼采用超临界翼型，可取 0.935～0.95；若没有采用超临界翼型，可取 0.85～0.9。

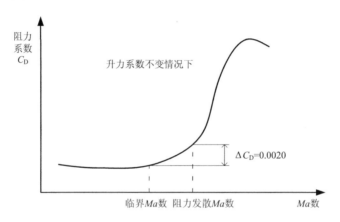

图 13-10　阻力发散马赫数示意图

13.3.3　超声速零升阻力

超声速零升阻力的计算思路与亚声速情况类似，主要区别是要另外计算波阻。飞机超声速飞行时，其零升阻力系数的计算公式为

$$(C_{\text{D0}})_{\text{超声速}} = \frac{\sum_{i=1}^{n} \left(C_{\text{f}i} S_{\text{wet}i} \right)}{S_{\text{ref}}} + C_{\text{Dmisc}} + C_{\text{DW}} \tag{13-27}$$

式中，右边第一项为摩擦阻力系数；C_{Dmisc} 为杂项阻力系数，这些阻力系数的计算方法类似于亚声速情况；C_{DW} 为零升波阻系数，这项是亚声速情况所没有的。需要说明的是，式 (13-27) 中第一项只包含摩擦阻力系数，没有形状因子和干扰因子。对于超声速飞机，形状因子和干扰因子已包含在波阻系数之中。

根据超声速细长旋成体理论，C_{DW} 取决于细长旋成体的截面面积分布。C_{DW} 最小的形状是 Sears-Haack 旋成体，其形状由式 (13-28) 定义，其零升波阻由式 (13-29) 计算出。

$$\frac{r}{r_{\max}} = \left[1 - \left(\frac{x}{l/2} \right)^2 \right]^{0.75} \tag{13-28}$$

$$(D/q)_{\text{Sears-Haack}} = \frac{9\pi}{2} \left(\frac{A_{\max}}{l} \right)^2 \tag{13-29}$$

式中，r 为旋成体截面的半径；l 为旋成体长度，$-l/2 \leqslant x \leqslant l/2$；$A_{\max}$ 为最大截面处的面积；D 为波阻；q 为动压。

根据面积律理论，在 Ma 数为 1 时，为了使飞机波阻最小，飞机各个部件叠加在一起的横截面积的分布，应该与 Sears-Haack 旋成体的横截面积的分布一致。但实际上真实的飞机外形无法完全满足这个要求。在概念设计阶段，可用简化的方法估算飞机波阻。其思路是在 Sears-Haack 旋成体波阻计算方法的基础上，根据飞机的外形特征进行修正，计算公式为[7]

$$(D/q)_{\text{wave}} = E_{\text{WD}} \left[1 - 0.386(Ma - 1.2)^{0.57} \left(1 - \frac{\pi \varLambda_{\text{LE}}^{0.77}}{100} \right) \right] (D/q)_{\text{Sears-Haack}} \tag{13-30}$$

式中，$\varLambda_{\text{LE}}$ 为机翼前缘后掠角(°)；E_{WD} 为波阻效率因子，代表实际波阻与理想形状的波阻之比，它是一个经验系数。对于 Sears-Haack 旋成体，E_{WD} 的值为 1；对于机翼机身融合度好且横截面积分布平滑的飞机，E_{WD} 可取 1.2；对于典型超声速战斗机、轰炸机和客机，E_{WD} 取 1.8～2.2；如果飞机的横截面积很不平滑，E_{WD} 可能高至 2.5～3.0。

从波阻计算式(13-29)可以看出，波阻的大小在很大程度上取决于 $(A_{\max}/l)$。为了减小波阻，应尽量减小 $A_{\max}$。式(13-30)右边第二项的括号内含有 1.2 这个数字。这个数字用于反映当马赫数超过 1.2 后，波阻系数开始下降这一趋势。右边第二项的 0.386 是一个经验数据，文献[7]建议若用 0.2 替代 0.386，波阻预测结果更为合理。

13.3.4　升致阻力

一般而言，飞机的升力主要由机翼产生。升致阻力(drag due to lift)是指机翼升力引起的阻力。它通常包括两个部分：第一部分是不考虑空气黏性的升致阻力，也就是通常所说的诱导阻力(induced drag)，它是由机翼翼梢涡气流下洗引起的阻力；第二部分是由空气黏性导致的升致阻力，可称为黏性升致阻力(viscous drag due to lift)。产生黏性升致阻力的原因是机翼表面压力分布会影响边界层的特性(边界层的厚度和速度分布、转捩点、分离位置等)。当改变迎角时，意味着机翼表面压力分布发生变化，影响边界层的特性，进而影响机翼的阻力特性。

根据空气动力学的知识，诱导阻力与升力的平方成正比；有关研究表明，空气黏性导致的升致阻力也大致与升力的平方成正比。因此，升致阻力可表达为

$$C_{\text{Di}} = K' C_{\text{L}}^2 + K'' (C_{\text{L}} - C_{\text{Lmin}})^2 \tag{13-31}$$

式中，K' 为诱导阻力因子；K'' 为黏性升致阻力因子；C_{Lmin} 为阻力最小时对应的升力系数。对于有弯度的翼型，$C_{\text{Lmin}} \neq 0$；对于对称翼型，$C_{\text{Lmin}} = 0$。

对于大多数飞机而言，C_{Lmin} 通常较小，在概念设计阶段可做简化处理，认为 $C_{\text{Lmin}} \approx 0$，因此式(13-31)简化为

$$C_{\mathrm{Di}} = K'C_{\mathrm{L}}^2 + K''C_{\mathrm{L}}^2 = KC_{\mathrm{L}}^2 \tag{13-32}$$

式中，$K = K' + K''$，为升致阻力因子。计算出 K 值，就可计算不同升力情况下的升致阻力。影响升致阻力因子的因素很多，包含机翼平面形状（展弦比、后掠角、梯形比等）、机翼扭转角、翼型弯度、Ma 数、发动机短舱的布局形式等。文献[15]给出了一种用于概念设计的经验公式。对于亚声速飞机，升致阻力因子的计算公式为

$$K = \frac{\left(1 + 0.12Ma^4\right)}{\pi\mathrm{AR}}\left[1 + \frac{0.142 + f(\lambda)\mathrm{AR}(10t_{\mathrm{c}})^{0.33}}{\left(\cos\varLambda_{1/4}\right)^2} + \frac{0.1(3N_{\mathrm{e}}+1)}{\left(4 + \mathrm{AR}\right)^{0.8}}\right] \tag{13-33}$$

式中，AR 为机翼展弦比，当机翼上有翼梢小翼时，AR 为有效展弦比；$\varLambda_{1/4}$ 为 1/4 弦线后掠角；t_{c} 为机翼平均相对厚度；Ma 为 Ma 数；N_{e} 用于反映发动机布局形式，其含义是发动机的个数，当发动机布置在机翼上方时，才设置这个参数，其他情况不用设置这个参数；$f(\lambda)$ 为梯形比的函数，由下式确定：

$$f(\lambda) = 0.0051\left[1 + 1.5(\lambda - 0.6)^2\right]$$

式中，λ 为梯形比。大多数情况下，$f(\lambda)$ 约为 0.0062。

对于超声速飞机（展弦比小于 4.5），升致阻力因子的计算公式为

$$K = \frac{0.24}{\mathrm{AR}} + K_{\mathrm{W}}\sqrt{Ma^2 - 1} \tag{13-34}$$

式中，K_{W} 为经验系数，对于对称翼型（或弯度很小）的机翼，K_{W} 取 0.20；对于翼型前缘有弯度的机翼，K_{W} 取 0.175。

需要说明的是，式(13-33)和式(13-34)没有反映机翼扭转角的影响，机翼扭转角的设计通常在概念设计后续阶段由气动专业组进行进一步细化设计。在概念设计阶段，假设机翼有合理的扭转角。若需要分析机翼扭转角对升致阻力的影响，并提高升致阻力的计算精度，建议采用涡格法或面元法等快速的数值方法。另外，文献[7]和[17]提供了更为详细的升致阻力的工程估算方法。

13.3.5 配平阻力

配平阻力是为了满足飞机力矩平衡而产生的气动阻力。对于正常式布局飞机，需要通过平尾上的升降舵（或全动平尾）来实现纵向配平。一般情况下，机翼气动中心位于重心之后，且机翼产生的力矩为低头力矩（以气动中心为参考点）。为了实现纵向配平，升降舵（或全动平尾）偏转后产生的气动力方向向下，导致升力损失。为了保证升力等于重力，机翼需产生额外的升力来抵消平尾向下的气动力，而这个额外的升力导致额外的诱导阻力。另外，升降舵偏转也会产生额外的阻力。因此，配平阻力系数 C_{trim} 的表达式为

$$C_{\mathrm{trim}} = C_{\mathrm{trim\,i}} + C_{\mathrm{D}\delta_{\mathrm{e}}} \cdot \delta_{\mathrm{e}} \tag{13-35}$$

式中，右端第一项是额外的升力导致的阻力系数，实际上是诱导阻力系数的增量；第二项是升降舵偏转引起的阻力系数，$C_{\mathrm{D}\delta_{\mathrm{e}}}$ 为升降舵偏转 1° 引起的阻力系数（通常为 0～0.0005）[18]；δ_{e} 为升降舵偏角。升降舵偏转引起的额外阻力通常很小，在概念设计阶段可近似地忽略这项。下面说明如何计算第一项 $C_{\mathrm{trim\,i}}$。

首先考虑一种简单的情况。假设不考虑发动机推力对纵向力矩的影响，并假设机翼的

零升力的力矩较小(忽略不计)，那么根据如图 13-11 所示的机翼升力、重力、平尾升力，可得升力与重力的平衡方程和纵向力矩平衡方程(以重心为参考点)分别为

$$L_W + L_H - W = 0 \tag{13-36}$$

$$(x_G - x_A)L_W - (x_H - x_G + x_A)L_H = 0 \tag{13-37}$$

式中，参数含义参见图 13-11。

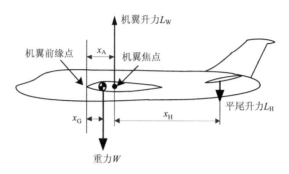

图 13-11　飞机的纵向力矩平衡示意图(一)

忽略机翼纵向力矩和发动机推力的影响

根据上述方程，可得到机翼附加升力而引起的诱导阻力系数增量为

$$C_{\text{trim i}} = K C_L^{\ 2} \left[\left(1 - \frac{x_G - x_A}{x_H} \right)^2 - 1 \right] \tag{13-38}$$

式中，K 为诱导阻力因子，参见式(13-33)或式(13-34)；C_L 为升力系数。从式(13-38)可以看出，当 $x_G - x_A < 0$ 时(大多数正常式布局飞机属于这种情况)，配平阻力大于 0，且重心越靠前，配平阻力越大；当 $x_G - x_A = 0$ 时，配平阻力为 0；若出现 $x_G - x_A > 0$ 的情况，意味着平尾的气动力向上，可减小机翼的诱导阻力系数。

若机翼的零升力矩较大，且发动机推力线距重心较远，需要考虑这两种因素对配平阻力的影响。例如，弯度较大的翼型具有较大的零升力矩系数；当发动机布置在机身上部时，发动机推力对纵向力矩有较大影响。这种情况下，飞机的受力示意图如图 13-12 所示。

根据受力平衡方程，可以推导出 $C_{\text{trim i}}$ 的计算公式为

$$C_{\text{trim i}} = \frac{K}{(qS_{\text{ref}})^2} \left(1 - \frac{x_G - x_A}{x_H} \right)^2 \left(W - \frac{M_W - T \cdot z_t}{x_H - x_G + x_A} \right) - \frac{K W^2}{(qS_{\text{ref}})^2} \tag{13-39}$$

式中，几何参数含义见图 13-12，W 和 q 分别为飞行状态的重量和动压；S_{ref} 为机翼参考面积；M_W 为机翼气动力绕其机翼气动中心的纵向力矩，当迎角变化时，这个力矩不会变化。该方程的推导过程可参见文献[18]。从式(13-39)可以看出，当 $M_W < 0$ (低头力矩)和 $z_t > 0$ (发动机位置在重心上方)时，均会增加配平阻力。低头力矩 M_W 的绝对值越大(其值为负)，配平阻力越大；发动机推力线距重心越远，配平阻力越大。有些水上飞机采用了机身上部安装发动机的布局，可能会导致较大的配平阻力。

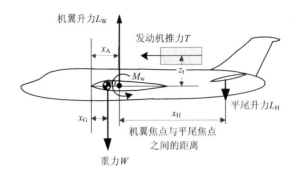

图 13-12　飞机的纵向力矩平衡示意图(二)

考虑机翼纵向力矩和发动机推力的影响

　　一般而言，大多数常规布局飞机的纵向配平阻力较小，一般占总阻力的 1%～2%。

13.3.6　襟翼展开导致的附加阻力

　　在低速飞行状态(起降阶段)，襟翼展开后，会影响零升阻力和诱导阻力。因此，襟翼展开后的阻力增量由两部分组成：一部分是零升阻力增量 $\Delta C_{D0襟翼}$；另一部分是诱导阻力增量 $\Delta C_{Di襟翼}$。襟翼展开后的阻力增量为 $\Delta C_{D襟翼} = \Delta C_{D0襟翼} + \Delta C_{Di襟翼}$。

　　襟翼展开后的阻力增量的影响因素较多，包括襟翼类型、襟翼的弦长和展长、襟翼的偏转角等。较精确的计算通常需要采用数值方法。在概念设计阶段，一般采用简化方法估算襟翼展开后的阻力增量。

　　襟翼展开会影响机翼边界层的分离特性，引起的零升阻力增量 $\Delta C_{D0襟翼}$ 的计算公式为[7]

$$\Delta C_{D0襟翼} = F_{f}\left(C_{f}/C\right)\left(S_{f}/S_{ref}\right)\left(\delta_{f} - 10\right) \tag{13-40}$$

式中，F_{f} 为襟翼的形状因子，对于简单襟翼取 0.0144，对于有缝的襟翼取 0.0074；(C_{f}/C) 为襟翼弦长占机翼弦长的比例；S_{f} 为襟翼所影响的机翼面积(参见图 13-5)；δ_{f} 为襟翼的偏转角(°)，需大于 10°；小于 10° 时，近似认为其零升阻力增量可忽略不计。一般而言，着陆时襟翼偏转角处于最大偏度位置，起飞时偏转角大约为着陆时的一半。襟翼偏转角的大小与襟翼类型有关，可参见有关襟翼设计的章节(8.8 节)。

　　襟翼展开也会改变机翼的展向升力分布，从而影响机翼的诱导阻力，引起的诱导阻力增量 $\Delta C_{Di襟翼}$ 为[7]

$$\Delta C_{Di襟翼} = k_{f}^{2}\left(\Delta C_{L襟翼}\right)^{2}\cos\Lambda_{1/4} \tag{13-41}$$

式中，$\Delta C_{L襟翼}$ 为襟翼展开后的升力系数的增量；k_{f} 为经验系数，当襟翼展长与机翼展长一样时，$k_{f}=0.14$，当襟翼展长为机翼展长的一半时，$k_{f}=0.28$，其他情况可通过插值计算。

　　另外，文献[18]给出了更为详细的方法来计算襟翼展开后的阻力增量，可供读者参考。

13.3.7　发动机失效导致的附加阻力

　　对于配装涡扇发动机或涡喷发动机的飞机，在飞行时，若发动机失效，气流将冲击风扇或压气机，使之空转，此时发动机处于风车状态，会引起额外的阻力。这种额外阻力

称为风车阻力。风车阻力的大小主要取决于发动机迎风面积 $A_{迎风}$，其阻力系数的估算公式为[7]

$$C_{D风车} = 0.3 A_{迎风} / S_{ref} \qquad (13-42)$$

对于配装螺旋桨的飞机，发动机失效时，螺旋桨通常会停转，也会增加阻力。其阻力大小主要取决于螺旋桨的桨叶面积以及螺旋桨是否具有顺桨功能。所谓顺桨是指在发动机空中停车后，把螺旋桨的桨叶转到与飞行方向平行的状态，以减小飞行阻力。螺旋桨停转导致的阻力系数的估算公式为

$$C_{D螺旋桨停转} = k_f A_{桨叶} / S_{ref} \qquad (13-43)$$

式中，$A_{桨叶}$ 为螺旋桨的桨叶面积；k_f 为系数，具有顺桨功能时 k_f 取 0.1，否则 k_f 取 0.8。

从上述估算公式可以看出，一旦发动机失效，飞机阻力会明显增加。因此，发动机单发失效时，风车阻力需计入飞机总阻力。

对于双发或多发飞机，在飞机性能分析中需要评估发动机单发失效时的性能特性。例如，CCAR-25 适航条例要求飞机在单发失效情况下第二阶段的爬升梯度必须大于 2.4%。在计算飞机单发失效情况下的爬升梯度时，飞机总阻力就需包括风车阻力。另外，对于单发飞机，发动机失效后只能滑翔飞行。由于这个附加阻力对飞机升阻比有较大影响，会严重影响飞机的滑翔性能。

13.3.8　全机阻力系数

叠加上述各项阻力系数，就可计算出全机的阻力系数。在计算飞机阻力系数时，需按不同的速度范围采用与之对应的计算公式，另外还要考虑飞机的构型状态。

通常，亚声速飞行时的阻力包括巡航构型和低速构型两种情况。巡航构型也称干净构型，是指襟翼和起落架收起的飞机外形状态；低速构型是指襟翼展开、起落架放下的飞机外形状态。对于低速构型，又分为起飞着陆状态和初始爬升两种情况。在起飞和着陆状态，襟翼展开、起落架放下。初始爬升阶段通常指第二阶段的爬升阶段，此时起落架已收起，而襟翼处于起飞状态。

表 13-5 总结了各飞行速度情况下的全机阻力组成。

表 13-5　全机阻力的组成

飞行速度	构型状态	阻力构成
亚声速	干净构型	零升阻力+升致阻力+配平阻力
	低速构型(起飞和着陆阶段)	零升阻力+升致阻力+配平阻力+起落架阻力+襟翼展开的附加阻力
	低速构型(初始爬升)	零升阻力+升致阻力+配平阻力+襟翼展开的附加阻力
	低速构型(初始爬升、发动机失效)	零升阻力+升致阻力+配平阻力+襟翼展开的附加阻力+发动机失效附加阻力(对双发或多发飞机而言)
跨声速	干净构型	零升阻力+升致阻力+配平阻力+跨声速压缩性阻力
超声速	干净构型	零升阻力(含超声速波阻)+升致阻力+配平阻力

按照 13.3 节给出的阻力估算方法，可计算出飞机的全机阻力特性。图 13-13 形象地示出了飞机在不同 Ma 数情况下的零升阻力的组成，图 13-14 为某先进高亚声速客机概念方案

（巡航 Ma 数为 0.78，机翼展弦比为 9.76，后掠角为 25°）的各项阻力及其占比[40]。

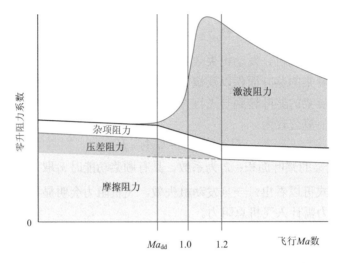

图 13-13　不同 Ma 数情况下的飞机零升阻力组成的示意图

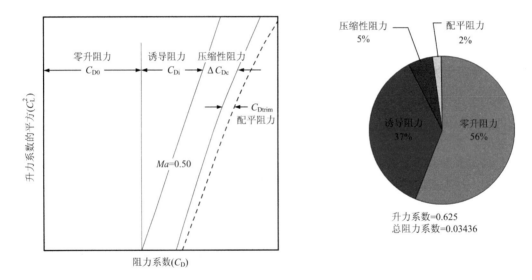

图 13-14　某客机概念方案的全部阻力组成及其比例

13.4　全机气动特性

13.2 节介绍了飞机升力特性估算方法，13.3 节介绍了阻力特性估算方法，应用这些方法就可计算出不同速度高度、不同飞机构型状态的升力特性和阻力特性，形成概念设计阶段的气动数据库。气动数据库包括各飞行高度上不同 Ma 数的升阻特性，即飞机起飞、爬升、巡航、机动、下降、着陆等各飞行阶段的升阻特性，它为飞行性能的计算提供所需的气动数据。

计算出的气动数据通常按飞机干净构型和低速构型状态两种情况来表示。下面以某客机概念方案为例，展示气动分析结果。

13.4.1　干净构型的气动特性

为了直观地对气动特性进行分析,飞机升阻特性通常用各种曲线来表达。一种最常用的曲线图是升力和阻力的极曲线(drag polar)。极曲线反映了不同 Ma 数情况下升力与阻力之间的关系。图 13-15 为某客机概念方案的干净构型的极曲线。在后续的飞行性能分析中,首先根据飞行 Ma 数计算出该状态的升力,然后根据极曲线计算对应的阻力。

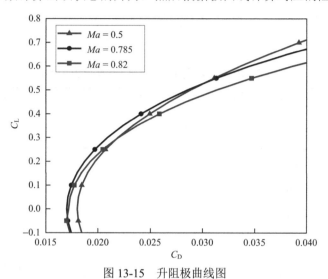

图 13-15　升阻极曲线图

为了考察不同 Ma 数情况下升力系数与升阻比的关系,根据气动数据库可绘制升力系数与升阻比的曲线图,如图 13-16 所示。从图中可以识别出升阻比最大时所对应的升力系数。例如,假设巡航 Ma 数为 0.785,那么从图 13-16 可以看出,升力系数为 0.5~0.55 时升阻比最大。另外,还可以绘制巡航因子(Ma 数乘以升阻比)与升力系数之间的关系曲线图,如图 13-17 所示。从图中可看出,当升力系数为 0.52~0.56 时巡航因子最大。这些气动数据分析结果可用于评估机翼设计参数的合理性。合理的设计方案应该是:设计升力系数接近巡航因子最大对应的升力系数,且接近升阻比最大时所对应的升力系数。

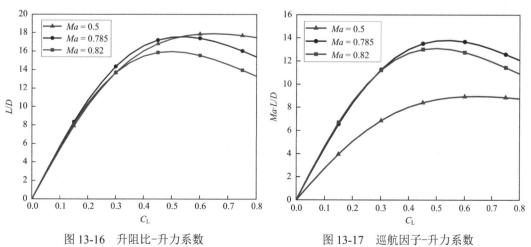

图 13-16　升阻比-升力系数　　　　　　　　图 13-17　巡航因子-升力系数

13.4.2 低速构型的气动特性

飞机的低速构型通常用于起降和初始爬升阶段，其最大升力系数对起降性能有重要影响，而此时升阻比对起飞性能和初始爬升性能也有较大影响。

低速构型的气动特性主要包括增升装置不同偏度情况下的最大升力系数和升阻比。根据本章给出的气动特性计算方法，可计算出增升装置不同偏度情况下的最大升力系数和升阻比。例如，表 13-6 是某客机概念方案的低速构型最大升力系数的估算结果；图 13-18 是后缘襟翼在不同偏度时(前缘襟翼处于展开位置)的升阻比与升力系数之间的关系曲线。

表 13-6　增升装置不同偏度情况下的最大升力系数

增升装置的偏度	最大升力系数
起飞状态(前缘襟翼展开，后缘襟翼 15°)	2.32
着陆状态(前缘襟翼展开，后缘襟翼 40°)	3.11

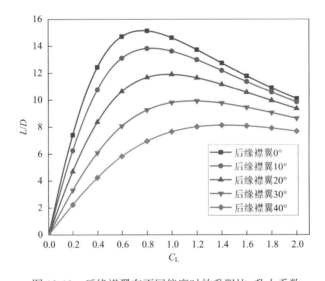

图 13-18　后缘襟翼在不同偏度时的升阻比-升力系数

13.4.3 抖振边界

为了保证飞行安全性，飞机在整个飞行过程中的升力系数应小于抖振升力系数，也就是要求飞行时的升力系数应在抖振边界之内，并留有余量。图 13-19 为某客机概念方案的抖振边界图。根据这个抖振边界图，可评估整个飞行过程中的升力系数是否在抖振边界之内。例如，该客机的巡航马赫数为 0.785，巡航时设计升力系数为 0.5，在抖振边界图中标出该飞行状态的升力系数位置，如图 13-19 所示。从图中可看出，此时的抖振升力系数为 0.68，设计升力系数在边界内，并有一定的余量。

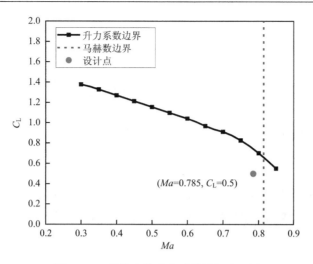

图 13-19　估算出的升力系数抖振边界图

13.4.4　气动分析结果的可信度评估

气动分析结果是飞行性能分析的输入数据。气动分析结果是否可靠可信，对飞行性能的分析结果的可信度有很大影响。因此，在将气动分析结果用于飞行性能分析之前，应首先评估气动分析结果的可信度。

在概念设计阶段，通常还没有该方案的风洞试验数据，因此无法将计算结果与试验数据直接对比和验证。一种实际可行的方法是：将气动分析方法应用于已有的同类飞机(有试验数据)，然后将计算分析结果与同类飞机的试验数据进行比较，据此来评估气动分析方法的可信度。若计算结果与试验数据存在偏差，则需对气动分析方法进行修正(工程方法中通常有一些经验系数和修正系数)，以提高气动分析方法的可信度。文献[17]的附录 G 提供了一些已有飞机的气动特性曲线和数据，可以用这些数据来评估或修正气动分析方法。

如果气动分析方法的可信度得到确认，那么可以认为，用这种方法计算出的飞机概念方案的气动特性也是可信的，它的分析结果可作为飞行性能分析的输入数据。

课 后 作 业

针对本团队所完成的飞机概念设计方案，分析该方案的气动特性。

思 考 题

13.1　飞机的升力特性主要有哪些？飞机的阻力包括哪些组成部分？

13.2　根据飞机外形参数和飞行 Ma 数，如何根据工程估算方法确定升力特性和阻力系数？

13.3　飞机升阻极曲线的含义是什么？

13.4　本章内容与飞行性能分析之间的关系是什么？

第 14 章 飞行性能分析

总体论证阶段的一项重要工作就是要对选定的设计方案进行飞行性能分析，评估该方案是否满足性能指标和使用要求。实际上飞机总体设计也是围绕着实现其性能与使用特性要求而展开的。

飞行性能通常包括起飞性能、爬升性能、速度性能、航程航时、机动性能、滑翔性能、着陆性能。这些性能计算需要的输入数据包括：①发动机外部特性数据；②气动特性数据；③重量数据；④大气特性数据。当发动机型号已确定时，发动机外部特性数据可以从发动机供应商处获得；当发动机型号尚未确定时，可采用工程估算方法来估算外部特性。重量数据和气动数据可分别按第 12 章和第 13 章的方法来计算。

飞行性能计算方法已在"飞机飞行动力学"课程中讲解过。本章简要回顾飞机飞行性能的计算方法[41,42]。

14.1 飞 行 包 线

飞行包线限制了飞机在空中所能达到的飞行范围。飞行包线通常是由最小速度的左边界、最大速度和最大动压的右边界和最大飞行高度的上边界组成的。一般来说，飞机的飞行包线是由飞机气动力特性、动力装置推力及使用特性、飞机结构设计和热载荷设计等因素确定的，如图 14-1 所示。

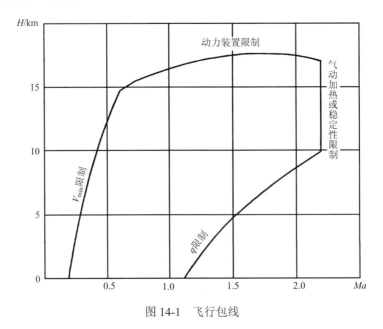

图 14-1 飞行包线

(1)左边界限制：飞行包线的左边受最小飞行速度限制，而飞机的最小速度往往是由气流分离引起的抖振、翼面失速以及动力装置、发动机使用等因素确定的。

(2)右边界限制：飞行包线的右边界由任务要求确定，往往受动力装置推力、最大设计动压和气动力加热等因素的限制，有时还可能受到飞机的操纵性和稳定性的限制。

(3)上边界限制：飞行包线的上边界是由动力装置推力特性、飞机气动力特性确定的。当动力装置推力等于飞机平飞阻力时所达到的最大高度称为静升限。从实际使用的角度，还定义了飞机的实用升限和战斗升限等。

14.2 起 飞 性 能

典型的起飞阶段包括如下几个步骤：①发动机产生最大功率或推力，飞机由静止加速至起飞速度；②达到起飞速度时，飞机抬头增加迎角以产生足够的离地升力；③飞机开始爬升至规定障碍高度(h_{obst})，CCAR-25 规定障碍高度为 10.7m(35ft)，而 CCAR-23 将其规定为 15m(50ft)。一旦飞机飞过了规定的障碍高度则起飞阶段完成。然后收起起落架以降低飞机的阻力，增加爬升率。飞机会继续爬升至巡航高度或继续飞行以执行其他预定任务。

飞机起飞过程如图 14-2 所示，图中各速度的含义见表 14-1。

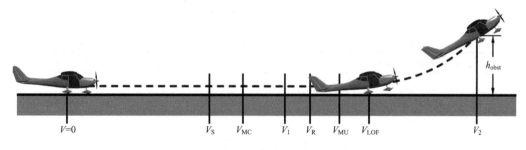

图 14-2 飞机起飞示意图

表 14-1 起飞过程中各速度的含义

速度	说明
V_S	失速速度或最低稳定飞行速度
V_{MC}	临界发动机不工作的最小操纵速度
V_1	决断速度
V_R	抬前轮速度：飞机的前轮离开地面的速度
V_{MU}	最小离地速度
V_{LOF}	离地速度
V_2	安全起飞速度：飞机必须能够爬升到安全高度的空速

14.2.1 起飞距离估算

飞机的起飞过程主要分为三个阶段：滑跑阶段、抬头阶段和爬升阶段。起飞距离由滑跑段、抬头段和爬升段的水平距离组成。

1. 地面滑跑距离

在地面滑跑过程中飞机受力如图 14-3 所示。

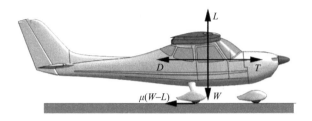

图 14-3　飞机起飞时地面滑跑过程中的受力图

地面滑跑过程中的净加速力为 $F_a = T - D - \mu(W - L)$。其中，T 为推力，D 为气动阻力，L 为气动升力，W 为飞机起飞时的重力(等于 mg，m 为起飞重量)，μ 为机轮和跑道之间的摩擦系数，地面摩擦取决于车轮和地面属性，计算时可按表 14-2 选取地面摩擦系数。滑跑过程中上述各力变化的示意图如图 14-4 所示。

表 14-2　地面摩擦系数

地面类型	地面摩擦系数	
	无刹车	刹车
干燥的沥青或混凝土	0.03~0.05	0.3~0.5
潮湿的沥青或混凝土	0.05	0.15~0.3
结冰的沥青或混凝土	0.02	0.06~0.10
坚硬的草地	0.05	0.4
污垢地面	0.04	0.3
柔软的草地	0.07	0.2
潮湿的草地	0.08	0.2

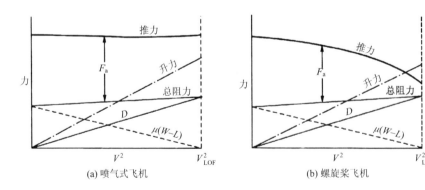

图 14-4　飞机起飞滑跑过程中力随速度变化的曲线

在地面滑跑过程中，迎角值通常保持不变，则地面滑跑距离为

$$S_G = \int_0^{V_R} \frac{mV}{T - \mu m g - \frac{1}{2}\rho V^2 S\left(C_{D_{TO}} - \mu C_{L_{TO}}\right)} \mathrm{d}V \tag{14-1}$$

对式(14-1)进行简化，可得

$$S_G = \int_0^{V_R} \frac{V}{A + BV^2} \mathrm{d}V \tag{14-2}$$

式中，

$$A = \frac{T}{m} - \mu g \tag{14-3}$$

$$B = \frac{-\rho S}{2m}\left(C_{D_{TO}} - \mu C_{L_{TO}}\right) \tag{14-4}$$

因此，得到起飞滑跑距离 S_G 为

$$S_G = \frac{1}{2B}\ln\left(\frac{A + BV_R^2}{A}\right) \tag{14-5}$$

2. 抬头段距离

因为飞机在抬头过程中，时间短且速度基本是一个定值，所以可以用较为简单的方法来分析，即抬头段距离 S_R 为

$$S_R = V_R T_R \tag{14-6}$$

式中，V_R 为抬头速度，一般 $V_R = 1.1V_S$；T_R 为飞机抬头段的持续时间，如表 14-3 所示。

表 14-3 典型飞机抬头段的持续时间

飞机类型	T_R/s
战斗机	0.5～1
轻型运动飞机	1～3
通用航空飞机	2～4
运输机	3～6

3. 爬升段距离

飞机在起飞爬升过程中，爬升段距离 S_C 可以用能量法近似估算，即

$$S_C = \frac{W}{\Delta T_{av}}\left[\frac{1}{2}\left(V_2^2 - V_{LOF}^2\right) + g \cdot h_{obst}\right] \tag{14-7}$$

式中，$\Delta T_{av} = 0.5(\Delta T_{LOF} + \Delta T_2)$ 为爬升段的平均剩余推力，ΔT_{LOF} 和 ΔT_2 分别为起飞离地速度时和达到安全起飞速度时的剩余推力；对于喷气式飞机，$V_{LOF} \approx 1.2V_S$，$V_2 \approx 1.3V_S$。对于运输类飞机，V_{LOF} 和 V_2 的选取可参考§25.107 条款要求，一般可取 $V_{LOF} \approx 1.1V_S$，$V_2 \approx 1.2V_S$。对于通用类飞机，可参考§23.51 条款要求，或取 $V_{LOF} \approx 1.1V_S$，$V_2 \approx 1.2V_S$。

14.2.2 中断起飞

有时，由于在地面滑跑过程中发动机出现故障，不得不中断起飞。通常很难立即诊断

发动机故障，而飞行员往往在地面滑跑加速后才发现发动机故障。考虑到此类无法预见的情形，每架飞机都定义了一个决策速度 V_1，以帮助飞行员对是否继续起飞做出判断。如果在低于决策速度时出现了发动机故障，则建议飞行员中断起飞，此时还有足够长度的跑道让飞机停止在跑道内。如果发现发动机故障时飞机已超过决策速度，则建议飞行员继续起飞升空，因为此时余下的跑道距离不足以使飞机安全停下。一旦升空，飞行员需要对飞机特性和故障的严重程度进行评估，进而采取合理的避险措施。如果在 $V = V_1$ 时检测到发动机故障，两者都可选择，或者继续升空，或者中断起飞。

基于上述考虑而确定的场长称为平衡场长，如图 14-5 所示。

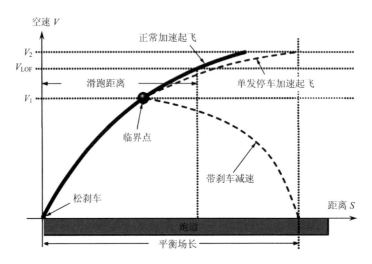

图 14-5   正常起飞距离和平衡场长

平衡场长 BFL 可按下面公式估算[18]：

$$\text{BFL} = \frac{0.863}{1 + 2.3\Delta\gamma_2}\left(\frac{W_{\text{TO}}/S}{\rho g C_{\text{L2}}} + h_{\text{obst}}\right) \times \left(2.7 + \frac{1}{\overline{T}/W_{\text{TO}} - \mu'}\right) + \left(\frac{\Delta S_{\text{TO}}}{\sqrt{\sigma}}\right) \tag{14-8}$$

式中，C_{L2} 为速度为 V_2 时的升力系数，如果 $V_2 = V_{\text{S}}$，则 $C_{\text{L2}} = 0.694 C_{\text{Lmax}}$；$g$ 为重力加速度；$\overline{T}$ 为起飞滑跑过程中的平均推力，按式 (14-9) 和式 (14-10) 计算；$\mu' = 0.01 C_{\text{Lmax}} + 0.02$，其中 C_{Lmax} 对应于起飞构型的最大升力系数；ΔS_{TO} 为惯性距离，可取为 200m；$\Delta\gamma_2$ 的计算公式为：$\Delta\gamma_2 = \gamma_2 - \gamma_{2\min}$；其中

$$\gamma_2 = \arcsin\left(\frac{T_{\text{OEI}} - D_2}{W_{\text{TO}}}\right); \quad \gamma_{2\min} = \begin{cases} 0.024, & \text{双发} \\ 0.027, & \text{三发} \\ 0.030, & \text{四发} \end{cases}; \quad D_2 \text{为速度为} V_2 \text{时的阻力}$$

起飞滑跑阶段的平均推力按以下公式计算。

对于喷气式飞机：

$$\overline{T} = 0.75 T_{\text{TO}}\left(\frac{5 + \text{BR}}{4 + \text{BR}}\right) \tag{14-9}$$

式中，T_{TO} 为最大静推力；BR 为发动机涵道比。

对于恒速螺旋桨飞机：

$$\overline{T} = K_{\mathrm{p}} P_{\mathrm{TO}} \left(\frac{\sigma D_{\mathrm{p}}^2}{P_{\mathrm{TO}}} \right)^{1/3} \tag{14-10}$$

式中，D_{p} 为螺旋桨直径(m)；$K_{\mathrm{p}}=3.15$；P_{TO} 为发动机最大功率(kg·m/s)。

需注意的是，对于固定桨距螺旋桨飞机，其平均推力比恒速螺旋桨飞机的推力小 15%～20%。

14.2.3　起飞场长

民用飞机的起飞场长应按 CCAR-23.113 或 CCAR-25.113 的要求确定。由前面介绍可知多发飞机起飞可分成下面三种情况。

(1) 全发工作正常起飞，见图 14-6(a)。

(2) 单发失效起飞，见图 14-6(b)，图中 V_{EF} 为临界发动机失效时的校正空速。

(3) 单发失效中断起飞，见图 14-6(c)。

平衡场长要求图 14-6(b)和(c)确定的起飞距离应该相等；飞机的起飞场长为图 14-6(a)和(b)确定的起飞距离中的大者。需要注意的是，图 14-6 为双飞或三发运输类飞机的起飞场长定义，若发动机的数量为四发或更多，则在 35ft 高度处的 V_2 为 $1.15V_{\mathrm{S}}$。而对于起飞重量小于 5700kg 的飞机，按 CCAR-23 部要求确定的安全高度为 50ft。具体计算方法参见中国民用飞机适航规章。

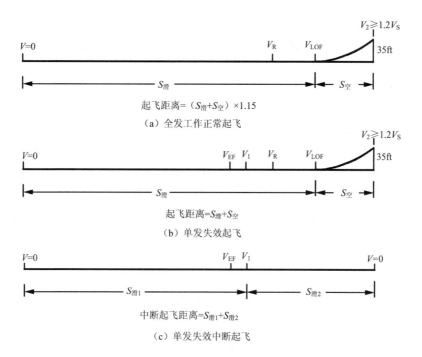

图 14-6　CCAR-25 部适航要求的起飞场长

14.3　爬升性能

对于静升限以下的任意高度，定常平飞都有两个解，即低速解 V_{min} 和高速解 V_{max}。如果采用全推力或全功率以 V_{min} 和 V_{max} 之间的任一速度 V 飞行会发生什么呢？现在如果有剩余推力或称剩余功率，飞机就无法做定常平飞了。可能发生的情况有：①如果高度不变，飞机会加速至 V_{max}；②飞机爬升。本节将讨论爬升飞行情况，首先分析定常或匀速爬升情况，然后分析更为一般的加速爬升情况。为了简化，假设在爬升过程中飞机重量不变。

14.3.1　定常爬升

飞机做定常爬升时，飞机在重力、发动机推力(或拉力)和气动力的作用下处于平衡状态，如图 14-7 所示。假设没有偏航运动，从而可以简化为二维情况。

图 14-7　飞机爬升时的二维受力图

飞机定常爬升飞行时，它的飞行轨迹在铅垂平面内为一条直线，则爬升角 γ 为

$$\sin\gamma = \frac{T-D}{W} = \frac{剩余推力}{重力} \tag{14-11}$$

由式(14-11)可见，爬升角 γ 与每单位重力的剩余推力成正比。因此，当每单位重力的剩余推力最大时，出现最陡爬升角 γ_{max}。

记 R/C 为爬升率，那么

$$R/C = \dot{h} = V\sin\gamma = \frac{V(T-D)}{W} = \frac{P_a - P_R}{W} = P_S \tag{14-12}$$

式中，P_a 为可用功率；P_R 为需用功率；P_S 为每单位重力的剩余功率，通常称为单位剩余功率。当单位剩余功率最大时，R/C 最大。

1. 螺旋桨飞机爬升飞行的解析解

对于发动机功率与飞行速度无关的螺旋桨飞机，其最大爬升率速度 V_y 为

$$V_y = \frac{1}{\sqrt[4]{3}}\sqrt{\frac{2W}{\rho S}}\sqrt[4]{\frac{k}{C_{D0}}} \tag{14-13}$$

式中，S 为机翼参考面积；C_{D0} 为零升阻力系数；k 为诱导阻力因子。

爬升率最大时对应的速度即为平飞需用功率最小时对应的速度。这是因为对于螺旋桨飞机，假设可用功率与飞行速度无关。因此，剩余功率最大时对应的速度就是需用功率最小时对应的速度。

最大爬升率为

$$(\mathrm{R/C})_{\mathrm{max}} = \eta_{\mathrm{P}}\left(\frac{P}{W}\right) - \frac{V_{\mathrm{mp}}}{0.866(L/D)_{\mathrm{max}}} \tag{14-14}$$

式中，P 为发动机功率（N·m/s）；η_{P} 为推进系统效率；$(L/D)_{\mathrm{max}}$ 为最大升阻比；V_{mp} 为最小功率平飞速度。

爬升角为

$$\gamma = \frac{\dot{h}}{V} = \frac{\mathrm{R/C}}{V} = \frac{\eta_{\mathrm{P}}P}{WV} - \frac{1}{2W}\rho S C_{\mathrm{D0}}V^2 - \frac{2kW}{\rho S V^2} \tag{14-15}$$

对于最陡爬升，即当 $\gamma = \gamma_{\mathrm{max}}$ 时，有

$$\frac{\mathrm{d}\gamma}{\mathrm{d}V} = -\frac{\eta_{\mathrm{P}}}{WV^2} - \frac{\rho S C_{\mathrm{D0}}V}{W} + \frac{4kW}{\rho S V^3} = 0 \tag{14-16}$$

该方程为 $V^4 + aV + b = 0$ 的形式，其中

$$a = \frac{\eta_{\mathrm{P}}P}{\rho S C_{\mathrm{D0}}} \tag{14-17}$$

$$b = -\frac{4k}{\rho^2 C_{\mathrm{D0}}}\left(\frac{W}{S}\right)^2 \tag{14-18}$$

方程 $V^4 + aV + b = 0$ 没有解析解，但可以用数值方法或图解法得到 γ_{max}。为此，画出 R/C 与速度的关系曲线，如图 14-8 所示。图 14-8 称为爬升飞行的速度图，它指的是一个速度分量随其他分量变化的曲线。

最大爬升角对应于每单位重力剩余推力最大时的速度，对应于图 14-8 中速度曲线与过原点直线的相切点。

从初始高度 h_{i} 爬升至最终高度 h_{f} 所用的时间为

$$t = \int_{h_{\mathrm{i}}}^{h_{\mathrm{f}}} \frac{\mathrm{d}h}{\mathrm{R/C}} = \int_{h_{\mathrm{i}}}^{h_{\mathrm{f}}} \frac{\mathrm{d}h}{P_{\mathrm{S}}} \tag{14-19}$$

其值等于图 14-9 中单位剩余功率的倒数与高度的关系曲线下方的面积。爬升飞行中的一个特殊情况是最短时间的爬升，由于螺旋桨飞机的这个问题与喷气式飞机的类似，将在下面进行详细讨论。

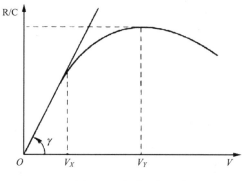

图 14-8 爬升飞行示意图

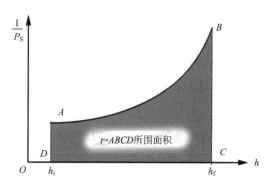

图 14-9 爬升时间的确定

2. 喷气式飞机爬升飞行的解析解

如果假设喷气式飞机产生的推力与飞行速度无关，进而可获得如下的爬升飞行的解析解。假设爬升角 γ 很小，$\cos\gamma \approx 1$，由式（14-12）及 $W = L/\cos\gamma$ 得

$$\sin\gamma = \frac{T-D}{W} = \frac{T}{W} - \frac{\cos\gamma}{L/D} \approx \frac{T}{W} - \frac{1}{L/D} \tag{14-20}$$

当爬升角 γ 最大时，也是平飞阻力最小的情况。此时，零升阻力等于诱导阻力，即 $C_{D0} = C_{Di}$，那么此时总的阻力系数为 $C_D = 2C_{D0}$，升力系数为 $C_L = \sqrt{C_{D0}/k}$。

最大爬升角为

$$\gamma_{\max} = \arcsin\left(\frac{T_{\max}}{W} - \sqrt{4kC_{D0}}\right) \tag{14-21}$$

最大爬升角对应的速度为

$$V_X = \sqrt{\frac{2}{\rho}\left(\frac{W}{S}\right)\sqrt{\frac{k}{C_{D0}}\cos\gamma_{\max}}} \tag{14-22}$$

即便发动机推力不变，飞机的爬升率也会发生变化。在某个特定的空速下，爬升率将达到最大值，即飞机会在最短的时间内增加飞行高度。飞机在该速度下爬升到巡航高度所需的燃油最少。

最大爬升率对应的速度为

$$V_Y = \sqrt{\frac{(T/W)(W/S)}{3\rho C_{D0}}\left[1 + \frac{3}{(L/D)_{\max}^2 (T/W)^2}\right]} \tag{14-23}$$

由图 14-8 可明显看到，爬升率随空速的变化而变化。喷气式飞机的最大爬升率可按下式计算：

$$(\text{R/C})_{\max} = \sqrt{\frac{(W/S)Z}{3\rho C_{D0}}}\left(\frac{T}{W}\right)^{3/2} \times \left[1 - \frac{Z}{6} - \frac{3\cos^2\gamma}{2(T/W)^2(L/D)_{\max}^2 Z}\right] \tag{14-24}$$

其中

$$Z = 1 + \sqrt{1 + \frac{3}{(L/D)_{\max}^2(T/W)^2}}$$

14.3.2 静升限和实用升限

静升限是平飞的两个解合并为一个时所对应的高度。而基于爬升率的概念，可以对静升限有新的理解。

如图 14-10 所示，由于随着高度增加可用推力或可用功率下降，$(\text{R/C})_{\max}$ 随高度的增加而减小。最大爬升率下降至 0.5m/s（亚声速飞机）或 5m/s（超声速飞机）时，对应的高度为实用升限。当 $(\text{R/C})_{\max}=0$ 时，所对应的高度为静升限。

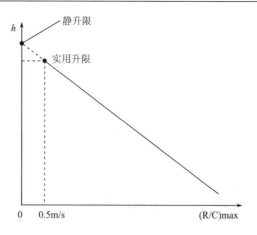

图 14-10　静升限和实用升限

静升限和实用升限可由下述方法计算得到：①计算若干高度下的 $(R/C)_{max}$；②创建线性函数或多项式函数描述的趋势线；③求解 $(R/C)_{max}=0.5m/s$（或 $5m/s$）时的趋势线，得到实用升限；④求解 $(R/C)_{max}=0$ 时的趋势线，得到绝对升限，即静升限。

对于螺旋桨飞机，其实用升限为 4～6km，而商用喷气式飞机的实用升限为 11～17km。

14.3.3　能量爬升法

之前讨论的定常或匀速爬升，都是假设沿飞行轨迹和垂直于飞行轨迹的加速度为零。本节将研究更一般的爬升飞行情况，即加速爬升，其飞行时的受力情况如图 14-11 所示。

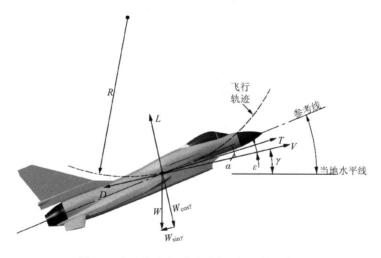

图 14-11　飞机在铅垂平面内飞行时的受力图

若 $\varepsilon=0$，则

$$T - D - W\sin\gamma = \frac{W}{g}\frac{\mathrm{d}V}{\mathrm{d}t} \tag{14-25}$$

$$L - W\cos\gamma = \frac{W}{g}V\frac{\mathrm{d}\gamma}{\mathrm{d}t} \tag{14-26}$$

定义能量高度 h_e 为

$$h_e = h + \frac{V^2}{2g} \tag{14-27}$$

则

$$\frac{\mathrm{d}h_e}{\mathrm{d}t} = V\left(\frac{T-D}{W}\right) = P_S \tag{14-28}$$

因此，与定常爬升中假设的运动学爬升率 $\mathrm{d}h/\mathrm{d}t$ 相比，基于单位剩余功率计算爬升率更符合实际情况。从给定的初始能量高度 h_{ei} 爬升至最终能量高度 h_{ef} 所用的时间为

$$t = \int_{h_{ei}}^{h_{ef}} \frac{\mathrm{d}h_e}{P_S} \tag{14-29}$$

为了估算式(14-29)的积分值，需要作出 P_S 关于高度的曲线，曲线绘制过程如下。

(1)给出一系列高度下 P_a 和 P_R 的数据，在选定覆盖 h_i 和 h_f 范围的高度处，画出单位剩余功率 P_S 的曲线，如图 14-12 所示的 $h_1 \sim h_5$。在任意一条曲线上的 h 都为常数。接着以 P_S 为常数作水平线，如图中的 P_{S1} 和 P_{S2}，然后读取每个交点处的高度值和速度值。

(2)以 P_S 为参数作出高度和速度的关系曲线，如图 14-12 中的下图。图中每一条曲线上的 P_S 为常数。在 0 和 $P_{S,\max}$ 范围内，作尽可能多的曲线。$P_S=0$ 的曲线代表了平飞包线。

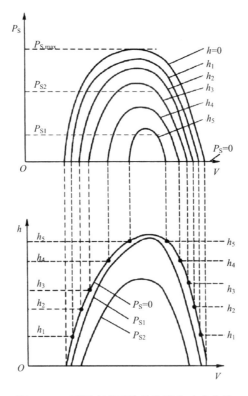

图 14-12　不同高度下的单位剩余功率曲线

无论是民机还是军机，从指定初始高度爬升至最终高度所用的最短时间都非常重要。民航班机需要快速清理空域、减少候机的拥堵时间，同时要求飞机尽快达到巡航高度，以

使爬升过程中的燃油消耗最小。对于军机，由于最快的爬升是飞机占据空中优势的关键因素，因此这对截击机和战斗机而言也很重要。下面将讨论采用能量爬升法分析典型的亚声速飞机和超声速飞机的爬升时间最短的问题。

1. 亚声速飞机的最短爬升时间

对式(14-29)进行分析，发现飞机在每个能量高度 h_e 下，沿当地单位剩余功率最大的轨迹进行爬升，所需时间最短。

一般亚声速飞机的 P_S 曲线光滑连续，如图 14-13 所示。根据定常爬升法，在每一高度，飞机飞行的 R/C 为当地最大值。该路径的轨迹由曲线 AB 给出。然而，由于不满足路径 AB 上的飞行速度为常数的基本假设，路径 AB 在 h-V 面内不垂直，那么由该方法获得的最短时间就是错误的。

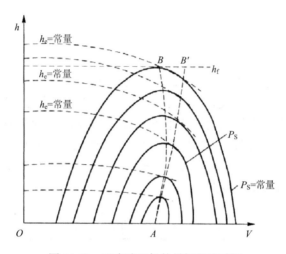

图 14-13　亚声速飞机的最短爬升时间

P_S 曲线和 h_e 为常值的曲线的切点连线记为 AB'，当飞机沿路径 AB' 飞行时，可以利用能量高度法获得最短爬升时间。沿着 AB'，P_S 在每能量高度 h_e 上为当地最大值。对于亚声速飞机，曲线 AB 和 AB' 非常接近，因此，由定常方法得到的最短时间和由更精确的能量高度法得到的结果相差无几。

2. 超声速飞机的最短爬升时间

由于 20 世纪 60 年代和 70 年代的早期超声速飞机在跨声速和超声速区域内的剩余推力有限，因此这里将讨论如何应用能量爬升法求解这类飞机最短爬升时间的问题。因此，最短爬升时间的飞行路径假设有如下一些变化。

早期超声速飞机的典型剩余功率曲线如图 14-14 所示。在亚声速区域内，P_S 曲线光滑而不封闭。然而，由于推力有限，在 P_S 曲线封闭的跨声速和超声速区域内，出现了不连续。同时，对于跨声速和超声速马赫数下的低空区域，P_S 曲线有可能不存在。

能量高度法的基本原理是飞机总是沿着 P_S 可能的最大值，而能量高度不减的路径。在此准则下，始于亚声速区域的最短爬升时间与定常爬升情况相同，沿路径 AB 到达 B 点，此处等值 h_e 曲线同时与两条相同值的 P_S 曲线相切。在该点处，飞机沿等能量高度的小段曲线 BC 飞行，直到与另一条相同值的 P_S 曲线交于 C 点。在轨迹 BC 段上，飞机处于俯冲状

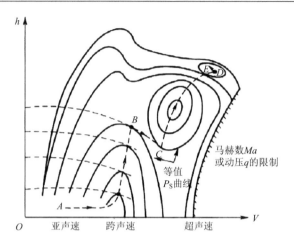

图 14-14　剩余推力有限的超声速飞机最短爬升时间示意图

态并加速至超声速。到达 C 点后，飞机沿路径 CD 在超声速区域内继续爬升。到达 D 点后，又将发生转变，飞机沿路径 DE 做减速爬升至终点 E。虽然该路线比较特殊，但与其他从能量状态 A 到 E 的所有可能的飞行轨迹相比，该路线仍然是最优的。

对于具备足够剩余推力的现代超声速战斗机，没有跨声速区不连续和超声速区等值线封闭的现象，最优爬升图与图 14-13 中亚声速飞机的情况非常类似。

给定高度处的 $(R/C)_{max}$ 值和最短爬升时间是截击机／战斗机的重要性能指标。表 14-4 列出了一些现代战斗机的相关数据。

表 14-4　若干战斗机的爬升性能

飞机	海平面 $(R/C)_{max}$ /(km/min)	最短爬升时间
幻影Ⅲ	5.0	3.0min，11km
幻影-2000	14.94	2.4min，14.94km
F-111	10.94	—
F-4	8.534	—
F-14	9.14	—
F-15	15.24	—
F-16	15.24	—

14.4　平 飞 性 能

飞机做水平飞行时的受力如图 14-15 所示。在水平飞行中，飞机保持恒定高度，力的平衡条件可以简单地表示为升力等于重力、可用推力等于需用推力的形式。

根据 $L=W$，升力系数为

$$C_L = \frac{2W}{\rho V^2 S} \tag{14-30}$$

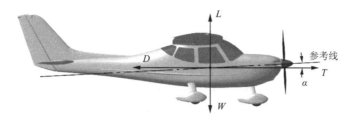

图 14-15 飞机水平飞行时的受力示意图

飞机做水平飞行时所受的阻力与飞行速度有关，具体形式如下：

$$D=\frac{1}{2}\rho V^2 S\left(C_{D0}+kC_L^2\right)=\frac{1}{2}\rho V^2 S\left(C_{D0}+\frac{4kW^2}{\rho^2 V^4 S^2}\right)=\frac{1}{2}\rho V^2 S C_{D0}+\frac{2kW^2}{\rho V^2 S} \quad (14\text{-}31)$$

式中，右边的第一项为零升阻力 D_0，第二项为诱导阻力 D_i。零升阻力与速度的平方成正比，而诱导阻力与速度的平方成反比。这两部分阻力与总阻力随速度的变化如图 14-16 所示。在低速时，诱导阻力占主导地位，这是由于保持平飞需要较大的升力系数。随着速度的增加，零升阻力急剧增加，同时诱导阻力的作用减小。

在低亚声速时，可假设零升阻力系数 C_{D0} 不随速度变化。然而，在高亚声速、跨声速和超声

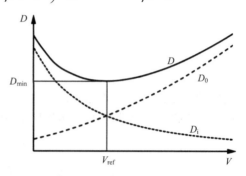

图 14-16 阻力随速度变化示意图

速时，由于包含激波阻力，零升阻力系数随飞行速度(Ma 数)的变化就必须要考虑了。

由于零升阻力和诱导阻力之间的此消彼长，因此在某一速度条件下，可以实现总阻力最小。该速度可以通过式(14-31)对速度进行微分，并使微分值取 0 求解得到。

$$V_{\mathrm{ref}}=\sqrt{(2W)/(\rho S)}\cdot\sqrt[4]{k/C_{D0}} \quad (14\text{-}32)$$

定义 V_{ref} 为阻力最小状态下的飞行速度，V_{ref} 称为参考速度。以参考速度飞行时，有

$$D_0=D_i=W\sqrt{kC_{D0}} \quad (14\text{-}33)$$

$$D_{\min}=2D_0=2D_i=2W\sqrt{kC_{D0}} \quad (14\text{-}34)$$

当平飞的总阻力最小时，零升阻力等于诱导阻力。

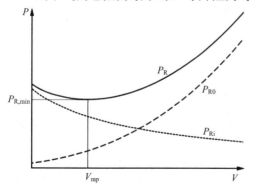

图 14-17 螺旋桨飞机需用功率曲线图

平飞需用功率通过下式给出：

$$P_R=DV=\frac{1}{2}\rho V^3 S C_{D0}+\frac{2kW^2}{\rho VS} \quad (14\text{-}35)$$

式中，第一项表示克服零升阻力的需用功率，记为 P_{R0}。类似地，第二项是用来克服诱导阻力的，记为 P_{Ri}。P_{R0} 和 P_{Ri} 的典型变化如图 14-17 所示。可见，在低速时，克服诱导阻力的需用功率占主导地位，而高速时，则是克服零升阻力的需用功率。由于这种对立性的存在，在某一速度 V_{mp} 下，平飞需用功率最小，可由式

(14-36) 得到。

最小平飞需用功率 $P_{R, \min}$ 的平飞速度为

$$V_{mp} = \sqrt{\frac{2W}{\rho S}} \sqrt[4]{\frac{k}{3C_{D0}}} = \frac{1}{\sqrt[4]{3}} V_{ref} \approx 0.76 V_{ref} \tag{14-36}$$

平飞需用功率最小时的升力系数为

$$C_{L,mp} = \frac{2W}{\rho S V_{mp}^2} = \sqrt{\frac{3C_{D0}}{k}} = \sqrt{3} C_L^* \tag{14-37}$$

式中，C_L^* 为升阻比最大时的升力系数。平飞需用功率最小时的升阻比为

$$(L/D)_{mp} = 0.866 (L/D)_{\max} \tag{14-38}$$

进而可以得到最小平飞需用功率：

$$P_{R,\min} = \frac{8}{3} \frac{kW^2}{\rho S V_{mp}} = \frac{W V_{mp}}{0.866 (L/D)_{\max}} \tag{14-39}$$

由此可见，需用推力和功率均可以在某一速度处达到最小值。因此，对于螺旋桨飞机，需用功率(P_R)曲线和可用功率(P_a)曲线有两个交点，如图 14-18(a)所示；而对于喷气式飞机，需用推力(T_R)曲线和可用推力(T_a)曲线也有两个类似的交点，如图 14-18(b)所示。

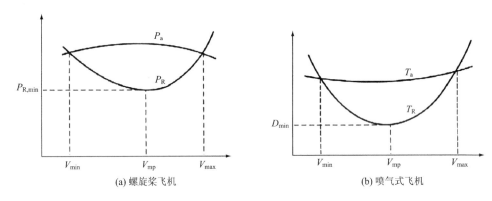

(a) 螺旋桨飞机　　　　　　　　　　　(b) 喷气式飞机

图 14-18　水平飞行速度的解

因此，在同样的燃油消耗量和同样的推力或功率下，飞机可以以两者中任意一个速度飞行。在最低或最小速度 $V_{\min}$ 下，可用推力或可用功率主要用于克服诱导阻力，反之，在最高或最大速度 $V_{\max}$ 下，则主要用于平衡零升阻力。

14.4.1　螺旋桨飞机水平飞行的解析解

对于理想的螺旋桨飞机，其功率 P 和推进效率 η_P 均与速度无关，则有

$$\eta_P P - \frac{1}{2} \rho S C_{D0} V^3 - \frac{2kW^2}{\rho S V} = 0 \tag{14-40}$$

上述方程是 $V^4 + aV + b = 0$ 的形式，没有封闭式的解析解。也就是说，即使已做出发动机产生的功率和推进效率均与速度无关的假设，对于这样的问题，还是不得不使用数值解法或图解法来求解该平飞方程。因此，对于螺旋桨飞机，通常采用图解或数值解来确定平

飞的两个速度 V_{max} 和 V_{min}。

为了构建一个水平飞行包线，需要在多个高度下获得此类的图解或数值解。然而，可以采用等效空速 V_e 来简化这个问题，V_e 与真实空速的关系如下：

$$V_e = V\sqrt{\sigma} \tag{14-41}$$

式中，σ 为密度比，计算公式为 ρ/ρ_0，其中 ρ_0 为海平面空气密度，ρ 为飞行高度处的空气密度。

因此，飞机的阻力公式可写为如下形式：

$$D = \frac{1}{2}\rho_0 V_e^2 SC_{D0} + \frac{2kW^2}{\rho_0 V_e^2 S} \tag{14-42}$$

引入等效空速的优势显而易见，由式(14-42)给出的阻力曲线可用于任意高度处阻力的计算。在这条阻力曲线上画出各高度下的可用推力曲线，如图 14-19 所示。由于空气密度的减小，可用推力随着高度的增加而减小。可用推力曲线与阻力曲线的两个交点分别记为 $V_{e,max}$ 和 $V_{e,min}$。因此，每一高度上有两个解。

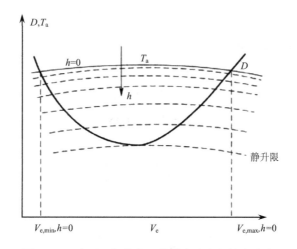

图 14-19　水平飞行状态下的最大速度和最小速度

$V_{e,max}$ 和 $V_{e,min}$ 随高度的变化如图 14-20(a)所示。如果画出对应于 $V_{e,max}$ 和 $V_{e,min}$ 的真实空速，就可以得到如图 14-20(b)所示的平飞包线。由图可以发现一个有趣的现象：对应于高速解的真实空速起初随着高度而递增，然后开始递减；而对应于低速解的真实空速则随

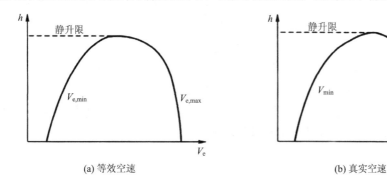

(a) 等效空速　　　　　　　　　　　　　　(b) 真实空速

图 14-20　水平飞行包线

着高度单调递增。在某一高度处，两解合并，即只有一个平飞解，这一高度称为飞机的静升限。值得注意的是，静升限也是可用推力曲线和需用推力(阻力)曲线相切的高度。也就是说，在静升限处，可用推力明显降低以至于只能在某一固定速度下平飞。而该速度恰巧是阻力最小时的速度。同时，在静升限处，爬升率为零。由于可用推力并不足以平衡气动阻力，在静升限以上进行定常平飞是不可能的。

因为在近海平面高度处可用推力的下降非常缓慢，对应于高速解的真实空速才会随高度增加。因此，即使 $V_{e,max}$ 下降，也会非常接近于海平面处的值。另外，密度比 σ 快速减小，因此虽然真实空速的分子分母都在减小，但是分母比分子减小得快，使真实空速起初随高度而增加。在某一高度处，真实空速达到极大值，当该趋势逆转时，真实空速则开始减小。

14.4.2　喷气式飞机水平飞行的解析解

假设在给定高度处，喷气发动机产生的推力与飞行速度无关，那么平飞的解析解如下：

$$T = D = \frac{1}{2}\rho V^2 S C_{D0} + \frac{2kW^2}{\rho V^2 S} \tag{14-43}$$

式(14-43)可写成如下形式：

$$AV^4 - TV^2 + B = 0 \tag{14-44}$$

$$A = 0.5\rho S C_{D0} \tag{14-45}$$

$$B = 2kW^2/(\rho S) \tag{14-46}$$

求解式(14-44)，可以得到：

$$V_{max} = \sqrt{\frac{T + \sqrt{T^2 - 4AB}}{2A}} \tag{14-47}$$

$$V_{min} = \sqrt{\frac{T - \sqrt{T^2 - 4AB}}{2A}} \tag{14-48}$$

由可用推力与高度的关系，根据上述方程，可以建立推力与飞行速度无关时喷气式飞机的平飞包线。在静升限处，飞机只能以某一固定速度进行水平飞行，且此时阻力最小。

飞机是否能够以 V_{min} 的速度飞行，取决于平飞的失速速度 V_S，其值可由下式给出：

$$V_S = \sqrt{\frac{2W}{\rho S C_{Lmax}}} \tag{14-49}$$

如果 V_{min} 小于 V_S，由于飞机需要比 C_{Lmax} 更大的升力系数，所以飞机无法以 V_{min} 做定常平飞。此时，平飞解 V_{min} 是没有物理意义的，而 V_S 成为低速解。

为了使飞机以 V_{min} 和 V_{max} 之间的任意速度 V 进行平飞，飞行员需要调节发动机油门以使得该速度下的阻力等于可用推力，如图 14-21 所示。

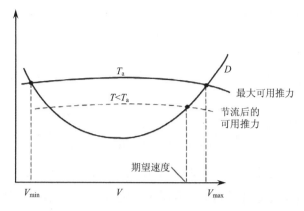

图 14-21　任意期望速度下的平飞示意图

14.5　航程与航时

当爬升段结束时，飞机到达巡航高度处，就进入巡航飞行。当巡航飞行段结束时，飞机开始下降。耗尽给定燃油量可达到的水平距离称为巡航航程，不包括爬升和下降时的飞行距离。本节中所计算的航程为巡航航程，单位为 km。航时是飞机在耗尽给定燃油量在空中持续飞行的总时间，其单位通常为 h。航时是侦察机的重要性能指标，也是所有飞机进行空中巡逻时所关注的性能。在空中巡逻阶段，飞机的主要目的就是滞空，无须考虑飞过的距离。例如，长航程轰炸机在空中戒备时，可能会持续进行空中巡逻。执行战斗空中巡逻任务的战斗机在保卫领空防止敌机入侵时，也要进行战斗巡逻。当主要任务为滞空时，飞机实质上处于平飞状态。

下面将介绍喷气式飞机和螺旋桨飞机的航程和航时计算方法，同时探讨最大航程和航时所需的条件。

14.5.1　喷气式飞机的航程

对于航程和航时问题，需要一个附加的方程来描述重力的变化。这可以通过考虑燃油消耗得到。对于喷气式飞机，耗油率为每单位时间的单位推力的燃油消耗量，因此可得重力的变化为

$$\dot{W} = -cT \tag{14-50}$$

式中，c 为耗油率，对于喷气式飞机，其单位为 N/(N·h)。这里假定给定高度处的耗油率为常数，即忽略耗油率随速度的变化。公式中右边部分采用负号，是因为随着燃油消耗，飞机重量减轻。

巡航飞行的水平距离，即航程为

$$R = -\int_{W_0}^{W_1} \left(\frac{C_L}{C_D} \right) \left(\frac{1}{c} \right) V \frac{\mathrm{d}W}{W} \tag{14-51}$$

式中，W_0 为巡航初始重量；W_1 为巡航结束重量。$W_0 - W_1$ 为巡航过程中燃油消耗重量。

为了对式（14-51）进行积分，还要确定巡航过程中升力系数、阻力系数和飞行速度的变

化。假设巡航飞行中迎角保持为某一常值，那么升力系数和阻力系数也为常值。为了确定迎角和对应的飞行速度，需考虑如下两种特殊情形。

1. 等高度巡航的航程

为了保持高度恒定，在巡航过程中，速度必须连续变化以补偿重量的损失（由于燃油消耗），则航程公式可写成：

$$R = -\int_{W_0}^{W_1}\left(\frac{\sqrt{C_L}}{C_D}\right)\left(\frac{1}{c}\right)\sqrt{\frac{2}{\rho S}}\frac{\mathrm{d}W}{\sqrt{W}} = \left(\frac{2}{c}\right)\left(\frac{\sqrt{C_L}}{C_D}\right)\sqrt{\frac{2}{\rho S}}\left(\sqrt{W_0}-\sqrt{W_1}\right) \tag{14-52}$$

根据式（14-52），对于给定燃油量的情况，$\sqrt{C_L}/C_D$ 最大时，航程最大。此时 $C_L = \sqrt{C_{D0}/(3k)}$ 或 $C_L = \left(1/\sqrt{3}\right)C_L^*$（$C_L^*$ 为升阻比最大时的升力系数），且 $V = \sqrt[4]{3}\cdot V_{ref}$。因此，等高度巡航最佳航程所对应的速度等于阻力最小时速度 V_{ref} 的 $\sqrt[4]{3}$ 倍。

由式（14-52）可见，由于空气密度项在分母位置上，因此航程随着高度增加而增大。通常，可用推力随高度而降低，因此在某一高度处总航程最大，该高度称为最经济高度或巡航高度。

2. 等速巡航的航程

当巡航速度保持不变时，对式（14-51）进行积分，得

$$R = \left(\frac{V}{c}\right)\left(\frac{L}{D}\right)\ln\left(\frac{W_0}{W_1}\right) \tag{14-53}$$

该式即为布雷盖航程公式（Breguet range formula）。从式中可以看出，当飞机以巡航速度飞行时，若此时升阻比最大，则航程最大。由于平飞时，升力等于重力，因此以平飞阻力最小的速度 V_{ref} 飞行时，升阻比最大。此情况下的最大航程为

$$R_{max} = \left(\frac{V_{ref}}{c}\right)\left(\frac{L}{D}\right)_{max}\ln\left(\frac{W_0}{W_1}\right) \tag{14-54}$$

式中，V_{ref} 基于初始重量 W_0 进行计算，其表达式为

$$V_{ref} = \sqrt{\frac{2W_0}{\rho S}}\sqrt[4]{\frac{k}{C_{D0}}} \tag{14-55}$$

在等速巡航过程中，因燃油消耗，飞机的重量不断减小，飞机飞行的高度会不断上升，该现象称为巡航爬升。在远距离巡航情况下，飞行高度的增加是非常可观的。

14.5.2　螺旋桨飞机的航程

对于螺旋桨飞机，耗油率为每单位时间发动机提供单位功率消耗的燃油重量，因此有

$$\dot{W} = -cP \tag{14-56}$$

式中，P 为发动机提供的功率，假设给定高度处的给定耗油率为常值，那么对于推进效率为 η_P 的螺旋桨飞机，其航程为

$$R = -\int_{W_0}^{W_1}\left(\frac{L}{D}\right)\left(\frac{\eta_P}{c}\right)\frac{\mathrm{d}W}{W} \tag{14-57}$$

假设在巡航过程中迎角不变，那么升阻比（L/D）也保持不变。进一步假设在给定高度处，

η_P 为常数，即假设在任意给定高度处，推进效率与飞行速度无关。基于这些假设，对式 (14-57) 进行积分，得

$$R = \left(\frac{\eta_P}{c}\right)\left(\frac{L}{D}\right)\ln\left(\frac{W_0}{W_1}\right) \tag{14-58}$$

有趣的是，在螺旋桨飞机的航程公式中，没有以显式的方式出现高度和飞行速度。实际上，由于发动机的功率和耗油率都随高度而变化，所以航程是与高度相关的。

当螺旋桨飞机在 $(L/D)=(L/D)_{\max}$ 的状态下飞行时，航程最大，即

$$R_{\max} = \left(\frac{\eta_P}{c}\right)\left(\frac{L}{D}\right)_{\max}\ln\left(\frac{W_0}{W_1}\right) \tag{14-59}$$

当 $(L/D)=(L/D)_{\max}$ 时，$C_L = C_L^*$，由此可得 $R_{\max}$ 下的升力系数值和迎角，此时的飞行速度可考虑下面两种选择。

(1) 等速巡航：在等速巡航中，巡航速度值取基于初始重量 W_0 的 V_{ref}。在这种情况下，螺旋桨飞机与喷气式飞机一样会出现高度增加的情况。

(2) 等高度巡航：在等高度巡航中，飞行速度连续变化且等于 V_{ref} 的瞬时值。

14.5.3　喷气式飞机的航时

航时是飞机在耗尽给定燃油量在空中持续飞行的总时间，通常用单位 h 来表示。假设飞机在大部分飞行时间内处于平飞状态，可以按下述方法估算飞机的航时。

由式 (14-50) 得到喷气式飞机的航时为

$$t = -\int_{W_0}^{W_1}\left(\frac{1}{c}\right)\left(\frac{L}{D}\right)\left(\frac{\mathrm{d}W}{W}\right) \tag{14-60}$$

假设在飞行过程中迎角保持不变，则航时为

$$t = \left(\frac{1}{c}\right)\left(\frac{L}{D}\right)\ln\left(\frac{W_0}{W_1}\right) \tag{14-61}$$

$$t_{\max} = \left(\frac{1}{c}\right)\left(\frac{L}{D}\right)_{\max}\ln\left(\frac{W_0}{W_1}\right) \tag{14-62}$$

由此可知，高度和飞行速度对航时没有直接影响。实际上，耗油率随高度而改变，高度对航时有间接影响。因此，喷气式飞机在耗油率较低的高度下飞行，可以增大航时。

在给定高度下，当飞机的迎角满足 $(L/D)=(L/D)_{\max}$ 时，航时最大。

当 $(L/D)=(L/D)_{\max}$ 时，$C_L = C_L^*$，$V = V_{\text{ref}}$，$D = D_{\min}$。

14.5.4　螺旋桨飞机的航时

由式 (14-56) 得到螺旋桨飞机的航时为

$$t = -\left(\frac{\eta_P}{c}\right)\int_{W_0}^{W_1}\left(\frac{L}{D}\right)\left(\frac{1}{V}\right)\frac{\mathrm{d}W}{W} \tag{14-63}$$

如前所述，假设飞行中的迎角为常值。螺旋桨飞机的航时取决于速度。这里，考虑两种情况：①等高度飞行；②等速度飞行。

对于等高度飞行，允许速度变化来补偿重量的减轻，可得飞机的航时为

$$t = \left(\frac{2\eta_P}{c}\right)\left(\frac{C_L^{\frac{3}{2}}}{C_D}\right)\sqrt{\frac{\rho S}{2}}\left(\sqrt{\frac{1}{W_1}} - \sqrt{\frac{1}{W_0}}\right) \tag{14-64}$$

由式 (14-64) 可知，螺旋桨飞机的航时直接与高度相关。当气动力参数 $\left(C_L^{3/2}/C_D\right)$ 最大时，在海平面的航时最大。

当 $C_L = \sqrt{3C_{D0}/k}$ 或 $C_L = \sqrt{3}C_L^*$，$C_{Di} = 3C_{D0}$，$C_D = 4C_{D0}$，$V = V_{ref}/\sqrt[4]{3} = V_{mp}$，即平飞 $P_{R,min}$ 对应的速度时，才会出现式 (14-64) 所示情况。

对于等速度飞行，航时为

$$t = \left(\frac{\eta_P}{c}\right)\left(\frac{L}{D}\right)\frac{1}{V}\ln\left(\frac{W_0}{W_1}\right) \tag{14-65}$$

当 (L/D) 最大时，即 $V = V_{ref}$ 时，航时最大。这里的速度 V_{ref} 基于初始重量 W_0 进行计算。需要注意的是，在飞行过程中，飞行速度一直保持此常值。

螺旋桨飞机与喷气式飞机的最大航程和航时所对应的速度分别如图 14-22 和图 14-23 所示。

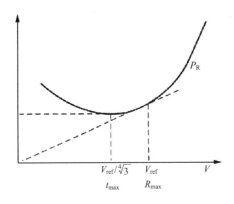

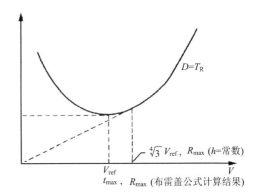

图 14-22　螺旋桨飞机最大航程和航时对应的速度　　　图 14-23　喷气式飞机最大航程和航时对应的速度

14.6　盘　旋　性　能

对于大多数飞机来说，盘旋飞行是一种常规飞行，也是作战飞机主要的战术机动动作。同时，盘旋性能是战斗机空中优势的一项重要指标。

盘旋飞行可以大致分为两类：①水平面内的定常盘旋；②一般盘旋。飞机在水平面内做定常或匀速盘旋飞行时，飞行高度不变；而一般盘旋时飞行高度可能会变化。民机和通用航空飞机的常规飞行通常属于第一种，第二种类型的场景包括滑翔机的盘旋飞行和战斗机用以探索飞机气动力性能和结构性能所做的极限盘旋。这里只介绍第一种盘旋，第二种盘旋的介绍可参阅相关文献。

14.6.1　盘旋飞行的运动方程

飞机以倾斜角 μ 和侧滑角 β 做定常等速盘旋时的受力如图 14-24 所示。飞机需要倾斜或侧滑以产生足够的向心力。

沿飞行轨迹，有

$$T \cos\beta - D - W \sin\gamma = 0 \tag{14-66}$$

沿主法线，有

$$L \cos\mu - W \cos\gamma = 0 \tag{14-67}$$

沿次法线，有

$$T \sin\beta + L \sin\mu - \left(\frac{WV^2 \cos^2\gamma}{gR} \right) = 0 \tag{14-68}$$

式中，μ 为倾斜角；β 为侧滑角；γ 为爬升角；R 为盘旋半径。

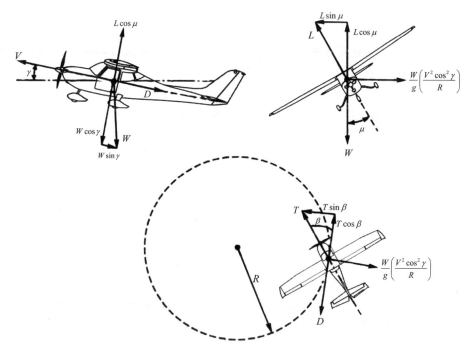

图 14-24　水平面内盘旋飞行的受力

14.6.2　水平面内协调盘旋飞行

在水平面内的定常协调盘旋飞行中，侧滑角 $\beta = 0$，且 $\gamma = 0$。为了简化，忽略盘旋过程中由燃油消耗引起的重量减轻。飞机适当倾斜，使得升力方向偏离铅垂面以提供所需的向心力。那么，有

$$n = \frac{1}{\cos\mu} \tag{14-69}$$

$$V = \sqrt{\frac{2n(W/S)}{\rho C_{\mathrm{L}}}} = \sqrt{\frac{2(W/S)}{\rho C_{\mathrm{L}} \cos \mu}} \tag{14-70}$$

$$\tan \mu = \frac{V^2}{Rg} \tag{14-71}$$

$$R = \frac{V^2}{g \tan \mu} = \frac{V^2}{g\sqrt{n^2-1}} \tag{14-72}$$

$$\omega = \frac{g \tan \mu}{V} = \frac{g\sqrt{n^2-1}}{V} \tag{14-73}$$

$$t_{2\pi} = \frac{2\pi}{\omega} = \frac{2\pi V}{g \tan \mu} \tag{14-74}$$

盘旋性能的重要指标为盘旋速率或角速度和盘旋半径。由上述方程可知，其他项不变，翼载较小的飞机在盘旋中有较大的盘旋速率和较小的盘旋半径。注意，过载、盘旋速率和盘旋半径的表达式中均不含阻力项。这意味着这些关系式满足实际条件，用于平衡阻力的可用推力由式(14-66)给出。

如前所述，盘旋性能的重要参数为盘旋速率和盘旋半径。由式(14-69)～式(14-74)可见，其他项不变，随着过载的增大，盘旋性能得到提高。

过载是飞机和飞行员都要承受的压力的度量。过载为 2 意味着飞机结构和飞行员需要承受 2 倍于定常平飞时的压力。对于运输机，限制的过载约为 2.5，而战斗机可高达 9。但是，在大多数情况下，战斗机的过载限制主要是飞行员而不是飞机。随着过载的增加，飞行员的视觉会越来越弱，最终完全失去视觉。抗荷服有助于提高飞行员的抗过载能力。

战斗机的设计需要使其具有较高的结构限制过载。为了取得空中优势，战斗机需要尽可能高的盘旋速率和尽可能小的盘旋半径。但通常这两种情况不可能同时出现。与急转弯相比，通常更重视较高的盘旋速率。现代的高性能战斗机，其盘旋速率高达 20°/s。

给定发动机推力或功率、翼载、飞机阻力极曲线，确定在飞机结构过载 n_{lim}、气动力限制 C_{Lmax} 条件下的盘旋速率和盘旋半径的最佳值，是非线性问题，感兴趣的读者可以参考相关文献。下面采用简单解析方法来估算最佳盘旋性能。

对于水平内盘旋飞行的各种可能形式，分析三种特殊的情形：①最大盘旋速率的盘旋；②急转弯或半径最小的盘旋；③过载最大的盘旋。

1. 螺旋桨飞机的盘旋飞行

考虑螺旋桨飞机在水平面内的等速协调盘旋飞行。通常使用图解法或数值计算方法来确定螺旋桨飞机的盘旋性能。但是对于发动机的功率和推进效率与飞行速度无关的螺旋桨飞机，盘旋性能问题可用解析形式的方程表达，但是求解还是采用图解法或数值计算方法。

对于螺旋桨飞机，假定高度处发动机功率 P 和推进效率 η_{P} 与飞行速度无关，则飞机盘旋过载为

$$n = \frac{1}{W/S}\left[\frac{\eta_{\mathrm{P}} P' \rho (W/S) V}{2k} - \frac{\rho^2 C_{\mathrm{D0}} V^4}{4k}\right]^{0.5} \tag{14-75}$$

式中，$P' = P/W$ 为每单位重量的功率或单位功率（m/s）；k 为诱导阻力因子。

1)最大持续盘旋速率

现在考虑飞机在水平面内以最大角速度做等速盘旋飞行的情况。在高度不变状态下的最大盘旋速率称为最大持续盘旋速率(maximum sustained turn rate,MSTR)。

对于 MSTR 情况,有 $d\omega/dV = 0$,由式(14-73)和式(14-75)分别对速度求导数,最后可以得到如下形式的方程:

$$aV^4 + bV + c = 0 \tag{14-76}$$

求解该方程得到最大盘旋速率的对应速度。然而,该方程没有解析解,因此要用图解法或数值计算方法。假设解为 V_{ft},代入式(14-69)～式(14-75)即可得到 MSTR 下的盘旋性能参数。

这里,假设过载 $n \leqslant n_{\text{lim}}$ 且 $C_{\text{L}} \leqslant C_{\text{Lmax}}$,其中 n_{lim} 为结构限制过载。如果不能同时满足上述两个条件,那么飞机就不可能以式(14-73)计算的最大盘旋速率飞行。

2)持续急盘旋

现在分析飞机做急盘旋(以最小半径盘旋)的情形。若该盘旋始终保持高度不变,则称为持续急盘旋(sharpest sustained turn,SST)。

对于 SST 情况,有 $dR/dV = 0$,将式(14-72)和式(14-75)分别对速度求导数,可以得到与式(14-76)形式相同的方程且没有解析解。仍然使用图解法或数值计算方法求解该方程。设解为 V_{st}(盘旋半径最小时的速度),代入式(14-69)～式(14-75)即可得到 SST 下的盘旋性能参数。同样地,飞机做急盘旋也要满足 $n \leqslant n_{\text{lim}}$ 且 $C_{\text{L}} \leqslant C_{\text{Lmax}}$ 这两个条件。

3)最大过载盘旋

由于倾斜角和过载的关系如式(14-69)所示。因此,以最大过载盘旋等同于以最大倾斜角盘旋。由此,盘旋时的最大过载为

$$n_{\text{max}} = 0.6874 \left\{ \frac{(\eta_{\text{P}} P')^2 \rho (L/D)_{\text{max}}}{k(W/S)} \right\}^{\frac{1}{3}} \tag{14-77a}$$

对应的过载最大时的速度为

$$V_{n,\text{max}} = \left[\frac{\eta_{\text{P}} P'(W/S)}{2\rho C_{\text{D0}}} \right]^{\frac{1}{3}} \tag{14-77b}$$

代入式(14-69)～式(14-75)即可得到最大过载盘旋性能参数。

2. 喷气式飞机的盘旋性能

对于推力与飞行速度无关的喷气式飞机,为了分析计算方便,引入无量纲参数,令

$$z = (T/W)(L/D)_{\text{max}} \tag{14-78}$$

$$u = V/V_{\text{ref}} \tag{14-79}$$

则喷气式飞机的盘旋性能可按表 14-5 计算。该表总结了喷气式飞机(假定推力与飞行速度无关)在水平面内做上述三种情况匀速盘旋飞行时的重要性能参数。由此可见,随着推重比 T/W 和气动效率 $(L/D)_{\text{max}}$ 的提高以及翼载荷 W/S 的降低,飞机的盘旋性能可以得到改进。

表 14-5 喷气式飞机的盘旋性能

飞行状态	u	n	ω	R
最大持续盘旋速率	1	$\sqrt{2z-1}$	$\dfrac{g\sqrt{2z-2}}{V_{\text{ref}}}$	$\dfrac{V_{\text{ref}}^2}{g\sqrt{2z-2}}$
持续急盘旋	$\dfrac{1}{\sqrt{z}}$	$\dfrac{\sqrt{2z^2-1}}{z}$	$\dfrac{g}{V_{\text{ref}}}\sqrt{\dfrac{z^2-1}{z}}$	$\dfrac{V_{\text{ref}}^2}{g\sqrt{z^2-1}}$
最大过载盘旋	$\sqrt{z}$	z	$\dfrac{g}{V_{\text{ref}}}\sqrt{\dfrac{z^2-1}{z}}$	$\dfrac{zV_{\text{ref}}^2}{g\sqrt{z^2-1}}$

14.7 滑 翔 性 能

对于铅垂平面内的滑翔飞行，如图 14-25 所示，$\gamma < 0$，且 $\gamma = -1/(L/D)$，因此最小滑翔角为

$$\gamma_{\min} = -D_{\min}/W = -1/(L/D)_{\max} \tag{14-80}$$

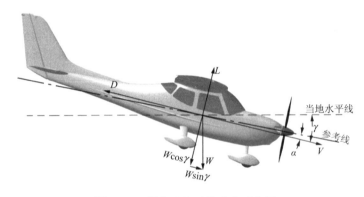

图 14-25　滑翔飞行时的受力示意图

因此，当飞机以每单位重力阻力最小即 $(L/D)=(L/D)_{\max}$ 时的迎角飞行时，滑翔轨迹最平缓 $\gamma = \gamma_{\min}$。由于飞机的重力不变，可以认为轨迹最平缓的滑翔发生在阻力最小时。当 $(L/D)=(L/D)_{\max}$，$C_L = C_L^* = \sqrt{C_{D0}/k}$ 时，最平缓滑翔的飞行速度为

$$V = \sqrt{\frac{2W}{\rho S C_L^*}} = \sqrt{\frac{2W}{\rho S}}\sqrt[4]{\frac{k}{C_{D0}}} \tag{14-81}$$

换句话说，最平缓滑翔速度等于参考速度 V_{ref}。

在给定高度上，假设迎角 α 保持为常数，那么在滑翔过程中，(L/D) 也为常数。因此可以通过下式得到相对于地面的滑翔距离：

$$R = (L/D)\Delta h \tag{14-82}$$

式中，$\Delta h = h_i - h_f$，为滑翔过程中的高度损失，h_i 和 h_f 分别为初始高度和最终高度。由式 (14-82) 可见，对于给定的高度差，升阻比最大时的航程最大，也就是最平缓滑翔状态。换句话说，就是滑翔角最小时航程最大，最大航程为

$$R_{\max} = \frac{\Delta h}{2\sqrt{kC_{D0}}} \tag{14-83}$$

上述分析中，忽略了风对航程的影响，事实上，航程还是取决于风向情况的。逆风会减小航程，反之，顺风则会增加航程。

在轻型滑翔机的术语中，滑翔比为飞越地面的距离与高度差之比，其值等于(L/D)。如果一架高性能滑翔机的滑翔比为 40，那么其高度每降低 100m，可向前滑行 4km。

将下滑率即飞机朝向地面的速度记为$\dot{h}_s$。通常，$\dot{h}$表示爬升率，因此$\dot{h}_s = -\dot{h}$，则下滑率可按下式给出：

$$\dot{h}_s = -V\gamma = \frac{DV}{W} = \sqrt{\frac{2W}{\rho SC_L}}\left(\frac{C_D}{C_L}\right) = \sqrt{\frac{2W}{\rho S}}\left(\frac{C_D}{C_L^{3/2}}\right) \tag{14-84}$$

式中，DV项代表了维持滑行的需用功率P_R。因此，当每单位重量需用功率最小时，下滑率最小，同时对应于参数项$C_D / C_L^{3/2}$最小或$C_L^{3/2} / C_D$最大的情况。此时所需条件为：$C_{Di} = 3C_{D0}$。

设$C_L^{3/2} / C_D$取极大值时的升力系数值为$C_{L,m}$，那么有

$$C_{L,m} = \sqrt{3C_{D0}/k} = \sqrt{3}C_L^* \tag{14-85}$$

可见，若以最小下滑率滑翔时，诱导阻力是零升阻力的 3 倍。升阻比(C_L/C_D)和$C_L^{3/2} / C_D$随迎角(升力系数)的变化如图 14-26 所示。

以最小下滑率进行滑翔时的速度V_m为

$$V_m = \sqrt{2W/(\rho S)} \cdot \sqrt[4]{k/(3C_{D0})} \approx 0.76V_{ref} \tag{14-86}$$

由此可见下滑率最小时对应的速度约为$0.76V_{ref}$，或者是最平缓滑翔速度的 76%。因此，最平缓的滑翔对应于阻力最小的情况，而下滑率最小的滑翔对应于所需用功率P_R最小的情况，如图 14-27 所示。最小下滑率可由下式给出：

$$\dot{h}_{s,\min} = 4\sqrt{2W/(\rho S)} \cdot \sqrt[4]{k^3C_{D0}/27} \tag{14-87}$$

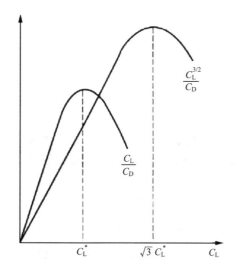

图 14-26 气动力参数随升力系数的变化示意图

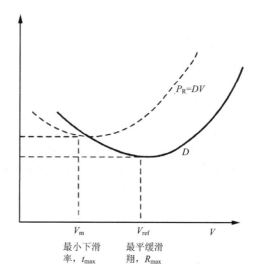

图 14-27 滑翔飞行的最佳速度

高性能滑翔机在遇到上升气流时，驾驶员在此上升模式时应当采用 $V=V_m$ 的飞行速度，使飞机尽快升高。当上升模式消失时，加速到 V_{ref}，在遇到下一次上升模式前，以此速度做最平缓滑翔，以得到最远的航程。滑翔机驾驶员可以利用升降速度表来判断出飞机是否处于上升模式。

续航时间即滑翔机在空中总的停留时间，假设滑翔过程中迎角为常数，且忽略高度改变引起的密度变化，则续航时间可由下式确定：

$$t = \sqrt{\frac{\rho S}{2W}}\left(\frac{C_L^{3/2}}{C_D}\right)(h_i - h_f) \tag{14-88}$$

如果前后高度差较大，则需要考虑密度变化。此时，可以使用如下的近似公式：

$$\rho = \rho_0 e^{-0.000114h} \tag{14-89}$$

式中，ρ_0 为海平面处的密度，等于 $1.225 kg/m^3$；h 为高度(m)。

若需要续航时间最长，则滑翔时的迎角或升力系数需满足 $C_L^{3/2}/C_D$ 取极大值，这就要求 $C_L = \sqrt{3}C_L^*$ 且 $V = 0.76V_{ref}$。这也是下滑率最小的条件。因此，下滑率最小时，续航时间最长，为

$$t_{max} = \sqrt{\frac{\rho S}{2W}}\sqrt[4]{\frac{27}{k^3 C_{D0}}}\left(\frac{h_i - h_f}{4}\right) \tag{14-90}$$

航程和续航时间是滑翔机性能的重要指标。最大航程与重量无关，而最长续航时间则依赖于重量，这就要求设计者设计出尽可能轻的滑翔机。此外，气动参数 k 和 C_{D0} 应尽可能小，这样可同时改善最大航程与续航时间。因此，滑翔机更倾向于采用具有大展弦比的椭圆翼以及低阻的层流翼型。

14.8　着　陆　性　能

典型的着陆阶段包括如下几个步骤，参见图 14-28。

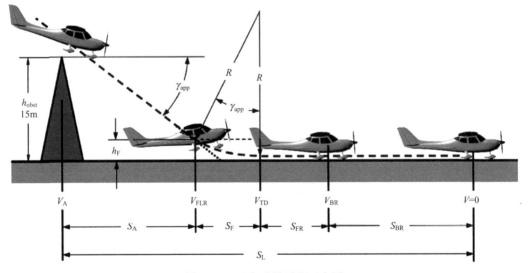

图 14-28　飞机着陆过程示意图

（1）以恒定的下滑角 γ 定常滑翔接近跑道：下滑角应尽可能小以使得下滑率最小，这样可减小降落时与地面之间的冲击能量。

（2）拉平：飞机抬头拉平机身，立刻进入水平飞行，同时进一步减小下滑率。

（3）接地：在这之前飞机可能会瞬间失速。

（4）地面滑跑阶段：反推力全开（如果有），打开减速板或阻力伞（如果有），同时使用刹车装置以产生最大阻滞，使飞机完全停止。

飞机着陆性能分析用到的飞行速度见表 14-6，表中 V_{S0} 为飞机着陆构型的失速速度，V_A 为障碍高度处的飞机速度。

表 14-6　飞机着陆过程中重要速度的定义

名称	空速	通用航空飞机	商用飞机	军用飞机
基准点	V_A	$1.3V_{S0}$	$<1.23V_{S0}$	$1.2V_{S0}$
拉平	V_{FLR}	$1.3V_{S0}$	$<1.23V_{S0}$	$1.2V_{S0}$
接地	V_{TD}	$1.1V_{S0}$	$1.1V_{S0}$	$1.1V_{S0}$
刹车	V_{BR}	$1.1V_{S0}$	$1.1V_{S0}$	$1.1V_{S0}$

1. 进近距离

为计算从参考点到驾驶员拉平操纵起点的距离，需要计算出进近角 γ_{app} 和拉平高度 h_F。大多数飞机的进近角为 3°。

无动力下滑：
$$\tan\gamma = \frac{D}{L} = \frac{1}{L/D} \approx \frac{D}{W} \tag{14-91}$$

带动力下滑：
$$\sin\gamma = \frac{D}{W} - \frac{T}{W} \approx \frac{1}{L/D} - \frac{T}{W} \tag{14-92}$$

若 γ_{app} =3°，则拉平高度为
$$h_F = R(1-\cos\gamma_{app}) \approx 0.1512 \times V_{S0}^2 \times \cos\gamma_{app} \tag{14-93}$$

进近距离 S_A 为
$$S_A = \frac{h_{obst} - h_F}{\tan\gamma_{app}} \tag{14-94}$$

式中，障碍高度 h_{obst} 为 15m。

2. 拉平距离

根据图 14-28，拉平距离 S_F 可由下式确定：
$$S_F = R\sin\gamma_{app} \approx 0.1512 \times V_{S0}^2 \times \sin\gamma_{app} \tag{14-95}$$

3. 自由滑行距离

自由滑行距离 S_{FR} 与飞机接地速度直接相关。一般假设小型飞机的自由滑行时间为 1s，大型飞机的滑行时间为 3s，由表 14-6 可知，$V_{TD} = V_{BR}$，则

小型飞机：
$$S_{FR} = |V_{TD}| \tag{14-96}$$

大型飞机：
$$S_{FR} = 3|V_{TD}| \tag{14-97}$$

4. 刹车距离

对于活塞式飞机或喷气式飞机，其刹车距离按下式计算：

$$S_{BR} = -\frac{V_{BR}^2 W}{2g\left[T - D_{LDG} - \mu(W-L)\right]} \qquad (14\text{-}98)$$

式中，D_{LDG} 为飞机处于着陆构型且刹车装置作用时的阻力。

注意：式(14-98)中分母中的气动力和发动机推力均需按 $V = V_{BR}/\sqrt{2}$ 时计算得到。此时，发动机推力可以为正，也可以为负，不同类型飞机着陆时的发动机推力如表 14-7 所示。

表 14-7　不同类型飞机着陆时的发动机推力

发动机类型	推力	说明
固定桨距螺旋桨	$T>0$	$T\approx(5\%\sim7\%)$ 最大静推力
恒速螺旋桨	$T>0$	$T\approx7\%$ 最大静推力
带反推力装置的活塞螺旋桨	$T<0$	$T\approx-4\%$ 最大静推力
带反推力装置的涡轮螺旋桨	$T<0$	$T\approx-60\%$ 最大静推力
不带反推力装置的喷气发动机	$T>0$	$T\approx7\%$ 最大静推力
带反推力装置的喷气发动机	$T<0$	$T\approx(-40\%\sim-60\%)$ 最大静推力

课 后 作 业

应用本章介绍的飞机性能分析方法，完成飞机概念设计项目所选方案的性能计算和评估。

思 考 题

14.1　影响飞机起飞距离的主要设计参数有哪些？

14.2　飞机的平衡场长的概念是什么？

14.3　要提高飞机的爬升性能，应采取什么措施？

14.4　为了增大飞机的航程，可采用哪些方法？

第15章 稳定性与操纵性分析

在初步形成飞机总体方案后，需要通过稳定性与操纵性分析，对飞机的平衡特性、稳定性和操纵性进行校核。尾翼是保证飞机操稳特性的主要部件，机翼的设计参数、操纵面的设计参数和重心位置等也会影响飞机的操稳特性，操稳分析的主要目的就是根据操稳设计要求检验这些相关的设计参数是否选择合理，以进一步完善相关设计。

飞机的稳定性包括静稳定性和动稳定性两方面。静稳定性是指原来处于平衡状态的飞机在受到瞬时小扰动后的初始瞬间，飞机在力矩增量的作用下，是否具有回到原来平衡状态的趋势。而动稳定性是指飞机受到扰动后回到或背离原来平衡状态的过程。图 15-1 通过对飞机受到扰动后迎角随时间的变化对稳定性进行了说明。由受扰后迎角的变化趋势可知，图 15-1 (a) 和 (b) 分别表明飞机是中性静稳定和静不稳定的，图 15-1 (c) ～ (e) 是静稳定的；图 15-1 (c) 和 (d) 中迎角随时间的变化最终回到原来的平衡状态，说明飞机是动稳定的，而图 15-1 (e) 中虽然飞机是静稳定的，但随着时间的推移，迎角相对原来的平衡状态越变越大，直至发散，所以飞机是动不稳定的。所以，具有静稳定的飞机不能保证其一定是动稳定的，只有动稳定性才是飞机运动的真正稳定性。

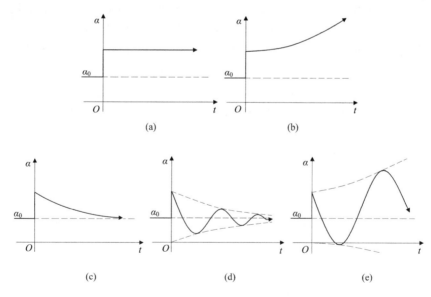

图 15-1 飞机的静稳定性和动稳定性

飞机通过相应操纵面的偏转会由原来的平衡状态转变到另一个新的平衡状态，即实现对飞机的操纵。同样，飞机的操纵性也包括静操纵性和动操纵性两方面。静操纵性是指为了改变单位速度或单位迎角所需的舵偏角的大小及方向，而动操纵性为施加了操纵力和力矩后飞机的运动如何随时间而变的过渡过程。

研究飞机的动稳定性和操纵性必须考虑扰动运动中的惯性力、气动力和阻尼力的作用，而在飞机的总体设计阶段，与这些力相关的飞机的质量分布、气动和阻尼导数都难以确定。与静稳定性分析相比，飞机动稳定性分析要复杂得多，且为了获得足够的精度，还需借助计算机进行数值计算才能得到满意的分析结果。再有，对于具有满意的静稳定性的正常式布局的飞机，通常都具有可接受的动稳定性[7]。对大多数飞机而言，中等的迎角变化对偏航或滚转只有小的影响或者没有影响，这就容许把稳定性和操纵性分析分解成纵向（仅俯仰）和横侧向（滚转和偏航）分别来进行研究。本章的主要内容是介绍飞机纵向及横侧向的静稳定性及操纵性的具体分析方法，以判断是否满足飞机的操稳设计要求。

15.1 纵向静稳定性及操纵性分析

纵向静稳定性和操纵性分析的出发点是飞机俯仰力矩方程的推导，然后由俯仰力矩方程出发，根据作用在飞机重心处的全机俯仰力矩随迎角的变化规律得到飞机的纵向静稳定特性；同样，由俯仰力矩方程，考察在舵面最大偏转范围内及重心移动范围内能否使纵向力矩得到平衡，来判断是否满足飞机纵向配平的要求。

15.1.1 俯仰力矩方程

以常规布局飞机为例，作用在飞机上的俯仰力矩如图 15-2 所示。飞机绕重心的俯仰力矩的主要来源包括机翼、水平尾翼、机身和动力装置。机翼引起的俯仰力矩包括作用在机翼气动中心的升力引起的力矩和绕机翼气动中心的零升俯仰力矩；当襟翼偏转时也会引起机翼俯仰力矩的变化，同时还影响到机翼的升力，而且襟翼偏转对尾翼处的下洗影响也很大。水平尾翼的升力乘以它的力臂会产生很大的俯仰力矩，以用来配平和操纵飞机，而平尾自身的零升俯仰力矩相对很小，可以忽略。动力装置对俯仰力矩有三部分贡献：第一部分主要是由动力装置产生的推力引起的，产生的俯仰力矩大小是推力乘以推力线到重心的距离；第二部分是自由来流流经螺旋桨桨盘或在进气道入口处发生流动方向的偏转而产生的俯仰力矩；第三部分是喷流对机翼和尾翼的有效迎角的影响而引起额外的俯仰力矩的变化。

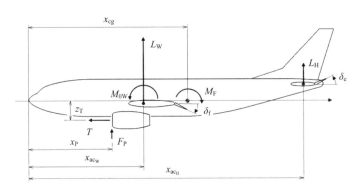

图 15-2 作用在飞机上的俯仰力矩

参考图 15-2，令 L_W 和 L_H 为机翼和水平尾翼的升力，T 为动力装置的推力，F_P 为气流流经螺旋桨桨盘或进气道入口发生偏转时产生的垂向力，x_{cg}、x_{ac_W}、x_{ac_H} 和 x_P 分别为飞机重心、机翼和水平尾翼气动中心及螺旋桨桨盘平面或进气道入口处的纵向位置，z_T 为动力装置推力线到重心的距离，M_{0W} 为机翼零升俯仰力矩，$M_{W_{\delta f}}$ 为单位襟翼偏转引起的机翼俯仰力矩的变化，δ_f 为襟翼偏转角度，M_F 为机身产生的俯仰力矩，如果忽略平尾的零升俯仰力矩和喷流对翼面迎角的影响，则在小迎角内围绕飞机重心的俯仰力矩之和为

$$M_{cg} = L_W \cdot \left(x_{cg} - x_{ac_W}\right) + M_{0W} + M_{W_{\delta f}} \cdot \delta_f + M_F$$
$$- L_H \cdot \left(x_{ac_H} - x_{cg}\right) - T \cdot z_T + F_P \cdot \left(x_{cg} - x_P\right) \tag{15-1}$$

对式(15-1)两边同除 qSC_{MAC}，其中 q 为自由来流动压，S 为机翼面积，C_{MAC} 为机翼平均气动弦长，得到围绕重心的俯仰力矩系数之和 $C_{m_{cg}}$ 为

$$C_{m_{cg}} = C_{L_W} \cdot \left(\overline{x}_{cg} - \overline{x}_{ac_W}\right) + C_{m0W} + C_{mW_{\delta f}} \cdot \delta_f + C_{mF}$$
$$- \eta_H \frac{S_H}{S} C_{L_H} \cdot \left(\overline{x}_{ac_H} - \overline{x}_{cg}\right) - \frac{T}{qSC_{MAC}} \cdot \overline{z}_T + \frac{F_P}{qSC_{MAC}} \cdot \left(\overline{x}_{cg} - \overline{x}_P\right) \tag{15-2}$$

式中，$C_{mW_{\delta f}}$ 为单位襟翼偏转引起的机翼俯仰力矩系数的变化；其余符号及后续未做说明的符号定义皆与第 9 章中的相同。为得到式(15-2)俯仰力矩系数之和，需对机翼和平尾的气动中心位置和升力系数、机翼零升力矩系数、机身及短舱俯仰力矩系数及动力装置产生的俯仰力矩系数等进行估算。

1. 机翼和水平尾翼气动中心的估算

在总体设计过程中可根据机翼、平尾的相关参数和飞行马赫数对气动中心影响的统计关系通过图解法进行估算[17]。图 15-3 给出了不同梯形比下机翼气动中心在平均气动弦长上的相对位置随机翼展弦比、1/2 弦线后掠角和飞行马赫数变化的统计规律。由图可看出，在亚声速飞行范围内，机翼的气动中心约在平均气动弦的 25%处，而在超声速飞行范围内气动中心会后移到约 45%平均气动弦长处，而在跨声速范围内，气动中心位置估算会产生较大的误差。

2. 机翼和水平尾翼升力系数估算

机翼的升力系数 C_{L_W} 与其升力线斜率 $C_{L_{\alpha W}}$、零升迎角 α_0、飞机迎角 α 和机翼安装角 i_W 有关，具体表达式为

$$C_{L_W} = C_{L_{\alpha W}} \left(\alpha + i_W - \alpha_0\right) \tag{15-3}$$

式(15-3)中升力线斜率的估算方法已在气动特性分析章节给出，而机翼的零升迎角与机翼的弯度、襟翼的偏转角度有关。当考虑到襟翼打开时，襟翼的偏转不会使升力线斜率发生显著变化，只会使机翼的升力增加，该升力增量和襟翼类型有关，其估算方法也已在气动特性分析章节中给出。襟翼的偏转会引起机翼的弯度增加，进而会加大机翼零升迎角的绝对值，根据襟翼打开产生的升力增量可按下式计算出相应的机翼零升迎角的变化量为

$$\Delta \alpha_{0W} = -\frac{\Delta C_{L_W}}{C_{L_{\alpha W}}} \tag{15-4}$$

平尾升力系数的计算方法与机翼类似，但对于常规布局的飞机，流过机翼的气流下洗会引起水平尾翼实际迎角的变化。考虑气流下洗的平尾升力系数的计算公式为

$$C_{L_H} = C_{L_{\alpha H}} \left(\alpha + i_H - \varepsilon - \alpha_{0H}\right) \tag{15-5}$$

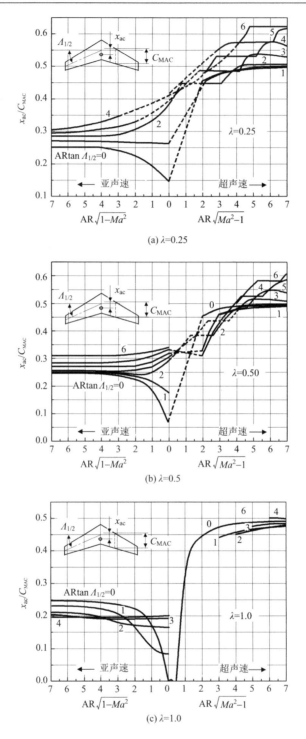

(a) $\lambda=0.25$

(b) $\lambda=0.5$

(c) $\lambda=1.0$

图 15-3　机翼气动中心计算的图解法

式中，平尾的零升迎角 α_{0_H} 与其弯度和升降舵偏转角有关；i_H 为平尾安装角；ε 为平尾处的气流下洗角，下洗角的计算方法可参考第 9 章，更详细的计算方法可参考文献[7]。升降舵偏转引起的水平尾翼零升迎角的变化量为[7]

$$\Delta\alpha_{0_{\mathrm{H}}} = -\frac{1}{C_{\mathrm{L}_{\alpha\mathrm{H}}}}\frac{\partial C_{\mathrm{L_H}}}{\partial\delta_{\mathrm{e}}}\delta_{\mathrm{e}}$$

(15-6)

式中，δ_{e} 为升降舵偏角。

式(15-6)中单位升降舵偏转引起的平尾升力系数的变化量可由下面的经验公式计算：

$$\frac{\partial C_{\mathrm{L_H}}}{\partial\delta_{\mathrm{e}}} = 0.9K_{\mathrm{e}}\left(\frac{\partial C_{l_{\mathrm{H}}}}{\partial\delta_{\mathrm{e}}}\right)\frac{S_{\mathrm{e}}}{S_{\mathrm{H}}}\cos\varLambda_{\mathrm{HL}}$$

(15-7)

式中，等号右端的 0.9 为翼端损失系数；S_{e} 和 S_{H} 分别为升降舵面积及平尾面积；$\varLambda_{\mathrm{HL}}$ 为升降舵偏转轴线的后掠角；舵面小角度偏转引起的平尾翼剖面升力系数的变化量 $\partial C_{l_{\mathrm{H}}}/\partial\delta_{\mathrm{e}}$ 可由图 15-4 估算出，当偏转角度较大时需由修正系数 K_{e} 进行修正，可由图 15-5 估算该修正系数。

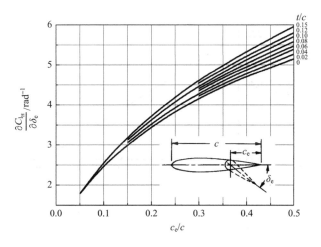

图 15-4　舵面偏转引起的平尾翼剖面升力系数的变化

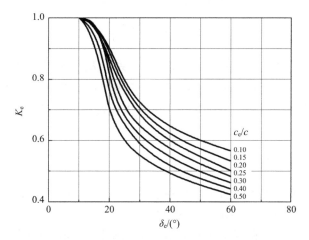

图 15-5　舵面偏转引起修正系数的变化

3. 机翼零升力矩系数的估算

干净机翼的零升力矩系数和其翼剖面零升力矩系数 $C_{m0_{airfoil}}$ 及机翼平面形状有关，在亚声速范围内其具体的计算公式为

$$C_{m0_W} = C_{m0_{airfoil}} \mathrm{AR}\cos^2 \Lambda_{1/4} / (\mathrm{AR} + 2\cos \Lambda_{1/4}) \tag{15-8}$$

跨声速飞行时(如飞行马赫数为 0.8 时)零升力矩系数约增大 30%，机翼扭转也会使零升力矩系数发生改变，单位扭转(每度)的变化会引起约–0.01 俯仰力矩系数的变化。

当襟翼放下时也会引起机翼零升力矩系数的变化，变化的大小与襟翼偏转时引起的升力增量及襟翼表面压力中心距飞机重心的距离有关，具体表达式为

$$C_{m_{\delta_f}} = K_f \frac{\partial C_L}{\partial \delta_f}(\bar{x}_{cp} - \bar{x}_{cg}) \tag{15-9}$$

式中，襟翼压力中心的相对位置 $\bar{x}_{cp}$ 可由图 15-6 确定。

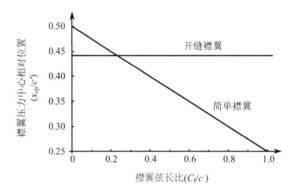

图 15-6 襟翼压力中心的相对位置

4. 机身及短舱俯仰力矩系数的估算

单位迎角改变(每度)引起的机身或短舱俯仰力矩系数的表达式为[7]

$$C_{m_{\alpha F}} = \frac{K_F W_F^2 L_F}{S C_{MAC}} \tag{15-10}$$

式中，W_F 为机身最大宽度；L_F 为机身长度；修正系数 K_F 是考虑到机翼相对于机身位置的变化对俯仰力矩的影响，由图 15-7 根据翼根 1/4 弦线相对于机身的位置可确定该修正系数。

飞机俯仰力矩方程中的每一项确定后，就可以通过该方程对飞机的俯仰静稳定性及操纵性进行分析。

15.1.2 纵向静稳定性分析

可以通过单位迎角或升力系数变化所引起的全机俯仰力矩系数的变化规律对纵向静稳定性进行分析。将无量纲俯仰力矩方程式(15-2)对迎角进行求导，注意到机翼的零升俯仰力矩系数、发动机推力产生的俯仰力矩系数及平尾安装角不随迎角变化，得到全机关于飞机重心的俯仰力矩系数随迎角的变化率为

$$C_{m_\alpha} = C_{L_{\alpha W}}(\bar{x}_{cg} - \bar{x}_{ac_W}) + C_{m_{\alpha F}} - \eta_H \frac{S_H}{S} C_{L_{\alpha H}} \cdot \frac{\partial \alpha_H}{\partial \alpha}(\bar{x}_{ac_H} - \bar{x}_{cg}) \tag{15-11}$$

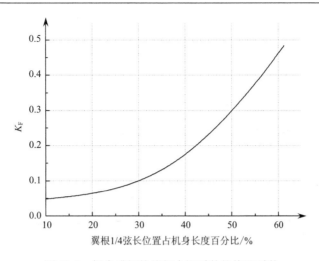

图 15-7 机身或短舱俯仰力矩系数的修正系数

根据飞机气动中心的性质，当飞机的重心与气动中心重合时，俯仰力矩系数随迎角的变化率为 0，由此得到飞机气动中心的表达式为

$$\overline{x}_{np} = \frac{C_{L_{\alpha W}} \overline{x}_{ac_W} - C_{m_{\alpha F}} + \eta_H \dfrac{S_H}{S} C_{L_{\alpha H}} \cdot \dfrac{\partial \alpha_H}{\partial \alpha} \overline{x}_{ac_H}}{C_{L_{\alpha W}} + \eta_H \dfrac{S_H}{S} C_{L_{\alpha H}} \cdot \dfrac{\partial \alpha_H}{\partial \alpha}} \tag{15-12}$$

飞机俯仰力矩系数随迎角的变化率与气动中心相对于重心位置的关系为

$$C_{m_{\alpha}} = -C_{L_{\alpha}} \left(\overline{x}_{np} - \overline{x}_{cg} \right) \tag{15-13}$$

式中，$\overline{x}_{np} - \overline{x}_{cg}$ 为飞机的俯仰静稳定裕度；$C_{L_{\alpha}}$ 为全机升力线斜率。可见，飞机的重心越靠前俯仰静稳定裕度越大，因此应在重心后限位置考察飞机的纵向静稳定裕度是否满足设计要求。

为满足安全飞行的要求，运输类飞机的纵向静稳定裕度的典型值为 5%～10%，而为提高机动性，战斗机的典型值为 5%，而更先进的战斗机为进一步提高机动性及减小配平阻力，通常被设计成气动静不稳定的，其静稳定裕度为–15%～0%。为方便判断由式(15-11)计算出的俯仰静稳定性是否满足设计要求，图 15-8 给出了不同类型飞机俯仰静稳定性随马赫数变化的典型值[7]。

15.1.3 纵向配平分析

飞机的纵向配平即绕飞机重心的俯仰力矩之和为零，对纵向配平进行分析就是在给定全机升力系数时求出相应的升降舵配平偏角。

参考纵向力矩方程式(15-2)，通过调整升降舵的偏角从而引起水平尾翼升力系数的变化来实现俯仰和力矩系数为零，即实现配平。当飞行条件一定且飞行重量不变时，全机的升力系数是固定的，所以平尾升力系数的改变也会引起机翼升力系数的变化。因此，可以说飞机的配平是通过升降舵的偏转和迎角的变化共同实现的。

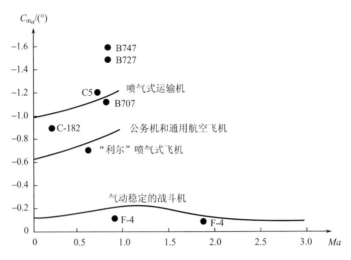

图 15-8　飞机俯仰静稳定性随马赫数变化的典型值

　　飞机的纵向配平分析可以应用作图法来进行。飞机纵向配平分析的作图法的基本过程是给定任意迎角和升降舵偏角，根据式(15-2)求出飞机的俯仰力矩系数，其中平尾升力系数和全机升力系数可按如下两式进行计算：

$$C_{L_H} = C_{L_{\alpha H}} \left[\left(\alpha + i_W \right) \left(1 - \frac{\partial \varepsilon}{\partial \alpha} \right) + \left(i_H - i_W \right) - \alpha_{0_H} \right] \tag{15-14}$$

$$C_L = C_{L_{\alpha W}} \left(\alpha + i_W \right) + \eta_H \frac{S_H}{S} C_{L_H} \tag{15-15}$$

　　至此，可以在给定升降舵偏角下画出一条俯仰力矩系数随全机升力系数的变化曲线，当有多个升降舵偏角时，可以画出对应的一族曲线，如图 15-9 所示。由图中每条曲线与俯仰力矩系数为 0 的直线的交点可求出相应全机升力系数下的升降舵配平角度。

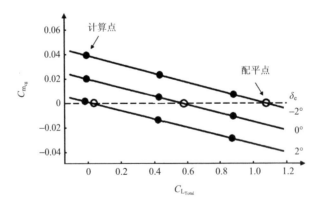

图 15-9　飞机纵向配平曲线

15.2　横侧向静稳定性及操纵性分析

　　当飞机受到扰动引起航向发生改变时，在扰动发生的瞬时飞行速度方向未发生变化，此时飞机侧滑飞行使垂直尾翼产生阻止飞机偏航的气动力矩，以保证飞机具有航向静稳定性。同样，当飞机受到扰动引起滚转时，飞机通过侧滑飞行，当横向气流流过具有上反或后掠的机翼时将产生阻止飞机滚转的气动力矩，以使飞机具有滚转稳定性。通过研究飞机的偏航力矩和滚转力矩随侧滑角的变化规律可以对飞机的横侧向静稳定性进行分析。

15.2.1　横侧向力矩方程

当飞机以侧滑角 β 进行侧滑飞行时，垂直尾翼将产生主要的偏航力矩，而方向舵偏转产生的偏航力矩将计入垂尾侧力的变化中；机翼偏航力矩是由更接近来流的一侧机翼上的阻力引起的；副翼的偏转及机身也会引起偏航力矩。对于具有多台发动机的飞机，当单发失效时，正常工作的发动机会引起较大的偏航力矩，失效的发动机的风车阻力又使该偏航力矩进一步加大。围绕飞机重心的所有偏航力矩如图 15-10 所示，图中所示的侧滑角 β 值为正，F_{V} 为垂尾产生的侧力，$x_{\mathrm{ac_V}}$ 为垂尾气动中心至飞机机身头部的距离，δ_{r} 为方向舵偏角，N_{W} 和 N_{F} 分别为机翼和机身产生的偏航力矩，x_p 和 y_p 分别为发动机法向力到机身头部及推力线到飞机纵轴的距离，D_p 为失效发动机产生的风车阻力。

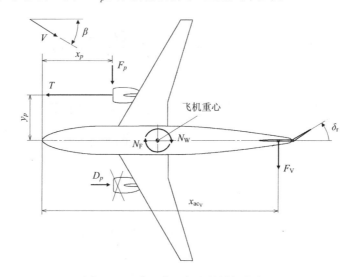

图 15-10　作用在飞机上的横侧向力矩

绕飞机重心的偏航合力矩 N 为

$$N = N_{\mathrm{W}} + N_{\mathrm{W}_{\delta_{\mathrm{a}}}}\delta_{\mathrm{a}} + N_{\mathrm{F}} + F_{\mathrm{V}}\left(x_{\mathrm{ac_V}} - x_{\mathrm{cg}}\right) - T \cdot y_p - D_p \cdot y_p - F_p\left(x_{\mathrm{cg}} - x_p\right) \quad (15\text{-}16)$$

当飞机侧滑时，除了机翼和副翼偏转产生滚转力矩外，垂尾的侧力也将产生滚转力矩。围绕飞机重心的滚转合力矩 L 为

$$L = L_{\mathrm{W}} + L_{\mathrm{W}_{\delta_{\mathrm{a}}}}\delta_{\mathrm{a}} - F_{\mathrm{V}}z_{\mathrm{V}} \quad (15\text{-}17)$$

式中，L_{W} 为机翼产生的滚转力矩；$L_{\mathrm{W}_{\delta_{\mathrm{a}}}}$ 为单位副翼偏角产生的滚转力矩；z_{V} 为垂尾侧力作用点至飞机纵轴的距离。

在式 (15-16) 和式 (15-17) 中出现的垂尾侧力的表达式为

$$F_{\mathrm{V}} = q_{\mathrm{V}} S_{\mathrm{V}} C_{\mathrm{F}_{\mathrm{V}\beta}} \frac{\partial \beta_{\mathrm{V}}}{\partial \beta} \beta \tag{15-18}$$

式中，q_{V} 为垂尾处的动压；S_{V} 为垂尾面积；$C_{\mathrm{F}_{\mathrm{V}\beta}}$ 为垂尾侧力系数对侧滑角的变化率；β_{V} 为垂尾处实际侧滑角。

对偏航及滚转力矩方程两边同除 qSb，得到无量纲化的力矩方程：

$$C_{\mathrm{n}} = \frac{N}{qS_{\mathrm{W}}b} = C_{\mathrm{n}_{\beta\mathrm{W}}} \beta + C_{\mathrm{n}_{\delta_a}} \delta a + C_{\mathrm{n}_{\beta\mathrm{fus}}} \beta + C_{\mathrm{n}_{\beta\mathrm{V}}} \beta - \frac{T\overline{Y}_p}{qS_{\mathrm{W}}} - \frac{D\overline{Y}_p}{qS_{\mathrm{W}}} - \frac{F_p}{qS_{\mathrm{W}}} \left(\overline{x}_{\mathrm{cg}} - \overline{x}_p \right) \tag{15-19}$$

$$C_1 = \frac{L}{qS_{\mathrm{W}}b} = C_{\mathrm{l}_{\beta\mathrm{W}}} \beta + C_{\mathrm{l}_{\delta_a}} \delta_a + C_{\mathrm{l}_{\beta\mathrm{V}}} \beta \tag{15-20}$$

15.2.2　横侧向静稳定性分析

通过考察航向及滚转力矩系数对侧滑角的导数大小及符号，可以对飞机的横侧向静稳定性进行分析。根据机体坐标轴及侧滑角正向的定义，$C_{\mathrm{n}_\beta} > 0$ 表明飞机是航向静稳定的，$C_{\mathrm{l}_\beta} < 0$ 表明飞机是滚转静稳定的。将航向及滚转力矩方程式(15-19)和式(15-20)分别对侧滑角求导，得

$$C_{\mathrm{n}_\beta} = C_{\mathrm{n}_{\beta\mathrm{W}}} + C_{\mathrm{n}_{\beta\mathrm{fus}}} + C_{\mathrm{n}_{\beta\mathrm{V}}} - \frac{F_{p\beta}}{qS_{\mathrm{W}}} \frac{\partial \beta_p}{\partial \beta} \left(\overline{x}_{\mathrm{cg}} - \overline{x}_p \right) \tag{15-21}$$

$$C_{\mathrm{l}_\beta} = C_{\mathrm{l}_{\beta\mathrm{W}}} + C_{\mathrm{l}_{\beta\mathrm{V}}} \tag{15-22}$$

在式(15-21)中机翼偏航力矩系数对侧滑角的导数可按下式计算[7]：

$$C_{\mathrm{n}_{\beta\mathrm{W}}} = C_{\mathrm{L}}^{\;2} \left\{ \frac{1}{4\pi\mathrm{AR}} - \left[\frac{\tan \varLambda_{1/4}}{\pi\mathrm{AR}\left(\mathrm{AR} + 4\cos \varLambda_{1/4}\right)} \right] \left[\cos \varLambda_{1/4} - \frac{\mathrm{AR}}{2} - \frac{\mathrm{AR}^2}{8\cos \varLambda_{1/4}} \right. \right.$$
$$\left. \left. + \frac{6\left(\overline{x}_{\mathrm{ac}_{\mathrm{W}}} - \overline{x}_{\mathrm{cg}}\right)\sin \varLambda_{1/4}}{\mathrm{AR}} \right] \right\} \tag{15-23}$$

式(15-21)中，机身偏航力矩系数对侧滑角的导数可按下式计算[17]：

$$C_{\mathrm{n}_{\beta\mathrm{fus}}} = -1.3 \frac{\mathrm{Vol}_{\mathrm{F}}}{Sb} \left(\frac{H_{\mathrm{F}}}{W_{\mathrm{F}}} \right) \tag{15-24}$$

式中，$\mathrm{Vol}_{\mathrm{F}}$ 为机身的体积；H_{F} 和 W_{F} 分别为机身的高度和宽度。

根据上述信息求出飞机的偏航静稳定导数后，可参考图 15-11 的典型值进行校核[17]。

式(15-22)中，机翼产生的滚转力矩主要受三个设计参数影响，即机翼的后掠角、上反角和垂向位置。图 15-12 给出了机翼后掠角对滚转静稳定性的影响曲线，应用该曲线在给定机翼的展弦比和梯形比时由后掠角可得到单位机翼升力系数的滚转力矩系数对侧滑角的导数值。

机翼上反角 $\varGamma$ 提供的滚转静稳定导数的计算表达式为

$$\left(C_{\mathrm{l}_\beta} \right)_\varGamma = -\frac{C_{\mathrm{L}_\alpha} \varGamma}{4} \left[\frac{2(1+2\lambda)}{3(1+\lambda)} \right] \tag{15-25}$$

机翼高低位置 Z_{WF}（机翼在机身轴线之上的距离，在机身轴线之下时为负）对滚转静稳定导数的影响可按下式计算：

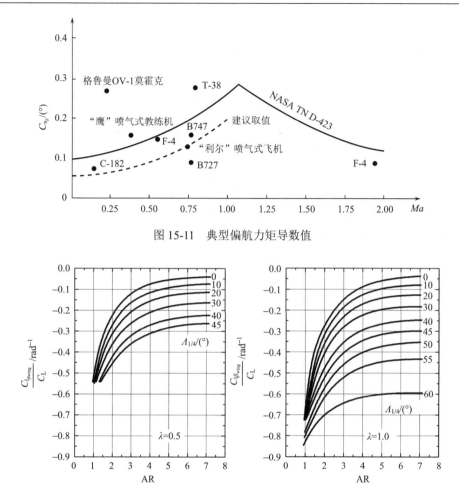

图 15-11 典型偏航力矩导数值

图 15-12 机翼后掠角对滚转静稳定性的影响曲线

$$C_{1_{\beta WF}} = -1.2 \frac{\sqrt{AR} Z_{WF}(H_F + W_F)}{b^2} \quad (15\text{-}26)$$

上述三个因素共同引起的机翼滚转静稳定导数为

$$C_{1_{\beta W}} = \left(C_{1_{\beta wing}} / C_L\right) C_L + (C_{1_\beta})_\Gamma + C_{1_{\beta WF}} \quad (15\text{-}27)$$

完成了飞机滚转静稳定导数计算后，应按如下标准进行校核：C_{1_β} 应是负值，在亚声速情况下，它的值大约是 C_{n_β} 的一半，跨声速时大约等于 C_{n_β}。

15.2.3 横侧向配平分析

需要进行横侧向配平分析的一种情况是在起飞时出现单发停车，此时通过偏转方向舵以提供足够的偏航力矩保证飞机无侧滑以起飞速度且重心在最后位置能顺利完成起飞过程，但方向舵的最大偏角不能超过 20°，应留有余量以备飞机的航向操纵。

另一种需要进行横侧向配平校核的情况是在强横风的条件下着陆，此时横风的速度为 20%起飞速度，飞机应通过偏转方向舵及侧滑飞行使偏航合力矩为零。同样，为保证航向操纵要求,方向舵的最大偏角不能超过 20°。

上述两种情况下飞机的构型及飞行条件已确定,可通过航向力矩方程式(15-19)进行配平校核。

课 后 作 业

应用本章所介绍的稳定性及操纵性分析方法,完成飞机三个方向的静稳定性分析,进行飞机的纵向配平分析和单发失效时的航向配平分析。

思 考 题

15.1　飞机静稳定性和动稳定性的定义是什么?

15.2　什么是飞机的纵向静稳定裕度?不同类型飞机对纵向静稳定裕度的大小有何不同要求?并说明原因。

15.3　如何定义飞机的航向和滚转静稳定性?

第 16 章 经济性分析

飞机总体设计方案不仅要满足飞机性能要求，而且要满足经济性的需求。在多个方案均满足同样的性能要求情况下，优选方案往往是经济性好的方案。这是因为，对于民机，飞机经济性好意味着能给飞机运营方带来更好的经济效益；对于军机，飞机经济性好意味着在同样的军费开支情况下能装备更多的飞机。

飞机经济性通常用飞机的生命周期成本或直接使用成本作为指标来衡量。本章介绍飞机生命周期成本和直接使用成本的基本概念。关于经济性分析的详细介绍可参阅相关文献[43,44]。

16.1 生命周期成本

16.1.1 飞机生命周期成本的概念

飞机的生命周期成本(life cycle cost，LCC)是指飞机从论证开始到退役为止整个周期所产生的全部费用。飞机生命周期包括研制阶段、生产阶段、使用保障阶段和退役处置阶段。与之相应地，飞机的生命周期成本包括研制成本、生产成本、使用保障成本和退役处置成本。图 16-1 给出了飞机生命周期成本的组成架构[7,9,11]，图中框的大小也形象地反映了各项成本在生命周期成本中的大致比例。

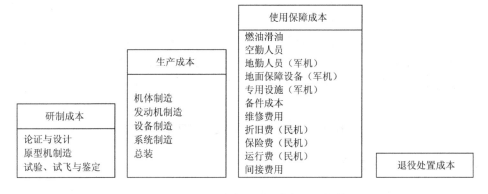

图 16-1　飞机生命周期成本的组成架构

图 16-1 中研制阶段也称为研究、发展、试验与评估阶段，它包括技术研究、概念设计、初步设计、详细设计、试制和试飞、设计定型、试用和生产定型。研制成本包括完成这些任务所需要的费用。生产成本是制造飞机(包括机体、发动机、电子设备、系统等)的费用，它具有重复性的特征，与制造的飞机架数有关，制造的飞机数量越多，每架飞机的成本就越低。使用维护成本包括燃油与滑油费用、空勤和地勤人员费用、维修费用以及各种间接费用。对于军机，使用维护成本还包括地面保障实施费用，这部分费用是指保证飞机正常

完成飞行和作战任务所需的地面保障设备的费用以及随机的备件费用。对于民机而言，除此之外，使用维护成本还包括折旧费、保险费、利息、运行费等。一般而言，使用维护成本比研制阶段的费用和生产费用高得多。退役处置成本是飞机生命周期所产生的最后一部分成本。有些退役军用飞机需要在基地进行封存，其封存费用就属于退役处置成本。这部分费用通常不大，在飞机生命周期成本分析中可忽略不计。而民机退役后，通常还可以通过转售旧飞机来获得一定的费用回收。

对于军机项目，主要关注其研制成本、采购成本、计划成本和生命周期成本[7]。采购成本包括图 16-1 中的生产成本、地面保障设备和备件成本、专用设施成本。计划成本包括研制成本和采购成本。对于民机，通常是用直接使用成本来衡量其经济性[14,43]。

16.1.2 成本估算方法概述

飞机设计是一个由粗到细、逐步细化的过程。在不同设计阶段，飞机方案的详尽程度不同，所采用的成本估算方法也不同。成本估算方法一般可分为三大类[9,11]：①类比法；②参数法；③基于工作分解结构(work breakdown structure，WBS)的方法，也称"自下而上"的成本估算法。

类比法是通过与已有的同类飞机项目进行比较，并根据经验修正而估算出的新飞机项目的成本。如果新飞机的功能、结构和性能与某现役飞机类似，则可参考现役飞机的成本数据来推算出新飞机的各项成本。一般在新飞机的初始论证阶段采用这种方法，因为此时还缺乏详细的飞机性能参数和物理参数的数据。

参数法是根据已有飞机的各项成本、飞机的性能参数、物理参数等的统计数据，建立飞机各项成本与性能参数、物理参数、成本参数之间的统计关系。这种统计关系式体现了成本参数与飞机参数之间的关系，故属于参数法，通常也称为成本估算关系式(cost estimate relation，CER)。这种方法适用于飞机概念设计阶段和初步设计阶段。

"自下而上"的成本估算法需要首先建立飞机项目的工作分解结构，然后计算各工作单元的成本，并逐级向上归集，最后计算出整个项目的总成本。这种方法需要较详细的设计方案和数据，适用于详细设计阶段，估算出的成本也更为准确。

16.2 民机的直接使用成本

16.2.1 直接使用成本的概念

直接使用成本(direct operating cost，DOC)指使用一架飞机所需支付的费用，是航空公司衡量飞机经济性的重要依据[43]。在 DOC 分析中，一般将 DOC 换算为每航次成本、每轮挡小时成本、座公里成本等。每轮挡小时成本是指单位轮挡时间的直接使用成本；每航次成本是完成一次整个飞行剖面的直接使用成本，等于每轮挡小时成本乘以轮挡时间；座公里成本是将每航次成本除以轮挡距离和客舱座位数。在飞机概念方案对比分析中，通常用座公里成本来评估民机的经济性。

DOC 的计算是以客机典型飞行剖面为基准的。客机的典型飞行剖面示意图如图 16-2 所示，图中的轮挡时间和轮挡油耗分别是完成整个飞行剖面所需的时间和所消耗的燃油。

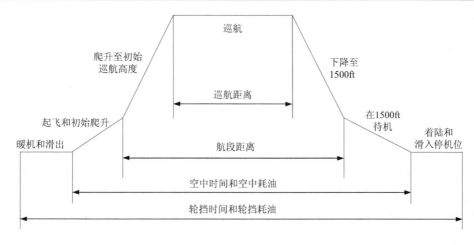

图 16-2　轮挡时间与轮挡油耗的定义

由于 DOC 是以轮挡时间为单位来计算的，因此它与年利用率有关。年利用率是指一年中有收入的使用飞机的时间。它主要取决于轮挡时间、地面停留时间、维修保养时间等因素。一般来说，飞机的年利用率与飞机的平均航段距离、航空公司的运营和管理等因素有关。飞机的年利用率对其直接使用成本有显著影响，年利用率越高，越有利于减少 DOC。一般来说，远程客机由于航段距离远，轮挡时间长，其年利用率要高于中短程客机。典型的远程客机的年利用率为 4800h 左右，典型的中短程客机的年利用率为 3750h 左右。

16.2.2　直接使用成本的组成

DOC 的项目组成总体上可分为两大类：所有权成本和现金成本[43]。所有权成本是指拥有飞机使用权所需支付的费用，包括折旧费、利息费和保险费；现金成本包括运行费、维修费、燃油费、机组费和餐食费。DOC 的构成如表 16-1 所示。

表 16-1　飞机直接使用成本的构成

直接使用成本	所有权成本	折旧费
		利息费
		保险费
	现金成本	运行费
		维修费
		燃油费
		机组费
		餐食费

1. 所有权成本

由于航空公司拥有飞机使用权的资金来源渠道不同，费用支付的方式也有所不同。一般情况下，航空公司主要通过租赁飞机和贷款购机两种方式拥有飞机的使用权。租赁飞机方式以租金方式支付，一般计入现金成本。贷款购机方式的所有权成本包括折旧费、利息费和保险费三项。

1) 折旧费

折旧费是将飞机最初的价值分配到给定时间段的费用。以每轮挡小时为时间段，折旧费的计算式为

$$折旧费 = \frac{总投资额 \times (1 - 残值系数)}{折旧年限 \times 利用率}$$

购买一架飞机的总投资额包括飞机价格(含发动机)、机体备件价格和发动机备件价格。机体备件价格一般占机体价格的 10%～16%；发动机备件价格一般占发动机价格的 30%～35%。折旧年限一般取 15～20 年，残值系数一般占总投资额的 3%～10%。

影响民机价格的因素十分复杂，它不仅取决于其研制成本和生产成本，也取决于飞机制造商的销售策略。但统计数据表明，民机价格一般与其使用空重密切相关。图 16-3 为根据 1995 年的统计数据获得的飞机价格与飞机使用空重之间的统计关系[14]，从图 16-3 中可看出飞机使用空重越大，飞机价格越高。发动机价格与发动机的推力和耗油率有关，图 16-4 为根据 1995 年的统计数据获得的发动机价格与其巡航推力(T)和耗油率(SFC)的统计关系[14]，从图 16-4 中可看出推力越大，价格越高；耗油率越低，价格也越高。

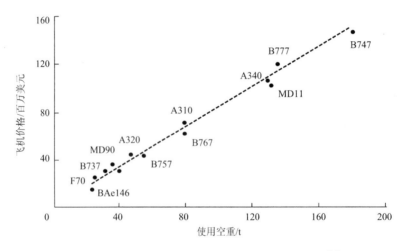

图 16-3　飞机价格与使用空重的统计关系(1995 年)[14]

2) 利息费

利息费是指用于购买飞机及其备件时所借贷款的利息支出。利息费一般按购买飞机及其备件的总价格来计算，且假设贷款利率固定不变，所借贷款在确定的年限内还清，还贷时间为每次期末，每次的还款额度相同。利息费的计算公式如下：

$$X\left(1 + \sqrt{1+B}\right)\frac{(1+B)^M - 1}{B(1+B)^M} = A \tag{16-1}$$

每轮挡小时的利息费计算如下：

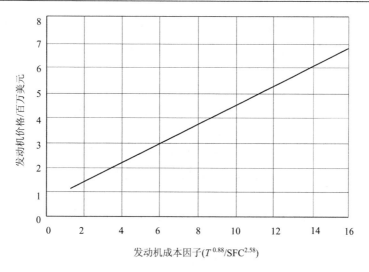

图 16-4　发动机价格与推力和耗油率的统计关系(1995 年)[14]

$$I_{\mathrm{P}} = \frac{XmM - A}{NU} \tag{16-2}$$

式中，A 为总投资额；B 为贷款利率；X 为半年的还款额；m 为每年的还款次数，一般取 $m = 2$；M 为贷款年限；N 为折旧年限；U 为年利用率。

3) 保险费

保险费是航空公司为了规避飞机在使用中的风险而支付的费用。保险费一般按飞机价格的百分比来进行估算，每轮挡小时的保险费为

$$保险费（每轮挡小时）= k \times \frac{购置飞机的总投资成本}{年利用率}$$

式中，一般 k 取 0.5%~2%。

2. 现金成本

1) 运行费

运行费是指航空公司运营过程中向航管部门和机场缴纳的各项费用之和，所需的各项费用值依照国家标准执行。运行费包括飞机起降服务费、导航费和地面服务费。其中，起降服务费是飞机使用者付给机场的费用，一般根据飞机最大起飞重量，按起降次数来收费；导航费根据导航的里程及时间来计算；地面服务费则按最大商载收费。

2) 维修费

维修费包括飞机(飞机机体、发动机、电子设备、各系统、附件等)的例行检查、维护和大修的人工成本与材料成本。维修费分为直接维修费用和间接维修费用。机体结构、设备和发动机维修所需的人工工时费和材料费用称为直接维修费用；维修管理、航线航站维修保养、监督检查、检测设备和维修设施购买等所需支付的费用称为间接维修费用。

在估算维修费时，通常将飞机维修任务分为飞机机体和发动机两个部分，因此总的维修成本为

总的维修成本 = 机体维修成本 + 发动机维修成本 + 维修间接费用

其中，机体维修成本和发动机维修成本又进一步可分为人工成本和材料成本。详细的维修

成本涉及的因素多，计算较复杂。一种简化的办法是：根据机体维修成本和发动机维修成本统计数据，估算出每轮挡小时的人工成本和材料成本。

3）燃油费

每航次的燃油费可由轮挡油耗和燃油价格计算出。燃油费的支出受油价的影响很大。通常情况下，燃油费支出占 DOC 的 10%～20%；如果油价升高，燃油费可能占 DOC 的 35%～45%。燃油费作为 DOC 的重要组成部分，对航空公司的经济效益产生直接影响，是航空公司进行机型选择的重要参考数据。在飞机设计中，采用耗油率更低的推进系统，优化飞机气动效率，采用先进的结构材料和技术等，可有效降低飞机油耗。

4）机组费

机组费是指航空公司所需支付的飞行员和机舱乘务员的工资、津贴、补贴、福利、制服等各项费用之和。每轮挡小时的飞行员费用和乘务员费用的计算公式分别如下：

$$飞行员费用 = 飞行员数 \times 每轮挡小时每人的费用$$

$$客舱乘务员费用 = 乘务员人数 \times 乘务员每轮挡小时每人的费用$$

5）餐食费

餐食费指飞机运营过程中由航空公司支付的乘客饮料和餐点等方面的费用。餐食费一般与客舱等级、客舱的座位数和客座率等因素相关，在 DOC 中占比很小。

16.2.3　直接使用成本的估算示例

下面以一个简化的示例来说明客机的直接使用成本的估算过程。该示例取自于文献[14]，有关成本数据以 1995 年的统计值为基准。该客机的飞机特性参数与成本参数见表 16-2。

表 16-2　用于 DOC 估算的客机飞机特性参数与成本参数

飞机参数	数值
最大商载时的航程	7200n mile（13343km）
座位数	300
巡航 Ma 数	0.825
最大起飞重量	243200kg
发动机起飞推力（2 台）	370kN（每台）
巡航时耗油率	0.55
燃油消耗量	5500kg/h（每台）
飞机利用率	4200h/a
发动机维修成本	190美元/（h·台）
飞机维修成本（人工）	660美元/小时
飞机维修成本（材料）	218美元/小时

1. 购置飞机的总投资成本

根据使用空重估算飞机价格。该客机的使用空重占最大起飞重量的 58%，即

$$使用空重 = 0.58 \times 最大起飞重量 = 0.58 \times 243200 \approx 141100(kg)$$

根据使用空重与飞机价格的曲线关系（图 16-3），计算得飞机总价格为 11800 万美元。

根据发动机的耗油率和推力，估算出每台发动机价格为 980 万美元(参考图 16-4)，两台的价格为 1960 万美元。因此，机体成本为：11800 – 1960=9840(万美元)。

假定飞机备件成本占机体成本的 10%，发动机备件成本占发动机价格的 30%，则备件总成本为：备件成本= 0.1× 9840 + 0.3 × 1960 ≈ 1570(万美元)。

购置该客机总投资成本为飞机价格和备件成本之和，即总投资成本 = 11800 + 1570 = 13370(万美元)。

2. 所有权成本的估算

1)折旧费

假定该飞机的折旧年限为 16 年。使用 16 年后，飞机价格折旧为原价格的 10%，则每年折旧成本为：(1–0.1)× 13370/16≈752(万美元)。

2)利息费

如果投资成本的利息为每年 5.4%，年利息成本为：0.054 × 13370≈722(万美元)。

3)保险费

假设每年的保险费按飞机价格的 0.5%支付，则保险费为：0.005 × 11800 = 59(万美元)。

根据上述各项费用，该客机每年的所有权成本为：752 + 722 + 59 = 1533(万美元)。

由于飞机的利用率为每年 4200h，因此每轮挡小时的所有权成本为：15330000÷4200 = 3650(美元/小时)。

3. 现金成本的估算

1)机组费

假定两名飞行员每人每小时的工资为 360 美元，9 名客舱乘务员每人每小时的工资为 90 美元，则机组费用为：2 × 360 +9 × 90 = 1530(美元/小时)。

2)运行费

假定机场按飞机最大起飞重量每吨 6 美元收费，则着陆费为 6 × 243.2≈1459(美元)。对于这种类型的飞机，假定每个航班的导航费为 5640 美元，每位旅客的地面管理费为 11 美元，按飞机 300 名旅客计算，地面管理费为 11× 300 = 3300(美元)。

为了将运行费换算为每轮挡小时费用，需计算该飞机的轮挡时间。根据表 16-2 的数据，航程 7200n mile(13343km)和巡航速度 $Ma0.825$(877km/h)，计算出巡航飞行时间为 13343÷877≈15.21(h)。再加上地面滑行时间，以及爬升和下降时间，轮挡时间的估算结果为 15.94h。因此，每轮挡小时的运行费(着陆费、导航费和地面管理费)为(1459 + 5640 + 3300)÷15.94 = 652(美元/小时)。

3)燃油费

该客机巡航时每台发动机的油耗为 5500kg/h。若燃油密度为 800kg/m^3，即每小时油耗为 5500÷800 = 6.875(m^3) = 6875(L)。假设每升燃油的价格为 0.1849 美元，则两台发动机每小时的油耗成本为(6875× 2)× 0.1849≈2542(美元/小时)。

4)维修费

根据表 16-2 中的数据，每轮挡小时的发动机的维修费用(包括人工费和材料费)为每台 190 美元；每轮挡小时的机体维修的人工费和材料费分别为 660 美元和 218 美元。若不考虑间接维修成本，则每轮挡小时的总维修费为(2 × 190)+ 660 + 218 = 1258(美元/小时)。

4. 直接使用成本的估算结果

根据上述估算结果，得到该客机的直接使用成本，计算结果见表16-3。

表16-3 示例客机直接使用成本的估算结果

费用项目	估算出的数值	占比
所有权成本	3650（美元/小时）	38%
机组费	1530（美元/小时）	16%
运行费	652（美元/小时）	7%
燃油费	2542（美元/小时）	26%
维修成本	1258（美元/小时）	13%
每轮挡小时直接使用成本	9614（美元/小时）	100%
轮挡距离成本	9614×15.94≈153247（美元）	
每海里成本	153247÷7200≈21.28（美元）	
每座海里成本	21.28÷300＝7.09（美分）	

16.2.4 直接使用成本的影响因素

从飞机设计角度来看，飞机使用空量、发动机推力和耗油率、轮挡油耗、座位数量等对DOC有直接影响。其中，在燃油价格给定的情况下，轮挡油耗决定了燃油成本。通常，燃油成本在DOC中占据了较大比例，仅次于折旧成本。航段油耗主要取决于气动效率(升阻比)、飞机重量、发动机耗油率，这些飞机特性又取决于飞机总体设计参数，包括机翼面积、展弦比、后掠角、发动机涵道比等。因此，为了降低DOC，应该对飞机总体参数进行优化设计。

思 考 题

16.1 为什么需要评估飞机的经济性？

16.2 飞机生命周期成本的含义是什么？它的组成是什么？

16.3 民机的直接使用成本的含义是什么？它的组成包括哪些费用？

16.4 成本估算的常用方法有哪些？各适合于飞机研制的哪些阶段？

第 17 章　总体设计方案的综合分析与优化

通过第 12～16 章的工作，完成了设计方案的分析和评估。根据评估结果，设计方案可能不满足设计要求，或即使能满足要求，也可能不是满意的方案，因此需要对设计参数进行调整，改进设计方案。通常需要多次的方案修改和分析评估，才能获得满意的方案。这个不断修改方案和分析评估的过程，称为设计迭代。

在设计迭代中，一个设计参数的修改往往会影响飞机多个方面的特性。例如，对于高亚声速客机而言，改变机翼展弦比，会降低飞机诱导阻力，但同时会增加机翼结构重量，也会影响机翼的油箱容积；而诱导阻力和结构重量的变化又会影响设计燃油重量、最大起飞重量、飞行性能等，进而引起飞机经济性的变化。因此，改变一个总体设计参数，会引起一系列连锁反应，对飞机的多方面特性(几何容积、气动、重量、动力需求、性能、经济性等)产生影响，具有"牵一发而动全身"之势。为了快速地捕获这种连锁反应和影响，就需要开发飞机总体综合分析程序；为了获得更优的设计参数，就需要进行总体设计参数的敏感性分析和优化设计。

17.1　飞机总体综合分析程序

飞机总体综合分析是指对所定义的飞机总体设计方案进行几何特性、动力特性、气动特性、重量特性、飞行性能、操稳特性、经济性、环保性等多个方面的计算和评估。由于飞机总体综合分析涉及多个学科(或专业)，因此也称为飞机总体多学科分析[50,51]。

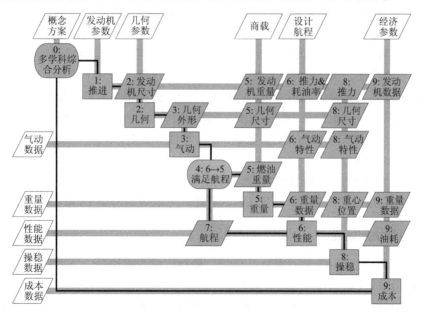

图 17-1　飞机总体综合分析程序的架构

为了能快速地进行飞机总体综合分析,需要开发飞机总体综合分析程序(或工具)。飞机总体综合分析程序通常由多个学科的程序模块组成,以喷气式客机为例,主要程序模块包括几何、动力、气动、重量、性能、操稳、成本分析等模块,其架构如图17-1所示。图中各模块的右上角部分是各模块的输入,左边为各模块的输出。

飞机总体综合分析程序的开发需要完成两项主要工作:一是编写和调试各个学科的程序模块;二是将各程序模块集成为一个整体,形成飞机总体综合分析程序。

17.1.1 学科模块

(1)动力模块:根据发动机的主要设计参数(海平面最大静推力、涵道比、总压比等),估算出发动机的推力、油耗特性、特征尺寸和重量。可参考第3章给出的方法,或采用更为精确的发动机分析方法(如零维分析模型[52]),编写动力分析程序模块。若发动机型号已选定,那么发动机特性可由发动机供应商提供。

(2)几何模块:用于描述飞机各主要部件的外形,包括机翼、机身、尾翼、发动机短舱等部件的外形尺寸及位置参数,并根据这些数据计算出飞机的平均气动弦长、外露面积、内部容积等。平均气动弦长、外露面积等将用于气动特性和操稳分析;内部容积用于评估是否满足油箱布置或其他装载要求。飞机各部件外形的参数定义可参考第6~11章的方法;各部件的外露面积和内部容积可采用简化的解析方法或应用参数化三维几何建模的方法进行计算。几乎所有的其他模块均需要几何模块的外形数据和输出结果。

(3)重量重心模块:根据设计要求和飞机外形数据,计算飞机的结构重量、使用空重、最大起飞重量等特征重量,以及重心变化范围。重量数据将用于飞行性能分析和经济性分析;重心数据将用于操稳特性分析。根据第12章给出的方法,可编写重量重心计算程序模块。

(4)气动模块:根据所定义的飞机外形,计算飞机在各高度、各飞行速度情况下的升力特性和阻力特性。气动模块的分析结果将用于飞行性能和操稳分析。根据第13章给出的方法,可编写气动分析程序模块。

(5)性能模块:根据飞机重量、气动特性以及发动机特性,计算航线性能、起飞性能、爬升性能、着陆性能、机动性能等。在计算航线性能过程中,为了使计算出的航程与设计航程相匹配,需要调整设计燃油重量,因此在性能分析模型与重量分析模型之间需进行多次迭代,参见图17-1。根据第14章给出的方法,可编写性能分析程序模块。

(6)操稳模块:根据飞机的几何、重量、气动特性等数据,评估飞机的稳定性和操纵性,其计算方法可参考第15章。

(7)成本模块:根据发动机特性、飞机的重量数据、飞行性能数据、运营环境参数等,评估飞机的直接使用成本或生命周期成本,其计算方法可参考第16章。

17.1.2 学科模块的集成

在完成动力、几何、气动、重量、性能、操稳、成本模块后,需要将各学科模块集成为一个整体,形成飞机总体综合分析程序。

由飞机总体综合分析程序的架构(图17-1)可看出,各模块之间存在大量的数据传递。为了有效管理各模块之间的数据传递,可采用一个中心数据模型(或数据库)来管理各学科之间的数据交换。中心数据模型储存各模块所需的数据和计算结果，每个模块从中心数据模型中获取所需的输入数据，同时将分析结果存入中心数据模型，如图 17-2 所示。

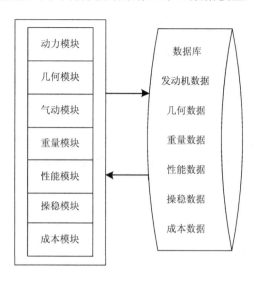

图 17-2　各学科模块之间的数据传递

　　通过上述各模块的开发和集成，就完成了飞机总体综合分析程序的开发，就可将这个程序应用于设计迭代工作。在应用飞机总体综合分析程序时，只需输入飞机总体方案的几何数据、发动机主要参数、商载和飞行任务剖面参数、运营环境参数等，运行该程序，便可输出该方案的几何特性、动力特性、重量特性、气动特性、性能和操稳特性以及成本特性，从而实现飞机总体设计方案的快速分析和评估。除此之外，飞机总体综合分析程序还可以用于总体设计参数敏感性分析，同时它也是总体设计参数优化的必备基础。

17.2　总体设计参数的敏感性分析

　　飞机总体设计参数敏感性的含义是指总体设计参数(机翼面积、展弦比、后掠角、发动机推力等)在一定范围变化时，飞机各项特性(重量、气动、飞行性能、经济性等)随之变化的程度。参数敏感性分析过程是：设置一系列的设计参数的值，应用飞机总体综合分析程序，获得相应的飞机各项特性的数据，然后用直观的方式来反映设计参数对飞机特性的影响程度。通常用单参数的趋势图、双参数的地毯图、三维曲面、等值图、平行坐标图等方式来描述参数敏感性分析结果，这些图形可直观地揭示总体设计参数对飞机特性的影响关系。其中，趋势图和地毯图具有直观、清晰的特点，在飞机总体设计中的应用最为广泛。

17.2.1　单参数敏感性分析

　　单参数敏感性分析是指一个设计参数在一定范围内变化时对飞机特性的影响，这种影响关系通常用趋势图来表示。

　　以某宽体客机概念方案为例，当其他设计参数值固定时，考察机翼 1/4 弦线后掠角对客机最大起飞重量(全机重量)和起飞场长的影响[53]。根据 8.3 节中对机翼参数的分析，机翼后掠角增加，会提高临界 Ma 数，有利于减小巡航飞行时的空气压缩性阻力，从而有利于提高升阻比，减少设计燃油重量；但机翼后掠角增加会导致升力线斜率的减小，以及机翼结构重量的增加。所以，增加机翼后掠角，一方面由于设计燃油重量的减少，对减少全机重量有利，另一方面由于机翼结构重量会增加，对减少全机重量产生不利影响，那么，后掠角的变化对全机重量的影响，到底是有利还是不利？类似的问题还有：后掠角的变化对起飞场长的影响，到底是有利还是不利？回答这个问题，就需要应用飞机总体综合分析程序，对后掠角这个设计参数进行敏感性分析。分析结果如图 17-3 所示。从图中可以看出，当机翼后掠角从 27°增大到 33°时，客机的全机重量先减小后增大，起飞场长同样先减小后增大。机翼 1/4 弦线后掠角在 31.5°附近时全机重量最小，在 30°附近时起飞场长最小。这个敏感性分析结果有助于设计人员洞察后掠角对全机重量和起飞场长的定量关系，并确定出合理的机翼后掠角。

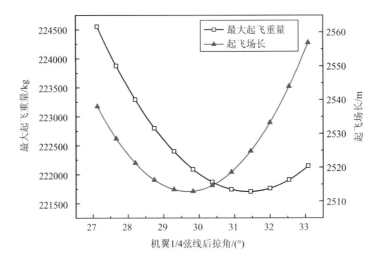

图 17-3　机翼 1/4 弦线后掠角对全机重量和起飞场长的影响

17.2.2　双参数敏感性分析

单参数敏感性分析只能反映一个设计参数变化对飞机特性的影响。若需要同时考察两个参数对飞机特性的影响，可用地毯图来直观地表达这种影响关系。所谓地毯图（carpet plot）是一种在二维图上表达两个自变量与因变量的关系的图形，它能清晰地反映两个自变量同时对因变量的影响趋势和定量关系。

仍然以前述的宽体客机为例，来说明如何绘制地毯图。假设现在需要考察该飞机的机翼面积 S 和海平面最大静推力 T 对起飞场长 S_{TOFL} 的影响。将 S 和 T 作为自变量（输入），将 S_{TOFL} 作为因变量（输出），S 和 T 与 S_{TOFL} 之间的地毯图绘制过程如下。

首先确定 S 的变化范围为 $S_1 \sim S_P$，即 S 有 P 个值；T 的变化范围为 $T_1 \sim T_Q$，即 T 有 Q 个值，则可得到一个以双参数（S 和 T）为坐标的数值矩阵，记为 $\boldsymbol{X}_0$。

$$X_0 = \begin{bmatrix} (S_1, T_1) & \cdots & (S_P, T_1) \\ \vdots & & \vdots \\ (S_1, T_Q) & \cdots & (S_P, T_Q) \end{bmatrix}_{Q \times P} \tag{17-1}$$

　　然后应用飞机总体综合分析程序，对每个双参数的数值坐标求得一个起飞场长，之后构造形式如式(17-2)所示的起飞场长的数据，即为一个 $Q \times P$ 的矩阵，记为 Y：

$$Y = \begin{bmatrix} Y_{11} & \cdots & Y_{1P} \\ \vdots & & \vdots \\ Y_{Q1} & \cdots & Y_{QP} \end{bmatrix}_{Q \times P} \tag{17-2}$$

　　再构造一个 $Q \times P$ 的矩阵，记为 X：

$$X = \begin{bmatrix} 0 & 10 & 20 & \ldots & 10(P-1) & 10P \\ & \text{第2行} & = & \text{第1行} + 1 & & \\ & & \vdots & & & \\ & \text{第}Q\text{行} & = & \text{第1行} + Q & & \end{bmatrix}_{Q \times P} \tag{17-3}$$

　　这样就构造了一个从 X_0 到 X 的映射，只要绘制矩阵 X 和 Y 对应位置的数据点，然后连线，即可生成双参数的地毯图。

　　用上述方法绘制出的地毯图如图 17-4 所示。图 17-4 清晰地反映了机翼面积 S 和每台发动机海平面最大静推力 T 对起飞场长的影响关系。分析该地毯图可知，在给定的 S 和 T 范围内，增加 S 或 T 均可缩短起飞距离，且当 T 较大时(如 $T=360$kN)，增加 S 对缩短起飞场长更为明显一些。用同样的方法，也可考察其他设计参数对飞机特性的影响。例如，图 17-5 给出了机翼面积 S 和 1/4 弦线后掠角 Λ 对最大起飞重量 W_{TO} 的影响。从图 17-5 可以看出，存在一个 Λ 使得 W_{TO} 最低，且 S 不同时，对应 W_{TO} 最低的 Λ 值并不相同。例如，当 $S=330$m^2 时，这个 Λ 约为 32°，而当 $S=390$m^2 时，这个 Λ 为 30°~31°。

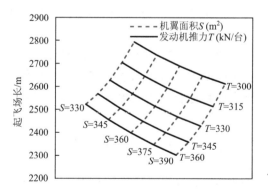 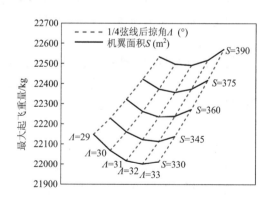

图 17-4　机翼面积和发动机推力对起飞场长的影响　　图 17-5　机翼面积和后掠角对最大起飞重量的影响

　　从上述例子可以看出，地毯图能同时直观呈现两个设计参数对飞机某个特性的定量关系，且能反映其中一个设计参数取不同值时，另一个设计参数对飞机特性的影响趋势。通过分析这些地毯图，有助于设计人员确定两个设计参数的最佳组合值。地毯图的这种功能是单参数趋势图所不具备的。

17.3   总体设计参数的优化

虽然上述敏感性分析方法有助于确定一个或两个设计参数的最佳取值，但当设计参数较多时，这种方法就难以处理了。而优化设计方法为多个设计参数的最佳取值提供了一种有效方法。优化设计是将参数设计问题转化为一个数学上的优化问题，然后应用优化算法，通过计算机的迭代运算，自动地获得最优设计参数。

17.3.1   优化设计的基本概念

1. 优化设计的数学模型

优化设计的一个前提是：首先需要将工程设计问题提炼为一个数学上的优化问题(即优化模型)。优化问题的定义包括三个要素：①设计变量；②目标函数；③约束条件。优化问题表述的一般数学形式为

求 X： $X \in A$

使得： $F(X)$ 最小(或最大)

并满足： $g_i(X) \leqslant 0$

$\qquad\qquad h_j(X) = 0$

式中，$X = [x_1, x_2, x_3, \cdots, x_n]^{\mathrm{T}}$，为设计变量；$A$ 为设计变量空间；$F(X)$ 为目标函数；$g_i(X)$ 为不等式约束；$h_j(X)$ 为等式约束。

下面对工程优化设计中的基本概念做进一步的说明[11]。

设计变量：用来描述工程系统的特征、在设计过程中可被设计者改变的一组相互独立的变量。例如，图 17-6 中 x_1 和 x_2 是设计变量。

设计空间：各设计变量的取值范围组成的多维空间(即所有设计变量可能的取值所组成的集合)称为设计空间。设计空间中的一个点代表一个设计方案。

固定参数：用来描述工程系统的特征、在设计过程中保持不变的一组参数。例如，飞机设计要求中所规定的载客人数就是一个固定参数。

优化目标与目标函数：优化目标用于判断设计方案的优劣。优化目标一般是设计变量的函数，这个函数就是目标函数。例如，图 17-6 中 $F(X)$ 是设计变量 X 的函数。如果优化目标只有一个，优化问题属于单目标优化；如果优化目标有两个或更多，就属于多目标优化。

设计要求与约束条件：约束条件通常对应于设计要求。例如，飞机总体设计中关于起降性能、航程等设计要求就是优化问题中的约束条件。

设计分析：给定设计变量 X，通过分析模型的求解，计算出目标函数 $F(X)$、约束函数 $g_i(X)$ 和 $h_j(X)$ 值的过程，称为设计分析。分析模型可能是简化的工程分析模型，也可能是复杂的数值分析模型。对于综合设计问题(如飞机总体设计)，分析模型涉及多个学科(或多个专业)。

可行域：在设计空间中满足所有约束条件的设计方案称为可行设计。所有可行设计点组成的空间称为可行域。例如，图 17-6 中约束边界所围成的区域就是可行域。

最优设计：使目标函数最小(或最大)的可行设计。从数学角度看，最优点是可行域中

的极值点。有的极值点是局部最优，例如，图 17-6 中点 $X^*_{局部}$ 称为局部最优点；有的极值点是整个可行域中的最优点，例如，图 17-6 中点 $X^*_{全局}$ 称为全局最优点。

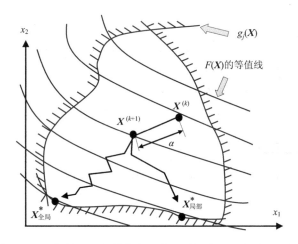

图 17-6　可行域、局部最优点和全局最优点、寻优过程示意图

2. 优化算法

定义了优化问题之后，就可应用优化算法寻找出最优解。优化算法是应用数学的一个分支，有专门的教材对此进行系统介绍，这里只简要地介绍优化算法的基本概念。

1) 优化算法的基本过程

优化计算过程是一个迭代计算过程，需经过多次迭代，逐渐逼近最优设计点。用图 17-6 来直观地说明优化计算的迭代过程。如果起始点为图 17-6 中的点 $X^{(k)}$，优化算法的功能是在由约束条件 $g_j(X)$ 限定的可行域内找到使目标函数 $F(X)$ 最小的最优点（$X^*_{局部}$ 或 $X^*_{全局}$）。为了寻找到最优点，优化算法的步骤是：①搜索使 $F(X)$ 下降的方向；②沿这个方向按一定步长前进；③在新的点 $X^{(k+1)}$ 搜索新的使 $F(X)$ 下降的方向；④重复上述过程，直到迭代过程收敛，找到最优点。

2) 优化算法的分类

优化算法作为一个专门的研究领域，已经形成了多种优化算法，其分类方法也有多种。若按优化计算中是否需要梯度计算来划分，可分为两大类：一类是基于梯度的优化算法；另一类为无须梯度的优化算法。

基于梯度的优化算法是传统的优化算法，这类算法在迭代计算中需要进行梯度计算。在这类优化算法中，通常根据所处点的梯度来确定搜索方向（使目标函数 $F(X)$ 减小的方向），例如，可行方向法、序列线性规划法、序列二次规划法等都是经典的基于梯度的优化算法。这类方法的优点是收敛速度较快，但缺点是易于陷入局部最优点。另外，当分析模型复杂时，梯度计算也是一个困难问题。

无须梯度的优化算法是在迭代计算中不需要梯度计算的优化算法。遗传算法（genetic algorithms，GA）是一种典型的无须梯度的优化算法。它是一类模拟生物界自然选择和遗传的启发式随机搜索算法，是一种具有"生成+检测"的迭代过程的搜索算法。遗传算法的特点是：处理的对象广，对象可以是连续变量，也可以是离散变量；具有较好的全局最优解的搜索性能,可减小陷于局部最优解的概率;由于无需梯度计算,在工程应用中具有较好的稳健性,但收敛速度慢。另外,在遗传算法的基础上还发展出了多目标遗传算法,可用于求解多目标优化问题。

3)优化算法的选用

需要说明的是,目前还没有一种所谓万能的优化算法能求解所有优化问题。这就需要设计人员在实际应用中通过不断摸索和总结各种优化算法的特点,针对具体问题,选择合适的优化算法,或者组合应用多种优化算法。另外,设计人员作为优化方法的应用者,在实际工作中不一定需要自己编写优化算法程序,而应充分利用成熟的优化软件。

17.3.2　总体参数优化示例

这里仍然以宽体客机概念方案为例。该宽体客机采用双发翼吊的正常式布局(参见图17-7),其标准座级为280座,设计航程为12000km,初始巡航高度为 10973m(36000ft),巡航马赫数为0.85。下面分单目标优化和双目标优化两种情况来说明优化方法在飞机总体设计中的应用。

图 17-7　示例宽体客机的外形

1. 单目标优化算例

按照优化模型的三要素,定义该客机总体参数优化问题。

(1)优化目标:客机经济性是客机竞争力的一个重要指标。在这个例子中,以经济性作为优化目标。客机经济性主要通过 DOC 来衡量,DOC综合反映了飞机性能、重量和发动机特性。因此,本算例中将 DOC(座公里成本)最小作为优化目标。

(2)约束条件:在这个算例中,主要考虑了性能要求,包括航程、爬升、起飞和着陆性能要求。另外,还要考虑油箱容积的要求,即机翼内油箱容积应能容纳最大燃油量所需体积。根据这些设计要求,确定了约束条件,见表17-1。

表 17-1　算例的约束条件

设计约束	数值
设计航程/km	12000
起飞场长/m	≤2700
单发失效第二阶段爬升梯度	≥0.024
初始巡航高度最大爬升率/(m/s)	≥1.5
着陆场长/m	≤1750
油箱容积/最大燃油量所需体积	≥1

(3)设计变量:客机总体参数包括机身外形、机翼外形、尾翼外形、发动机参数等。机身外形参数主要取决于客舱布置,尾翼参数主要由操稳要求确定,而对性能和燃油容积影响最直接的参数是机翼参数和发动机参数。本算例中,为了简化优化问题,将机翼外形参

数、发动机的最大起飞推力和涵道比设置为设计变量，其他参数设置为固定参数。设计变量的初始值及变化范围见表 17-2。

表 17-2　算例机型优化问题中的设计变量定义

设计变量	取值范围	初始值
机翼参考面积/m²	300~400	355.5
机翼展弦比	8.0~13.0	10.46
1/4 弦线后掠角/(°)	27~36	32.4
机翼梯形比	0.1~0.12	0.106
发动机最大起飞推力/kN	280~420	334.0
发动机涵道比	8~15	11.0

采用遗传算法求解上述优化问题。表 17-3 列出了优化前、后设计变量的值以及性能、重量、成本几个主要指标值。可以看出，优化后的机翼参考面积减小，展弦比变大，后掠角和相对厚度变小，所需的发动机最大起飞推力减小。优化方案能满足所有约束条件，最大起飞重量和 DOC 均有所减小，其中 DOC 相对于初始方案降低了 5.7%。

表 17-3　优化前后的设计变量值和各项性能指标比较

参数	初始方案	优化方案
机翼参考面积/m²	355.5	332.02
1/4 弦线后掠角/(°)	32.4	30.46
机翼展弦比	10.47	12.88
机翼相对厚度	0.135	0.113
发动机最大起飞推力/kN	334	307.91
发动机涵道比	11	10.70
航程/km	12000	12000
起飞场长/m	2715	2671
着陆场长/m	1691	1666
单发失效第二阶段爬升梯度	0.0253	0.0302
初始巡航高度最大爬升率/(m/s)	2.841	3.035
最大起飞重量/kg	230870	220875
DOC(座公里成本)/元	0.316	0.296

2. 多目标优化算例

飞机总体设计中的优化目标有可能不止一个。仍然以客机为例，一方面希望它的经济性尽量好(直接使用成本尽量低)，另一方面还希望它的机场适应性好，起飞场长尽量短。从优化设计角度来看，它的优化目标有两个：一个是经济性尽量好；另一个是起飞场长尽量短。这个优化设计属于多目标优化问题。对于这个问题，可将前述的单目标优化模型修改为多目标优化模型，也就是将单目标优化模型中的起飞场长约束调整为目标函数，目标函数改为经济性尽量好和起飞场长尽量短。

　　根据飞机总体设计知识，为了实现更短的起飞场长，飞机需要配装推力更大的发动机，或增大机翼的面积，或采用更复杂的襟翼，这意味着会增加飞机的油耗、重量和成本，从而导致飞机的经济性下降。因此，经济性与起飞场长这两个目标存在相互制约关系。由于这种制约关系，最优解不止一个，通常是一个解集，称为最优解集。

　　建立好多目标优化模型后，就可应用多目标遗传算法求解，获得最优解集。图 17-8 为该算例的直接使用成本(DOC)和起飞场长(S_{TOFL})最优解集。图中曲线上的点代表一个优化设计方案的 DOC 和 S_{TOFL} 的值。这个点的含义是：当 S_{TOFL} 的指标设为某一值时，在设计空间可行域内能获得的最小 DOC 值。从图 17-8 可以看出，当 S_{TOFL} 由 1900m 增大到 2880m 时，DOC 随起飞场长的增加而减小，且减小的幅度逐渐变缓。当 S_{TOFL} 由 1900m 增大到 2000m 时，DOC 快速减小，此时 S_{TOFL} 增大 100m，能够获得 2.7% 的 DOC 减小。当 S_{TOFL} 大于 2700m 时，DOC 随 S_{TOFL} 的增大仅有小幅度的减小，且随着起飞场长的进一步增加，DOC 趋于稳定不变。例如，当 S_{TOFL} 由 2700m 增大到 2880m 时，DOC 仅减小 0.3%。

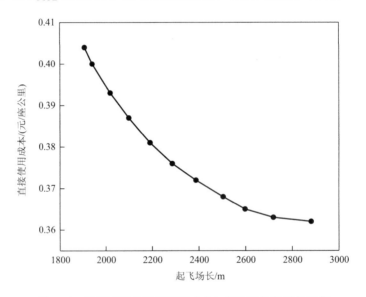

图 17-8　示例客机的直接使用成本与起飞场长的最优解集

　　这个最优解集定量地反映了直接使用成本和起飞场长存在着制约关系，它表明更高的起飞场长指标(即更短的起飞场长)意味着经济性会付出一定的代价；若要提高经济性指标(即更低的 DOC)，意味着起飞场长指标也会付出一定的代价。为了兼顾经济性和起飞场长，可以根据最优解集，对经济性和起飞场长的指标进行权衡，确定出最合理的设计方案。因此，多目标优化方法也为各项设计指标之间的权衡提供了一种有效方法。

思 考 题

17.1　飞机总体综合分析的作用有哪些？

17.2　设计参数敏感性分析的目的是什么？如何进行设计参数的敏感性分析？

17.3　工程设计的优化模型有哪三个要素？飞机总体参数优化方法有何作用？

参 考 文 献

[1] 钱学森. 现代科学技术的特点和体系结构: 论系统工程[M]. 长沙: 湖南科学技术出版社, 1988.

[2] 叶格尔, 等. 飞机设计[M]. 杨景佐, 胡传泰, 等译. 北京: 航空工业出版社, 1986.

[3] 美国国家航空航天局. NASA 系统工程手册[M]. 朱一凡, 李群, 杨峰, 等译. 北京: 电子工业出版社, 2012.

[4] 海克, 沙新. 工程设计过程[M]. 2 版. 曹岩, 师新民, 杨丽娜, 译. 北京: 化学工业出版社, 2012.

[5] RAJ P. Aircraft design in the 21st century: implications for design method[C]. Albuquerque, New Mexico: 29th AIAA, Flued Dynamics Conference. AIAA-1998-2895, 1998.

[6] 程不时. 工程设计的系统工程[M]. 北京: 航空工业出版社, 1997.

[7] RAYMER D P. Aircraft design: a conceptual approach[M]. 6th ed. Reston: AIAA Inc. , 2018.

[8] 顾诵芬, 解思适. 飞机总体设计[M]. 北京: 北京航空航天大学出版社, 2001.

[9] 李为吉. 飞机总体设计[M]. 西安: 西北工业大学出版社, 2005.

[10] 陈迎春, 宋文滨, 刘洪, 等. 民用飞机总体设计[M]. 上海: 上海交通大学出版社, 2010.

[11] 刘虎, 罗明强, 孙康文, 等. 飞机总体设计[M]. 北京: 北京航空航天大学出版社, 2019.

[12] TORENBEEK E. Synthesis of subsonic airplane design[M]. Delft: Delft University Press, 1982.

[13] ROSKAM J. Airplane design, part I -part Ⅷ[M]. Ottawa, Kansas: Roskam Aviation and Engineering Corp., 1985.

[14] JENKINSON L R, SIMPKIN P, RHODES D. Civil jet aircraft design[M]. Reston: AIAA Inc. , 1999.

[15] HOWE D. Aircraft conceptual design synthesis[M]. London: Professional Engineering Publishing Limited, 2000.

[16] SCHAUFELE R D. The elements of aircraft preliminary design[M]. Santa Ana: Aries Publications, 2000.

[17] NICOLAI L M, CARICHNER G E. Fundamentals of aircraft and airship design: Vol. 1-aircraft design[M]. Reston: AIAA Inc. , 2010.

[18] GUDMUNDSSON S. General aviation aircraft design: applied methods and procedures[M]. Amsterdam: Elsevier, 2014.

[19] SFORZA P M. Commercial airplane design principles[M]. Amsterdam: Elsevier, 2014.

[20] 萨德拉埃. 飞机设计: 基于系统工程的方法[M]. 白杰, 王鹏, 等译. 上海: 上海交通大学出版社, 2018.

[21] 杨景佐, 曹名. 飞机总体设计[M]. 北京: 航空工业出版社, 1991.

[22] 朱宝鎏, 朱荣昌, 熊笑非. 作战飞机效能评估[M]. 2 版. 北京: 航空工业出版社, 2006.

[23] BLANCHARD B S, FABRYCKY W J. 系统工程与分析[M]. 5 版. 李瑞莹, 潘星, 译. 北京: 国防工业出版社, 2014.

[24] 贺东风, 赵越让, 钱仲炎, 等. 中国商用飞机有限责任公司系统工程手册[M]. 上海: 上海交通大学出版社, 2017.

[25] 国际系统工程协会. 系统工程手册: 系统生命周期流程和活动指南[M]. 张新国, 译. 北京: 机械工业出版社, 2013.

[26] SPREEMANN K P. Design guide for pitch-up evaluation and investigation at high subsonic speeds of possible limitations due to wing-aspect-ratio variations: NASA-TM-X-26[R]. Langley Field, Virginia: Langley Research Center, 1959.

[27] 佛明. 飞机设计问题论文集[M]. 方捷, 译. 北京: 国防工业出版社, 1963.

[28] MATTINGLY J D, HEISER W H, Pratt D T. Aircraft engine design[M]. 2 ed. Reston: AIAA Inc. , 2015.

[29] 乐卫松. 大型客机设计[M]. 上海: 同济大学出版社, 2014.

[30] DIEHL WS. The mean aerodynamic chord and the aerodynamic center of a tapered wing: NACA-TR-751[R]. Washington DC: Bureau of Aeronautics, Navy Department, 1942.

[31] 斯福尔扎. 商用飞机设计指南[M]. 段卓毅, 郭圣洪, 孙侠生, 等译. 北京: 航空工业出版社, 2018.

[32] 江永泉. 大型运输飞机设计与分析[M]. 上海: 上海交通大学出版社, 2018.

[33] 方宝瑞. 飞机气动布局设计[M]. 北京: 航空工业出版社, 1997.

[34] 索伯斯特, 弗雷斯特. 飞机气动设计: 几何与优化[M]. 支超有, 秦成, 薛峰, 等译. 北京: 国防工业出版社, 2017.

[35] WILLIAMS I E, VUKELICHS R. The USAF stability and control digital datcom: ADDFL-TR-79-3032[R]. Wright-Patterson Air Force Base, Ohio: Air Force Flight Dynamics Laboratory, 1979.

[36] Engineering Sciences Data Unit. ESDU Aerodynamics Series[EB/OL]. [2022-12-09]. https: //www. esdu. com/.

[37] 朱自强, 陈迎春, 王晓璐, 等. 现代飞机的空气动力设计[M]. 北京: 国防工业出版社, 2011.

[38] CUMMINGS R M, MASON W H, MORTON S A, et al. Applied computational aerodynamics – a modern engineering approach[M]. Cambridge, UK: Cambridge University Press, 2015.

[39] ISIKVEREN A T. Quasi-analytical modelling and optimisation techniques for transport aircraft design[D]. Stockholm: Royal Institute of Technology(KTH), 2002.

[40] BRADLEY M K, DRONEY C K. Subsonic ultra green aircraft research: phase I final report: NASA-CR–2011-216847[R]. Hampton, Virginia: Langley Research Center, 2011.

[41] 帕玛迪. 飞机的性能、稳定性、动力学与控制[M]. 2 版. 商重阳, 左英桃, 夏露, 等译. 北京: 航空工业出版社, 2013.

[42] PHILPOTT D R, BARNARDR H. Aircraft flight: a description of the physical principles of aircraft flight[M]. Harlow, England: Pearson Education Limited, 2010.

[43] 叶叶沛. 民用飞机经济性[M]. 成都: 西南交通大学出版社, 2013.

[44] BURNS J W. Aircraft cost estimation methodology and value of a pound derivation for preliminary design development applications[C]. Long Beach: 53rd Annual Conference of Society of Allied Weight Engineer, 1994.

[45] 《飞机设计手册》总编委会. 飞机设计手册第 4 册: 军用飞机总体设计[M]. 北京: 航空工业出版社, 2005.

[46] 《飞机设计手册》总编委会. 飞机设计手册第 5 册: 民用飞机总体设计[M]. 北京: 航空工业出版社, 2005.

[47] 《飞机设计手册》总编委会. 飞机设计手册第 6 册: 气动设计[M]. 北京: 航空工业出版社, 2005.

[48] 《飞机设计手册》总编委会. 飞机设计手册第7册: 民机构型初步设计与推进系统一体化设计[M]. 北京: 航空工业出版社, 2000.

[49] 中国民用航空局. 中国航空规章第 25 部: 运输类飞机适航标准: CCAR-25-R4[S]. 北京: 中国民用航空局, 2011.

[50] 张帅. 客机总体综合分析与优化及其在技术评估中的应用[D]. 南京: 南京航空航天大学, 2012.

[51] 余雄庆. 飞机总体多学科设计优化的现状与发展方向[J]. 南京航空航天大学学报, 2008, 40(4): 417-426.

[52] 柴啸. 客机总体参数与发动机参数综合优化研究[D]. 南京: 南京航空航天大学, 2017.

[53] 范周伟, 余雄庆, 王朝, 等. 基于深度神经网络的客机总体设计参数敏感性分析[J]. 航空学报, 2021, 42(4): 378-387.

附　　录

附录 A　人　体　数　据

由于人种的不同，人的体形尺寸存在很大差异。例如，亚洲人与欧美人、白人与黑人、男人与女人相比，身高、躯干手臂以及腿部的长短都有很大的不同。在选择机身参数时，不可能也不必要使得设计方案满足所有人员的数据要求，需要进行折中处理，能够满足大多数人体数据即可。这就引入了百分位数的概念，它是用于表达某个特定设计中有待容纳的样本规模的一种方法。因此在设计时，需要确定顾及的人群，即百分位数的范围。如果百分位数太大会使研制成本增高，甚至在参数选择时出现极端的情况。

早期设计基本采用人体侧面样板进行协调。图 A-1 和表 A-1 为 GJB 36—85《飞行员人体侧面样板尺寸》给出的中国飞行员人体侧面样板的控制尺寸。现在在进行计算机辅助设计时，可应用上述数据建立人体数字模型进行驾驶舱布置与协调。注意，该尺寸系裸体数据，应用时应该考虑不同部位、不同装具的附加尺寸。

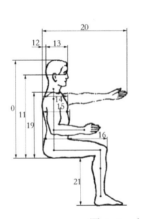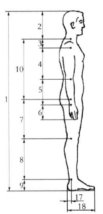

图 A-1　人体侧面样板控制尺寸

表 A-1　人体侧面样板控制尺寸　　　　　　　　　（单位：mm）

尺寸序号		0	1	2	3	4	5	6	7	8	9	10
尺寸名称（百分位数）		坐高	身长	顶颈距	颈肩距	肩肘距	肘腕距	腕指尖距	髋膝距	膝踝距	踝距	颈髋距
尺寸数据	5%	876	1613	256	90	263	242	154	379	360	58	560
	50%	919	1693	263	93	287	259	168	397	380	68	585
	95%	962	1772	270	96	310	277	182	415	399	78	610
尺寸序号		11	12	13	14	15	16	17	18	19	20	21
尺寸名称（百分位数）		眼高	枕背高	眼枕距	胸背距	腹背距	膝背距	踝跟距	足长	肩峰高	背突指尖距	腘窝高
尺寸数据	5%	763	3	169	189	179	532	53	230	571	766	384
	50%	806	26	182	213	217	567	61	246	609	818	412
	95%	848	49	195	237	256	602	68	261	646	870	439

附录 B　飞机主要几何数据表的示例

在完成飞机总体方案设计后，除了需要绘制飞机的三视图或三维几何模型，还要撰写总体方案论证报告。在报告中一般需要以表格的方式给出飞机的主要几何数据。表 B-1 以某型飞机总体设计为例，列出了飞机的主要几何数据。

表 B-1　飞机的主要几何数据列表

总体数据	全机长	40.4m	机身	长	36.98m
	全机宽（翼展）	30.835m		宽	3.344m
	全机高	9.455m		高	3.607m
	主轮距	5.054m	发动机	进口圆心距机头顶点	28.08m
	前主轮距	20.23m		进口圆心距机身基面	2.078m
	防后倒立角	21°		进口圆心距对称面	3.27m
	擦地角	14°		俯仰角	3.5°
	侧翻角	13°		偏航角	1°（外偏）
	重心范围	$-0.11\sim0.22C_{\mathrm{MAC}}$	水平尾翼	面积	24m²
机翼	参考面积	95.75m²		展长	11.063m
	展长	30.835m		展弦比	5.1
	展弦比	9.9		梢根比	0.33
	梢根比	0.22		后掠角（1/4 弦）	31°
	后掠角（外翼 1/4 弦）	24.24°		根弦长（对称轴处）	3.262m
	后掠角（前缘）	27.35°		梢弦长	1.076m
	根弦长（对称轴）	6.1229m		安装角	0°
	机翼转折处的弦长	3.3042m		上反角	−3°
	梢弦长	1.31644m		平均相对厚度	10%
	安装角（翼身连接处）	4.128°	升降舵	升降舵内侧展向比	0.05
	扭转角	−5.287°		升降舵外侧展向比	0.98
	上反角	3°		面积（一个）	4.1759m²
	内段机翼展长比例	0.35		相对机翼弦长	38%
副翼	展长（一个）	2.337m		转轴位置（相对平尾弦长）	68%
	面积（一个）	0.9769m²		上偏角	−25°
	相对机翼弦长	25%		下偏角	+20°
	转轴距副翼前缘	1.5%	垂直尾翼	面积（外露、不含背鳍）	18.76m²
	上偏角	−20°		展长	5.679m
	下偏角	+15°		展弦比	1.5
襟翼	面积（两侧）	15.231m²		梢根比	0.65
	内襟翼展长（单侧）	3.7004m		后掠角（1/4 弦）	42°
	外襟翼展长（单侧）	6.4917m		根弦长（对称轴）	4.589m
	内襟翼弦长	0.826m		梢弦长	2.983m
	外襟翼弦长（机翼弦长百分比）	30%		平均相对厚度	11%
	偏角	40°（下）	方向舵	方向舵展长	3.592m
前缘襟翼	展长	12.822m		面积	6.2384m²
	面积（单侧）	5.245m²		相对机翼弦长	42%
	相对机翼弦长	15%		转轴位置（相对垂尾弦长）	66.5%
	偏角	20°（下）		偏角	±15°